# 哈佛百年经典

# 物种起源论

[英]查尔斯·罗伯特·达尔文◎著
[美]查尔斯·艾略特◎主编
余丽涛◎译

北京理工大学出版社
BEIJING INSTITUTE OF TECHNOLOGY PRESS

版权专有 侵权必究

## 图书在版编目（CIP）数据

物种起源论 /（英）达尔文（Darwin，C.R.）著；余丽涛译.—北京：北京理工大学出版社，2013.12（2019.9重印）

（哈佛百年经典）

ISBN 978-7-5640-8382-3

Ⅰ.①物… Ⅱ.①达… ②余… Ⅲ.①达尔文学说 Ⅳ.①Q111.2

中国版本图书馆CIP数据核字（2013）第232661号

| | |
|---|---|
| 出版发行 / | 北京理工大学出版社有限责任公司 |
| 社　　址 / | 北京市海淀区中关村南大街5号 |
| 邮　　编 / | 100081 |
| 电　　话 / | (010)68914775（总编室） |
| | 82562903（教材售后服务热线） |
| | 68948351（其他图书服务热线） |
| 网　　址 / | http://www.bitpress.com.cn |
| 经　　销 / | 全国各地新华书店 |
| 印　　刷 / | 三河市金元印装有限公司 |
| 开　　本 / | 700毫米×1000毫米　1/16 |
| 印　　张 / | 28.25 |
| 字　　数 / | 406千字 |
| 版　　次 / | 2013年12月第1版　2019年9月第2次印刷 |
| 定　　价 / | 76.00元 |

| | |
|---|---|
| 责任编辑 / | 刘　娟 |
| 文案编辑 / | 刘　娟 |
| 责任校对 / | 周瑞红 |
| 责任印制 / | 边心超 |

图书出现印装质量问题，请拨打售后服务热线，本社负责调换

## 出版前言

人类对知识的追求是永无止境的，从苏格拉底到亚里士多德，从孔子到释迦摩尼，人类先哲的思想闪烁着智慧的光芒。将这些优秀的文明汇编成书奉献给大家，是一件多么功德无量、造福人类的事情！1901年，哈佛大学第二任校长查尔斯·艾略特，联合哈佛大学及美国其他名校一百多位享誉全球的教授，历时四年整理推出了一系列这样的书——《Harvard Classics》。这套丛书一经推出即引起了西方教育界、文化界的广泛关注和热烈赞扬，并因其庞大的规模，被文化界人士称为The Five-foot Shelf of Books——五尺丛书。

关于这套丛书的出版，我们不得不谈一下与哈佛的渊源。当然，《Harvard Classics》与哈佛的渊源并不仅仅限于主编是哈佛大学的校长，《Harvard Classics》其实是哈佛精神传承的载体，是哈佛学子之所以优秀的底层基因。

哈佛，早已成为一个璀璨夺目的文化名词。就像两千多年前的雅典学院，或者山东曲阜的"杏坛"，哈佛大学已经取得了人类文化史上的"经典"地位。哈佛人以"先有哈佛，后有美国"而自豪。在1775—1783年美国独立战争中，几乎所有著名的革命者都是哈佛大学的毕业生。从1636年建校至今，哈佛大学已培养出了7位美国总统、40位诺贝尔奖得主和30位普利策奖获奖者。这是一个高不可攀的记录。它还培养了数不清的社会精英，其中包括政治家、科学家、企业家、作家、学者和卓有成就的新闻记者。哈佛是美国精神的代表，同时也是世界人文的奇迹。

而将哈佛的魅力承载起来的，正是这套《Harvard Classics》。在本丛书里，你会看到精英文化的本质：崇尚真理。正如哈佛大学的校训："与柏拉图为友，与亚里士多德为友，更与真理为友。"这种求真、求实的精神，正代表了现代文明的本质和方向。

哈佛人相信以柏拉图、亚里士多德为代表的希腊人文传统，相信在伟大的传统中有永恒的智慧，所以哈佛人从来不全盘反传统、反历史。哈佛人强调，追求真理是最高的原则，无论是世俗的权贵，还是神圣的权威都不能代替真理，都不能阻碍人对真理的追求。

对于这套承载着哈佛精神的丛书，丛书主编查尔斯·艾略特说："我选编《Harvard Classics》，旨在为认真、执著的读者提供文学养分，他们将可以从中大致了解人类从古代直至19世纪末观察、记录、发明以及想象的进程。"

"在这50卷书、约22000页的篇幅内，我试图为一个20世纪的文化人提供获取古代和现代知识的手段。"

"作为一个20世纪的文化人，他不仅理所当然的要有开明的理念或思维方法，而且还必须拥有一座人类从蛮荒发展到文明的进程中所积累起来的、有文字记载的关于发现、经历以及思索的宝藏。"

可以说，50卷的《Harvard Classics》忠实记录了人类文明的发展历程，传承了人类探索和发现的精神和勇气。而对于这类书籍的阅读，是每一个时代的人都不可错过的。

这套丛书内容极其丰富。从学科领域来看，涵盖了历史、传记、哲学、宗教、游记、自然科学、政府与政治、教育、评论、戏剧、叙事和抒情诗、散文等各大学科领域。从文化的代表性来看，既展现了希腊、罗马、法国、意大利、西班牙、英国、德国、美国等西方国家古代和近代文明的最优秀成果，也撷取了中国、印度、希伯来、阿拉伯、斯堪的纳维亚、爱尔兰文明最有代表性的作品。从年代来看，从最古老的宗教经典和作为西方文明起源的古希腊和罗马文化，到东方、意大利、法国、斯堪的纳维亚、爱尔兰、英国、德国、拉丁美洲的中世纪文化，其中包括意大利、法国、德国、英国、西班牙等国文艺复兴时期的思想，再到意大利、法国三个世纪、德国两个世纪、英格兰三个世纪和美国两个多世纪的现代文明。从特色来看，纳入了17、18、19世纪科学发展的最权威文献，收集了近代以来最有影响的随笔、历史文献、前言、后记，可为读者进入某一学科领域起到引导的作用。

这套丛书自1901年开始推出至今，已经影响西方百余年。然而，遗憾的是中文版本却因为各种各样的原因，始终未能面市。

2006年，万卷出版公司推出了《Harvard Classics》全套英文版本，这套经典著作才得以和国人见面。但是能够阅读英文著作的中国读者毕竟有限，于是2010年，我社开始酝酿推出这套经典著作的中文版本。

在确定这套丛书的中文出版系列名时，我们考虑到这套丛书已经诞生并畅销百余年，故选用了"哈佛百年经典"这个系列名，以向国内读者传达这套丛书的不朽地位。

同时，根据国情以及国人的阅读习惯，本次出版的中文版做了如下变动：

第一，因这套丛书的工程浩大，考虑到翻译、制作、印刷等各种环节的不可掌控因素，中文版的序号没有按照英文原书的序号排列。

第二，这套丛书原有50卷，由于种种原因，以下几卷暂不能出版：

英文原书第4卷：《弥尔顿诗集》

英文原书第6卷：《彭斯诗集》

英文原书第7卷：《圣奥古斯丁忏悔录 效法基督》

英文原书第27卷：《英国名家随笔》

英文原书第40卷：《英文诗集1：从乔叟到格雷》

英文原书第41卷：《英文诗集2：从科林斯到费兹杰拉德》
英文原书第42卷：《英文诗集3：从丁尼生到惠特曼》
英文原书第44卷：《圣书（卷Ⅰ）：孔子；希伯来书；基督圣经（Ⅰ）》
英文原书第45卷：《圣书（卷Ⅱ）：基督圣经（Ⅱ）；佛陀；印度教；穆罕默德》
英文原书第48卷：《帕斯卡尔文集》

这套丛书的出版，耗费了我社众多工作人员的心血。首先，翻译的工作就非常困难。为了保证译文的质量，我们向全国各大院校的数百位教授发出翻译邀请，从中择优选出了最能体现原书风范的译文。之后，我们又对译文进行了大量的勘校，以确保译文的准确和精炼。

由于这套丛书所使用的英语年代相对比较早，丛书中收录的作品很多还是由其他文字翻译成英文的，翻译的难度非常大。所以，我们的译文还可能存在艰涩、不准确等问题。感谢读者的谅解，同时也欢迎各界人士批评和指正。

我们期待这套丛书能为读者提供一个相对完善的中文读本，也期待这套承载着哈佛精神、影响西方百年的经典图书，可以拨动中国读者的心灵，影响人们的情感、性格、精神与灵魂。

# 主编序言

查尔斯·罗伯特·达尔文，1809年2月12日出生于英国的什鲁斯伯里。他出生于一个延续至今的有着很高学术成就的家庭。他的父亲是一名有着很强观察力的成功的外科医生。他的祖父伊拉司马斯·达尔文，是《植物园》的作者。达尔文最初是在什鲁斯伯里求学，可是他没能从那些大量严格的文科课程中得到太多益处；之后，他去了爱丁堡大学学习医学，虽然也没能通过常规的专科学习，但却在那里燃起了对自然的兴趣。1827年，他进入剑桥大学基督学院学习，希望在那里能获得学士学位，以便能顺利进入教会。在此期间，他因结识了植物学教授亨斯洛，自然科学知识得以不断丰富，并以"博物学家"的身份参加了英国海军"小猎犬号"舰的科学考察航行。以此为契机，五年的航行结束之后，他掌握了大量的关于地质及动物学的知识，也获得了成功的"收藏家"的美名。最重要的是，他关于进化的观点有了萌芽。接下来的几年，他把时间都花在整理他收集到的材料上，但是他的身体健康开始出现了崩溃的信号，此后他一生都受其困扰，但是从未抱怨。凭借自己非凡的勇气和忍耐力，他最终战胜了严重的身体残疾，取得了巨大的成就。

他在1839年成婚，三年之后，从伦敦隐居到伦敦外16英里的道恩郡——一个小村庄里生活，在那儿度过了他的余生。他有一个工作习惯，或者对他而言也可以认为是一种办法，就是会一直工作到他即将要崩溃为止，然后休假，假期刚刚到他能恢复工作状态便告结束。

早在1842年，达尔文就得出了进化论的原始模型，但是为了测试这个理论所进行的庞大而复杂的调查却使得出版一再推迟。1858年6月，华莱士寄给他一份手稿，手稿里面阐述了与物种起源相同的理论，这一理论是华莱士完全独立得出的。地质学家莱伊尔和植物学家胡克的建议，加上华莱士的文章，以及达尔文在一年前所写的一封信——在这封信里他向阿萨·格雷提出了他理论的大纲——于1858年7月1日一起被读到，并被伦敦林奈学会出版。1859年11月，《物种起源》正式出版，新旧科学间的战役也就此拉开序幕。1868年，达尔文出版了《动物和植物在家养状态下的变异》；1871年，出版了《人类的由来和性选择》；1872年，出版了《人类和动物的表情》。这些著作属于一个系列，后出版的每一本都是前一本的细化或者补充。之后，达尔文将时间主要用在植物学的研究上，并且发表了一系列有着极高科学价值的论文。1882年4月19日，达尔文去世，葬于威斯敏斯特教堂。

起源于达尔文的生物体进化观点其实是个很久的观点。一些古希腊哲学家，比如恩培多克勒和亚里士多德就曾经提到过；培根以前的现代哲学家也提出过这个概念；法国博物学家拉马克曾相当具体地阐述了这个观点。而临近《物种起源》的发布，这个观点不仅得到了越来越多自然法学家的支持，也得到了一些诗人的支持，比如德国的歌德。而在达尔文和华莱士联合声明发布的六年前，赫伯特·斯宾塞就已经支持这个观点并且充分地将其运用在了哲学领域。

然而，对于这些不全面的观点，达尔文的贡献甚少。在他开始对进化这个问题感兴趣的时候，物种不变的理论仍然占主导地位，而他的应对主要是基于他自己的观察及思考。谈到"小猎犬号"的航行时他说道："1836年秋天回程的途中，我开始准备我杂志的发布，并且看到了许多指向物种退化的事实……1837年7月，我开始第一次记录与物种起源相关的事实，我一直长时间地思考这一观点，并且在此后的二十年都没有停止……去年3月，从南美得到的化石和在加拉帕戈斯群岛观察到的物种给了我很大的启发，这些事实，特别是后者，是我所有观点的起源。""1838年10月，也就是在我开始系统地调查了15个月之后，作为消遣，我读到了马尔萨斯《论人口》一书。我开始注意到生存斗争，并对每个地方的动植物的习性进行观察。这让我想到，在一定的条件下，适宜的变异会被很好地保存下来，不合适的变异则会消亡，这一切的结果就是产生新的物种。自此，我有了可以开始工作的理论。"

从以上达尔文自己的论述中，我们可以看出对于这个结果达尔文有多少是从前人的劳动果实中得到的。所有的科学进步都是延续的，达尔文也和其他人一样，他的成果都是建立在前人的基础之上。但是这并不能否定其成果的独创性，而且他所做贡献的重要性也在于他验证了前人的理论，解释并且运用了这一理论，在自然调查的所有部分都揭示了它的存在，他的理论也开创了科学和哲学的新纪元。正如赫胥黎说的那样："无论达尔文提出的最终的理论是建立在谁的观点之上，也无论他在其前人的著作中能找到其观点怎样的预示或者启示，事实是，自从《物种起源》出版，也正是由于它的出版，生物界学者们的基本理论和目标已经被彻底改变了。"

1909年是达尔文诞生一百周年及这本巨著出版五十周年。科学界为了纪念达尔文发表了无数的感言，而其中最重要的莫过于剑桥大学出版的《达尔文和现代科学》。这本书收录了当代科学界不同领域的受到达尔文影响的近三十位先驱所写的文章，也包括了对达尔文理论的发展与修改。这些领域包括生物学、人类学、地质学、心理学、哲学、社会学、宗教、语言学、历史，以及天文学等。这只是其中一例，但足以表明达尔文的成就及其理论所包含的丰富的内容。

不仅如此，他的精神和他的作品一样令人赞赏。他的无私、谦虚以及绝对的公正不仅仅是他自己优秀的品质，也被认为是知识界重要的品质。在他对自己能力的总结当中，他说道："作为一个科学工作者，不管我的成绩最终会达到何种地步，我的成功是注定了的，因为在复杂多变的精神下，我能够判断。而所有的品质当中，最重要的是对科学的热爱——对任何问题在长时间的思考之后仍能保持的耐心，在观察及收集事实时所需的勤勉，不吝于分享自己的发现，拥有一定的常识。由于拥有了这些基本的品质而在一些重要的观点上很大程度影响到了科学工作者的信仰，这让我很吃惊。"

查尔斯·艾略特

| 关于物种起源观点的进步的历史简述 | 001 |
| --- | --- |
| 绪　论 | 009 |
| 第一章　家养条件下的变异 | 013 |
| 第二章　自然状况下的变异 | 039 |
| 第三章　生存的斗争 | 054 |
| 第四章　自然选择即适者生存 | 068 |
| 第五章　变异的法则 | 113 |
| 第六章　学说的难点 | 142 |
| 第七章　对自然选择学说的种种异议 | 173 |
| 第八章　本能 | 206 |
| 第九章　杂种性质 | 234 |
| 第十章　论地址记录的不完整 | 262 |
| 第十一章　生物在地址上的演替 | 287 |
| 第十二章　生物的地理分布 | 312 |
| 第十三章　生物的地理分布（续前） | 339 |
| 第十四章　生物间的亲缘关系：形态学、胚胎学和器官退化 | 359 |
| 第十五章　综述和结论 | 400 |
| 关于本书中主要涵盖的科学术语词汇 | 426 |

## 关于物种起源观点的进步的历史简述

我将在这里简要概述关于物种起源观点的发展情况。直到最近，绝大多数博物学家依然相信物种是不变的产物，并且是被分别创造出来的。很多作者巧妙地支持了这一观点。另一方面，少数博物学家认为物种经历着变异，而且认为现存的生物类型都是以前存在的生物类型所真正传下来的后裔。古代的学者只是暗示性地提到了这个问题，当代学者中第一个以科学精神的角度谈到这个问题的是法国博物学家布冯。但他的观点在不同时期有不同的变化，并且也没有提及物种变异的原因和途径，在此我不再详细叙述。

拉马克是第一个以此问题的结论激起广泛注意的人。1801 年，这位名副其实的博物学家第一次发表了他的观点；随后，在 1809 年发布的《动物学的哲学》及 1815 年发布的《无脊椎动物志》里，他极大地丰富了自己的观点。在这些著作中，他主张包括人类在内的一切物种都是从其他物种传衍下来的。他杰出的工作最初使人们注意到这种可能性，即有机界和无机界的一切变化都是自然法则的结果，而不是某种神力的干预。这似乎主要是根据物种和变种的难于区分、某些类群中具有几近完美的类型，以及家养生物的相似而做出的。至于谈到改变的途径,他把一部分归因于生命物理环境的直接作用,一部分归因于现存形式的杂交,更大程度归因于使用和不使用,也就是习性的作用。比如说长颈鹿,为了啃食树上的枝叶,它的脖子就变得很长。但同时他还相信"向前发展"的法则,为了解释现有简单生物存在的原因,而所有生物都是向前发展的,那么这些物种的形式变化都是自然形成的。

圣·提雷尔(依据其子给他写的"传记")早在1795年就推想出我们所谓的物种是同一类型的各种转变物。直到1828年,他才发表了他的观点,认为从有生命开始,同一个物种就不是永远不变的。看起来,圣·提雷尔认为变化的原因主要是生活的环境,即所谓的"周围世界"。在做每个结论的时候他都非常谨慎,并不认为现存的物种还在进行着变异。正如他的儿子所补充的那样,"这将是完全留给未来的一个问题,假如未来必须讨论这一问题的话"。

1813年,在英国皇家学会,H. C. 韦尔斯博士宣读过一篇题为"一位白种女性的局部皮肤类似一个黑人皮肤的报告"的文章,但这篇论文直到1818年他的著名著作《关于复视和单视的两篇论文》发表之后才问世。在这篇论文里,他明确地认识到了自然选择的原则,这是最早的对自然选择的认识;但是他仅仅把这一原理应用于人类,而且是人类的某些性状。在注意到黑人和黑白混血儿对某些热带疾病具有免疫力之后,他首先指出所有的动物在某种程度上都有变异的倾向;其次,农业家们可以通过选择来改善他们的家禽动物;最后,他补充道:"人工选择所完成的,自然同样可以完成,以形成人类的一些变种,适应他们所居住的地方,只不过自然选择比人工选择来得徐缓而已。比如在非洲中部居住的少量分散的人群中,通过某些偶然的变化,一些人比其他人更能抵抗那个国家的疾病。当然,这样的种族就会繁衍,而其他种族就会减少。这不仅仅因为他们没有能力抵御疾病的入侵,而且是因为他们没有能力与他们周围更强大的种族抗衡。所以综上所述,我认为这个强壮种族的肤色当然是黑的。但是,形成这些变种的同一倾向依然存在,随着时间的推移,一个肤色更黑的种族就会出现。那么肤色最黑的种族就会是最适应当地气候的族群，因此，即使不是唯一，这个种族也会是它所起源的国家中最占优势的种族。"然后，他把这一观点引申到居住在气候较冷地区的白种人。我感谢美国的罗利先生，因为他通过布雷思先生使我注意到了韦尔斯先生著作中的以上描述。

赫伯特牧师后来担任了曼彻斯特院长，在1822年《园艺学报》第四卷和他著作的《石蒜科》一书（1937年，19页至339页）中指出，"园艺试验已经不可辩驳地证明了植物学上的物种不过是更高级和更稳定的变异而已"。他把同一观点引申到动物。这位院长相信，每个单一物种都是在最初可塑性很大的情况下被创造出来的；这些物种主要通过杂交，同时也通过变异，产生了现存的一切物种。

1862年，葛兰特教授在他著名的谈论淡水海绵的论文（《爱丁堡科学学报》，第四卷，283页）的结尾一段中明确指出，物种是由其他物种演变而来的，并且在变异过程中得到了改进。1834年，他在《医学周刊》上发表的他的第五十五次讲演录中再次阐述了同一观点。

1831年，帕特里克·马修先生在《造船木材及植树》上发表了他的作品。在这部作品中，他明确地提出了在物种起源的观点上同华莱士先生和我自己在《林纳学报》上所发表的观点（下详），以及本书所扩充的这一观点完全一致的看法。遗憾的是，马修先生的这一观点只是简要地分布在一篇讨论不同问题的著作的附录中，所以直到1860年7月4日马修先生在《艺园者记录》中郑重提出这一观点之前，并没有引起广泛的注意。马修先生的观点和我的观点之间的区别并不大：他似乎认为，世界上的栖息者在连续的时期内几乎灭绝，然后又重新占领了这个世界；他同时指出"没有先前生物的模型或胚种"，也可能产生新物种。我不太确定我是否完全理解了其中的某些篇章，但在我看来，他似乎认为生活环境的直接作用具有非常大的影响。不管怎样，他都已经清楚地认识到了自然选择原理的强大力量。

著名的地质学家和博物学家冯·巴哈在他的著作《加那利群岛自然地理描述》（1836年，147页）中明确地表达了他的观点，说变种可以慢慢地变为永久的物种，而这些物种不能再进行杂交了。

拉菲奈斯鸠在他1836年出版的《北美洲新植物志》第6页里写道："一切物种可能都曾经是变种，然后再变成有着某些不变和特定特征的物种。"但是，在18页他却写道："这个物种的原始类型即祖先是除外的。"

1843—1844年，霍尔德曼教授在《美国波士顿博物学学报》（第四卷，468页）上对物种的发展和变异巧妙地提出了正反两方面的观点，他似乎倾向于支持物种有变异的一方。

一位不知名的作者在1844年出版了《创造的痕迹》一书。在第十版（1853年），也是大量修订的一版中，这位作者写道："经过大量考察，得出的结论是，很多系列的有生命的物种，从最简单、最古老的到最高级的、最近代的，都是在上帝的指引下，受着两种冲动的影响。第一种是在有限的时间内，各种生物形式通过繁殖使生物前进，达到最高级双子叶植物和脊椎动物为止。这一种类的级数不多，而且一般有生物性状的间断作为标志，我们发现这些生物性状的间断在确定亲缘关系上是一种实际的困难。第二种冲动与生命力联系在一起，这种冲动在生物的进化过程中，代复一代地通过例如食物、居住地的特性及大气的影响等外部条件改变生物的有机结构，这就是自然神学所认为的'适应性'。"作者显然相信生物体制的进展是突然的、跳跃式的，但是生活环境的影响却是逐步的。他认为，物种在很大程度上不是不变的产物。但是我不明白他提出的这两种假设的"冲动"如何能够科学地解释我们在自然界中所看到的大量的美妙的适应。比如，我们不能依据这种说法去理解啄木鸟何以变得适应于它的特殊习性。这本著作，虽然在最初的一些版本中缺乏科学的严谨性，也没有提出什么正确的知识，但是它华丽及强有力的风格仍然使其得到了广泛的流传。我认为这本著作还是在某些方面做出了巨大贡献的，比如说它引起了人们对这一观点的注意，消除了偏见，为人们接受类似的观点做好了铺垫。

1846年，经验丰富的地质学家 M. J. 得马留斯·达罗在一篇短而精湛的论文（《布鲁塞尔皇家学会学报》，第十三卷，581页）里，表达了他的观点，认为新的物种是演变而来的说法比物种是分别被创造的说法更可信。但，他最早提出这一见解是在1831年。

欧文教授于1849年在《四肢的性质》中写道："原始型的观念，远在实际例示这种观念的那些动物存在之前，就以各种形式出现在这个星球上了。至于是什么自然法则或者次级法则导致了有机现象中这些有序的演替和进步，我们还一无所知。"1858年，他在英国科学协会演讲时曾谈到，"创造力连续作用的原理，即生物依规定而形成的原理"（第51页）。进而在谈到地域分布之后，他补充说："这些现象动摇了我们的信念，即新西兰的无翅鸟和英国的赤松鸡是各自在这些岛上，或为了这些岛而被分别创造出来的。并且，我们应该永远牢记，动物学家所谓的'创造'的意思就是'一个他不知道如何发生的过程'。"他通过赤松鸡的例子说明了这个观点，他说："当动物学家枚举诸如赤松鸡这样的鸟类是生长在这些小岛或者为了这些小岛而存在的时候，他们都会指出他们不知道赤松鸡是如何在那里并且只在那里存在的。那么通过这种表达无知的模式，他们认为不管是鸟还是这个岛屿的起源，都应该归因于伟大的第一'创造原因'。"如果把同一演讲中出现的这些词句互相对应，我们可以看出这位著名的学者在1858年就对"无翅鸟和赤松鸡是如何在他们各自的家乡出现的"这一观点产生了动摇。也就是说，他不知道它们的出现过程。

　　欧文教授的这一演讲是在华莱士先生和我的关于物种起源的论文在林纳学会宣读之后发表的。当本书第一版发行时，我和其他许多人士一样，完全被"创造力的连续作用"这个观点所欺骗，因此我把欧文教授同其他坚定相信物种不变的古生物学者们放在一起，但后来发现这是我犯的一个荒谬的错误（《脊椎动物的解剖》，第三卷，796页）。在这本书的最后一版中，我根据以"无疑的基本型"为开头的那一段话（同前书，第一卷，35页），推论欧文教授承认自然选择在新物种的形成中起到过一些作用，在我看来这个推论是完全合理的；但根据这本书第三卷798页的内容，这个推论似乎又是不正确且缺少证据的。我也曾摘录过欧文教授和《伦敦评论报》编辑之间的一封信，根据这封信，这个编辑和我本人觉得，欧文教授是声明在我之前他就已发表了自然选择这一理论，对他的这个声明我也曾表达过吃惊和满意。但根据我能理解的他最近发表的一些章节（同前书，第三卷，798 页）看来，我又部分地或全部地陷入了误解。值得安慰的是，不只是我，其他人也觉得欧文教授引起争议的这些作品让人难以理解且前后矛盾。而对于我们两人而言，欧文教授是否在我之前阐述了自然选择这个原则并不重要，因为在这章《历史概要》中已经表明，韦尔斯博士和马修先生早就走在了我们前面。

小圣·提雷尔在 1850 年的讲演中（这一讲演的摘要曾经发表在《动物学评论杂志》，1851 年 1 月），简略地说明了他相信物种的性状"处于同一状态的环境条件下会保持不变，如果周围环境有所变化，则其性状也要随之变化"的原因。他又说："总之，我们对野生动物的观察已经阐述了物种有限的变异性。我们对野生动物如何变为家禽动物，以及家禽动物如何回归野生状态的经验，都明确地证明了这一点。"他在《博物学通论》（1859 年，第二卷，430 页）中又扩充了相似的结论。

从最近出版的一份通告来看，弗瑞克博士在 1851 年（《都柏林医学通讯》，322 页）就提出了这一学说，即所有的有机生物都起源于同一个原始类型。他这个信念的根据以及对待这一问题的方法同我的完全不同。但是现在（1861 年）弗瑞克博士又发表了一篇题为"通过生物的亲缘关系来说明物种起源"的文章，对我而言，再费力地去解释他的观点就是多余的了。

赫伯特·斯宾塞先生在一篇论文（原发表于《领导报》，1852 年 3 月，1858 年在他的论文集中重印）里非常精妙地对比了生物的"创造说"和"发展说"两种理论。通过家禽动物的类比，通过许多物种的胚胎所经历的变化，通过区分物种和变种的困难度，以及通过生物普遍变化的原理，他认为物种经历过变异，并且把这种变异归因于环境的改变。这位作者还曾经在 1855 年试图用心理学来阐释通过渐变获得心理能力和实际才能的可能性的原理。

1852 年，著名的植物学家 M. 诺丁在一篇优秀的论文（原发表于《园艺学评论》，102 页，后重刊于《博物馆新报》，第一卷，171 页）中就物种起源明确地表达了自己的观点，他认为物种形成的方式同变种在栽培状况下形成的方式是类似的，而他把后者归为是人类力量选择的结果。但是他并没有表明在自然条件下这个选择是如何起作用的。和赫伯特院长一样，他也认为初期比现在更具有可塑性。他着重强调他所提出的目的论，他说，这是"一种神秘的、无法确定的影响力，对某些生物而言，它是宿命的；对另外一些生物而言，它却是上帝的意志。为了其所属种群的命运，这一影响力对生物所进行的持续作用在各个时期内决定了世界上各种生物的形态、大小和寿命，同时，这一力量也促成了个体和整体的和谐，使其适应于它在整个自然机构中所担负的功能，这就是它之所以存在的原因"。

1853年，著名的地质学家凯瑟琳伯爵提出（《地质学会会报》，第二编，第十卷，357页），如果新的疾病（假定是由瘴气所引起的）出现并且在全球范围内扩散，那么在某个特定的时段内，现存物种的病菌就会受到周围分子的化学影响，产生新的类型。

同年，即1853年，沙福赫生博士出版了一本有趣的书册（《普鲁士莱茵地方博物学协会讨论会纪要》），在书中，他提出了关于地球上有机生物的发展的观点。他推论地球上的许多物种是长期保持不变的，但是有少数物种已经发生了变异，他用了中间段的各种渐变生物的类型来解释这两种生物之间的区别。"现存的动植物并不是在灭绝之后产生的新的创造物，而是通过再生出现的衍生物。"

法国的知名植物学家M.勒考克在1854年写道（《植物地理学研究》第一卷，250页）："我们对物种的固定的以及变化的研究直接引导我们走入了两位卓越学者圣·提雷尔和歌德所提倡的思想境地。"某些分散在这部著作中的章节却引起了人们的疑问，不知道他在物种变异这方面的研究深入到了什么地步。

巴登·鲍惠尔牧师在《大千世界统一性论文集》（1855年）中，巧妙地对"创造的哲学"进行了讨论。其中最引人注意的一点是，他表示新的物种的产生是一种"有规律的而不是偶然的现象"，或者，就像约翰·赫谢尔爵士提出的那样——"与其说这是一个神秘的过程，我更愿意相信这是一个自然的过程。"

华莱士先生和我的论文刊登在第三卷的《林纳学会学报》上，并于

1858年7月1日宣读。正如这本书的绪论中提到的那样，华莱士先生以令人钦佩的说服力清楚有力地宣讲了自然选择这一学说。

深受所有动物学者尊敬的冯·贝尔在约1859年发表了他的观点。植根于生物的地域分布理念，他认为现今完全不同的类型起源于同一个单一祖先（参阅鲁道夫·瓦格纳教授的著作《动物学的人类学研究》，51页，1861年）。

1859年6月，赫胥黎教授就"动物界的永久型"这个题目在英国皇家科学普及会上做过一次报告。关于这些情形，他认为，"假如我们认为地球上所有的动植物种类或者每一物种，都是由造物主的力量形成并且在不同时间内安放在地球表面的，那么我们就很难理解诸如永久型这样的概念。我们也能很轻易地想起，这样的假设既没有传统的支持，也和自然界揭示的普遍的类比相抵触。而另一方面，如果我们把'永久型'和以下这种假设联系在一起思考，就能得到生理学唯一能支持的观点了。这个假设就是：现存的物种都是以前存在物种逐渐变异的结果。可惜这个假设是未经证实的，更可悲的是它的支持者还损害了这个观点。它们的存在似乎就是为了证明：在地质年代，生物所经历的种种变异比起它们在整个一系列的变化中所经历的量是非常小的"。

1859年12月，胡克博士出版了《澳洲植物志绪论》。在这部伟大作品的第一部分，他承认了物种的遗传和变异的真实性，并且通过许多原始的观察材料支持了这一学说。

1859年10月24日，本书第一版出版，1860年1月7日第二版发行。

# 绪 论

在我以博物学家的身份登上"小猎犬号"航游世界期间，我曾在南美洲看到有关生物的地域分布，以及现存生物和古代生物的地质关系的某些事实，这些事实深深地打动了我。正如我将在本书以下章节所论述的那样，这些事实似乎在物种起源方面给了我某些启示：我们最伟大的哲学家之一，就曾经将其称为谜中之谜。

在回国以后的 1837 年，我突然想到，如果我能够耐心地搜集和思索任何可能与这个问题相关的各种事实，也许可以得到一些结果。经过五年的工作之后，我开始专心思考这个问题，并且记下了一些简短的笔记。1844 年，我把这些简短的笔记扩充为一篇纲要，以记录当时在我看来应该是正确的结论。从那时起到现在，我都在坚定不移地追求同一个目标。我希望读者们能明白我并不是仓促地得出了这个结论，所以我也要花些篇幅讲述一些个人琐事。

现在（1859 年）我的工作已将近结束，但要完善它还需要许多年，同时由于我的健康状况不好，所以先出版一个摘要。当然我这样做更主要的原因是，现在在马来群岛研究自然史的华莱士先生，就物种起源这个问题几乎得出了和我一样的结论。

1858年他曾寄给我一份有关这个问题的论文，嘱我转交查尔斯·莱尔爵士。莱尔爵士把这篇论文送给林纳学会，刊登在该会第三卷会报上。莱尔爵士和胡克博士都知道我的工作，胡克还读过我写的1844年的纲要，他们都给予了我赞誉，认为把我原稿的若干摘要和华莱士先生的杰出论文同时发表是可行的。

我现在发表的这个摘要一定还有缺陷，若干论述无法找到参考资料和根据，希望读者能对我的论述的正确性足够信任。尽管我一向谨慎，只信赖有可靠来源的东西，但也难免陷入错误。在这里，我只能给出我得到的结论的一般性陈述，里面有少数的事实来做实例，我希望在大多数情况下这样做就足够了。当然，今后也必须把这些结论所依据的事实和参考资料发表出来，我希望在将来的著作中能实现这个愿望。这是因为我清楚地认识到，本书中讨论的任何一个观点都有事实为证，而这些事实往往又会引出同我的结论恰恰相反的结论。只有完全论证并平衡了每一个问题正反两面的事实和论点才能得出公平的结论，但在这里这样做是不可能的。

我要特别感谢大量的博物学家给予我的无私慷慨的帮助，虽然其中一些人我并不认识。由于篇幅的限制，我不能对他们一一表示谢意，但是我却不能不借此机会向胡克博士表达我深深的感激之情。在过去的15年里，他用他丰富的知识和敏锐的判断力在各个方面给予了我无私的帮助。

提到物种起源，完全可以想象得到的是，如果一个博物学家考虑到有机物之间的亲缘关系、胚胎关系、地域分布、地域交替以及其他事实，那么他也许会得到如下结论：物种不是独立地被创造出来的，而是和变种一样，是从其他物种遗传下来的。尽管如此，除非我们能够阐明这个世界的无数物种怎样发生了变异，以获得应该引起我们赞叹的如此完善的构造和相互适应性。博物学家们不断地把变异唯一可能的原因归因于外部环境，比如说气候、食物等。从某一狭义来说，正如以后即将讨论到的，这种说法可能是正确的；但是如果以啄木鸟为例，把它的构造——脚、尾、喙能如此精妙地适应提取树皮下的昆虫这一活动也仅仅归因于外部环境，就显得十分荒谬了。在有槲寄生的场合，它从某几种树木吸取营养，它的种子必须由某几种鸟传播，而且因为它是雌雄异体，必须依靠某几种昆虫的帮助才能完成异花授粉，那么，要用外界条件、习性或者植物本身的意志的作用来说明这种寄生生物的构造及它和几种不同生物的关系，也同样是十分荒谬的。

　　因此，最重要的事情就是要明白变异和适应的途径。观测初期，我觉得通过仔细研究家养动物和栽培植物最有可能解决这个难题。我也确实没有失望，在我研究这个及其他复杂情况的时候，尽管在有关家养环境下的变异的知识方面我仍然有所欠缺，但是这个途径总能给我提供最好也是最可靠的线索。所以，尽管其他的博物学家往往会忽略它，但是我认为这种研究具有很高的价值。

　　通过这些考虑，我把本书的第一章用来讨论家养环境下的变异。我们可以看到，大量的遗传变异至少是可能的。同样重要或者更加重要的是，在积累连续的微小变异方面，人类通过选择的力量是何等之大。然后，我会进一步讨论物种在自然状况下的变异。不幸的是，我不得不十分简要地讨论这个问题，因为只有列出长篇的事实才能把这个问题处理妥当。无论如何，我们还是能够讨论什么环境条件对变异是最有利的。第二章要讨论的是全世界所有生物之间的生存斗争，这是它们依照几何级数高度增值的不可避免的结果。这就是马尔萨斯学说在整个生物界的应用。每一物种所产生的个体远远超过其可能生存的个体，因而反复引起生存斗争，于是任何生物所发生的变异，无论多么微小，只要在复杂而时常变化的生活条件下采取有利于自身的生存方式，就会有较好的生存机会，这样也就被自然选择了。根据强大的遗传原理，任何被选择下来的变种都会有繁殖其变异了的新类型的倾向。

　　自然选择的基本问题将在第四章里做详细论述。在那一章我们就会看到，自然选择怎样几乎不可避免地致使改进较少的生物大量绝灭，并且引起我所谓的"性状分歧"。在接下来的一章我将讨论复杂的、所知甚少的变异法则。接着的五章里，将对接受本学说所存在的最明显、最重大的难点加以讨论，即：第一，转变的难点，也就是说一个简单生物或一个简单器官，怎么能够变化成和改善成高度发展的生物或构造精密的器官；第二，本能的问题，即动物的精神能力；第三，杂交现象，即物种间杂交的不育性和变种间杂交的能育性；第四，地质记录的不完全。在第十一章，我将考察生物在时间上从始至终的地质演替。在第十二章和第十三章，将讨论生物在全部空间上的地理分布。在第十四章，将论述生物的分类或相互间的亲缘关系，包括成熟期和胚胎期。在最后一章，我将对全书做扼要的复述及简短的结束语。

如果我们适当地估量生活在我们周围许多生物之间的相互关系，那么，关于物种和变种的起源至今还保持着暧昧不明的状况，就不应该有人觉得奇怪了。谁能解释某一个物种为什么分布范围广而且为数众多，而另一个近缘物种却分布范围狭窄且为数稀少？然而这等关系具有高度的重要性，因为它们决定着这个世界上一切生物现在的繁盛，并且我相信，那也决定着它们未来的成功和变异。至于世界上无数生物在地史的许多既往地质时代里的相互关系，我们所知的就更少了。虽然许多问题至今暧昧不明，而且在今后很长时期里还会暧昧不明，但经过我能做到的精密研究和冷静判断，我毫无疑虑地认为，许多博物学家直到最近还保持着我以前所保持过的观点——每一物种都是独立被创造出来的观点是错误的。我完全相信，物种不是不变的，那些所谓同属的物种都是另一个已经绝灭的物种的直系后裔，正如任何一个物种的世所公认的变种乃是那个物种的后裔一样；而且，我还相信，即使不是唯一的，自然选择也一定是变异的最重要的途径。

# 第一章 家养条件下的变异

变异的诸多原因——习性和器官使用或不使用的影响——相关变异——遗传——家养变异的特征——区别物种和变种的困难——起源于一个或多个物种的家养变种——家鸽的区别和起源——古代起就遵循的选择原理及其影响——无意识的选择——家养生物的未知起源——人工选择的有利条件。

## 变异的诸多原因

当我们比较同一变种的个体，或者我们之前培植的植物和动物亚变种的个体时，首先会引起我们注意的就是，它们相互之间的区别比自然状态下的任何物种或者变种的差异都大。如果我们仔细回想那些已经被人类培育的植物和动物巨大的多样性，以及这些植物和动物长时间以来在不同的气候条件下，经受不同的对待所产生的不同的变化，我们可以得出以下结论：这种伟大的变异性源于家养动植物的环境不同，而且在某种程度上与它们亲种生长的自然环境也不一样。此外，安德鲁·奈特提出的观点也是可能的。他认为，这种变异部分原因可能与食物过剩有关系。看起来很明确的是，生物必须暴露在新的环境下数代才能发生大量的变异。而一旦生物开始发生变异，就会持续许多世代。自有记录以来还没有一种变异的生物在培育情况下停止变异的。历史最早的培育植物，比如说小麦，仍然在产生新的变种，而历史最久的家禽动物也还是能够快速地改进或变异。

在长时间研究这个问题之后，让我来判断的话，生活环境显然在两个方面起作用：直接作用于整个机体或者仅仅只是某个特定的部分，或者通过影响生殖系统起到间接的作用。正如最近魏斯曼教授所主张的，以及我在《家养状况下的变异》里所偶然提到的那样，就直接影响而言，我们必须牢记，任何一个例子都有两个因素，即有机体的性质和环境的性质。而前者要重要得多，因为，就我们能判断的来看，相似的变种有时候会出现在不相似的环境中。另外一方面，环境几乎一样的条件下却会出现不相似的变种。而这些效果对后代的影响却是不一定的。如果在几个世代中生长的个体所有的后代或差不多所有的后代，都以同样的方式进行变异，这时就可以把这个效果看成确定的。但是要对这种情况下诱发出来的变化范围下任何结论却是非常困难的。然而，许多细微的变化，例如由食物量所得到的大小、由食物性质所得到的色泽、由气候所得到的皮肤和毛的厚度等，则几乎无可怀疑。从家禽的羽毛中看到的无止境变异中的每一个变异都有直接的原因，而且如果同样的原因在很长一系列的世代中都同样作用于许多个体，那么所有这些个体应该都会按照同样的方式进行变异。制造树瘿的昆虫的微量毒液一注射到植物体内，必然会产生复杂的和异常的树瘿，这事实向我们指出：在植物中树液的性质如果起了化学变化，其结果便会发生何等奇特的改变。

不确定的变异性与确定的变异性相比，更是改变了的环境的普遍结果，而且在我们家禽种类的形成上，起着更重要的作用。我们在无尽的微小的独特性中看到不确定的变异性，正是它们区分了同一物种内的不同个体，而这些独特性既不能认为是从亲代，也不能认为是从更远的祖先遗传下来的。甚至同胎中的幼体和同种皮中萌发出来的幼苗，有时也会表现出大的差异。在长期的时间内，在同一个国家用几乎相同的食料所饲养的数百万个体中，构造差异之明显甚至可以用畸形来形容，但是畸形和比较细微的变异之间并不存在明显的界限。

所有这样结构上的变化，无论是极其细微的还是非常显著的，只要出现于生活在一起的许多个体中，都可以被认为是生活条件作用于每一个个体的确定的效果。这和严寒会对不同的人产生不同的影响几乎是一样的，由于每个人的身体状况或体质不同，可能会引起咳嗽、感冒、风湿症或一些器官的炎症。

关于我提出的改变了的外界环境的间接作用，也就是被影响了的生殖系统，我们可以推论出变异是这样被诱发的：一部分原因是生殖系统对外界环境的任何改变都极其敏感；另外一部分原因，正如开洛鲁德等所指出的那样，不同物种间杂交所产生的变异与动植物被饲养在新的或不自然的条件下所发生的变异是相似的。许多事实都明确表明，生殖系统对于周围条件极轻微的变化表现出了何等显著的敏感。

驯养动物是最容易的事，但是要让它们在圈禁状态下自由繁殖，即使是雌雄繁殖，也是很困难的事。许多动物即使能在原产地自由地生长，也不能生育！这通常错误地被归因于其本能受到了损害。许多栽培植物外表看起来非常茁壮，但极少或者从不结果实。在少数的一些例子中能发现一些微不足道的变化，比如在某一个特殊的生长期内，水分多些或少些，就能决定植物结实或者不结实。对于这个奇妙的问题，我所搜集的详细事实已在其他地方发表，在此不再给出更多的细节。但是为了表明动物在圈禁状态下繁殖的法则是非常奇特的，我还应该指出，即使是从热带引进的肉食动物，也能自由地在圈禁状态下在英国繁殖，但是跖行动物或者熊类动物却是少有的例外，它们很少能产下幼崽或者孵出受精卵。许多外来的植物，同最不能生育的杂交物种情况一样，它们的花粉都是完全无用的。

一方面，我们能够看到很多家养的动植物，虽然并不结实且常常患病，却能在圈禁状态下自由生育。另一方面，我们看到一些个体虽然是自幼就被从自然界中取来并且被完美地驯化，长命而且健康（关于这点，我可以举出无数事例），但是它们的生殖系统却由于未知原因受到了严重影响，以至于不再起作用。因此，若生殖系统在圈禁状态下发生的作用不规则，产生出来的后代同它的双亲有不相像的地方，就不奇怪了。我要补充的是，有些生物能在最不自然的情况下（比如养在箱子内的兔及雪貂）自由繁殖，这就表明它们的生殖器官不易受到影响。所以有些动物和植物能够承受家养或栽培，并且变化很细微，几乎不比在自然状况下发生的变化大。

一些博物学家主张，所有变异都与有性生殖的作用有关，但这显然是一个错误。我在另一本著作中，将园艺家称为"芽变植物"的植物列出了一个长表。这种植物会突然生出一个芽，与同株的其他芽不同，它具有新的（有时是显著不同的）性状。这些可以被称为芽的变异的芽，可用于移植、插枝，有时候也可以通过种子等来繁殖。在自然条件下这种情况很少发生，但在栽培情况下却很常见。作为同一株树上数千个芽中出现的一个具有新性状的芽，即使在条件一致的情况下，也会出现新的特征，例如，桃树上的芽能生出油桃，普通蔷薇上的芽能生出洋蔷薇。因此我们能清楚地看出，在决定每一变异的特殊类型上，外界环境的性质与生物的本性相比，其重要性仅居于次位，就像能使可燃物燃烧的火花的性质，在决定火焰的性质上更为重要。

### 习性和器官使用或不使用的影响；相关变异；遗传

改变了的习性能产生遗传的效果，比如植物从一种气候条件下被迁移到另一种气候条件下，它的开花期会发生变化。动物身体的各部分是否常用则有更明显的影响，例如我发现家鸭的翅骨在其与全体骨骼的比重上，比野鸭的翅骨轻，而家鸭的腿骨在其与全体骨骼的比例上却比野鸭的腿骨重。这种变化能够可靠地归因于家鸭比其野生的祖先飞得少而走得多。牛和山羊的乳房在日常挤奶的地方比不挤奶的地方发育得更好，而且这种发育是遗传的，这大概是因使用而产生影响的另一例子。有些地方的家养动物没有一种不是具有下垂的耳朵的，有人认为这是由于动物很少受到惊吓而使耳朵上的肌肉不被使用造成的，这种观点大约是可信的。

许多法则能控制变异，但是我们只能大概地理解其中的少数几条，在今后详加论述。在此我只准备讨论能称为有相互关系的变异。在胚胎或幼虫时期发生的重要变化很可能会引起动物成熟后的变化。在畸形生物里，完全不同的部分之间的相互作用是很奇妙的，关于这个现象，小圣·提雷尔在他伟大的著作里记载了很多事例。饲养者们都相信，长的四肢通常伴随着长的头。有些相关的例子却非常奇怪，例如毛色全白且有蓝眼睛的猫一般都是聋的。但最近泰特先生指出，这种情况只发生在雄性身上。体色和体质上的特质关系在动物和植物中有很多值得注意的例子。据霍依兴格所搜集的事实来看，白毛的绵羊和猪会受到某些植物的伤害，而深色的个体则能够避免。怀曼教授最近就写信告诉了我关于这种情况的一个很好的例子。他询问过弗吉尼亚地区的一些农民，为什么他们养的猪全是黑色的，他们告诉他，猪吃了赤根，骨头就变成了淡红色，除了黑色的变种外，猪蹄都会脱落。弗吉尼亚的一个牧民又说："我们会在一胎猪崽中选取黑色的来饲养，因为只有它们才有更大的生存机会。"无毛的狗牙齿会不齐全；长毛和粗毛的动物据说有长角或多角的倾向；爪上长毛的鸽子外趾间有皮；短嘴的鸽子一般脚小，长嘴的鸽子脚大。所以人如果继续选择某种特性，不断加强这种特性，那么根据神秘的相关法则，必然会在无意中改变身体其他部分的构造。

各种未知的或仅仅只能模糊理解的变异法则的结果是无限复杂和多种多样的。几种历史久远的栽培植物，如风信子、马铃薯，甚至大丽花等的相关论文，是很值得仔细研究的。我们会惊奇地发现，变种和亚变种之间在构造和体质上的无数点都有细微的差异。整个生物的有机体似乎变成为具有可塑性的了，并且会稍微区别于其亲类型的体制。

不遗传的变异对于我们而言是无关紧要的，但是可遗传结构上的差异数量和多样性是无限的，不论是轻微的差异，还是在生理上相当重要的差异。卢卡斯博士的两大卷论文，就是关于这个问题的最翔实也是最优秀的著作。没有一个饲养者会怀疑遗传倾向是何等有力的，"类生类"是他们的基本信念。只有空谈理论的作家们才会对这个原理有所怀疑。构造上的偏差常常发生在父亲和儿子身上，我们不能说这是同一原因作用于二者的结果。但是，在数百万个体中，由于环境条件的某种异常结合，会偶然出现于亲代又重现于子代的很罕见的偏差，这时，纯机会主义就会迫使我们把它的重现归因于遗传。每个人应该都听过白化病，多刺的皮肤及多毛症等会出现在同一家庭中几个不同成员身上。如果能把奇异和稀少的结构偏差视为遗传，那么相对普通的偏差当然也可以被认为是遗传的了。把各种特性的遗传看作普遍规律和把不遗传看作不正常，大概是正确看待这个问题的途径。

控制遗传的法则大部分是未知的。没有人能说明为什么同一物种或者不同物种的不同个体的同样特性有的可以遗传，有的则不能；为什么后代常常会出现他们的祖父母甚至更远的祖先才有的特征；为什么一种特性经常从传给雄（雌）性变为传给雌雄两性，或者变为只单独传给雌（雄）性，当然，这点是更普遍的，但不是绝对的。出现于雄性家禽的特性，通常会绝对或者很大程度地传给雄性，这对我们是一个非常重要的事实。

有一个我们可以相信的更重要的规律是，一种特性不管在生命的哪一个时期初次出现，它都会倾向于在后代相应的年龄重现，尽管有时候会稍早一些。在很多例子中都出现了这种情况。例如，牛角的遗传特性，仅在其后代快要成熟的时候才会出现；我们也知道蚕的各种特性会在毛虫或蚕茧期出现。但是遗传疾病以及其他一些事实使我相信这种规律可以适用于更大的范围，虽然没有明显的理由；某种特性应该在一定年龄出现，可是它在后代出现的时期与父代初次出现的时期基本相同。我相信这一规律对解释胚胎学的法则是极其重要的。这些意见只是针对特性初次出现这一点，并非指作用于胚珠或雄性生殖质的最初原因而言。短角母牛和长角公牛交配的后代的角增长了，尽管是出现在生命的后期，但显然是由于雄性因素的作用。

提到返祖问题，我想在这里说一说博物学家们经常讨论的一个观点，即当回归到野生状态的时候，我们的家养变种逐渐却又必然地要重现它们原始祖先的性状。所以，有人曾经辩称，不能根据家养种族用演绎法来推断自然条件下的物种。我也曾经徒劳地探寻人们是依据什么确定的事实而作出如此频繁和大胆的论述的。我们可以稳妥地推断，绝大多数有着明显家养特征的变种可能无法在野生状况下生活，可是要证明它的真实性是非常困难的。就很多例子而言，我们不知道原始祖先究竟是什么样子，也不能断定所发生的返祖现象是否近乎完全。为了防止杂交的影响，如果把单独一个变种放在新的家乡，它的现象就有可能变弱。虽然如此，因为我们的变种有时候的确会重现祖代类型的某些特征，所以我觉得以下的情况都是有可能发生的。如果我们能把不同种族的甘蓝菜长时间成功地种植在非常贫瘠的土壤上（当然，在这个例子中，贫瘠的土壤也应该有一定的影响），那么它们在很大程度上甚至会全部重现野生原始祖先的性状。这个试验是否能够成功，对论证我们的观点并不十分重要，因为试验本身就已经改变了生活环境。如果能阐明，当我们把家养变种放在同一条件下，并且大群地养在一起，使它们自由杂交，通过相互混合以防止构造上任何轻微的偏差，这样，如果它们还显示强大的返祖倾向——失去它们的获得性，那么，在这种情形下，我会同意不能从家养变种来推论自然界物种的任何事情。但是一点点有利于这种观点的证据都没有：要断定我们不能使为我们运货的马和赛马、长短角牛、各种各样的家禽以及能食用的各种蔬菜无数世代地繁殖下去，是违背一切经验的。

家养变异的特征；区别物种和变种的困难；
起源于一个或多个物种的家养变种

如果研究家养动植物中有遗传性的变种或者种族，并且把它们同亲缘密切近似的物种进行比较，如上所述，我们就会看出各个家养种族在性状上不如真种那样一致。家养种族的性状常常或多或少有畸形的，这就是说，它们彼此之间及它们和同属的其他物种之间虽然在若干方面差异很小，但是当它们互相比较时，便常会在身体的某一部分表现出很大程度的差异，特别是把它们同自然条件下的亲缘最近的物种相比较时更是如此。除了畸形的性状之外（杂交变种的完美生育能力，这个问题后面会讨论到），同种的家养种族的彼此差异和自然条件下同属的亲缘密切近似物种的彼此差异是相似的，但是前者在大多数例子中的差异程度较小。我们必须承认这一点是确定的，因为某些有能力的鉴定家把许多动植物的家养种族看作是原来不同物种的后代，另外一些鉴定家则断定它们仅仅是一些变种。如果一个家养种族和一个物种之间存在着显著区别，这个疑问便不至于如此持续地反复发生了。有人常常这样说，家养种族之间的性状差异不具有属的价值。我们可以阐明这种说法是不正确的。但博物学家们在确定究竟什么性状才具有属的价值时，意见却各不相同，相关的这些评价目前都只是经验。当属怎样在自然界里起源这一点得到说明时，就会知道，我们没有权利期望在我们的家养种族中常常找到像属那样的差异量。

为了评估近似的家养种族之间的结构差异量，我们会立刻感到疑惑，不知道它们究竟是从一个还是几个亲种传下来的。下面这个观点如果能被证实的话，就会非常有趣。例如，如果能够阐明众所周知的它们繁殖的真实后代的灰狗、血猎犬、小猎犬、西班牙猎犬和斗牛犬都是某一物种的后代，那么这个事实就会严重地影响我们的判断，使我们对栖息在世界各地的许多密切类似的自然种族是不变的说法产生极大疑惑，例如许多狐的种类。正如我们马上就要讲到的那样，我不相信这几个种类的狗的全部差异都是在家养条件下产生的，我认为有小部分差异是从不同的物种传下来的。在其他一些家养物种有着显著特征的例子中，却有假定但有力的证据可以表明它们都是从一个野生亲种传下来的。

有人通常会假设人类选择的家养动植物都具有极大的遗传变异倾向，能经受住变化多端的气候。我不是在怀疑这些性质大大地增加了大多数家养生物的价值，但是当原始人在驯养一种动物的时候，他怎么知道这种动物是否会在接下来的世代中，继续发生变异或者能经受得住气候？驴和鹅的变异性不高，驯鹿的耐热力不高，普通骆驼的耐寒力不好，难道这些都会阻碍它们被家养吗？我可以肯定，如果从自然中找出一些动植物，使它们的数目、产地及分类纲目都相当于我们的家养生物，同时假定它们在家养状况下繁殖同样多的世代，那么它们平均发生的变异会和现存家养生物的亲种所曾经发生的变异一样多。

对于大多数从远古时就家养的动物和植物，现在还不能得到任何明确的结论，证明它们究竟是从一个还是从几个野生物种传下来的。那些相信家养动物是多源的人们的论点的主要依据，是我们在上古时代，在埃及的石碑上和在瑞士的湖上住所里所发现的家畜品种是极其多样的；其中某些古代物种与现今还生存着的十分相像，甚至完全相同。但这仅仅只是把文明的历史追溯得更远，并且说明动物被家养的历史比以前所设想的更为悠久。瑞士的湖上居民栽培过几个种类的小麦、大麦、豌豆、制油用的罂粟及亚麻，并且他们还拥有多种家养动物，他们也同其他国家进行贸易。这些都清楚地表明（如希尔评论的那样）他们在这么早的时期，文明程度就已经相当高了。这也暗示了在此之前还有过长时间持续的文化较低的时期。在这段时期，各部落在各地方家养的动物大概已发生变异，并且产生了有明显区别的种族。自从各种打火工具的原始模型在世界各地被发现之后，所有地质学者们都相信原始人在非常久远的时期就已存在。我们也知道，现今几乎没有一个种族原始到连狗也不饲养的。

大多数家养动物的起源也许永远都弄不清楚。但我要在此说明的是，研究了全世界的家狗，并且辛苦搜集了所有的已知事实后，我得出这样一个结论：几种犬科动物的野生物种曾被驯养，在某种情形下它们的血曾混合在一起，流入我们家养品种的血管里。而至于绵羊和山羊，我还不能形成结论性的意见。

布莱斯先生写信告诉过我印度牛的习性、声音、体质及构造，这些事实几乎可以确定它们的原始祖先和我们欧洲的牛是不同的，而且某些有能力的鉴定人相信后者有两个或三个野生祖先，但不知它们是否够得上被称为物种。这一结论，包括印度牛和普通牛的明显区别，其实已被卢特梅耶教授所做的伟大研究确定了。关于马，基于一些无法在此提出的原因，我同几个作家的意见相反，我倾向于相信所有的马族都属于同一个物种。我饲养过几乎所有的英国鸡的品种，让它们繁殖和交配，并且研究它们的骨骼，我几乎可以肯定地说，所有品种都是野生印度鸡的后代。同时，这也是布莱斯先生和其他人在印度研究这种鸡的结论。鸭和兔的某些品种彼此差异很大，有证据清楚地表明它们都是从普通的野鸭和野兔传下来的。

关于某些家养物种起源于原始物种的学说，有些作者的认识已经荒谬到了夸张的地步。他们认为即使每一个繁殖纯种的家养种族的区别极其轻微，也各自有其野生的原始型。照这个想法，仅仅在欧洲就必须存在过至少二十个野牛种和野绵羊种、数个野山羊种，甚至在大不列颠一地也必须有几个物种。还有一位作者相信，以前大不列颠所特有的绵羊竟有十一个野生种之多。我们记得的是，英国现在已没有一种特有的哺乳动物，法国只有少数几种和德国不同的哺乳动物，匈牙利、西班牙等也是这样。但这些国度各有好几种特有的牛、绵羊等品种，所以我们必须承认，许多家畜品种一定起源于欧洲，否则它们是何时从何处起源的呢？在印度也是如此。甚至全世界的家养狗品种，我承认它们是从几个野生种传下来的，无疑也有大量的遗传变异。因为，意大利的灰狗、血猎犬、斗牛犬、巴哥犬或布伦海姆狗等同一切野生狗科动物如此不相像，有谁会相信同它们密切相似的动物曾经在自然状态下生存过呢？有人不够严谨地认为我们所有的狗的种类都是原始物种杂交的产物，但是通过杂交，我们只能获得某种介于两亲之间的一些类型。如果要用这一过程来解释几个家养种族的起源，我们就必须承认某些极端类型，如意大利灰狗、血猎犬、斗牛狗等之前曾在自然状态下存在过。何况，通过杂交产生独特物种的可能性也被极大地夸大了。有记录的许多事例表明，假如我们对于一些表现有我们所需要的性状的个体进行仔细选择，就可通过偶然的杂交改进一个种族，但是要想从两个完全不同的种族得到一个中间性的种族，却是十分困难的。西布赖特爵士还曾经特意为了实现这一目的进行过实验，结果失败了。两个纯种第一次杂交后所产生的后代相差不多（如我在鸽子中所发现的那样），有时其性状还相当一致，于是一切情况似乎都清楚了。但是，当我们使这些杂种互相进行杂交数代之后，它们的后代简直没有两个是彼此相像的，这种工作的困难就显而易见了。

## 家鸽的区别和起源

　　我相信研究特定的类群是最好的方法，经过慎重思考之后，便选取了家鸽。我饲养了每一个我能买到或得到的品种，最应感激的还是从世界好多地方得到了大家热心惠赠的各种鸽皮，特别是埃里奥特从印度、默里从波斯寄来的。关于鸽子的论文曾被用几种不同文字发表过，其中有些是很古老的，所以极其重要。我曾和几位有名的养鸽家交往过，也被允许加入两个伦敦的养鸽俱乐部，家鸽品种的数量真是多得惊人。比较英国传书鸽和短面翻飞鸽，可以看出它们鸟嘴部位的奇特差异，以及由此引起的头骨部分的差异。传书鸽，特别是雄的，头部周围的皮肤有发育奇特的肉突，与此相伴的还有大大增长了的眼睑、很大的外鼻孔以及口部的大缺口。短面翻飞鸽的嘴部外形和雀类的相像。普通翻飞鸽在飞行的时候有一个奇特的遗传习性，它们翻着筋斗成群结队地在高空飞翔。侏儒鸽是有着巨大身型的鸟类，伴随着巨大的鸟嘴和足部。有些侏儒鸽的亚品种项颈很长，有些翅和尾很长，有些尾特别短。巴巴利鸽和传书鸽相近似，嘴虽不长却短而阔。球胸鸽的身体、翅膀、腿都特别长，它发达的嗉囊在得意的时候会膨胀，可以让人感到惊奇甚至好笑。浮羽鸽的嘴短，呈圆锥形，在胸部还有一列倒生的羽毛，它有一种习性，会不断在食管上部轻微地鼓胀。毛领鸽的羽毛沿着颈的背部倒着生长，就像是头巾盖在头上一样，从身体的比例看来，它的翅羽和尾羽都颇长。喇叭鸽和笑鸽的叫声就像它们的名字一样，与别的品种的叫声极为不同。扇尾鸽有三四十支尾羽，在庞大的鸽科中正常的是十二或十四支，而且它们的尾部羽毛都是展开并且竖立的，优良的品种还可头尾相触，但是它们的脂肪腺退化得很严重。此外我还可举出若干差异比较小的品种。

　　在这几个品种中，面骨骨骼的长度、阔度、曲度的发育都大不相同；下颌的羽枝的形状、阔度和长度都有显著的变异；尾椎和骶椎的数目有变异，肋骨也是如此，伴随着相对阔度和突起的有无；胸骨上的孔的尺寸和形状差异极大，叉突两枝的开度和相对长度也是如此。口裂成比例的阔度，眼睑、鼻孔、舌（并不永远和喙的长度有严格的相关）成比例的长度，嗉囊和上部食管的大小，脂肪腺的发达和退化，主要的翅膀和尾羽的数目，翅和尾的彼此相对长度及其和身体的相对长度，腿和脚的相对长度，趾上鳞板的数目，趾间皮膜的发达程度，这些都是构造中容易发生变异的部位。羽毛完全出齐的时期有变异，孵化后雏鸽的绒毛状态也是如此。鸽蛋的形状和大小有变异。飞行的方式、某些品种的声音和性情都有显著差异。最后，某些品种中雌雄鸽之间也有些微差异。

总共至少可以选出二十种鸽。如果拿给鸟学家看，并且告诉他这些都是野鸟，他一定会把它们列为界限清楚的物种。此外，我不相信任何鸟学家在这种情况下会把英国传书鸽、短面翻飞鸽、侏儒鸽、巴巴利鸽、球胸鸽及扇尾鸽列入同属；特别是当把这些品种中的几个纯粹遗传的亚品种——这些他会叫作物种——指给他看时，会尤其如此。

尽管鸽类品种间的差异很大，我却十分确定博物学家们普遍的观点是正确的，换句话说，它们都是从岩鸽传下来的，包括这个名目下几个彼此差异极细微的地方族或者亚种族。使我产生这个信念的一些原因在某种程度上也适用于其他例子，所以在这里，我要把这些原因大概地说一说。如果说这几个品种不是变种，也不是来源于岩鸽，那么它们必须是从至少七八种原始祖先传下来的。因为比此更少的数目进行杂交，不可能造成现今这样多的家养品种。例如使两个品种进行杂交，如果亲代之一不具有嗉囊的性状，怎能够产生出球胸鸽来呢？这些假定的原始祖先应该都是岩鸽，它们既不在树上生育，也不喜欢在树上栖息。但是，除这种岩鸽和它的地域亚种外，已知的其他野岩鸽只有两三种，但它们都不具有任何家养品种的性状。因此，所假定的那些原始祖先有两种可能：或者在鸽子最初家养化的那些地方至今还生存着，只是鸟学家不知道罢了，但就它们的大小、习性和显著的性状而言，似乎不会不被知道的；或者是它们在野生状态下都绝灭了。可是，它们又是生长于峭壁、善于飞行的鸟类，不太可能会被灭绝。和家养品种有同样习性的普通岩鸽，即使是生活在几个英国的较小岛屿或者在地中海的海岸上的，都没有被绝灭。因此，说与岩鸽有着相似习性的物种都已绝灭是一种轻率的推论。此外，上述提到的家养品种曾被运输到世界各地，所以有几种必然会被带回原产地。但是，除了鸠鸽这一稍微改变的岩鸽在数处地方变为野生的以外，没有一个品种变为野生的。此外，最近的所有经验都表明：野生动物在家养状况下自由繁育是困难的事情。然而，根据家鸽有多种起源的假设，至少有七八个物种在古代已被半文明的人类彻底家养，以至于能在圈禁状态下大量繁殖。

一个有着重大意义并且可应用于其他几种例子的论点是，上述提到的品种虽然在体质、习性、声音、色泽及大部分构造方面与野生岩鸽大致相同，但是一些其他部分肯定是高度变态的。我们在鸠鸽类的整个大科里，找不到一种像英国传书鸽或短面翻飞鸽或巴巴利鸽的喙，也找不到像毛领鸽的倒羽毛、像球胸鸽的嗉囊、像扇尾鸽的尾羽。因此必须假定，半文明人不但成功地彻底驯化了几个物种，也或刻意或偶然地选出了特别畸形的物种；而且还要假设，正是这些物种以后都完全绝灭或者湮没无闻了。看来这许多奇怪的意外之事是完全不会有的。

有些关于鸽类颜色的事实值得我们考虑。岩鸽是石板青色的，腰部是白色；但是印度的亚种，斯特里克兰的青色岩鸽的腰部却是黛青色的。岩鸽的尾部有一暗色横带，外侧尾羽的外缘基部呈白色，翅膀上有两条黑带。除了尾部两条黑带之外，一些半家养的品种和一些真正的野生品种，翅上都带有黑色方斑。全科的其他任何物种都不会同时出现这几种斑纹。现在，任何家养品种只要饲养得充分，都会出现以上提到的斑纹，包括外尾羽的白边，有时甚至还会发展得一模一样。此外，两个或几个属于完全不同品种的鸽子杂交后，虽然它们不具有青色或上述斑纹，但其杂种后代却很容易突然获得这些性状。

我观察过的例子之一是，我用几只完全纯种繁殖的白色扇尾鸽同几只黑色巴巴利鸽进行杂交，它们的杂种是黑色、棕色和杂色的，青色变种的巴巴利鸽相当稀少，以至于我从不曾在英国听到过有这样的事例。我又用一只巴巴利鸽同斑点鸽进行杂交，它们的杂种却是暗色并长有斑点。而斑点鸽本身是白色的，尾红色，前额有红色斑点，是众所周知的纯种繁殖的品种。随后我用巴巴利鸽和扇尾鸽杂交的杂种，同巴巴利鸽和斑点鸽杂交的杂种进行杂交，它们生产的鸽子和任何野生岩鸽一样美丽，拥有青色的毛色、白色的腰部、两条黑色的翼带，以及带着条纹和白边的尾羽。假如说一切家养品种都是从岩鸽传下来的，根据熟知的返祖遗传原理，我们就能够理解这些事实了。但是，如果不承认这一点，我们就必须接受下面两种完全不可能的推论之一。第一，尽管没有现存的品种有这样的颜色和斑纹，但所有假想的几个原始祖先都具有岩鸽那样的颜色和斑纹，所以每一种分开的品种都有倾向出现同样的颜色和斑纹。第二，各品种，即使是最纯粹的，也曾在十二代或至多二十代之内同岩鸽交配过。我之所以说是在十二代或二十代以内，是因为不曾找到一个例子表明杂种后代能够重现二十代以上消失了的外来血统的祖代性状。在只杂交过一次的品种里，因为在以后各世代里外来血统逐渐减少，所以重现从杂交中得到的任何性状的倾向自然会变得愈来愈小。但是，如果不曾杂交过，那么这个品种里就有重现前几代中已经消失了的性状的倾向。所以我们可以看出，这一现象和前一种情况正好完全相反，它能不减弱地遗传无数代。论述遗传问题的人们常常把这两种完全不同的返祖情形混淆在了一起。

最后，我可以声明，从我自己对最有特点的品种的有计划的观察，在所有鸽子的品种间，杂种或者混血都是完全能生育的。但是对于两个十分不同的物种的种间杂种，几乎没有一个例子能够确切证明它们是完全能生育的。有些作者相信，长期持续的家养能够消除种间不育性的强烈倾向。从狗及其他一些家养动物的历史来看，如果把这一结论应用到彼此联系紧密的物种，大概也是非常准确的。但是，如果把它扯得那么远，以假定那些原来就具有像今日的传书鸽、翻飞鸽、球胸鸽和扇尾鸽那样显著差异的物种，还可以在它们之间产生完全能育的后代，就未免过于轻率了。

人类先前曾使七个或八个假定的鸽种在家养状况下自由地繁殖是不太可能的；这些假定的物种既未在野生状态下被发现过，也没有在任何地方变为野生的；这些物种虽然在很多方面类似岩鸽，但同鸽科的其他物种比较起来，却显示了某些极变态的性状；无论是纯种繁殖还是杂交，一切品种都会偶尔地重现青色和各种黑色的斑纹；最后，杂种后代完全能生育。根据这几个理由，我们可以稳妥地得出结论，一切家养品种都是从岩鸽及其地域亚种传下来的。

为了支持上述观点，我还要做出如下补充。第一，已经发现的野生岩鸽能够在欧洲和印度被家养，而且它们的习性和大多数构造的特点与所有家养品种基本一致。第二，尽管英国传书鸽或短面翻飞鸽在某些性状上和岩鸽大不相同，但是比较这两个种族的几个亚品种，特别是从遥远地区带回的亚品种，我们可以在它们和岩鸽之间制造出一个几乎完整的系列。在其他例子中我们也能做到这样，但不是所有品种都能实现。第三，每一品种中区别显著的性状都是非常容易变异的，如传书鸽的肉垂和喙的长度，翻飞鸽的短喙，扇尾鸽的尾羽数目。如何解释这个事实，等我们讨论到"选择"部分的时候便会明白了。第四，鸽类曾在最大程度上受到许多人的照顾和关爱。在过去的几千年，它们在这个世界的许多地方被饲育。关于鸽类的最早记录，正如来普修斯教授曾经向我指出的那样，大约出现于公元前3000年的埃及第五皇朝。但是伯奇先生告诉我说，在此之前的一个皇朝已有鸽名被记录在菜单上了。在罗马时代，如普利尼所说，鸽的价格极高，"而且，他们已经达到了能够核计它们的谱系和族的程度了"。印度亚格伯汗非常重视鸽，大约在1600年，养在宫中的鸽就不下两万只，宫廷史官写道："伊朗王和都伦王曾送给他一些极稀有的鸽。"又说："陛下使各种类互相杂交，前人从没有使用过此方法，这把它们改良到了惊人的程度。"差不多在这同一时期，荷兰人也像古罗马人那样爱好鸽子。我们以后讨论"选择"时就会清楚这些观察对解释鸽类所发生的大量变异是极其重要的了。同时我们还能够知道为什么这几个品种常常会有畸形的性状。雄鸽和雌鸽容易终身相配，这也是产生不同品种的最有利条件；这样，不同品种就能被饲养在一个鸟笼内了。

尽管还有不足，但我已经在很大程度上论述了家养鸽的可能起源。因为当我一开始饲养并仔细观察几类鸽子的时候，就清楚地知道了它们能够纯粹地进行繁殖，也充分觉得很难相信它们自从家养以来都起源于一个共同祖先。所以任何博物学家要对自然界中的许多雀类的物种或其他类群的鸟作出同样的结论是同样困难的。几乎所有家养动物的饲养者和植物的栽培者（都是我曾经交谈过或者读过他们文章的），都坚信他们所培育的几个不同品种是从很多不同的原始物种传下来的，这让我印象深刻。像我一样，你也可以询问一位有名的饲养赫里福德牛的人，问他这牛是否起源于长角牛，或是二者是否起源于一个共同祖先。他肯定会嘲笑你。我从未遇见过一位鸽、鸡、鸭或兔的饲养者不充分相信各个主要品种是从一个特殊物种传下来的。凡·蒙斯在他关于梨和苹果的论文里表明了他完全不相信同一株树上能生长出不同种类的种子的观点，如莱布斯特苹果或尖头苹果。其他例子不胜枚举，我认为要解释清楚也是十分容易的。根据长期不间断的研究，他们都对几个族间的差异印象深刻。他们熟知各种族间的细微差异，还因为发现这样的细微差异而得到了奖赏，但是他们对于一般的论点却是一无所知，而且也不肯把许多连续世代累积起来的细微差异综合起来。许多博物学家知道的遗传法比饲养者知道的还要少得多，对于悠长系统中间环节的知识也不比饲养者知道得多些，但是他们都承认许多家养种族是从同一亲族传下来的。当他们嘲笑自然状态下的物种是其他物种的直系后代这个观念时，难道不应该更为谨慎吗？

## 古时起就遵循的选择原理及其影响

现在，让我们从一个物种或从几个近似物种简要地讨论一下家养种族产生的步骤。某些效果应该归因于外界生活环境直接的确定的作用，有些效果归因于习性的作用。但是如果有人用这些原因来解释运货的马和赛跑马、灰猎犬和血猎犬、传书鸽和翻飞鸽之间的差异，那就未免过于草率了。我们家养种族最显著的特点之一就是它们的改变不是为了动植物自身的利益，而是为了适应人的使用或者想象。某些对人类有用的变异可能是突然发生的，或者是一步达成的。许多植物学家相信，恋绒草的刺钩是任何机械装置都比不上的，恋绒草只是野生川续断系的一个变种而已，而且这种变种可能突然发生在一株实生苗上。矮脚狗和已知的短腿绵羊的情形也大致如此。但是，如果比较驿马和赛跑马、单峰骆驼和双峰骆驼、用来耕地的或牧场的和产羊毛等不同用途的各种绵羊，比较很多为人类各种用途服务的狗的品种，比较喜好争斗的斗鸡和很少争斗的品种，比较斗鸡和从来不孵卵的卵用鸡，比较斗鸡和形小优雅的矮脚鸡，比较无数的农艺植物、蔬菜植物、果树植物及花卉植物的族时，它们在不同的季节和不同的目的上最有益于人类，或者如此美丽非凡而赏心悦目。我想，我们必须于变异性之外作更进一步的观察。我们不能假设一切品种都是突然产生的，而一旦产生就像今日我们所看到的那样完善和有用，而且，从很多例子来看，我们也知道情况不是这样的。这关键在于人类的积累选择的力量；自然造就了连续的变异，人类在对他们自己有用的一定方向上积累了这些变异。从这个意义上才可以说物种成为了有用的品种。

　　这种选择原理的伟大力量不是臆想出来的。确实有几个优秀的饲养者，甚至在一生的时间里，大大地改变了他们的牛和绵羊的品种。要想充分理解他们做了些什么事，阅读一些关于这个问题的论文和实际观察那些动物都是必要的。饲养者习惯性地提到动物的组织似乎是可塑的，几乎是可以随意塑造的。如果有篇幅，我能从非常有权威的作家的著作中引述到很多关于这种效果的记载。尤亚特对农艺家们的工作几乎比其他任何人都熟悉，而且他本身就是一位非常优秀的动物鉴定者。他认为选择的原理"可以使农学家不仅改造他的畜群性状，而且能够使它们发生彻底的改变。选择的法则就像是魔术家的魔杖，可以随心所欲地用它把生物塑造成任何类型和模式"。萨默维尔勋爵谈到饲养者养羊的成就时，曾说："好像他们用粉笔在壁上画出了一个完美的形体，然后使它变成为活羊。"在撒克逊，选择原理对于麦兰奴种绵羊的重要性已被充分认识，以至于人们已经把它当作一种行业，绵羊被放在桌子上供人们研究，就像鉴赏家鉴定图画那样。每隔几个月就会举行三次，每次绵羊都会被标记并进行分类，以便最好的品种能被选出来繁殖。

　　英国饲养者所获得的实际成就，可以从价格高昂的优良谱系的动物得到证明，这些优良动物几乎会被运送到世界各地。一般来说，这种改良绝对不是由于不同品种的杂交造成的，所有最优秀的饲养者都强烈地反对这样的杂交，除了有时在联系紧密的亚品种之间。而且在杂交之后，最缜密的选择即使是在普通的例子中都是不可缺少的。如果选择仅仅是为了分离出某些很独特的变种，使之繁殖，那么这个理论很明显地就几乎不值得重视了。但它的重要性却在于，在若干连续世代里，朝向某个方向积累产生的巨大的效果，没有经过训练的人是绝对发现不了一丝差异的，至少我就不能。一千人里也不见得有一个人能具有准确的眼力和判断力，成为一个优秀的饲养家。如果被赋予这样的能力，加上长期研究他的课题，带着不屈的毅力终生致力于这个研究，他就会得到成功，而且能做出巨大改进。如果完全不具有这样的天赋，则必定会失败。没有人愿意相信，即使要成为一个熟练的养鸽者，也必须有天赋和长时间的实践。

园艺家也遵循同样的原理，但是植物的变异常常是突发的，没有人认为我们精选的产物是从原始祖先由一次变异产生的。有很多例子的正确记录都被保留了下来，一个很小的例子就是：普通醋栗的大小是逐渐增加的。把现今的花同仅仅十年或三十年前所画的花相比较，我们能够在花卉栽培家栽培的花上看到惊人的改进。一类植物的种族一旦很好地固定下来，种子培育者并不是选择那些最好的植株，而只是检查苗床，拔除劣种作物，即那些偏离一定标准的植株。对于动物也可以采用同样的选择方法，没有人会粗心到用最差的动物去进行繁殖。

关于植物，还有另一种方法可以观察选择的累积效果——在花园里比较同种的不同变种的花所表现出的多样性；在菜园里的植物的叶、荚、块茎或任何其他有价值的部分，在与同一变种的花相比较时所表现出的多样性；在果园里把同种的果实与同种的一些变种的叶和花相比较时所表现出的多样性。通过观察可以看出：甘蓝菜的叶子是如何的不同，但是花又是极其相似；三色堇的花是非常不同，但是叶子又极其相似；不同醋栗的果实在大小、颜色、形状、茸毛几方面差异很大，但是它们的花的差异却极其微小。这并不是说在某方面差异很大的变种在其他任何方面就没有任何差异，这是经过仔细观察之后才得出的绝无仅有的结论。相关变异法则的重要性是不能被忽视的，因为它能保证某些变异的发生。但是，一般说来，毫无疑问的是，无论对于叶、花，还是果实，任何细微变异的连续选择，都会产生主要在这些特性上有所差异的种族。

选择原理成为有计划的实践，差不多只有七十五年的光景，这种说法也许有人反对。近年来，人们对于选择的确比以前更加注意，并且关于这一问题，发表了许多论文，因而其成果也相应地出得快而且重要。但是，认为这一原理是近代的发现就未免与事实相去甚远了。我可以找到历史悠久的著作中的若干例证，来证明那时就已经充分认识到了这一原理的重要性。在英国历史蒙昧未开化的时期，经常会有一些精选的动物被进口，并且人们制定了一些法律禁止动物出口，还规定说如果马小于一定尺寸就要被毁灭，这与园艺者拔除植物的劣种类似。选择原理清楚地记载在一本中国古代的百科全书中。有些古罗马作家也已经制定了清楚的选择规则。《创世记》的某些篇章就清楚地表明，人们在那么早的时期就已经注意到家养动物的颜色了。有时未开化的人就会使他们的狗与其他的犬类杂交，来改进狗的品种，他们从前也这样做过，这可以在普利尼的文章里得到证实。南非洲未开化的人根据役畜的颜色使它们交配，有些因纽特人对于他们的驾车狗也这样做。利文斯登指出，没有与欧洲人接触过的非洲内陆黑人认为优良的家畜非常有价值。有些现象表现出的不是真正的选择，但已经表明人们在古代就已开始密切注意家养动物的繁育，而且现在即使是文明程度最低的人也注意到了这一点。既然好品质和坏品质的遗传如此明显，要是对于动植物的繁育还不加注意，那的确是一件奇怪的事了。

## 无意识的选择

日前，有名的饲养者们都考虑针对一个特定的目标，用有系统的选择产生出一种新的优于国内其他任何种类的新品种或者亚品种。

但是，为了我们的讨论目的，还有一种选择方式——或可称为无意识的选择——更为重要，而这种选择也是因为任何人都想拥有最好的个体动物并繁育它们。例如，要养向导狗的人自然会竭力搜求优良的狗，然后用他自己拥有的最优良的狗进行繁育，但他并没有持久坚持对这一品种的要求或期待。不过，我们可以推论，如果很长时期地推进这个进程，将会改进并且改变任何品种，正如贝克韦尔、科林斯等根据同样的但是更有计划性的过程，便能使牛的体型和品质在一生的时间内都得到极大的改变。缓慢而无意识的变化永远不能被辨识，除非在很久以前，就对问题中的品种进行实物测量或细心的描绘来用作比较。然而在某些情形下，没有变化或只有细微变化的同种的个体存在于文明较落后的地区，因为那里的品种改进很少。有理由相信，查理斯王的西班牙猎犬自从那个王朝就无意识地被极大地改变了。某些极有才能的权威专家确信，塞特种猎犬直接起源于西班牙猎犬，很有可能是通过缓慢的改变产生的。我们知道英国的向导狗在上一世纪①内发生了重大的变化，而且人们相信这种变化的发生主要是因为和猎狐犬杂交。但是我们关心的是，这种变化虽然是无意识地逐步进行的，然而效果却非常显著。尽管古西班牙的向导狗确实来源于西班牙，但博罗先生告诉我说，他从未在西班牙本地见过一只狗和我们的向导狗相像。通过简单的选择过程和细心的训练，英国赛马的速度和体格都已超过了亲种阿拉伯马。后者根据古德伍德比赛的规则，载重量更受欢迎。斯潘塞勋爵和其他人曾经指出，英格兰的牛同之前养在这个国家的原种相比，其重量和早熟性都大大增加了。比较各种旧论文中关于不列颠、印度、波斯的传书鸽、翻飞鸽的过去和现在的状态的论述，我们便可以追踪出它们极缓慢地经过的各个阶段，通过这些阶段而到达了和岩鸽大不相同的地步。

尤亚特用了一个非常好的例子来说明选择的一整个过程的效果，这可以被看作是无意识的选择，因为饲养者没有预期或者希望随之会产生任何的结果。这就是说，产生了两个不同的种族。正如尤亚特先生评论的那样，巴克利先生和伯吉斯先生所养的两群莱斯特绵羊"都是从贝克韦尔先生的

---

① 指 18 世纪。——编者注

原始祖先纯种繁殖的,时间应该有五十年以上。任何熟悉这一问题的人都绝对不会怀疑,拥有上述任何一个物种的人会在任何情况下把贝克韦尔先生的羊群的纯正血统搞乱,但是这两位先生拥有的绵羊彼此间的差异却很大,以至于它们的外貌像完全不同的变种"。

如果现在还有原始人,即使他们野蛮到从不考虑家养动物后代的遗传特征,但是当他们遇到饥荒或其他他们时常遇到的灾害时,他们还是会小心地保存从任何特殊目的来说对他们有用的动物。这样选取出来的动物通常会比次等的动物留下更多的后代。所以在这样的情况下,一种无意识的选择便进行了。要理解这样的价值观,可以看看南美洲的火地岛的原始人,在饥荒的时候,他们会杀死年老妇女并食用她们,因为他们认为这些年老妇女的价值不比狗高。

在植物方面,通过偶然地保存最优良个体得到的同样缓慢的改进过程,无论它们在最初出现的时候是否有足够的差异能被列入独特的变种,也不论是否由于杂交把两个或两个以上的物种或族混合在一起,我们都可以清楚地辨认出这个改进的过程。我们现在所看到的植物的一些变种,比如三色堇、蔷薇、天竺葵、大丽花及其他,比起旧的变种或它们的亲种,在大小和美观方面都有所改进。没有人会期待从野生植株的种子获得上佳的三色堇或大丽花。也没有人会期望从野生梨的种子中培育出上等软肉梨,即使他可能把野生的瘦弱梨苗培育成佳种,如果这梨苗本来是从栽培系统来的。即使在古代人们就开始栽培梨了,但从普利尼的描述看来,它们的果实品质却很低劣。我曾看到园艺著作中对于园艺者的惊人技巧表示惊叹,他们能从贫瘠的材料中培育出优良的结果。当然,这项技术是简单的,就其最终结果来说,几乎都是无意识的。技巧在于永远把最了解的变种拿来栽培,播种它的种子,然后当更好的变种出现时,再选择它们,并且这样继续进行下去。但是,我们的最优良果实在某种很小的程度上,虽然有赖于古代艺园者自然地进行选择和保存他们所能寻得的最优良品种,然而他们在栽培那些可能得到的最好的梨树时,却从未想到我们要吃到什么样的优良果实。

大量无意识并且缓慢累积起来的变化，正如我所相信的那样解释了这个大家都知道的事实，即在很多情形下，我们无法辨认花园和菜园里栽培最久的植物的野生原种。如果我们大多数的植物需要花费几个世纪甚至数千年才能改进或改变到人类现在的标准，我们就能理解为什么无论是澳大利亚、好望角，还是其他原始人居住的地方，都不能向我们提供一种值得栽培的植物。这些拥有如此丰富物种的地区，不是因为奇怪的偶然而没有任何有用植物的原种，而是因为本地生植物没有经过连续选择得到改进达到完美的程度，就像文明古国的植物那样。

## 家养生物的未知起源

关于原始人所养的家养动物，有一点不可忽略的是，它们经常要为自己的食物而进行斗争，至少在某些季节是如此。在环境非常不同的两个国家，体质或构造上有细微差异的同种类的个体，在这个国家通常会比在另一个国家生活得更好。而由于以后还要加以更充分说明的"自然选择"的过程，便会形成两个亚品种。这种情形也许能够部分地说明，为什么原始人所养的变种如某些作家说过的那样，比在文明国度里养的变种具有更多的真种特征。

根据上述人工选择所起的重要作用来看，就可以明白为什么我们的家养种族的构造或习性能够适应于人类的需要或爱好。我想我们也可以更深入地了解我们的家养种族为什么会屡次出现畸形的性状，为什么外部特征的差异如此巨大，而内部部件或器官所表现的差异却相对较小。除了外部可见的特征外，人类很难或者几乎不能选择构造上的任何偏差，而且人类也的确很少注意内部的东西。除非自然首先在轻微的程度上向人类提供一些变异，否则人类不会进行选择。在看到一只鸽子的尾巴在某种轻微程度上已发育成异常状态之前，他也不会试图培育出一种扇尾鸽。在看到一只鸽的嗉囊的大小已经有些异乎寻常之前，他也不会试图培育出一种球胸鸽。任何特征在初期越畸形或者越反常，就越能引起人的注意。最开始选择了一只尾巴略大的鸽子的人，绝不会想到那只鸽子的后代在经过长期连续的、部分无意识的和部分有计划的选择之后，会变成什么样子。也许所有扇尾鸽的亲祖最初拥有的十四根尾羽不知怎么就扩展了，就像今日的爪哇扇尾鸽那样，或者像其他有明显区别的个体那样有了十七根尾羽。最初的球胸鸽嗉囊的膨胀程度，并不比今日浮羽鸽食管上部的膨胀大，因为这不是浮羽鸽的主要特征之一，所以被所有饲养者都忽视了。

不要以为只有结构上的某些巨大改变才能吸引养育者的注意力，极小的偏差他们也能注意到。而且人类的本性就决定了，无论多么微小，他都会在他的所有物中注意到新奇的事物。绝不能用几个品种现在已经相对固定的价值标准，去衡量以前同一物种不同个体间细微差异所带来的价值。我们知道鸽子现在偶尔还会发生很多微小的变异，不过这些都被当作各个品种不应该出现的缺陷，或者是偏离完美标准的偏差。普通鹅没有产生过任何显著的变种；图卢兹鹅和普通鹅种只在颜色上有所不同，而且这种性状极不稳定，但近来却被当作不同品种在家禽展览会上展览了。

这些观点似乎可以解释时常会引起人们注意的一件事，就是我们几乎不知道任何家畜的起源或历史。事实上，生物的一个种类就好像语言中的某种方言一样，几乎说不清楚它是否有一个明确的起源。人保存并繁殖了结构上有细微差异的个体，或者特别注意使它们与优良动物进行交配，以此来改进它们，被改进的动物便会逐渐地传布到相邻的地区。但是它们至今也没有一个独特的名字，人们也很少重视它们的价值，所以它们的历史就将会被漠视。当经过同样缓慢而渐变的过程得到进一步改进的时候，它们会被传布到更远的地方，会被认为是独特并有价值的种类，这时，它们大概初次得到一个地方名称。在半文明的国家里，交通还不太发达，所以新的亚品种的传布是一个缓慢的过程。一旦各个价值点被人们所承认，我称为无意识选择的原理就会缓慢地倾向于增加这个品种的特异性特征，不论那特性是什么；品种的盛衰依时尚而定，恐怕在某一时期养得多些，在另外时期养得少些；依照居民的文明状态，恐怕在某一地方养得多些，在另外一地方养得少些。但是，关于这种缓慢的、不定的、不易觉察的变化的记载，很少有机会被保存下来。

## 人工选择的有利条件

我现在要谈一谈选择中对人类力量有利或者不利的情况。高度的变异性显然是有利的，因为它能大量地向选择供给材料，使之顺利发生作用；即使仅仅是个体差异，也是充分够用的，如能给予极其细心的注意，也能向着人们所希望的几乎任何方向积累起大量变异。但是，因为对人类有用的变异或能让人感到愉悦的变异只是偶尔才会出现，而只有当大量的个体被保留下来的时候，它们出现的机会才会大量增加，所以数量对于成功而言是最重要的。关于约克郡各地的羊，马歇尔曾经根据这个理论做出了以下评价："因为经常是穷人少量地饲养它们，所以它们不可能得到改良。"另一方面，因为能够大量培育同样的植物，所以苗圃主人就能比业余爱好者更成功地培育出新的变种。一种动物或者植物只有在适合它们繁殖的条件下才能培育出大量的个体。当个体缺乏的时候，无论品质如何，都要让它们全部繁殖，这实际上就会阻碍选择。但是也许最重要的因素是，人类应该对动物或者植物的价值非常重视，对于它们品质或结构上即使是最细微的差异也要注意。要是没有这样的注意，就不会有什么成效了。我曾经关注过一些人们的记录，说园丁刚开始注意草莓，它就发生变异了，这是非常幸运的。无疑，草莓从被栽种以来就经常发生变异，只是细微的那些常常被忽略了。但是，只要园丁们选出果实稍大一些、成熟稍早一些、品质稍好一些的个体植物，培育出籽苗，再挑选出其中最好的进行培育，这样令人欣喜的变异在上半世纪就已经出现了（也得到了特殊种杂交的一些帮助）。

对动物而言，如何阻止杂交是形成新族的一个重要因素，至少在一个已经混合有其他种族的国家是这样。在这方面，土地的封闭会起到作用。居无定所的野蛮人或者居住在开阔平原的人们，很少会饲养超过一个种类的同一物种。鸽子能终身配对，对饲养者而言是一个很大的优势，因为只有使它们被混养在同一个鸽舍中，很多的种类才能被改良并同时保纯。关于鸽子我还想补充，它们能以极快的速度大量地繁殖，而次等的则会被淘汰，被杀掉以供食用。另一方面，由于猫有在夜间闲逛的习性，尽管妇女和小孩非常重视它的价值，要安排它们的交配也是不容易的，因此我们很难看到一种独特的种类能长时间地遗传下去。我们有时能见到的那些独特品种，几乎都是从外国进口的。虽然我不怀疑某些家养动物的变异比另外一些要少，但是某些家养动物缺少或者几乎没有独特品种的原因，应该主要归因于选择没有起到作用，这些动物包括猫、驴、孔雀、鹅等。猫是因为很难控制其配对；只有少数穷人养驴，所以也很少有人关注它们的繁殖；孔雀非常不容易饲养，更不要提大量地饲养了；鹅只有两种价值，供人食用和提供羽毛，而且它的独特品种也没有表现出任何有趣的地方。最近在西班牙和美国的某些地方，通过仔细选择，这几种动物已经意外地有了改进和提高。但是鹅，即使只是有细微的变异，被暴露在家养条件下的时候，如我在他处所说的，虽有微小的变异，但似乎具有特别不易变化的体质。

一些作者认为，我们家养动物的变异一旦达到某个数量，之后就再也无法超越。对任何例子断定其变异达到极限，都多少有些轻率。

因为几乎我们所有的动物和植物，近期在很多方面都发生了极大的改进，而这就意味着变异。认为现在已经达到通常极限的特征，在稳定保持了几个世纪之后，不会在新的生活环境中再变异的推论，同样是轻率的。毫无疑问，正如华莱士先生所指出的，极限最终是会达到的，这种说法很合乎实际。比如说任何陆生动物，由于它们要克服摩擦力、自身身体的重量以及肌肉收缩的力量，它们的速度必然会有一个极限。但是同我们的讨论有关的问题是，同种的家养变种在受到人类注意因而被选择的几乎每一个性状上的彼此差异，要比同属的异种间的彼此差异更大。小圣·提雷尔已经在身体的大小、颜色（还有可能在毛发的长度）上都证明了这一点。速度则取决于身体的很多特征，如"伊柯丽斯"马跑得最快，而驾车马的体力无与伦比，这两种的这些性状比同属的任何物种都突出。植物也是如此，豆类和玉米的不同变种的种子，在大小方面的差异，很可能大于这两族中任何一属的不同物种的种子。这种观点对李子树以及其他类似例子中几个变种的果实也是适用的，对于甜瓜类植物尤其如此。

现在总结一下有关家养动物和植物的起源。改变了的生活环境，对引起变异是最重要的，或直接作用于组织，或间接影响生殖系统。

任何条件下，变异不太可能是内在必然发生的事。遗传和返祖或多或少都会决定着变异是否继续发生。变异受很多未知的法则控制，其中最重要的可能是与生长相关的法则。有一部分可以归因于生活条件的一定作用，但究竟有多大程度我们还不知道。有一部分归因于增加器官的使用或者不使用。这样看来，最终的结果就是无限复杂的了。在某些例子中，最初特殊种的杂交似乎在我们品种的起源上起了重要的作用。几个物种一旦在任何地区形成，它们在选择的帮助下进行的偶然的杂交，极大地帮助了新的亚品种形成。但是对于动物和那些通过种子繁殖的植物而言，杂交的重要性又被夸大了。用插条、芽接等方法进行暂时繁殖的植物，杂交的重要性是巨大的，因为栽培者不需要去考虑杂交和混血的无限变异性及杂种的不育性。可是通过种子繁殖的植物对于我们不太重要，因为它们的存在只是暂时的。所有这些变化的原因，选择的累积作用似乎是最主要的力量，无论这些选择是有计划而快速进行的，还是无意识地、缓慢地却更有效地进行的。

# 第二章 自然状况下的变异

变异性——个体差异——不能确定的物种——分布、散布广的和普通的物种变异最多——各地大属的物种变异比小属的物种变异更频繁——大属里许多物种和变种十分相似；它们有着密切但不均等的相互关系，且分布同样受区域限制。

## 变异性

在将前一章所得出的各项原理应用到自然状况下的有机生物之前，我们必须就自然状况下的生物是否易于发生变异进行简单的讨论。要充分、恰当地讨论这一问题，就必须列出一连串枯燥无味的事实；不过，这些事实将在以后讨论。而且，在这里我也不讨论关于物种这个名词的各种不同定义，因为没有哪一种定义能使所有博物学者都满意。然而，当谈到物种的时候，各博物学者都能隐约地知道其含义。通常来说，此名词含有创造的区别性行为的未知因素。关于"变种"这个名词，几乎也是同样地难下定义；但是它几乎普遍地含有共同系统的意义，虽然这很少能够得到证明。此外，所谓的"畸形"也难以被解释，但它们已渐变为不同的变种。我假定畸形即为构造上的某种显著偏差，通常这种偏差对于物种是无用的，甚至是有害的。有些著者从技术角度来使用"变异"这一名词，暗含"变异"

是直接由于生命的物理状况所引起的一种改变；这种意义上的"变异"被假定为非遗传性的；但是波罗的海半咸水里的贝类的矮化、阿尔卑斯山顶上的矮化植物，或者极北地区的动物较厚的毛皮，谁能说在某些情形下不会至少遗传少数几代呢？在这种情形下，我认为这些类型可以被称为变种。

在我们的家养动植物中，特别是在植物里，我们偶尔会看到一些突发的显著性的构造上的偏差，它们在自然状况下能否永久传播下去是令人怀疑的。几乎每一生物的每一器官都与它复杂的生活条件有如此美妙的关联，以至于似乎令人很难相信，每一器官突然完善地产生出来，就像人们完善地发明一台复杂的机器那样。在家养状况下，有时会发生畸形，它们和那些大不相同的动物的正常构造相似。例如，有的猪生下来就有一种长鼻子，如果同属的任何野生物种也天然地具有这种长鼻子，那么，或许可以说它是作为一种畸形而出现的；然而，经过努力探索，我并不曾发现畸形与几近同属一系物种的正常构造相似的例子，而只有这种畸形才和这个问题有关。如果这种畸形类型确实曾在自然状况中出现过，并且能够繁殖（事实不总是如此），但是，这种情况的发生是少而个别的，所以，它们必须依靠异常有利的条件才能保存下去。同时，这些畸形在第一代和以后的若干代中将会与普通类型杂交，因此，它们的畸形性状几乎就会不可避免地失掉。关于个别或偶然变异的保存和延续，我将在下一章进行讨论。

## 个体差异

在同一父母的后代中所出现的许多微小差异，或者在同一局限区域内的，可以设想为源于同一父母的同种诸个体，它们所发生的许多微小差异，都可叫作个体差异。没有人会假定同种的所有个体都是在同一实际模型里铸造出来的。这些个体差异对于我们非常重要，因为，众所周知，它们常常是遗传性的；并且这种变异为自然选择进一步的作用和积累提供了材料，就像人类在家养生物过程中会朝着一定方向积累个体差异那样。在博物学者们看来，这些个体差异通常影响那些不重要的部分；但是，我可以用一连串的事实阐明，无论从生理学或分类学的观点来看，被影响的那些部分肯定是重要的，它们有时在同种诸个体中也会发生变异。我相信，经验最丰富的博物学者也会惊讶于变异的事例如此之多，变异甚至会发生在构造的重要部分；这些事例他可以在若干年内根据可靠的材料收集到，如同我所搜集到的那样。应该牢记，分类学家并不乐于见到重要性状中所发生的变异，而且很少有人愿意不辞辛劳地去研究内部和重要器官，并对同类物种的许多样本进行比较。我们大概从来不曾预料到，昆虫靠近中央神经节的主干神经分支在同一个物种里是可变异的；人们一直认为这种性质的变异可能只会缓慢地进行；然而卢伯克爵士曾经阐明了介壳虫的主干神经的变异程度，其程度几乎可以和树干的不规则分枝相比。我补充说明，这位富有哲理性的博物学者还曾证明，某些昆虫的幼虫的肌肉很不相同。当著者说重要器官绝不变异时，他们往往是用循环论证来辩论，因为恰恰同样是这些著者实际上把不变异的部分列为重要器官（如少许博物学者的忠实自白）。在这种观点下，重要器官发生变异的例子自然就不能被找到了；但在任何其他观点之下，这方面的例子却大可以确切地列举出来。

与个体差异相关联的其中一个现象令人感到困惑：即我所指的被称为"变形的"或"多形的"那些属，这些属里的物种呈现出异常大的变异量。这些类型应被列为物种还是变种，几乎没有两个博物学者的意见是一致的。例如植物里的悬钩子属、蔷薇属、山柳菊属及昆虫类和腕足类。在大多数多形态的属里，有些物种具有一定的稳定性状。除了少数例外，如果某种属在一个地方为多形态的，那似乎在别处也是多形态的，并且从腕足类来判断，其形态在早先的时代也是这样的。这些事实令人十分困惑，因为它们似乎阐明了这种变异是独立于生活条件之外的。我猜想我们所看到的变异，至少在某些这类的多形属里对于物种是无用或无害的，因此，自然选择对于它们就不会发生作用，也就不能使它们确定下来，正如以后我们还要说明的那样。

众所周知，同种的个体在构造上常呈现出与变异无关的巨大差异，如在各种动物的雌雄间，在昆虫的不育性雌虫即工虫的二、三职级间，以及在许多低等动物未成熟状态和幼虫状态之间所表现出来的巨大差异。此外，在动物和植物里还有二形性和三形性的例子。华莱士先生近来注意到了这一问题，他曾阐明，马来群岛某种蝴蝶的雌性，有规则地出现两个甚至是三个显著不同的类型，其间并没有变种发生。弗里茨·米勒描述了某些巴西甲壳类的雄性也有类似且更异常的情形。例如异足水虱的雄性有规律地表现出两个不同的类型：一类生有强壮的不同形状的钳爪，另一类生有极多嗅毛的触角。虽然在大多数的例子中，无论是动物还是植物，其两个或三个类型之间并没有通过中间渐变连接，但它们大概曾经一度有过连接。例如华莱士先生曾描述过同一岛上的某种蝴蝶，它们呈现出一系列变种，各变种由中间连锁连接着，而在这条连锁上的两种极端类型与栖息在马来群岛另一部分的某二形物种的两个类型极其相像。蚁类也如此，工蚁的几种职级一般是十分不同的；但在某些例子中（这些例子我们随后还要讲到），这些职级是被分得很细的级进变种连接在一起而成的。就像我本人所观察到的，一些二形性植物也是这样。同一雌蝶具有在同一时间内产生三个不同雌性类型和一个雄性类型的能力；一株雌雄同体的植物能在同一个种子荚里产出三种不同的雌雄同体类型，且包含三种不同的雌性和三种甚至是六种不同的雄性。这些事实初看的确极其奇特、值得注意，然而它们只不过是普通事实的夸大而已，即：雌性所产生的雌雄后代，彼此间的差异有时会达到惊人的地步。

## 不能确定的物种

有些类型在若干方面对于我们是极其重要的。这些类型在很大程度上具有物种的性状，但同其他类型又密切相似，或者通过中间渐变紧密地同其他类型连接在一起，以至于博物学者们很难将它们列为不同的物种；我们有理由相信，这些不确定的和极其相似的类型有许多曾长期持续地保存它们的性状；因为据我们所知，它们和优良的真种一样长久地保持了它们的性状。实际上，当一位博物学者能够通过中间连锁把任何两种类型联合在一起的时候，他就把一种类型当作另一种类型的变种；在这个过程中，他会将最普通、也常常是最先记载的那个类型作为物种，而把另一个类型作为变种。可是，即使这两种类型被中间连锁紧密地连接在一起，在决定是否可以把一种类型作为另一类型的变种时，也是非常困难的；即使中间类型具有通常所假定的杂种性质，这种困难一般也不能够得以解决。在此，我并不准备把这些困难列举出来。然而在很多情形下，一种类型之所以被列为另一类型的变种，并非是因为确实找到了中间连锁，而是因为观察者采用了类推的方法，假定这些中间类型现在的确在某些地方存在着，或者它们从前可能存在过；这样一来，就为疑惑或臆测打开了大门。

因此，当决定一个类型是否应被列为物种还是变种的时候，有着合理判断力和丰富经验的博物学者的意见便似乎是应当遵循的唯一指南。然而在许多场合中，我们必须依据大多数博物学者的意见来作决定，因为几乎所有特征显著而又被人熟知的变种都至少曾经被一些称职的鉴定者列为物种。

具有这种不确定性性质的变种非常普遍，这一点已是无可争辩的了。将大不列颠的、法兰西的、美国的各植物学者所做的几种植物志进行比较，就可以看出有何等惊人数目的类型被某位植物学者列为优良物种，却被另一位植物学者仅仅列为变种。给予我多方帮助、使我感激万分的沃森先生告诉我说，有182种不列颠植物过去都曾被植物学者列为物种，但现在一般被认为是变种。当制作这张表时，他删除了许多不重要的变种，然而这些变种也曾被植物学者列为物种；此外，他完全删除了几个非常多形的属。在属之下，包括最多形的类型，巴宾顿先生列出251个物种，而本瑟姆先生只列出112个物种。也就是说，二者存在139个不确定物种类型之差！在每次生育必须聚在一起交配和具有高度移动性的动物中，有些不确定类型会被某一位动物学者列为物种，而被另一位动物学者列为变种，这些不确定类型在同一地区很少看到，但在隔离的地区却很普遍。在北美洲和欧洲，有很多彼此差异甚微的鸟和昆虫曾被某一著名的博物学者列为确定性物种，却被别的博物学者列为变种，或它们常被称为的地理族！关于栖息在大马来群岛的动物，特别是关于鳞翅类动物，华莱士先生写过几篇有价值的论文，在这些论文里，他指出该地动物可被划分为四类：变异类型、地方类型、地理族即地理亚种，以及真正的、具有代表性的物种。第一类即变异类型，在同一岛的范围内变化极多。地方类型相当稳定，但在各个隔离的岛上则有区别；但是，将几个岛上的所有类型放在一起进行比较时，就可以看出虽然极端类型之间有着显著差别，但其他类型之间的差异是如此微小和渐变的，以至于无法界定和描述它们。地理族即地理亚种，是完全固定的、孤立的地方类型，但因为它们彼此在极其显著且重要的性状方面没有差异，所以，"没有标准的区别法，而只能凭个人的意见来决定它们何者被视为物种、何者被视为变种"。最后，具有代表性的物种在各个岛的自然经济中占据着与地方类型和亚种同样的地位；但是因为它们彼此间的区别比地方类型或亚种之间的差异量大，博物学者们几乎普遍地把它们列为真种。虽然如此，我们还是不可能提出一个确切的标准用来辨别变异类型、地方类型、亚种，以及具有代表性的物种。

许多年前，当我比较并且看到别人比较加拉帕戈斯群岛中邻近诸岛的鸟的异同，以及这些鸟与美洲大陆鸟的异同时，物种和变种之间的区别是何等的暧昧和武断，这给我留下了深刻的印象。小马得拉群岛的小岛上有许多昆虫，它们在沃拉斯顿先生值得人称赞的著作中被看作是变种，但许多昆虫学者必定会把它们列为不同的物种。甚至在爱尔兰也有少数动物曾被某些动物学者当物种看待，但现在人们却一般把它们看作变种。一些有经验的鸟类学者认为不列颠的红松鸡只是一种特性显著族类的挪威物种，然而大多数鸟类学者则把它们列为大不列颠所特有的确定性物种。两个不确定类型物种的原产地如果相距很远，许多博物学者就会将它们列为不同的物种；但是，就距离问题曾有个很好的提问，即多少距离算是足够远的呢？如果美洲和欧洲间的距离足够远的话，那么欧洲和亚佐尔群岛或马得拉群岛和加那利群岛之间的距离，又或此类小群岛的几个小岛之间的距离是否足够远呢？

美国杰出的昆虫学者沃尔什先生（Mr. B. D. Walsh）曾经描述过被他称

为植物食性的昆虫变种和植物食性的昆虫物种。大多数植物食性昆虫以某一种类或某一类群的植物为生；还有一些昆虫无选择地吃许多种类的植物，但并不因此而发生变异。然而，沃尔什先生在几个例子中观察到，以不同植物为生的昆虫，在其幼虫或成虫时期，或同时在这两个时期，它们的颜色、大小或分泌物的性质呈现出恒定的轻微差异。在某些例子中，只有雄性才表现出微小程度的差异；在另外一些例子里，雌雄二性都表现出微小差异。如果差异很显著，并且雌雄两性和幼、成虫时期都受到影响，那么，所有昆虫学者就会将这些类型列为优良物种。但是没有哪一位观察者能为别人决定哪些植物食性的类型应当叫作物种、哪些应当叫作变种，即使他能够为自己做出这样的决定。沃尔什先生将那些被假定为可以自由杂交的类型列为变种；那些看来似乎已经失去这种能力的列为物种。因为此种差异的形成是由于昆虫长期吃不同的植物所导致的，所以我们不能期望找出连接若干类型之间的中间连锁了。因而，在决定将不确定的类型该列为变种还是物种时，博物学者已然失去了最好的指南。同样的情形也发生在那些栖息在不同大陆或不同岛屿的几近同属一系的生物上。另一方面，当一种动物或植物分布于同一大陆或是栖息在同一群岛的许多岛屿上，而且在不同地区呈现出不同类型的时候，我们就有很好的机会去发现连接于物种两极端状态的中间类型：于是这些类型便被降为变种的一级。

也有极少数博物学者主张动物绝没有变种；于是这些博物学者便认为极轻微的差异也具有物种的价值；如果在两个地区里或两种地质构造里偶然发现了两个相同的类型，他们还会认为它们是藏在同一外衣下面的两个不同物种。这样，物种便成了一个无用的抽象名词。的确，许多类型在卓越的鉴定者看来是变种的，在性状上却几乎完全类似于物种，以至于另外一些卓越的鉴定者将它们列为物种。但是，在物种和变种这些名词的定义还没有得到普遍承认和接受之前，讨论什么应该被称为物种、什么又应该被称为变种，是徒劳无益的。

许多关于特征显著的变种或不确定物种的例子值得我们认真考虑和研究，因为在试图决定它们的级位上，一些有趣的讨论角度已经从地理分布、相似变异、杂交等方面展开。但是，受篇幅限制，我们在此不作讨论。在许多情形下，仔细的调查研究无疑能使博物学者们对不确定类型的分类达成一致。然而，我们必须承认，在最为人所知的地区，我们所见到的不确定类型的数目也最多。有一事实引起了我极大的注意，即如果在自然状况下的任何动物或植物于人类有用，或由于某种原因密切地引起了人们的注意，那么它的变种就会普遍地被记载下来。此外，这些变种常常被某些著者列为物种。以普通的栎树为例，它们已经被非常精细地研究过，许多植物学者都普遍地认为它们是变种，然而，一位德国著者竟从中确定了十二个以上的物种。这个国家一些具有最高权威的植物学和实际工作者，有的认为无梗的和有梗的栎树是优良的独特物种，有的则认为它们仅仅是变种。

我愿意在这里提及得·康多尔（A. de Candolle）最近发表的关于全世界栎树的著名报告。在辨别物种上，从来没有一个人像他那样拥有如此丰富的材料，或像他那样热心地、敏锐地研究它们。首先，他详细地列举了若干物种构造发生变异的许多方面的情况，并计算出了变异的相对频数（relative frequency）。甚至对于在同一枝条上发生的变异，他也举出了十二种以上的性状，这些变异有些是由于年龄和发育不同，有些则无理由可寻。当然，这样的性状没有物种价值，但是正如阿萨·格雷评论这篇报告时所说的，它们一般已具有确定的物种定义。得·康多尔继续说道，根据在同一株树上绝不变异的那些性状和不同类型间绝没中间状态相连的情况，他对物种进行了等级划分。经过这样的讨论（这也是他辛勤、细致地研究的成果）以后，他强调说："有些人反复说绝大部分物种有明确界限，而不确定的物种仅是少数，这种观点是错误的。只有当一个属还没有被完全了解，且它的物种是基于少数样本之上，即是被假定的时候，上述那种说法似乎才正确。但是，随着对其的更进一步的了解，我们就会发现不断涌出的中间类型，从而也会对于物种界限的观点产生怀疑。"他又补充说：恰恰是我们熟知的物种呈现出了大量的自发变种和亚变种。例如，夏栎有28个变种，除了其中6个变种，其他变种都环绕在有梗栎、无梗栎及毛栎这3个亚种周围。连接这3个亚种的中间类型比较稀少；又如阿萨·格雷所说的，这些连接的类型目前已经很稀少，如果逐渐完全绝灭，这3个亚种间的相互关系就完全和紧密环绕在典型夏栎周围的那四五个假定物种的关系一样。最后，得·康多尔承认，他将要在其"序论"里所列举的300个栎科物种中，假定的物种至少有2/3，也就是说，它们是否能满足于上述的真种的定义，我们并不完全知道。应该补充说明的是，得·康多尔已不持有物种是不变的创造物的观点，而是断定"转生学说"（derivative theory）是最合乎自然的学说，"并且，转生学说和古生物学、植物地理学、动物地理学、解剖学以及分类学的这些已知事实最为一致"。

当一位年轻的博物学者着手对一个十分陌生的生物类群进行研究时，首先使他感到非常困惑的是：什么差异可被认为是物种的差异，什么差异可以被认为是变种的差异。因为，对此生物类群所发生的变异量和变异种类，他一无所知；这至少可以说明，生物发生某种变异是多么普遍的状况。但是，如果他只关注某一地区的某一类生物，很快他就会决定对不确定性类型分级的方式、方法。一般，他会倾向于划定出许多物种，因为就像以前讲过的养鸽爱好者和养鸡爱好者那样，他对那些被不断研究的类型间的差异量有着深刻印象；但与此同时，对其他地区和其他生物类群的相似变异方面的一般知识，他又非常匮乏，以至于不足以用来校正他的最初印象。随着观察范围的扩展，他就会面临更多困难，因为他将遇到更多的几乎同属一系的类型。但是，如果他的观察范围进一步扩大，一般来说，最终他将有能力做出决定；不过，在获得成就的过程中，他必须敢于承认大量的变异，且在承认这项真理时，常常会遇到其他博物学者的激烈争辩。如果他研究的几近同属一系的类型来自现在非连续的地区，那他就不可能从中找到中间类型，于是，他只能完全依赖于类推的方法，如此一来，他的困难就将达到极点。

就一些博物学者的观点而言，亚种已很接近物种，但还没有完全达到物种那一级；在物种和亚种之间显然还没有划出明确界限；而且，在亚种和显著的变种之间，在较不显著的变种和个体差异之间，明确的界限也未曾被划出过。这些差异被一系列不易觉察的变种彼此融合在一起，且这一系列变种使人觉得这恰是演变的实际途径。

因此，虽然分类学家对它兴趣很少，我却认为个体差异对我们有高度的重要性，因为，这些轻度变种虽然在博物学著作中仅仅勉强被认为值得载入自然史，但它们却是走向轻度变种的最初步骤。而且我认为，任何等级的较为显著、持久的变种都是渐变为更显著和更永久物种的步骤；我还认为变种是走向亚种、然后走向物种的步骤。在许多情形里，差异的阶段性可能是由于生物的本性和长久居于不同物理环境而导致的单纯结果；但是，关于更重要和更能适应的性状，从一阶段的差异到另一阶段的差异，可以确定地归于以后还要讲到的自然选择的累积作用，以及器官的增强使用和不使用的作用。所以，一个性状显著的变种可以被称作初期物种；但是这种观点是否有道理，还必须根据本书所举出的各种事实和论点的重要性加以判断。

不要以为一切变种或初期物种都会达到物种的阶段。它们有可能会灭绝，或者长时期持续其变种的状态，就如沃拉斯顿先生所指出的马得拉某些僵化的陆地贝类变种，以及得·沙巴达（Gaston de Saporta）所指出的植物，便是这样灭绝或长期处于变种的状态。如果一个变种变得很繁盛，在数目上超过了本家物种，那么它就会被升级为物种，而本家物种就被降为变种；还有另外一种可能，即它会把本家物种消灭并取而代之；第三种情况则为两者并存，都被列为独立物种。这一问题我们以后再回头来讨论。

我认为，从以上论述可以看出，物种这个名词是为了研究的便利而任意加诸一群相互之间非常类似的个体之上的，本质上它和变种这一名词没有区别，变种是指那些区别较少而变动较多的类型。再者，与纯粹的个体差异相比较，变种这个名词也是为了便利而任意取用的。

## 分布、分散广的和普通的物种变异最多

以理论探讨为指导，我曾认为，如果将一些优秀著作中的植物志里的一切变种排列成表，那么，关于变化最多物种们的性质和它们之间的关系，

或许就能够得出一些有趣的结果。乍一看，这个工作似乎简单；但是，沃森先生很快使我相信其中有许多困难，我十分感谢他在这个问题方面给予我的宝贵忠告和帮助；后来胡克博士也曾这么说，他的用词甚至更强烈一些。关于这些难点和各变异物种的比例数目表，我将会在以后的著作里讨论。在胡克博士仔细阅读了我的原稿并检查了各种表格之后，他允许我补充说明：胡克博士认为下面的论述毫无疑问是成立的。整个问题在这里虽然根据需要讲得很简短，但就实际来说，却是相当复杂的，而且，它不可避免地涉及了以后还需讨论到的"生存斗争"、"性状分歧"，和其他一些问题。

得·康多尔和别的学者已经证明，分布很广的植物一般会出现变种；因为它们处于不同的物理环境之下，且须和各类不同的生物进行竞争（以后我们将看到，这一点乃是同样或更为重要的情况），所以它们会出现变种是可以被预料到的。但是通过表格我进一步阐明，在任何一个有限的区域里，最普通的物种，即个体最繁多的物种，和在自己区域内分散最广的物种（这和分布最广的意义不同，并且，在一定程度上，也不同于"普通"），最常发生变种；且这些变种有非常显著的特征，足以使植物学者认为它们可以被载入植物学著作中。因此，最繁盛的物种，或者被称为优势的物种分布最广，在自己区域内分散最大、个体数量最多，且最常产生显著变种，或如我所认为的，初期物种。这一点恐怕是可以预料到的，因为如果变种要在任何程度上变成恒定的状态，必定要与这个区域内的其他生物斗争；而已经取得优势的物种最有可能产生后代，这些后代的变异程度虽然微小，但还是遗传了双亲的那些优点，这些优点又优于同地其他与之竞争的生物，使得它们成为优势物种。这里所讲的优势，我们必须将其理解为只产生在那些互相进行斗争的类型中，特别是那些同属的或同纲的、具有极其相似生活习性的成员之间。关于个体的数目或物种的共性，其比较当然只与同一类群的成员有关。例如，和同区域内生活条件基本相同的其他植物比较起来，有一种高等植物的个体数目更多、分散更广，那么我们就可以说这种高等植物占了优势。这样的植物并不会因为本地水里的水绵（conferva）

或一些寄生菌的个体数目更多、分布更广，而削减它的优势。但是，如果在上述方面水绵和寄生菌都胜于它们的同类，那么，它们在自己这一纲中就占优势了。

如果将记载在任何植物志上的某一地方的植物分为相等的两群，把大属（即含有许多物种的属）的植物放在一边，小属的植物放在另一边，就可以看出大属里含有很普通的、极分散的物种或优势物种。这大概是可以预料到的，因为在任何地域内栖息着同属的许多物种，该地有机和无机的环境必定在某些方面有利于这个属，这是一个简单的事实。因此我们就可以预料，在大属里，即那些包括许多物种的属里，会发现较大的优势物种的比例。但是，使这种结果模糊不明的原因有很多，导致我的表格显示出大属这一边的优势物种只是稍占多数，这让我自己都感到惊讶。在这里，我将只提到其中的两个原因。淡水区域的和喜盐的植物一般分布很广且极分散，但这似乎和它们生长的地方的性质有关，与该物种的属的大小关联很少或没有关系。再者，在体制中处于低级的植物一般比处于高级的植物分散得更加广阔；而且此种现象和属的大小也没有密切关联。我们将在"地理分布"这一章里，对体制中处于低级的植物分布广的原因进行讨论。

由于将物种仅看作为特性显著而且界限分明的变种，所以我推想与小属的物种相比，各地大属的物种会更常出现变种。因为无论在哪里，只要许多密切关联的物种（即同属的物种）已经形成，那么按照一般规律，就会有多个变种即初期的物种正在形成。在很多大树生长的地方，树苗就会被找到，这是可以预料到的。在同一属的许多物种因变异而形成的地方，这个地方的环境必然有利于变异的发生；因此，我们可以预期，一般来说，这些条件仍然有利于变异的发生。相反，如果我们认为各物种是被分别创造出来的，那就没有明显的理由来说明为什么包含多数物种的类群，会比含有少数物种的类群发生更多的变种。

为了验证这种推想是否正确，我将十二个地区的植物及两个地区的鞘翅类昆虫排列成基本相等的两群，大属的物种排在一边，小属的在另一边。结果确实证明了，关于产生变种的物种的数目，大属一边的比例比小属一边大。此外，大属物种产生任何变种的平均数，总是大于小属物种所产生的变种的平均数。如果采用另一种分群方法，即将只有一个物种到四个物种的最小属都不算在内，排除在表格之外得到的两个结果是一样的。对于物种仅是显著且恒定的变种这个观点，这些事实有着明显的意义，因为在同属的许多物种已然形成的地方，或者我们也可以这样说，在物种制造厂曾经活跃的地方，通常我们应该会发现，这些工厂至今仍在起作用，尤其是当我们有充分的理由认为新种的制造是个很缓慢的过程。如果将变种看作初期的物种，那这一点肯定是适用于实际情况的；因为我的表格清楚地阐明了作为一般规律，在同属的许多物种已经形成的任何地方，这个属的物种所产生的变种（即初期的物种）的数量就会超出平均数。这并不是说所有大属现在都发生着大量变异，并因此使其物种数量均增加；也不是说小属现在都不变异，且其物种数量没有增加；若真是如此，那我的学说就将受到致命打击。地质学清楚地告诉我们：随着时间的推移，小属在规模上常常会大幅度增大；而常发生的状况是，大属已经达到顶点，进而衰落，而后消亡。我们所要阐明的就是：在同属的许多物种已经形成的地方，一般说来会有许多物种仍在形成着。这肯定合乎实际情况。

### 大属里许多物种和变种十分相似；
### 它们有着密切但不均等的相互关系，且分布同样受区域限制

大属里的物种和被记载的变种之间的其他关系也应受到关注。物种和显著变种间的区别并没有正确无误的标准，这一点我们已经明了。在两个不确定类型之间若没有找到中间连锁，这种状况就会迫使博物学者根据它们之间的差异大小做出决定，通过类推的方法来判断，其差异量是否足够大到将其中一种或两种类型列为物种的等级。因此，判断两个类型究竟是物种还是变种，差异量就成为一个极其重要的标准。弗里斯（Fries）曾就植物、韦斯特伍德（Westwood）曾就昆虫方面说明，大属里物种之间的差异量往往非常小。我曾竭尽全力地用平均数来验证这种情形，就所得到的

不完全的结果来看，这种观点是对的。我还咨询过几位富有洞察力和有经验的观察家，经过详细的考虑之后，他们也赞同这种意见。所以，在这方面，大属的物种比小属的物种更类似于变种。这种情形可以换种方法来解释，即：在大属里，有超过平均数的变种即初期物种正在生产制造中；也有许多已经制造成的物种，它们在某种程度上与变种仍然相似，因为这些物种彼此间的差异比普通的差异量还小。

另外，任何一物种的变种之间彼此相互联系，同样，大属内的物种之间也是彼此关联的。没有一位博物学者会假装说，一属内的所有物种彼此间的区别是相等的；一般，我们可以将它们区分为亚属级（section）或更小的类群。就如弗里所说过的，一小群物种通常就像卫星一样，环绕在其他物种周围。因此，所谓变种不过是一组类型，它们彼此间的关系不均等，并且环绕在某些类型——也就是环绕在它们的亲种周围。毫无疑问，一种极重要的差异存在于变种和物种之间，也就是，与同属的物种之间的差异量相比较，变种间的差异量或变种与它们的亲种之间的差异量要更多。但是，当我们讨论到被我称为"性状的分歧"的原理时，我们将会看到这一点是如何被解释的，变种之间的小差异怎样渐增为物种间的大差异也会被解释到。

另外，还有一点值得注意。一般而言，变种的分布范围均受到了极大限制；这是众所周知的，因为如果我们发现一个变种的分布范围比它假定亲种的分布范围更广阔，那么它们两者的名称就该倒转过来。但是，我们有理由相信，一个物种若与别的物种密切相似，并且类似于变种，它的分布范围便常常极受限制。例如，沃森先生将精选版《伦敦植物名录》（第四版）内的 63 种植物为我标记出来，这些植物在此书中被列为物种，但是，沃森先生认为它们同其他物种太相似而怀疑它们的价值。根据沃森先生对大不列颠所做的划分，这 63 个被普遍认为是物种的不确定性物种平均分布在 6.9 区。现在，有 53 个被公认的变种记载在同一个植物名录里，它们的分布范围为 7.7 区；而此类变种所属的物种，其分布范围为 14.3 区。因此，被普遍认可的变种与和它密切相似的类型具有几乎一样的、受限的平均分布范围，这些密切相似的类型，就是沃森先生告诉我的所谓不确定性物种，但是大不列颠的植物学者们几乎普遍地将这些不确定性物种列为优良的、真实的物种。

## 提要

最后，我们无法区别变种和物种。除非，第一，中间的连锁类型能被发现；第二，若干不定的差异量存在于两者之间。因为，如果两个类型间的差异很小，即使它们并没有密切的关系，也通常会被列为变种；至于需要如何大的差异量才能将任何两个类型列为物种，我们却无法确定。在大属里，物种之间的相互近似是密切的，但亦是不均等的，它们一起形成小群并环绕在其他物种周围。与其他物种密切近似的物种，其分布范围显然受到限制。综上所述，大属的物种与变种非常相似。如果物种曾经一度作为变种而存在过，并且是由变种演变而来的，那么这些类似性就不难理解了；然而，若说物种是被独立创造出来的，那么这些类似性就莫名其妙，完全不能被解释了。

我们已然清楚，在每个纲里，正是大属里极其繁盛的物种，即优势物种，平均会产生最多的变种；而变种就像我们之后将看到的，具有变成新的、明确的物种的倾向。因此，大属趋向于变得更大；并且在自然界中，通过留下许多变异的、优势的后代，现在占优势的生物类型将越来越占优势。但是，逐步地，大属也有分裂为小属的倾向，这一点我们以后会说明。从而，全球的生物类型就在不同类群之下又分为各类群了。

# 第三章 生存的斗争

对自然选择的影响——用于广义的生存斗争这一名词——按几何比率增加——归化了的动植物的迅速增加——抑制增加的性质——斗争的普遍性——自然界中所有动物和植物的复杂关系——生存斗争在同种的个体间和变种间最剧烈。

## 对自然选择的影响

在进入本章的主题之前,我必须先说几句序言来表明生存斗争对自然选择的影响。我们在上一章已经谈到,处于自然环境下的有机生物会有一些个体变异性,我确实不知道对此曾经有过争论。对我们而言,把大量可疑的生物形式称为物种、亚种还是变种都是无关紧要的,只要那些有明显特征的变种的存在得到承认。但是,个体变异性和极少数有显著特点变种的存在,即使作为这本书的基础是必需的,但对我们理解物种是怎样出现在自然界中的,只有很少的帮助。机体部分与部分之间、机体与环境之间、一种有机生物与另一种有机生物之间这些奇妙的适应是如何完善的呢?我们在啄木鸟和槲寄生身上看到了这种美丽而明显的互相适应。最低等的寄生虫附着在四足动物的毛发或鸟的羽毛之上,潜水甲虫的结构、在微风中飘荡着的具有冠毛的种子,这些也能不那么明显地表现出这种适应。总之,在有机世界的任何地方、任何部分，都能看到这种美妙的适应。

其次，也许有人会问，我称为初期物种的变种是如何最终转变为优良的有明显特征的物种的呢？而且在大部分情况下，这些物种间的差异明显大于同一物种间的各物种。那些组成所谓有区别的属的物种群间的差异，比同属的物种间的差异更大，这些种群是怎样产生的呢？所有这些结果都可以说是从生活斗争中得来的，在下章可以看到更多。因为这种斗争和变异无论多么轻微，无论是什么原因造成的，也无论程度大小，如果对物种相互间无限复杂的关系以及对生活环境有利，就会被保存下来，通常还会遗传给后代。此外，这些后代还将有更好的生存机会，因为任何周期性出生的物种只有少数能够生存。任何细小的变异只要有用就会被保存下来，我过去把这个称为自然选择，来表明它和人工选择的关系。但是，斯潘塞先生经常用的短语"适者生存"更准确，有时也同样方便。我们已经看到，人类通过选择必定能产生非常好的结果，并且通过累积自然所赋予的细微但有用的变异，他们就能使生物适合于自己的需要。但是正如我们今后看到的那样，自然选择是一种不间断的、时刻准备起作用的力量，它极大地超过了人类微薄的力量，就像自然的作品和人工相比一样。

现在我们将进一步讨论生存斗争。在我今后的著作中，这个问题值得用更多的篇幅来讨论。老得·康多尔和莱尔已经在很大程度上哲学性地阐明了一切生物都暴露在剧烈的竞争中。至于植物，没有人比 W. 赫伯特，曼彻斯特区教长，花费的精力更多，也更有能力，这显然是因为他具有渊博的园艺学知识。没有什么比口头上承认生存斗争的普遍存在更简单的事了，但是，至少我认为，要在头脑中时刻记住这一点，却又是非常困难的。然而，如果思想上不能彻底地记住这一点，我们就会认识不清或者完全误解对包含着分布、稀少、繁盛、灭绝和变异等诸多事实的整个自然环境的组成。我们看见自然界的外貌焕发着喜悦的光辉，也能看见过剩的食物，却看不见或者竟然忘记了悠闲地在我们周围唱歌的鸟，多数是以昆虫或种子为生的，因而它们常常在毁灭生命。或者我们忘记了这些唱歌的鸟，或它们的蛋，或它们的幼崽有多少被食肉鸟和食肉兽所毁灭。我们也时常忘记，食物虽然现在是过剩的，但不见得每年的任何季节都是这样的。

## 用于广义的生存斗争这一名词

我应该预先提出，从广义和比喻的意义使用这一名词，其意义包括生物间的依存关系，（更重要的是）不仅包括个体生命，而且包括能否成功地留下后代。饥饿的时候，两只犬科动物为了获得食物并生存下去，就要互相斗争。但是，生长在沙漠边缘的一株植物，与其说是为了生存与干旱斗争，不如说它的生存依赖湿度。一株植物每年产生的成千种子，其中平均只有一粒种子能成熟，可能更确切地说，它在与同类植物和已经覆盖地面的其他种类植物斗争。槲寄生依存于苹果树和其他几种树，如果说它在和这些树斗争又太牵强了。因为如果过多的寄生生物生长在同一株树上，这株树就会凋零并死去。但是，如果几株槲寄生的幼苗密集地长在同一树枝上，那么可以更确切地说它们是在互相斗争。因为槲寄生是通过鸟类扩散的，所以它的生存便取决于鸟类。这也可以比作产果植物，它们引诱鸟来吃它们的果实，以此散布它的种子。在这几种彼此相通的意义中，为了方便，我用了通用的名词：生存斗争。

## 按几何比率增加

所有有机生物快速增长的趋势，都会不可避免地导致生存斗争。任何物种在其自然生长的一生中都会产生若干卵或者种子，在其生命的某个阶段和一年中某个季节或者某个偶然的时间，一定会遭到毁灭。不然按照几何比例增长的原理，它们的数目就会无度地增长，以至于没有地方能够支撑。因此，当比可能生存的个体数量更多的个体产生了以后，每一个例子肯定都会有生存斗争，不是同一物种不同个体的斗争，就是不同物种间个体的斗争，或者是与周围环境的斗争。马尔萨斯的理论就是以数倍的力量应用于整个动物和植物界，因为在这种情况下，既不能人为地增加食物，也不能谨慎地限制交配。尽管现在一些物种的数量在或快或慢地增加，但是不可能所有物种的都这样，因为这个世界不足以支持它们。

这个规则没有例外，即每一个物种都自然地高速增加，如果不被毁灭，一对物种的后代很快就会覆盖整个地球。即使是生殖缓慢的人类，也在二十五年间增加了两倍，照这速度，不到一千年，人类的后代就将没有立足之地了。

林纳已经计算过，假如一株一年生的植物只生两颗种子（而且这也是最易繁殖的植物），那么这些籽苗第二年会再生出两颗种子，照此类推，二十年后就会有一百万株这种植物了。大象被认为是所有已知动物中最慢的生殖者，我也很花了一些功夫去估计其自然增加的可能的最低比率。最稳妥的假设应该是，象在三十岁开始生育，一直生育到九十岁，在这期间内共生产六只幼象，能活到一百岁。如果事实如此，在740~750年以后，就会有近一千九百万只起源于原始祖先的活着的象。

## 归化了的动植物的迅速增加

但是，就这个问题，除了仅仅只是理论计算之外，我们还有更好的证据。这个证据就是，在自然环境下，当自然环境在接下来的两三个季节都有利于动物的时候，无数有记录的事例表明生长在自然环境下的各种动物会有惊人的增长。从多种家养动物中得出的更惊人的事例是，这些动物在世界各地都疯狂增加。如果关于南美洲以及最近在澳大利亚生育缓慢的牛和马的增长速度的叙述没有被很好地验证的话，将会是令人难以置信的。植物也是如此，以从外地引进的植物为例，不到十年它们就变得非常普通，遍布全岛。几种从欧洲引进的植物，比如阿根廷拉普拉塔的广袤平原上最普通的刺棘蓟和高蓟，几乎在每个平方里格[①]的土地上排斥着其他一切植物。我从福尔克纳博士那儿听说，自美洲被发现后，从那里移入到印度的

---

[①] 1 里格≈4.83 千米（适用于陆地）或 5.56 千米（适用于海洋）。——编者注

一些植物已从科摩罗角分布到了喜马拉雅山脉。关于这个问题还可以举出无数的例子。没有人会假设从任何感受得到的程度来说，动植物的生育能力能突然暂时地增加。明显的解释是，那里的生活环境极其有利，所以老幼的生物很少毁灭，几乎所有的幼崽都能生育。完全不令人吃惊的几何比例增加的结果，能够解释它们为何能快速地增加以及在新地广泛地扩散。

在自然环境中，几乎每种完全发育的植物每年都会产生种子，动物中也很少有不是每年交配的。因此，我们可以自信地断言，所有的植物和动物都有按照几何比率增加的倾向。凡是它们能生存下去的地方，那里每一处都被迅速占满，并且按此几何比率增加的倾向，必会因为生命某个阶段的毁灭遭到抑制。我认为我们对大型家养动物的熟悉会误导我们，因为我们没有见到过它们大量的陨落，但是我们记不住每年有数千只被屠宰了以供食用，而且在自然环境中，也有相当数量的由于各种原因被处理掉了。每年产数以千计的卵或籽的生物与只产极少数的生物之间的唯一区别是，生育慢的生物在适宜的条件下需要更多的年限才能布满整个地区——假设是一个非常大的地区。一只秃鹰一次产两个卵，一只鸵鸟一次产二十个卵，但是在同一个地区，秃鹰产的也许比鸵鸟多得多。一只管鼻藿海燕一次只产一个卵，但是人们相信它是世界上数量最多的鸟。一只家蝇每次产数百个卵，其他的蝇，如虱蝇，只产一个卵，但是这个区别不能决定这两个物种在一个地区内有多少个体可以生存下来。大量的卵对某些依靠食物数量而波动的那些物种是重要的，因为这会允许它们迅速增多。但是大量的卵或籽真正的重要性却在于补偿生命中某个阶段的严重毁灭，而绝大多数的事例是在生命的初期。如果一种动物能够用任何方法来保护它们的卵或幼崽，仍然能产出较少的数量，平均数量也能被保持。如果很多的卵或幼崽被毁灭，就必须大量生产，否则物种就会灭绝。假如一种树平均能活一千年，而且在一千年中只有一粒种子产生出来，假如这粒种子绝不会被毁灭掉，就能保证其在合适的地方发芽生长，那么就能满足保持这种树的数目了。所以，就一切情况而论，任何动物或植物的平均数目仅仅只是间接地依存于卵或种子的数目。

观察自然的时候，时刻记住前述的论点是极其必要的。永远不要忘记每一种生物最大可能的增加数目；永远不要忘记每一种生物在生命的某个时期，依靠斗争才能生活；永远不要忘记，在每一世代或循环的间隔时间内，沉重的毁灭不可避免地会降临于年幼的或年老的。抑制作用减轻一些，毁灭作用只要少许缓和，这种物种的数目几乎立刻就会大大增加起来。

## 抑制增加的性质

抑制每个物种增加的自然倾向的原因是最难理解的。看一看最精力旺盛的物种，它们的个体数目极多，密集成群，它们进一步增加的倾向也随之增强。即使只是单一的例子，我们也不能确切地知道抑制增加的原因是什么。无论是谁，只要想一想，就能知道我们对于这一问题是非常无知的，这本来不是令人吃惊的事，甚至我们对于人类都远比对其他任何动物所知道得多。关于抑制增加这个主题，几位作家已经精妙地讨论过了，我希望将来能在一部著作里讨论得更详细些，特别是针对南美洲的野生动物。在这里我只是大概评论一下，为的是唤起读者们对一些重要问题的注意。通常卵或动物非常年幼的幼崽遭受的抑制最多，但不是一直不变的。植物的种子被毁灭的极多，但根据我的观察，籽苗在看上去已经布满厚厚的灰尘和其他种类植物的地上发芽时受害最多。籽苗也会因为各种各样的敌人被毁灭。

比如，在一块三英尺[①]长、二英尺宽的土地上，翻土后进行除草，那里的植物就不会再受到其他植物的抑制。在我们本地的杂草长出之后，我在它们所有的幼苗上作了记号，一共 357 株中，有不少于 295 株被毁坏了，主要是被蛞蝓和昆虫毁坏的。那些长期被收割的草皮，如果任其生长的话，那些较强壮的植物就会逐渐消灭那些较不强壮但也是生长成熟的植物（经常有四足动物来吃草的草皮也是一样）。因此，在收割过的一小块草地上（3 英尺×4 英尺）生长着的二十种物种，由于其他物种自由生长，其中九种

---

[①] 1 英尺=0.3048 米。——编者注

物种都枯萎了。

当然，对每个物种而言，食物的数量都为物种的增加设了一个最大限额。但是，更常见的情况是，决定一个物种平均数量的不是所获得的食物，而是被其他动物所捕食的情况。因此，在任何大块土地上的数目主要取决于害虫的毁灭，比如鹧鸪、松鸡和野兔，对此几乎没有什么疑问。如果在接下来的二十年中，在英国没有一头猎物被猎杀，而且同时也没有一种害虫被毁灭，那么猎物很可能比现在还要少些，尽管现在每年无数的狩猎动物被射杀。另一方面，在某些情况下，就象来说，几乎没有一头被猛兽杀害，因为即使是印度的虎也极少敢于攻击被母象保护的小象。

气候在决定一个物种的平均数方面也起着重要的作用，而且周围性的极端寒冷天气或者干旱天气，似乎是所有抑制作用中最有影响的。我估计（主要从春季鸟巢数目的大量减少来看），1854年至1855年的冬天，在我居住的地方被杀死的鸟就有4/5。这真是巨大的毁灭，我们知道，人类因为传染病死去10%时，便是非常严重的死亡率了。初看之下，气候的作用似乎同生存斗争完全没有关系。

而至于气候的主要作用，在于减少食物，从而引起个体间最激烈的斗争，无论是同样的物种还是不同的物种，因为它们依靠同一种食物生存。例如，当气候极端严寒的时候，气候会直接起作用，遭受影响最大的是那些最不健壮的，或者是随着冬天的推进只能获得最少食物的个体。当我们从南方旅行到北方，或者从湿润地区到干燥地区，总是能看见一些物种越来越稀少，最终消失。气候的变化是显而易见的，我们不免把整个效果归因于气候的直接作用，但这是一个错误的观点。我们忘记了，每个物种，即使在生长最繁盛的地方，也经常在生存的某个时期由于天敌或者是为了同一地方同一食物的竞争者而被大量毁灭。哪怕气候只是稍微地向着有利于这些天敌或竞争者的方向改变，它们的数量也会增加。而且由于每个地区都已经住满了居住者，其他的物种一定会减少。如果我们向南旅行，看见一个物种数量在减少，就可以确信是因为别的物种得到了有利的条件，而这个物种受到了损害。我们向北旅行的情形也是如此，不过程度较小，因为所有类型的物种数量都在减少，所以竞争者也减少了。所以向北旅行或者沿着山脉往上走的时候，比起向南旅行或下山，我们能见到更多发育不良的植物，这是气候的直接有害作用造成的。当我们到达北极区或者积雪覆盖的山顶，又或者完全的沙漠的时候，生存斗争就几乎仅仅只是与环境的斗争了。

气候影响的主要方面在于间接地有利于其他物种。在我们的花园中能看到数量惊人的植物完全能够忍受我们的气候，但是永远不会归化，因为它们既不能与我们的本地植物斗争，也不能抵御本地动物的迫害。当一个物种因为非常有利于它的环境在一小块地方无度增加的时候，传染病常常就会随之而来，至少这经常发生在我们的狩猎动物身上。一些这样所谓的传染病的出现，是由于寄生虫所致。这些寄生虫由于某些原因，部分地可能是通过密集的动物散播，因为不平衡的散播，这里就出现了寄生物和寄主间的斗争。

另一方面，在许多事例中，同种物种需要极大的数量才能得以保存，这个数量是相对于它们的天敌来说的。因此，我们很容易在田间收获大量的玉米和油菜籽等，因为对于以它们为主食的鸟类来说，这些种子的数量占绝大多数。即使在这个季节有多余的食物，鸟类的增加在数量上也不能与所获得的种子成比例，因为它们的数量在冬季会受到抑制。但是任何尝试过的人都知道，要想从一些小麦或花园里的其他这类植物获得种子是非常麻烦的，我就曾经把每一粒种子都弄丢了。我相信相同物种的大量个体对于它们的保存是必要的这个观点，可以解释自然界中某些异常的事实。比如，极稀有的植物有时会在它们生存的极少数地方生长得异常茂盛，某些丛生性的植物甚至在它们生长范围极端边缘的地方还能丛生，这就是说它们的个体是茂盛的。因为这些事例，我们可以相信，只有在多数个体能够共同生存的有利条件下，一种生物才能生存下来，这样才能使这个物种免于完全灭绝。我还要补充的是，杂交的优良效果和近亲交配的不良效果，无疑会在这样的事例中表现出它的作用。不过在这里我就不准备详述这一问题了。

## 斗争的普遍性

很多记录在案的事例表明，生物间的抑制作用和相互关系有多么复杂和出人意料，这些生物是指在同一个地方互相斗争的。我将只举出一个例子，虽然只是一个简单的例子，但是我很有兴趣。在斯塔福郡，我的一位亲戚有一块土地，在那里我可以用各种方法进行研究。那是一大片极其荒芜的土地，有大量的荒野植物从来没有被耕种过，还有好几英亩[①]自然环境完全一致的土地在二十五年前被围起来，种上了欧洲赤松。这片荒地上种植的荒野植物发生的变化是最显著的，其变化的程度比在两片完全不同的土壤上一般可以见到的变化程度更显著。不仅是荒野植物的比例数量完全改变了，而且十二种不包括在荒野植物中的物种（不包括杂草和莎草类）也在种植园内茂盛了起来。对于昆虫的影响一定更大，因为有六种荒野不常见的以虫类为食的鸟在植物园内十分普遍，而经常光顾荒野的却是另外两三种以虫类为食的鸟。在这里我们看到，仅仅只是引进单一的一种树，除了把土地围起来让牛无法进入以外，其他任何事都不做，便会产生何等强有力的影响。但是，我清楚地在萨里附近的费勒姆看到了围场是一个多么重要的因素。那里是大片的荒野，少数几片老龄的欧洲赤松长在远处的小山顶上。在最近的十年内，大块空地被圈围起来，天然播种的冷杉大量生长出来，它们生长得非常紧密，甚至不能全部成长起来。当我确定这些幼树并非人工播种或栽种的时候，我去了几个地方查看，它们的数量之多令我感到十分吃惊，因此我又检查了几百英亩没有被围起来的荒野，毫不夸张地说，除了以前种植的几块地外，完全看不到一株欧洲赤松。但是仔细观察这些荒野植物的根茎部分，会发现大量的籽苗和小树已经被牛吃得永远不会再生长了。那片以前耕种的土地几百码外有一块一平方码[②]的地方，我数了一下，有32株小树苗，其中一株有26圈年轮。很多年来，它

---

[①] 1 英亩 ≈ 4 046.86 平方米。——编者注
[②] 1 平方码 ≈ 0.84 平方米。——编者注

曾试图把树冠伸到荒野灌木的树干之上，但是都失败了。所以难怪荒野之地一旦被圈围起来，充满生机的幼龄冷杉便密布在它的上面了。但由于这片荒野之地极其荒芜加之非常辽阔，没有人会想象到牛竟能这样细心地来此寻找到食物。

在这里我们可以看出，牛完全决定了欧洲赤松的存在。但是，在世界的其他地方，昆虫决定着牛的存在。大概南美的巴拉圭可以在这方面提供一个最古怪的例子，因为这里从来没有野生的牛、马或者狗，尽管向南和向北都有这些动物在野生状态下成群生活。亚莎拉和伦格已经解释，这是由于巴拉圭的某种苍蝇数量过多所致。这种苍蝇在上述动物刚生下来的时候，就在它们的肚脐中产卵。尽管这种苍蝇的数量很多，但是它们的增加习惯上一定要通过某种方法受到抑制，很可能是通过其他寄生昆虫。如果某些以虫类为食的鸟在巴拉圭减少了，寄生昆虫就很可能增加了。同样，这会使在肚脐中产卵的苍蝇数量减少，这样牛和马就将成为野生的了，当地的植被也必定会被极大的改变（我在南美洲一些地方观察到的情况也的确如此）。植被的改变又会对昆虫产生很大的影响，从而影响到以虫类为食的鸟，正如我们在斯塔福郡看到的那样，这种不断增加的复杂性又会向前循环扩大。这并不是说自然环境下的各种关系就会如此简单。战争之中的战争一定会持续不断地发生，各有胜负。然而从长远看，各种力量巧妙地保持了平衡，这样自然界的外貌可以长时期地保持一致，尽管最细小的琐事不过是一种生物战胜另一种生物。不过，我们是如此无知，我们的假设又是如此的高，这样我们听说一个物种灭绝的时候，就会感到吃惊。我们不明白是什么造成的，就会用灾难来解释世界的毁灭，或者创造出一些法则来说明生命形式的长度。

我想再举一个事例，用来说明在自然界等级中相距甚远的植物和动物，是如何被复杂的关系网联结在一起的。今后有机会的话我还会说明，在我的花园中有一种外来植物——亮毛半边莲，从来没有昆虫来拜访过它，所以也由于它的特殊构造，从未结籽。几乎我们所有的兰科植物都需要昆虫来拜访，带走它们的花粉，以此使它们受精。从试验中我发现，大黄蜂对三色堇的受精来说几乎是必不可少的，因为其他的蜂类都不来访这种花。我还发现蜜蜂的来访对一些三叶草的受精是必要的。比如说百花三叶草的20个头状花序结了2 290粒种子，而被遮盖起来蜜蜂接触不到的另外20个头状花序就不结一粒种子。再如，红三叶草的100个头状花序结了2 700粒种子，其他100个被遮盖起来的头状花序却一粒种子都不结。只有大黄蜂来访红三叶草，因为其他的蜜蜂都不能接触它的花蜜。有人建议说，蛾类可能使四叶草受精。但是我怀疑在红三叶草的例子中是否也是这样，因为它们的重量不够把红三叶草的翼瓣压下去。因此我们可以推论，如果整个大黄蜂的属在英国绝种了或变得非常稀少，那么很可能三色堇和红三叶草也会变得十分稀少或者完全消失。任何地方的大黄蜂数量都大部分是由田鼠的数量决定的，因为田鼠会摧毁它们的蜂巢。纽曼上校长时间致力于研究大黄蜂的习性，他相信"全英国超过2/3的大黄蜂都是这样被毁灭的"。众所周知，现在鼠的数量很大程度是由猫的数量决定的。纽曼上校说："在附近的村庄和小镇，我看见的大黄蜂的巢的数量比其他地方多得多，我认为是捕鼠的猫的数量大。"因此，首先是因为猫，其次是蜜蜂的干涉，大批数量的猫科动物在一个地区的出现，必然会决定那个地区某些花的茂盛程度，这是完全可以相信的。

  以每一个物种为例，不同的抑制作用在生命的不同阶段，不同的季节和年度，都可能开始起作用。普遍来说，其中某一种或者少数几种抑制作用是最有力量的，但在决定物种的平均数目甚至是它的生存上，所有抑制作用都将共同发挥作用。在一些事例中还可以看到，区别很大的抑制作用会对在不同地区生长的相同物种起不同的作用。当我们看到那些覆盖在岸边的植物和灌木的时候，会忍不住把它们成比例的数量和种类归结于我们称为偶然的原因。但这是一个非常错误的观点！每个人都听说过，美洲的一片森林被砍伐之后，非常不同的植被就出现了。以前被古印第安人为了替树扫清道路而毁掉了的美国南部的植被，现在在周围的原始森林中表现着种类美丽的多样化以及比例性。在漫长的若干世纪中，每年各自数以千计地散播种子的各种树之间，一定进行了非常激烈的斗争。昆虫和昆虫，昆虫、蜗牛、其他动物和鸟、兽之间都经历了激烈的斗争。它们都努力地增长，以彼此为食，或者吃树，吃树的种子和幼苗，或者吃其他那些最初覆盖地面并抑制这些树生长的植物。向上抛起一把羽毛，根据确实的定律，它们都一定会落到地面。但是这个问题比起数不清的植物和动物之间的关系，就变得非常简单了。它们的作用和反作用在长达若干世纪的过程中，决定了现在生长在古印第安废墟上各类树木的比例和种类。

一种生物与另一种生物之间的从属关系，就好像寄生虫和寄主一样，普遍存在于自然界中等级相差较远的生物。严格地说，等级相差较远的生物之间彼此也有生存斗争，例如蝗虫和食草兽的例子就是如此。但是同一物种个体间的斗争总是最激烈的，因为它们出入于同一个地区，需要同样的食物，还面临着同样的危险。而对同一物种的各种变种来说，竞争几乎是同样激烈的，有时我们能看见这样的竞争很快就会有结果。比如把小麦的几个变种播种在一起，然后把它们的种子混合在一起再次播种，于是那些最适应土壤和气候环境，或者说本质上就是繁殖能力最强的变种，就会战胜其他变种，生产出更多的种子，不到几年就可以代替其他的变种。当混合种植的时候，为了保存混合的原种甚至是联系极端紧密的变种，比如多彩的香豌豆，每年必须分开收割，然后再按比例混种，否则，较弱种类的数量就会稳定地减少并且消失。绵羊的变种也是如此。曾有人断言，一些山地绵羊能使另外一些山地绵羊变种饿死，所以它们不能被养在一起。把不同变种的医用水蛭养在一处也能得出同样的结果。我们家养的植物或者动物的变种的力量、习性和体质是否如此一致，以至于一个混合群（禁止杂交）的原始比例能够保持六个世代以上——如果允许它们以同样的方式在同样的自然环境中斗争，并且每年不按比例来保存它们的种子或者幼崽的话——这一点甚至是值得怀疑的。

生存斗争在同种的个体间和变种间最剧烈

因为同属的物种经常在习性和体质上有很多的相似之处，结构上也经常是这样（尽管不是永远不变），所以它们互相竞争的时候，这种斗争会比不同属的物种之间的斗争更激烈。从近期发生在美国的一件事情中我们可以看到这点，燕子这个物种的扩大造成了另外一个物种的减少；而苏格兰近来一些地方槲鸫的增加导致了画眉的减少。我们有多么频繁地听说，在完全不同的气候下一个鼠种会代替另一种鼠种；在俄罗斯，小型的亚洲蟑螂入境之后，到处驱逐大型的亚洲蟑螂。

在澳大利亚，外来的蜜蜂很快就消灭了小型的无针本地蜂；一种野芥菜物种已经取代了另一种。还有很多其他类似的例子。我们能够大概了解，为什么在自然界中占有几乎相同地位的近缘物种间的竞争是最激烈的。但是，我们不能确切地说任何一个实例中，一个物种是如何在关乎生存的这个伟大的战役中战胜另一个物种的。

从刚提到的评论中得出的最重要的推论是，通过最必不可少但又是隐蔽的方式，一种生物的构造和另一种生物的构造是有关系的，两个物种要互相争夺食物或者住所，或者一个物种要避开另一种，要么就是捕食它。一个明显的例子是老虎的牙齿和爪的构造，依附在老虎身上的寄生虫的腿和爪的构造也说明了这一点。但是蒲公英的美丽的带有羽毛的种子和水甲虫的扁平的生有排毛的腿，起初看起来似乎只是与空气和水的因素有关。然而带羽毛的种子的优点，毫无疑问和已经被其他植物所严密覆盖的陆地有着最紧密的关系。这样，它的种子才能广泛地散布开去，落在空地上。水甲虫的腿的构造非常适合潜水，这就使得它可以和其他水生昆虫竞争，捕食它自己的猎物，并避开其他动物的捕食。

许多植物种子里贮藏的营养物，初看似乎和其他植物没有任何程度的关系。但是由于从这样的种子生产出的幼苗有强劲的增长势头，比如豌豆和黄豆，当它们被播种在长草中间的时候，我们就可以认为，种子中的营养物的主要用途是为了帮助幼苗的生长，同时也可以和茂盛地生长在周围的其他植物斗争。

看一看范围中的一种植物，为什么它的数量没有增加到二倍或四倍呢？我们知道它可以完美地抵御稍热或稍冷、稍潮湿或稍干燥的境况，因为它分布在稍热或稍冷的、稍潮湿或稍干燥的其他地方。我们可以清楚地看出，在这个例子中，若想使这种植物有增加数量的能力，我们不得不使它占些优势，以优于它的竞争者或其他捕食它的动物。由于地理范围的限制，如果植物的体质由于气候而发生了改变，这显然是有利的。但是我们有理由相信，只有一些植物或动物由于分布范围过广而最终被严酷的气候所消灭。只有到达了生活范围的极限，比如说北极圈或者是真正的沙漠的边缘，斗争才会停止。有些地区可能非常冷或干燥，但那里仍然存在少数物种或同一物种个体间的竞争，或是为了最温暖的地点，或是为了最湿润的地点。

所以我们能够看见，当一种植物或动物被放置在新的地方，面对新的竞争者，它的生活环境一般会在最本质的地方发生改变，尽管气候可能和之前的地方完全相同。如果要使它的平均数在新的地方增加，我们就不能使用和之前地方同样的方法来改变它，而必须使用不同的方法。因为我们必须使它对于一系列不同的竞争者和敌害占些优势。

当然这是好的，去幻想我们可以使一个物种比另一个物种占有优势，但是在任何一个事例中，我们大概都不知道应该如何去做。这应该能使我们相信我们对于生物间相互关系的无知，也相信要了解这种关系是必要的，但也是困难的。我们能做的就是牢牢地记住，每一种生物都努力地按照几何比率增加；每一种生物在它生命的某一时期、一年中的某个季节、每一代或间隔的时期，都必须进行生存斗争，遭受巨大的毁灭。当我们仔细思考斗争的时候，可以用以下的坚定信念安慰自己：自然界的战争是永不停息的，恐惧是感觉不到的，死亡一般是迅速的，而强壮的、健康的和幸运的就可以生存下去并繁衍后代。

# 第四章 自然选择即适者生存

自然选择——自然选择与人为选择间的比较——自然选择对生物微不足道的性状发挥的作用——自然选择在所有时期的两性间所产生的效应——生物于性别间的选择——关于相同物种内诸多个体彼此相杂交的普遍性——对自然选择产生影响的有利或无益的条件，即物种间的杂交，物种在自然地理上的隔离以及大量的个体——自然选择发挥作用的缓慢性——自然选择引起的物种灭绝——物种性状间差异不但与任何较小区域里的栖息者的多样性有关，而且与其他物种的移植也存有一定的关系——自然选择的功能往往会通过性状的不同与物种灭绝的方式体现在亲本类型的后代上——对所有生物类型分类的阐述——生物组织的地位的提高——保存下来的低等生物类型——一些性状的集合现象——物种的无限繁殖——摘要。

在第三章节就已简要讨论过，生物间的生存斗争将对变异产生怎样的效果。我们所见的对生物选择的法则在人类力量的发挥下如此有效，它也可以应用于自然界之中吗？我认为，我们是可以发现这种选择对大多数的生物的影响是行之有效的。我们应该记住：在自然条件下，数之不尽的轻微变异发生在我们所驯养生物中的一些个体间，这些生物间的变异与差异的程度都不是太高。还有一点，就是生物遗传倾向的作用力度。在驯养的环境中，整个生物组织会变得具有一定程度范围的改变，这种谈论也许是真实的。不过，正如胡克尔与阿沙格雷所指出的那样，我们几乎常常会遇到我们的驯养生物发生的变异，它并不是由于人类的力量而直接产生的。人类非但不能决定变种的起源，也不能对它们的降临采用某种防御措施。人类能做的仅是将这些确实已经发生变异的物种保存并积累下来。不过，相似的生活条件也可能、有时也的确会出现在自然界中。我们必须谨记于心，一切生物间以及它们所涉及的生存自然条件是多么复杂和多么密不可分！这样，生物构造上变化无穷的多样性，在不稳定的生存条件下对生物彼此的价值影响该是多么巨大啊！当我们看到生物中的一些对人类所起的无可置疑的作业时，其他的变异可能也会以某一种方式在重大且复杂的生存斗争中对各自生物有益，这难道不可能发生在许许多多连续继承的世世代代中吗？假若这样的情况确确实实存在过，我们就不可怀疑（此时不能忘记，个体出生的数量要远远比可能幸存下来的数量多）拥有任一优势的生物个体，不管这种优势地位是如何地略过于其他的生物，难道该生物就不会凭借最好的机会，去赢得生存空间与繁殖各自的物种类型了吗？从另一方面来看，我们可以确信，对任何对生物有害的变异，不论这种变异的程度是多么微小，它都一定会给生物带来毁灭性的后果。我将其称为自然选择，也就是适者生存的法则。对生物没有益处也无害处的变异，将不仅不会被自然选择所影响，还会由于生物组织习性以及条件性质而被保留下来，可能就像我们在某些多形态的物种中看到的那样，不仅可以成为一种起伏不定的成分，最终也可成为特定的物种。

一些作者曾误解或者甚至是反对自然选择这一术语。一些人还想象过，自然选择是成为生物变异的原因，相反，自然选择只会对已产生过的且有益于栖息在自身生存条件的生物存有的变异进行保留。每个人都不会对农学家提及的人类选择所起的强有力作用持反对态度；在此种情形之下，生物个体变异必须首先受自身性质控制，之后人类才能根据一些特定目的来对生物进行选择。另外一些人则反对，称选择这一术语是指在已发生过变异的动物中进行有针对性的选择。还有一部分人居然还极力主张说,由于植物是没有自身的选择权的,因此自然选择的这一法则根本不能在它们身上运用!从自然选择的字面意义上来讲,毋庸置疑,自然选择是一个模糊的专业术语;不过,世界上又有谁会对化学涉及的各种元素间发生的有关选择性的这一相类似的关系持有异议呢?虽然从严格的意义上来说,一种酸性物质还不能以本身的性质去优先选择一种基本元素。有的人会说,我是把自然选择当作一种自发性的力量或者是上帝的力量。但是,又有谁会去反对研究学者们提出的行星运行受万有引力支配这一理论?所有的人都知道,这些隐喻性的表述所诠释的是暗含的意义,然而为了达到简明扼要的目的,这些术语也似乎是不可避免地会被提到的。所以,我们也就很难避免自己在某种意义上将"自然"这一词赋予人所具有的性质。但我所强调的自然,只是许许多多自然法则的集合效果与产物,而所指的法则也是我们早已查明的万事万物间运行的内在联系。我相信,若有人能对我的理论达到一知半解的程度,这种表面缺乏深度的异议就将不复存在。

　　为了便于理解透彻自然选择的进程,我们可以举一个事例,如一个地方正经历着某一种轻微的自然条件的变化,像气候这一条件,在这种情况下该地生物所占有的比例就会发生改变,某些物种还可能会有濒临灭绝的危险。那里每个区域的栖息者都是共同联系在一起的,从这一种紧密而又复杂的连接方式中,我们可以发现,仅仅是自然气候本身的改变,都会使其他的物种受到牵连。倘若该地在边界的基础是自由开阔的,那必定会有新物种类型的植入,这同样会严重地扰乱以前早已在这个地方生存的生物。我们要记住,引进的某一种树或是某一种哺乳类动物在本地所发挥的作用是多么的强大!可是在海岛上或部分障碍物围绕的地方,新的且能更好地适应环境的物种类型却不能自由地进入,在这些情况之下,若存在一些变异的原始动物,那我们确信,这些动物一定会占有自然界中还没有被其他物种栖息的地方。这是因为,假设该区域允许其他物种自由进入,那么这片地方必然会被新的侵入者占领。在此种情形下,为了较好地使任何物种个体适应已改变的生活条件,以任何方式进行的变异,哪怕轻微,只要对这些物种有益处，它们都会有被保留下来的倾向。并且，自然选择将会无拘无束地去仔细审视如何对物种进行改进以使其更好地适应环境。

就像第一章节所阐述的那样，我们有充分的理由可以相信，生存条件的改变将会带来更多的变异。在先前的事例中，生物的生活条件已经发生了变化，通过这种方式，为有益的生物变异产生提供了更好的机遇，这显然是有利于自然选择的，除非这样的情况发生后，自然选择没有起到一点作用。我们必须记住，变异这一术语还将个体差异包含于内。人类通过增加任何一种特定方向的差异，都会对他所驯养的动植物产生很大的影响，而自然选择的也与此相同，只不过自然选择会比人类的选择容易许多，其原因是前者对生物产生的效果相对来说要长久一些。我相信，没必要非要存有如气候一样的巨大的自然变化，或严格程度地隔离限制生物迁移，才可剩下一些新的且没有被占取的地方供自然选择去改进某些物种，使这些被提高的物种可填补进去，因为每个地方的一切生物都是以一种力量在进行斗争，而这种力量是较为平衡的力量。一个物种若在构造或是习性上发生了变异，即使是极其轻微的，该物种也会有胜于其他生物的有利条件，只要该种生物继续在这样的环境条件下生存，并且还是通过相同的生存和防御方式获取利益，则同样的变异将会进一步得到发展，所以该物种的优势也会得到增强。我们可以大胆地估定，世界上根本就不会存在像这样的地方，即所有的本地生物之间以及生物与自身栖息的外部条件间，现在到了如此和谐相处的绝对的理想状态，以至于没有一个物种将会再次变异来获得更好的适应环境的机会，这是因为一切地方的本地物种目前是很容易战败于新吸收的物种，然后，这些弱势物种就不得不允许这些外来者得到稳固的生存基地。从外来生物在各地打败一些当地物种来看，就可以有把握地总结出来，为了更好地抵御外来入侵的物种，本地物种以前很可能产生过对自身有利的变异。

既然人类可以有条不紊地或无意识地对物种进行选择，能够产生且确实已经对物种产生了一定的效果，那自然选择为什么就不可以发挥这样的作用呢？人类只能选择生物的外部和可见的性状，若我真的将"自然保留即适者生存"赋予了某种人类的力量，那自然除了在乎对生物有价值的性状外，它对其他的性状则是漠不关心的。自然可以影响所有内部器官、一切体质的不同程度的差异以及整个生命组织。人类只不过是根据自身有利的方向去选择物种，而自然则不一样，它倾向于站在对物种本身利益的位置去进行选择。从选择的事实可以知道，每一个被选择的性状都完全是经过自然的深思熟虑的结果；人类将生活于各种气候的当地物种放在相同的区域来加以养殖，基本上不会采用某一特有的、适宜方式去对每种曾被选择出来的性状进行改良。人类将长毛与短毛的羊群置于同一气候之下，不允许大多数具有活力的雄性个体为雌性进行争夺，还不严格地将不具优势的动物废弃掉，而是每个更替变化的季节里凭借自己最大的力量保护一切养殖的生物。人类常常是一开始就去选择某一半畸变的物种类型；至少是选择某一性状足够突出的物种或对他明显有利的物种。在自然界中，就算是物种构造与体质上最轻微的差异，也同样会扭转生物斗争中奇妙的平衡趋势，接着这种差异就将得以保存。与自然选择在整个地质时期内积累起来的变异相比较，人类的期望努力显得那么容易稍纵即逝，因此人类所发挥的作用又是多么的微不足道啊！那么当我们看到自然在性状上产生的效果比人类更具有价值时，当我们发现自然选择出的性状必定能更好地适应本身最复杂的生存条件时，当自然能鲜明地展示选择优越性状的创作效率时，我们还能惊愕不已吗？

在遍及世界的各个地方，从隐喻的角度上说，自然选择都在逐日逐时地对一些最细微的变异进行着审视与选择，在这个极为严格的筛选过程中，会淘汰低劣的性状，从而保存和不断增加具有优势的性状。不论什么时候或在什么地方，只要机会恰当，它都会以默默的不引人注目的方式投入到对生物创作的事业中，去改善生活在有机和无机条件下的生物性能。只有在时代替换、岁月流逝的痕迹相当明显时，人们才能看出这个过程中的缓慢变化，但由于人们对于长时间变更的地质时代知识并不是特别的丰富，因此我们现在仅能看到现存的生物与以前的生物之间的一些差异。

为了使大量的变异能够在物种中发挥应有的作用，一个变种一旦形成，它就必须要再一次经历变异或是显现与以前相同且对个体有利的差异。最重要的是，这些差异还必须再次被保存下来，只有这样，这些差异或是这些变异才能世世代代被遗传下去。因为相同的个体差异会这样永恒不断地再现，所以我们几乎就不能将上述隐含表达的观点看作是一种不合理甚至难以辩解的设定。然而，这个假定正确与否，我们就只有来判断它到底能不能符合自然界中存有的普遍现象，并对这些现象作出有力的解释。另外，普遍的观点主张，生物可能发生的变异量也会有严格限制，这同样仅仅是一种猜想。

由于自然选择只能以对各种生物有利为前提来对其产生效果，所以，即使是我们认为微不足道的性状和构造，事实上对生物生存的意义也是重大的。当我们看到食叶的昆虫显现的性状为绿色，以树皮为食的昆虫显现出灰斑色；高山上的松鸡类会在冬季显现为白色，而红松鸡类会呈似石南色的这一性状的时候，我们一定相信，这些不同时段所呈现出来的色彩，只是为保护这些鸟与昆虫免遭危险而提供的便利。倘若松鸡在其有生之年的某个时期被淘汰，它们的繁殖将会无限量地增多。众所周知，大多数松鸡是因遭受某些鸟类的捕食而死亡的；鹰是凭借自身视觉进行狩猎的，由于鹰的视觉能力极强，鸽子是极容易遭受灭亡的，所以，有人就告诫在欧洲大陆生活的人们千万不要养殖鸽子。由此看来，自然选择合理地为每一种松鸡提供适当的颜色，一旦这些颜色被获取，就会真正被始终如一地留传下去。我们绝不能认为有时杀害任何一只持有特殊颜色的动物几乎不会产生影响。我们应该记住，白色羊群里被杀害的稍带黑迹的羔羊其实本该是必不可少的成员。我们曾看到在弗吉尼亚的一种以着色的植物根为食的猪，进食之后，猪呈现出来的颜色可以用来判断它的存活与死亡。一些植物学家认为果实的茸毛和果肉的颜色是最无足轻重的性状，不过，我从杰出的园艺学家唐宁那儿听说，在美国的一些地方，比起长有茸毛的果实，长有光滑果皮的果子更容易受甲壳虫和象鼻虫的侵害，而紫色的李子比黄色的李树更容易遭受某种疾病，与此相反，黄色果肉的桃子比其他颜色果肉的桃子更容易受到一种疾病的袭击。在人工选择的帮助下，这些细微的差异会在这几个变种的培植中产生重要的影响,在自然条件下,这些树将不会与其他各类的树及大量敌方相斗争。无论是果皮光滑的果子还是无毛的果实,无论是黄色果肉的还是紫色果肉的桃子,这两种状态下生物所存有的差异,将有效地解决到底是哪一个变种才能够最终赢得胜利的问题。

按照我们所掌握的匮乏信息来判断,各物种间的许多小的差异看起来不具有多么高度的重要性,可是我们得记住,气候、食物等因素肯定会产生某种直接影响。我们还有必要谨记于心,那就是根据相关法则,如果一个部分发生变异而且该变异是因自然选择积累起来的时候,其他最令人始料未及的变异将接踵而至,这可是经常发生的情况。

正如我们所观察到的,在驯养状态下,出现于生命任意特殊时期的变异会倾向于在其后代的相同时期重现;我们可以举出大量这样的事例来,如许多食用和用于耕种的种子所具有的形状、大小及味道,幼虫期和蛹期的蚕的变种,家禽的蛋与雏鸡绒毛的颜色,还有牛羊在接近成熟期时的角。在自然状态下,自然选择凭借对某一阶段对生物有益的变异,以及在相应时期的遗传的这两种方式,就能在任何阶段对生物发挥变异的功效。植物的种子被风吹起来的时候,散布的范围越广泛越有益;我没有发现,自然选择对该种子产生的作用,定会比棉农通过选择去增加棉绒或提高棉绒的质量艰难一些。自然选择可能会使昆虫的幼体发生变异,来适应大量与成虫期相差极大的偶发事件。通过相关的法则,幼虫期的这些变异可能会影响成虫期的构造;相反的情况也是一样的,成虫期的变异也可能会影响幼虫的构造。不过,在所有这些情况下,自然选择都将确保这些变异是百利而无一害的;如果自然选择产生的影响不是这样,那这些物种就将会走上灭绝的边缘。

自然选择既可参照亲本类型来使幼体的构造进行变异,也可以参照幼体使亲体的构造发生变异。在动物群体中,如果挑选的变异有利于这个群体,自然选择就会使个体的构造适应于整体的利益。倘若自然选择不能给一个物种带去任何益处,那它就不可能为了另一物种的利益而去使该物种发生变异。虽然自然历史著作对这种作用有一些相关的阐述,不过我至今还没有发现一个事例可以将书中的这一观点加以证实。自然选择可以使动物在其生命之中只使用过一次的高度重要构造变异到任何一种程度，如，某些昆虫独自用于冲破蚕茧的大型下颌，或是未孵化出来的鸟用于破蛋壳坚硬的嘴端。有人极力主张，具有优势的短嘴翻飞鸽在蛋壳里死亡的数量，比能破壳存活下来的数量要多，所以养殖者在鸽孵出来之前都提供了一些援助。若自然为了发育完全的鸽子的利益，就会使这种鸽子的嘴变得非常短，而这个变异的过程将会极度缓慢；与此同时，当自然对蛋壳里的一切幼鸽进行最严格的选择时，最具有顽强生命力且长有坚硬的嘴的雏鸟将会在这场选拔中获胜，因为嘴软的幼鸽会不可避免地在出壳之前就已丧失生命。不过，自然选择也可能挑选较易破损的蛋壳，因为我们都知道，蛋壳厚度如其他的构造一样也会有变异的现象。

在这里，我们还可以认为，所有的生物都极有可能发生偶然的死亡，但这几乎或者根本不会对自然选择的进程造成影响。例如，每年都有难以计数的卵与种子会因各种因素而被吞没，但只要它们以某种方式进行了使自身能够逃离敌者的变异，这些卵与种子就会通过自然选择发生变异。但是如果这些卵和种子没有失去自己的生命力，由它们发育而成的个体将会比那些由于偶然因素幸存的个体更能适应自身的生存条件。还有，不管无数发育成熟的动植物是否可以适应生活条件，它们每年必将死于一些意外事件，这种死亡也不会在它们的构造或是体质为该物种带来了其他的利益之后，就缓减到最小的程度。但是，即使生物遭受如此严重的毁灭，只要任一地方的生物没有因这一偶然的事件而完全遭受杀害；就算卵和种子的毁灭性非常巨大，以至于只有第一百个或第一千个部分能够生长发育。假若在这些真正幸存下来且适应能力最强的个体中出现了任何有利的变异，它们繁衍出的后代数量将会大大超过适应能力稍弱的个体。如果一种生物因刚刚讲述到的原因而彻彻底底地灭亡了（而这也是普遍发生的情况），自然选择在朝着对生物有利的方向展示出的威力就将会完全消失。不过，这不会成为我们怀疑自然选择以其他方式在其他时代对生物发挥作用的有效理由，因为我们不能毫无根据地去假定许多物种进行变异的时间与地点都是相同的。

## 生物间的性别选择

在驯养条件下，有些特殊的性状发生的场所会仅限于某一个性别，并且对该性状的遗传也与那一种性别有着紧密的联系，所以，毫无疑问，这也会存于自然条件之下。这样，两性生物个体在自然选择的影响下，其不同生活习性都会发生改变；或者一种性别的变异与另一性别相关，这确实是时常存有的事实。这种情况使我不得不提及一下我所称为的"生物间的性别选择"。性别选择类型不是决定于与其他生物间发生的生存斗争及与自然外部条件的争夺，而是为占有另一种性别的个体，同性个体彼此间所产生的竞争，这往往体现在雄性个体为争夺雌性个体所引发的战斗。这导致的后果并非是失败的竞争者走向了死神，而是让它极少产生或者是说不能产生该物种的后代。

因此，性别间的选择就不如自然选择那样严格、残酷。最具有活力的雄性由于能以自身最好的条件去适应自然界，就将繁衍出数目最多的后代，这是普遍存有的现象。然而，在许多情况中，生物具有的一般活力并不能成为性别间竞争的胜利的决定因素，而是决定于该个体拥有的特殊武器是否能制约雄性个体。例如，无角的成年雄鹿和无刺的成熟公鸡就缺乏留下很多后代的机会。鉴于性别选择常常会允许胜利者再度繁殖，所以，挑选不可战胜的公鸡，增加刺的长度和加强翅膀扑击带刺的脚的力量这一系列的工作，与残忍的斗鸡者选择出最具战斗力的成熟公鸡几乎是一样的道理。在自然界中，我不知道性别间斗争的这一法则所发挥的作用会降低到什么程度。但是有人谈论道，当雄性短吻鳄为了雌性的夺取而作战时，它会像美洲印第安人战斗起舞一样咆哮着，飞快移动旋转着。人们还观察到，雄性鲑鱼间一刻不停地争斗；有时雄性鹿角虫肥大的下颌上的一些伤口，就是其他雄性鹿角虫的杰作。卓越超群的观察家法布尔曾屡次看见某些膜翅类昆虫中的雄性为争夺独特的雌性昆虫而竞争，可是作为旁观者的雌性昆虫看起来却是一副毫无兴趣的姿态，转而又与征服者一并离开。大概这种由雌性引起的争夺在多配偶且通常持有绝杀武器的雄性动物中上演得最为激烈。雄性的食肉动物自身的战斗装备一直比较齐全；再加上性别选择又赐予了它们像雄狮身上长长的鬃毛、雄性鲑鱼长有的钩状上颌等不同寻常的防御技巧。这是因为这些特殊武器就像矛、剑的庇护一样，在生死存亡的关头是处于重要地位的。

在众多的鸟类中，这种性别间的争斗比起前面所提到的情况显得缓和一些。所有参与到这个话题的人们都相信，许多雄性鸟类以歌声去赢得雌鸟的芳心，其斗争也是最为激烈的。圭亚那地区的岩鸫、天堂鸟及一些其他的鸟类常常待在一处；无数的雄鸟精心打扮之后，以最优雅的姿态秀出它们鲜亮的羽毛，还在心仪的雌鸟面前展示自己异于常态的才艺。最终，最有魅力的雄性个体会获得欣赏此类表演的雌鸟的青睐。近距离用心研究过养在笼子里的鸟的人都非常清楚，每种鸟都会有不同的喜好与厌恶。赫隆爵士已经说过斑驳色孔雀吸引所有的雌孔雀时，表现出来的行为是多么的惊羡迷人。尽管我没有办法描述一些必要的细节来加以证明，但是人类却以自己对美的感受水平，在短暂的时期内将美好与素雅的特征赐予到了短脚鸡身上。我们有充分的理由相信，雌鸟必然会以自身审美水平在几个世代的遗传下，选择歌声最美妙、形态最美丽的雄鸟；不仅如此，说不定还有可能呈现出一些鲜明的性状。当雌鸟、雄鸟与幼鸟间的羽毛相比较时，我们就可以看到其羽毛是有差异的，这一众所周知的法则可在性别选择作用于不同时期出现的变异，并且在相应时期只遗传给在雌性个体或是两性个体的事实中，得到并不是很完整的解释。不过，我在这儿并不打算深究这个问题。

根据上面的阐述，我相信，如果任何雌雄动物的生活习性相同而在构造、颜色或装饰方面各异，那如此多的差异大部分原因来自性别选择。换句话来说，雄性个体早就在持续不断的世世代代中，将胜于其他雄性个体的优势，如它们的特殊武器、防御敌者的方式以及自身特有的漂亮外表等，都只遗传给它们的雄性后代。然而，将一切的性别差异都归因于性别选择并不是我想做的，因为我们可以发现，一些驯养动物特征会不断地出现，随着时间的推移，又会与雄性个体产生密切的关系；相反，人类选择却很明显不能使这些特征普及开来。野生雄火鸡胸脯前的一束鬃毛算不上是什么有价值的部分，而在雌火鸡眼里也不知道它到底能不能被当作一种装饰物；事实上，这一束鬃毛若是在驯养情况下有所显现，该物种肯定会被当作畸形生物来对待。

## 自然选择的效果
### 自然选择也就是适者生存法则的相关阐述

为了讲清楚自然选择对生物产生的效果，请允许我在这里列举出一两个自己虚构出来的例证。就拿狼来说，它在猎捕各种各样的动物时会采用不同的方式，如狡诈的技巧、自己的强制力量，还有敏捷的身手。让我们来假想一下，如果身手最敏捷的鹿在该地区的环境发生变化时数量急剧上升，而其他的狼的猎物却大量下降，那么这就是一年之中狼觅食最艰难的时期。在这种情况下，跑得最快、身形最完美的狼就会拥有最好的活下去的机会，这样就会被保存或被自然选择了存活下来。如果这些被选择出来的狼不得不去猎捕其他的动物，它们就会保存自己的实力，在这个时期或是某一时期去抢夺自己想要的猎物。人类通过精心而井然有序的选择就能够对猎犬的灵活程度进行改进，这时，人类要尽力去维持最具有优势的品种，他从未想过要将这些品种进行变异，既然人类可以带来如此的作用，我确信自然选择也一定有这种功能。需要补充一下，皮埃尔斯先生提到过，美国的卡茨基尔山脉栖息着两类狼的变种，一类是以鹿以食的稍像猎犬的类型；而另一类则是体型笨重，腿部较短的类型，它会频繁地攻击牧人的羊群。

在上面的说明中，我提及了一点，那就是体型最适当的狼，而不是任何一个有过极其明显变异的个体会被保存下来，不过，在这本书以前的几个版本中，我也多次说过，似乎后者的情况是经常发生的。在以往的日子里，我发现了个体差异的高度重要性，这也使我充分地讨论了人类无意识对生物选择带来的结果，该选择是对最不具有竞争能力的个体进行淘汰的过程。那时，我知道了，在自然状态下，对任何特殊场合中出现的构造差异的保存，如一种畸形物种的存留，都是极为罕见的。就算该畸变物种一开始得到了存留，随后在与普通个体杂交时仍常常会销声匿迹。尽管如此，直到读了刊登在《北英评论》（1867）上的一篇富有远见且价值无穷的论述后，我才明白，不管个体变异的程度怎样，能够永恒存留的情况都是相当罕见的。这位作者以一对动物为例，指出虽然这对动物一生可产 200 个后代，可在这么多后代之中，平均只有 2 个后代能在各种各样的致命因素中幸存下来，并繁衍出自己的后代。而这只是对大多数高等动物的一种冒险估计，在许多低等动物面前就绝对不是这样的了。这位作者还表示，如果个体在出生时发生了某种变异，它就会比其他个体的存活率多出两倍，不过，其死亡的概率还是远远不能与幸存率相抗衡。我们若设定它将生存下来并进行繁殖，有一半的后代也遗传到了该有利的变异；另外，评论者还进一步表示，该接受到了变异的后代仅仅是有了略微好一些的生存和繁殖的机遇，并且这种机遇在随后的世代中还会不断地减少。我认为上述的这些言论的真实性是不容争辩的。例如，倘若某一种鸟凭借自身的弯喙能轻而易举地获取食物；还有一种鸟天生就有弯度极大的喙，最后也走上蓬勃发展的道路，就算情况真的是这样的，这种鸟还是会缺少先驱逐一般类型、而后使自己的后代永存的机会。从我们从驯养状态下的生物的情况来判断，当把大量基本上都具有很深弯钩喙的个体经过无数世代的保存，然后将许多鸟喙最直的个体淘汰掉，带有深钩的鸟种就必定可以繁殖出一定数量的后代。

但是，我们不应该对下列的情况不屑一顾，即，由于相似的生物组织结构受到的影响是相类似的，某些特征突出的且不应只被看作个体差异的变异会多次再现。关于该变异，我们大量驯养的生物可以提供出数不清的事例。处于这种情形之下，即使不断变异的个体开始没有真正地将以新方式得到的性状遗传给后代，只要生存条件保持与以往相同的状态，它就必然会以同一方式继续并且还会将变异更强的倾向性传递给后代。况且，可以肯定的是，这种相同的变异倾向常常非常强烈，使得该相同物种间的一切个体即使没有任何选择的促进也可发生类似的变异。或者，这个物种中的1/3、1/5也可能是1/10的个体曾受到了此种作用，对此，我们可以给出以下几个事实。例如，格拉巴预测，法罗群岛将近1/5的海鸠形成了性状明显的变种，而这个变种原先是被归类为一个特殊的物种。这样，依照适者生存的法则，已经历过变异过程的类型很快就会排挤掉原始类型。

我今后必然还会再次提到物种间的杂交对消除不同变异所发挥的功效。不过，我在这里一定要谈一点，那就是，大多数动植物都愿意坚守自己舒适的乐园，不会做徒劳的迁移；我们可以发现，甚至连善于迁徙的鸟类也几乎都会回归到以前居住过的场所。这样，每一个新构成的变种最初通常是在初始地栖息，表面上看起来，这是变种在自然状态下的共有规律。这样，以相同方式进行变异的个体在很短时间内就会生存于一个小型的群体里面，然后一起繁衍后代。如果新型变种能够成功斗争于生活条件，它就会从中心地方向四面八方辐射开来，继而在不断无限扩宽的周边地区，与未曾变异的个体相互竞争并彻底战胜这些个体。

为了进一步理解自然选择对生物造成的影响，我认为举出另一个更为复杂的事实是有意义的。某些植物能够分泌出甘甜的汁液，显而易见，这是为了过滤出植物体中的有害成分。这样的事实还有很多，如某些豆科植物从托叶基部的腺体排出分泌物；一般的桂树会从叶子的背面分泌液体。虽然这些甘甜的汁液数量并不多，却被一些昆虫疯狂地搜寻着。不过，这些昆虫的到来没有给该植物带来什么好处。如果一定数量的植物长有的花朵内部分泌出了这种甘甜的汁液，那么一直在寻求花蜜的昆虫会带着花粉离开花朵，这样花粉就会从一朵花传递到另一朵花上。正如充分的证据所证实的那样，相同物种内差异明显的两种个体就可以通过此种方式进行杂交，产生生命力顽强的幼苗，这些幼苗也会有更好的继续生存与活跃繁殖的机会。由于一些植物可以长出花朵，具有最大的蜜腺并且分泌出最多的花蜜，所以，受到昆虫的拜访与获得杂交的频率也是最高的。从长远利益看来，它们可以获得较强的竞争力，形成本地变种。花的雄蕊和雌蕊的部位能与采蜜昆虫的大小和习性相适应的现象，在一定程度上为昆虫传授花粉提供了便利，因此，这对该类花也是有利的。倘若一些造访花朵的昆虫不是为了采蜜而只是为了收集花粉，而由于形成的花粉是仅为受精所用的，因而，对于植物来说，这些昆虫的行为造成花粉的流失纯粹是一种损耗。然而，如果一些花粉被昆虫从这一朵带到另一花朵中，刚开始可能出于偶然的因素，但时间一长这种偶然就会成为习惯，引起物种间的杂交。尽管有9/10的花粉被浪费了，可是花粉流失的植物仍旧会获得很大的益处。当一些植物个体能够产出越来越多的花粉且长有大型的粉囊时，自然选择必将偏爱于这些植物。

上述情况经过长时间的发展以后，植物对昆虫的吸引力就会大大提高，昆虫本身毫无意识地来到该植物上，有秩序且高效率地将花粉在花丛中散布开来，我可以不费吹灰之力将许多相关的事实一一道来。并且我马上就将举出一例，这个例子同时还为说明两性植物雌雄间的分隔迈出了一步。一些冬青树仅能开出雄性花朵，这些花朵产生的花粉相对较少，而雌蕊的数目也只有一个。可是，其他的冬青树只能开出雌性的花，其花朵里有完全发育的雌蕊与四个粉囊枯萎的雄蕊，在这些雄蕊上，我们没有发现一粒花粉。在离一棵雄性冬青树正好60英尺的地方，我发现了一棵雌性冬青树，在这棵树的各个枝丫，我摘下了20朵花，在显微镜下，无一例外，有些柱头上的花粉极少，而有些柱头上含有大量的花粉。由于风在雌雄两树间刮了几天，因而，这些花粉没有通过风力的传播方式进行散布。当碰上狂风怒吼的寒冷天气，尽管这种情形对蜂类没有什么好处，但是我检查的所有雌花都有效地受精了，这大概是蜂类为寻求花蜜在各树中穿梭而造成的。我们现在可以重新来谈谈假想的情况：植物对昆虫的吸引力能够大大增加，使得花粉可以有条不紊地由昆虫从一朵花散布到另一朵花，如果这一步骤已经产生，那么另一个步骤也就将启动。所有的博物学者们都确定了所谓的生理分工所带来的优势，这样我们就可以相信，某一种树或一种花只会长有雄蕊，另一种树或另一类花只出现雌蕊，这两种情形都是对植物有利的。植物在处于培育与和全新的生活状态下，有时候雄性植物的器官会变得愈来愈虚弱无力；在此，我们假定，这在自然状态下也同样存在，只不过其程度要显得轻微许多罢了。因为昆虫已经单将花粉的传播工作在花丛中秩序井然地进行着，并且，根据生理分工的原理，两性植物间较为彻底的分离也更具有优势地位，所以，两性植物在最终完完全全分离之前，雌雄植物分离倾向越来越强的个体将持续备受恩惠，从而被选择出来。很明显，各种植物间的两性分离正在发生，在这个过程中，这种分离有可能是通过同种异性方式来进行的，也有可能是凭借其他方式来发展的，而若要讲清楚到底是哪一种方式完成了各种各样的步骤，将会花费大量的时间。在此，我要附加说明一下，根据阿沙·格雷的发现，北美的一些冬青树刚好处于中间物种类型的位置，或者就像他所描述的那样，基本上都是一些异株杂交物种类型。

此时，让我们回到以花蜜为生的昆虫这一话题上。我们可以假定，常见的植物可以通过长期循序渐进地选择，不断增多花蜜，况且这些花蜜是大多数昆虫生存所必需的食物。我能举出多种例子来证实蜜蜂对花蜜的渴望是如此强烈，以至于使蜜蜂竭尽全力去缩短一切可以缩短的时间。比如，有些蜜蜂的习性是，在某些花的基部先凿开一些洞，然后再进去吮吸花蜜，但是只要它们再多付出一点努力，就能从花口进入花体内完成对花蜜的汲取。每当这些现象在我们脑海中浮现时，大家就会相信，在某些情形之下，昆虫喙的弯曲度与长度之间的个体差异由于不太明显而常常没有引起我们的关注，不过，这些细微的差异可以使这些昆虫比其他个体更快速地获取食物。这样一来，该属的群体就可以蓬勃发展，它们产出的后代蜂族也可以因此得到相同的特殊性状。普通红三叶草和粉红色三叶草花冠是呈管状物的形态，如果我们不耐心观察，就会认为它的长度没有什么不同，可是成群的蜜蜂可以从粉红色的三叶草中不费吹灰之力地吮吸到花蜜。但对于红色普通三叶草，除了野蜂，刚才提及的那一类蜂群是不能做到这一点的，所以红三叶草只能徒劳地为蜜蜂提供丰富充足的花蜜。不过，可以肯定的是，红色三叶草的花蜜是深受它们喜爱的，因为我曾不止一次看到，只有当野蜂在红色三叶草基部咬出一些小小的洞口时，蜂群才能吮吸到花蜜。这两种三叶草花冠的不同长度成为大量蜜蜂是否能够吸引到采蜜昆虫的决定因素。然而，据我的推测，它们之间的差异必然是十分微小的，因为我曾确定过，第二季作物在红色三叶草收割后所长出的花朵，相比以前要稍微小一些，这时，它们就会受到许多蜜蜂的到访了。我也不知道这观点的正确度到底有多高，有一篇论文上表述，意大利的蜜蜂通常只是被看作普通蜜蜂的变种，它们可以吮吸到红色三叶草的花蜜，还能与普通蜜蜂进行自由交配，我也不知道这篇文章值不值得信任。由此而来，在红色三叶草遍及各处的地方，喙稍稍长一些或形状有些差异的蜜蜂可能在吸取花蜜时具有一定的优势。从另一个角度来看，鉴于红三叶草的受精必定是要由前来采集花蜜的蜜蜂决定的，一旦某个地区的野蜂变得极为罕见，能够从中得到益处的就将是那些花冠更短或分裂过度的植物；并且，成群的蜜蜂也获得了吮吸到红色三叶草花蜜的良机。这样，蜜蜂与花朵无论是以同步还是一个紧接一个的方式，通过对一切呈现出来的构造上互相有利的微小差异的持续保存，最终，它们以完美的形式进入到变异与彼此相适应的状态，对于这些不同情况的进程，我们此时应该有一个深入的了解。

我完全意识到，举出上面假想的事例来说明自然选择的法则，一定会受到大庭广众的强烈反对。其实，这就像莱伊尔爵士第一次提出了"地球近代的变迁作为地质学的解说事例"观点时所面临的大家的反应一样。但时至今日，当我们重复运用仍在活跃的地质效应对深度最大的山谷和内陆陡峭悬崖的形成所做出的一些解释与说明的时候，基本上没有谁会说这是一种徒劳无意义的做法。自然选择只会对一切有益于曾存留下来的生物所持有程度不大的遗传变异进行保存和积累。近代地质学几乎不再支持这个观点，即某一强悍有力的洪水就能开凿一个巨大山谷，以此类推，自然选择的理论也会对不断创造的新型生物或者突然发生的程度极大变异的生物构造变异的信念进行消除。

## 个体间的物种杂交

在谈这个话题之前，我必须先对这个问题的其他方面作一个简短的介绍。除了人们不太了解的奇特的单性生殖以外，显而易见，只要是性别相分离的动植物，其每个后代的出生都必须建立在这些动植物结合的基础之上。可在雌雄同体的生物中，情况就不像刚刚所讲的那样了。尽管如此，我们还是有理由相信，所有雌雄同体的两种个体会时常或习惯性地与它们的同物种个体相配合来进行繁殖的工作。这种观点很久以前就被斯普伦格尔、奈特和凯洛依德模糊不清地提了出来。近来，我们意识到了这一观点的重要性。虽然我为此准备了一些材料以用于充分的探讨，但我还是追求简明扼要的风格。一切脊椎动物、昆虫及其他大型物群的动物都必须交配才能生育。大量的真正雌雄同体的生物也要经过两两交配才能进行生殖。也就是说，成对个体进行生殖就一定要有定期的交配程序，这恰恰是我们需要关注的事情。但是，有些雌雄同体动物和大多数雌雄同体的植物不一定就会两两相互交配，有人可能会问，我们有什么理由认定它们的繁殖必须要有交配的这一过程？我认为，我们不可能细致地深入这些问题，所能做的只是谈及大体情况而已。

最初，我就曾搜集了大量具有系统性的事实，另外做了许多实验，这些例证都与养殖者的普遍观点相契合，那就是，不同变种间动植物以及相同变种里不同血统个体间的交配，能够让动植物的后代持有旺盛活力与较高生殖力的特征；与此相反的是，血统较近个体间的交配一定会对个体的体质和生殖力进行削弱。这些事实让我更偏重于相信自然界普遍存有的法则是：自身受精的生物不能获得永远存留，然而某一生物与其他个体由于偶然因素而在一定的时间间隔内进行杂交却是绝对必要的。

我觉得，如果我们相信这是一个自然法则，那么我们就能明白接下来要谈到的几类事实，而这个观点是不能用其他观点来解释的。每个杂交动植物的培育者都知道，将花朵曝露在阴雨天气下，对于花朵的受粉毫无益处，但是完全曝露在这种天气下的花粉囊和花柱非常之多。如果偶然的杂交是不可避免的，那么上述机体曝露在外是为了让其他花的花粉能够自由进入，尽管如此，植物的雌雄花蕊间十分接近是为了确保它们能够进行自我受粉。从另一方面来看，还有许多花的结籽器官是紧紧包裹在一起的，例如蝶形花科或是豆科的花；但这些花对于昆虫的来访几乎都能完美而奇巧地适应。所以对于蝶形花朵来说，蜜蜂的来访是十分必要的事，如果阻止蜜蜂的来访，那么这些花的结籽能力就会极大地减少。对于昆虫来说，从一朵花飞到另一朵花上是绝不可能不携带花粉的，这对植物极其有益；但是我们因为蜜蜂对花粉的携带就能使不同物种之间产生杂交。因为如果一种植物自带花粉，而且在同一花柱上的花粉是来自其他的物种，前者是如此占据优势的，以至于这种植物总是或是完全被消灭。

当一朵花的雄蕊突然弯向雌蕊或者慢慢地——弯向雌蕊时，这种方法好像仅仅用于确保花朵自己受精；而且毋庸置疑的是，自我受粉这种方法的结果也是极有用处的。但是这种昆虫的机体常会要求雄蕊能向前偏移，正如克洛依德曾用伏牛花指出过就是这种情形，在这种特有属的植物体内似乎都有一种特别有利于自花传粉的机能，众所周知的是，如果把近缘的物种或变异物种种植在彼此靠近的地方，那么想要培育出纯种的种子几乎是不可能的，所以它们能自然而然地进行杂交。在其他情况之下，花朵自己受粉的条件是很不利的，有些特殊的机制能够有效地阻止雌蕊接受它自身的花粉。这正如斯普林格尔和其他作者的著作中所谈到的那样，也有我个人观察所得：例如，半边莲属的亮叶光萼荷就有一种确实美丽且精巧的技能，这种技能是指在雌蕊准备受粉以前，把无数的花粉微粒从粉囊中清理出去；至少在我的园中，这种花从未被昆虫造访过，所以它也就不结籽。但是当我把一朵花的花粉放在另一花的柱头上时，我就能培育出大量的种子。在我的花园中常有蜜蜂来传播花粉的物种是半边莲，它就极容易结籽。在其他特有的情况下，尽管没有任何特殊的机械装置能够阻止花柱接受来自其同一朵的花粉，但是正如斯普林格尔、希得伯朗、其他人以及我能证实的那样，要么是在花柱准备受粉前粉囊就已破裂，要么是花柱在那朵花的花粉成熟前就已经可以受粉了。所以这些所谓的雌雄蕊异熟的植物与实际上也是有性别差异的，而且常需杂交才能授粉。所以这正与前面提及过的二形性或三形性的植物情况相符。这些事实是多么的奇特啊！尽管同一朵花的花粉与柱头面的位置那么接近，似乎是为花的自我授粉这个特殊目的而生，但是在许多的事例中花粉与柱头面之间彼此却毫无用处，这难道不奇怪吗？这些事实用于解释与一个特殊的个体杂交的优越性和必然性，是多么简单的事啊！

如果甘蓝、萝卜、洋葱及其他植物的变种被允许种植在靠近彼此的地方，那么就会出现我所发现的那种情况，大部分的种子培育出来的都是杂种。例如，我从种植得比较靠近的不同的变种植物的种子中，选择了233个甘蓝种子进行培育，那些种子中仅有78枚种子被证明是变种植物，甚至有些种子还不完全是如此。但是每一朵甘蓝花的雌蕊不仅被它的六个雄蕊包裹着，而且被同一种植物上的其他花的雄蕊包围着；而每朵花的花粉没有昆虫的传播也可以极容易地落在花柱上；因为我曾发现某些植物即使没有昆虫传播花粉也能够结出满满的籽。然而，为什么有如此多的种子是杂种呢？这一定源于不同变种的花粉比它本身的花粉有更强的授粉能力；也进一步证明了这一部分的普遍法则的正确性，即相同物种的不同个体的交杂有着极大的优势。当不同的物种进行杂交时情况完全是相反的，因为一种植物自身的花粉几乎总是比外来物种的花粉有着更大的授粉能力。但是关于这个问题，我们还要在下一章作进一步的讨论。

以一棵开满花的大树为例，我们不赞同花粉很少能从一棵树上传播到另一棵树上的观点，花粉最多只能从同一棵树上的一朵花上传递到另一朵花上；而且同一棵树上的花在有限的条件下会被当作不同的个体。我相信这个观点是正确有效的，但是我也相信大自然已经在很大程度上为树提供了一种去区分性别的强烈倾向。一旦花的性别被区分开来，尽管雄花和雌花可能来自同一棵树，但是花粉必须有规律地从一朵花上传递到另一朵花上；这对于花粉从一棵树上传递到另一棵树上是一个更好的机会。一切属于"目"一级的树的性别，通常比其他植物更容易被区分，我发现在这个国家就有这种情况；而且胡克博士应我的要求把新西兰的树木种类列成了表格，阿萨·格雷博士也把美国的树木种类列成了表格，而这一结果与我推测的相符。另一方面，胡克博士告诉我这一法则不适合澳大利亚的树木；但是，若大多数澳大利亚的树木都是雌雄异熟的树木，同样的结果也会在那被区分出雌雄的花朵中出现。我以树木为例只是为了引起人们对这个问题的注意。

现在我们来简要地谈谈动物的情况吧。尽管很多陆生动物都是雌雄同体的，比如陆生的软体动物和蚯蚓；但是它们都是雌雄成对的动物。因为我没有发现任何一个单一的陆生动物能够自己受精。这个显著的事实与陆生植物之间产生了强烈对比，而且我们通过偶然的杂交就能理解这个事实的必然性；而且因为受精元素的本质完全不同，所以昆虫和风对植物的作用引起的偶然的杂交，在没有两个个体同时出现的情况下，是不会对陆生动物产生影响的。对于水生动物，它们有许多是能自己受精的雌雄同体的动物；但是水流显然可以为偶然的杂交提供一个显而易见的机会。正如我在关于花的事例中，曾向最权威学者之一的赫胥黎教授请教，却失败地发现单一的雌雄同体动物的机体再生是完全封闭的，以至于不需要与外界的接触，而且不同个体的偶然间的影响表明其受到其他个体的影响。基于这种观点，蔓脚类植物的受精很长时间都不能让我理解，所以这是一个极困难的事例；但是，在一个幸运的机会下，我证明了两个自己受精的个体有时能够进行杂交。

有些同科甚至同属的动物和植物，一定有着一个让博物学家感觉极其反常的现象，尽管它们在整个机体上彼此间似乎极其一致——有的是雌雄同体的，还有的是雌雄异体的。但事实上，如果所有雌雄同体的物种都能偶尔进行杂交，那么雌雄同体与雌雄异体的物种之间的差异与作用就是极小的，甚至是不必担忧的。

从这些观点和许多特殊的事实中，我得出了一些结论，虽不能在此一一列举，但是出现在动物和植物的不同个体间的偶然杂交是极其普遍的，即便不是普遍的，那也是一个自然法则。

## 自然选择产生新型的有利条件

这是一个极其复杂的问题。大量的变化性总是包括个体差异的，这明显对形成新的生物类型是有利的。在一定时期内，为有益的变异的出现提供一个更好的机会，大量的个体将会弥补每个个体更少的变异，而且我相信那是成功的一个极重要的因素。尽管大自然赞成自然选择是在长时间内起作用的，但它并不认同时间长度并不是无限的；因为所有的机体生物都正努力地想要在自然体系占一席之地，如果任何一种生物不能随它的竞争者发生相应的改变和改进的话，那么它就会被消灭掉。除非其至少有利于物种变异的遗传，否则没有什么能够影响自然选择。这种相反的倾向往往会抑制或阻止自然选择的工作。但是因为这种倾向不能阻止自然选择培育出大量的家养品种，所以它又怎么可能阻止自然选择的作用呢？

在有条不紊的选择事例中，饲养者为了一定目的而进行选择，而且如果任何个体都被允许自由杂交，那么他的选择工作就会完全失败。但是当许多无意选择物种的人有着近乎普遍的完美准则，而且试图从最优良的动物中选择繁衍的后代，所选的个体会在无意识的选择过程缓慢且确实地改进。尽管如此，被选择的个体是没有区别的。因此在自然状态下亦是如此；因为在一个有限区域内，有些地方的自然体系未被完全使用，尽管变异程度不同，但是所有向着正确方向变异的个体都会易于被保留下来。但若这个区域很大，那么它的各小区域将会呈现出不同的生活条件；接下来，如若同一物种会慢慢地在不同区域内发生变异，而新形成的变种会在每个区域内进行互相杂交，我们将会在本书的第六章中看到生长在中间地区的中间型变异物种，从长远来看，中间型物种一般都会被某一个邻近物种所取代。杂交主要影响那些流动性大、生育率低、每育必交配的动物。因此具有这种天性的动物，例如鸟类的变种，一般都会被限定在不同的区域内。雌雄同体生物的杂交是偶然间发生的，正如生育率高，却流动性差、每育必交配的动物一样，一个新改良的变种可能在任何一个地方快速地形成，而且先要保持在同一机体中，然后才会传播开去，以至于新变种的个体将会在一起杂交。根据这个原理，因为在那种情况下杂交的机会减少，所以苗木培育工总是更加喜欢从大的植物机体中找寻种子。

甚至于对那些每育必杂交、繁殖缓慢的动物来说，我们不应也假设自由杂交总是能消除自然选择的影响；我能提供大量事例证明，在同一个区域内，同一种动物的两个变种因为栖息于不同场所，或是每个变种的个体更喜欢雌雄成对地生活在一起，而可能长久地在一个区域内生长繁殖。

在自然界中，在保持同一物种或同一变种个体性状的纯正和统一方面，杂交在自然界中有着极其重要的作用。显而易见，杂交对那些每育必交的动物有更佳的效果；但是，正如前面讲的那样，我们有理由去相信偶然的杂交会发生在所有的动物和植物身上。即使这些动植物的杂交每次都要间隔很长一段时间，但是杂交动植物的后代远比长期以来自己受精的动植物有更健康的身体和更强的生殖能力，便于它们能有更多生存和繁殖后代的机会。所以从长远来看，杂交的影响极大，即使是间隔的杂交也会有极大的影响。关于极低等的有机体生物，基于它们的性状在同样的生活条件之下是保持一致的，所以既不会进行有性的繁殖，也不能在未配成对的情况下进行杂交，它们只能通过遗传原则和自然选择，摧毁那些偏离正确类型的个体。如果生活条件发生了改变，个体形式也发生了变异，那么仅靠自然选择而保存了相似且有利于变异的物种性状的统一对其后代有利。

隔离也是通过自然选择产生物种变异的一个重要因素。在一个幽闭的或是隔离的区域内，如果这个区域不是很大，那么有机体和无机体的生活条件一般来说都是一致的；所以自然选择易于用同一种方法去适应同一物种的所有变异个体的变化，这对于其周围区域的生物有着一定的抑制作用。华格纳最近就这一问题发表了的一篇很有趣的文章，他想以此表明，隔离在阻止新型变异物种之间的杂交，可能会产生有比我所设想的更大的效果。但是根据上述理由，我绝不会赞成这位博物学家的观点。他的观点是：迁徙和隔离是新物种形成的必要因素。隔离的重要性在阻止那些有更好适应能力的生物体入侵方面同样有所体现，因为气候、陆地的高度等自然条件发生了变化；因此在这个地区的自然生态体系中空出的一些新位置，会被那些原本就遗留在这里的古老生物变异物种所占据。最后，隔离会给新的变异物种的形成提供时间；而且有时候隔离也是非常重要的。然而，如果一个被隔离的区域非常小，要么因为周围有障碍物，要么因为有极其特殊的自然条件，那么这个区域内的生物数量也是极小的。这对于通过减少有利变异物种生长的机会，和对那些由自然选择而产生新的物种，会有抑制作用。

自然选择并不能阻止时间的流逝，时间的流逝既不会推动也不会阻止自然选择。我讲这句话是因为这个观点被人误解为是我个人认为时间在物种变异方面有着极重要的作用，好似所有生命的形式都要通过内在的定律必然发生变异。时间的流逝是如此重要，而且它的重要性在以下方面有所表现，它对有益物种变异的发生、选择、积累和固定提供了一个更好的机会。时间同样有利于增进自然环境对每一物种的形成所起的直接作用。

如果我们到自然界中去检验一下这些观点的正确性，并且观察任何一个小的隔离区域，例如海洋中的岛屿，我们就会发现：虽然岛上物种的数量很少，正如我们在地理分布一章将会看到的一样；但是在这些物种中有很大一部分都是本地的物种，也就是说，这些物种只会在那里生长而不可能会在世界上的其他地方生长。因此，刚开始看到的海岛对于新物种的产生是极有利的。但我们可能会因为那个原因而变得自欺欺人，因为要确定那个海岛是一个小的封闭区域还是一个像大陆一样的开放区域，对于一个新物种的产生是极有利的，我们应该在同样的时间内做出比较——但这却是我们力所不及的事。

尽管隔离对于新物种的产生极其重要，但是总体来看，我更加赞同的是：地域宽广对于新物种的产生更加有利，尤其是对那些生存时间长、分布范围广的物种更加重要。纵观一个宽广辽阔的区域，这里不仅为大量同一物种的个体在这里生存提供了一个更好的机会，而且对于那些已经存在于此的大量物种提供了一个更为复杂的生活条件；而且如果某些物种发生了变异或是提升，那么其他的物种也会在相应的程度上有所提升，或者它们会被消灭掉。每当一个物种的形式有所提升，它就会向开放的周边地区传播，而且会与许多其他的类型进行竞争。另外，现在大部分周边地区常因以前的地面震动而存在不连贯的状态；所以隔离在一定的程度上都会对新物种产生好的影响。最后，我要总结一句：尽管小的隔离区域在某些方面对于新物种的产生是极有利的，但是物种的变异过程一般都是在辽阔区域更加迅速；更重要的是，生长在辽阔地域的新型物种已经战胜了许多的竞争对手，而且那些新物种一定会传播到极远的地方，并繁衍出大量新的变种和物种，它们因而能在世界生物的发展史上占有一个更重要的席位。

根据以上观点，也许我们就可以理解一些在地理分布一章中会被再次谈及的事实。例如，地域较小的澳洲大陆的生物产量，现在远不如地域较大的亚欧大陆；另一个例子是，生存于大陆上任何地方的生物在岛屿上能被大量驯化，那么在某个小岛上，生存斗争就不会那么激烈了，而且那里物种的变异和灭绝现象都会有所减少。因此，根据奥斯瓦德·希尔的观点，我们就能理解，在一定程度上，马德拉的植物很像已消亡的欧洲第三纪植物区系。所有聚集在一起的淡水盆地，与海洋和陆地相比较，不过是一个小小的地区。所以，在淡水生物之间的生存斗争比其他区域生物之间的生存竞争更温和；新型物种的产生更加缓慢，而旧型物种的灭亡也更加缓慢。在淡水盆地中，我们发现了硬鳞鱼遗留下来的七个属，而且它曾经在这个属中占据着优势，是我们只能在淡水中才能找到的、有众所周知的形状的奇特生物——鸭嘴兽和美洲肺鱼。它们就像化石一样，在一定程度上，把目前自然分类中相隔很远的属联系起来。这些形状奇特的生物可以被称为活化石；它们能延续至今，是因为它们生活在一个局限的地区内，而且很少发生变异，所以竞争也就不是那么激烈。

综上所述，在这个极复杂问题的允许范围内，让我们在错综复杂的问题所允许的范围内，对自然选择产生新物种的有利条件和不利条件进行概述。对于那些经历过多次陆地振动的陆地生物来说，我觉得这极有利于新型物种的产生，这些生物既能长久生存又能广泛分布。当这个区域是作为一片大陆而存在时，那里的生物就会有大量的个体和种类，而且会经受激烈的生存竞争。当这片大陆因地面下沉而被分割为几个岛屿时，每一个岛上的同一物种的个体都会大量存在；每个新型物种在边缘地区的杂交都会受到限制；每个物种生存的自然条件发生改变后，迁徙就会被阻止，以至于每个岛上生态体系的新位置，将会被古老生物的变种所占据；时间会使每个岛上的变异物种得到充分的改进和完善。当地面高度再次攀升时，这些岛会再次连接成大陆，这里也会再次充满激烈的生存竞争，最占优势或最完善的变种将能够扩散，而那些类型不够完善的生物极有可能会灭绝。再次连接在一起的大陆上的各种生物的相对比例会再次发生改变，对于自然选择来说，它将有再一次的机会去进一步改良已存在的生物，因而能创造出新的物种。

一般来说，自然选择发生作用的过程都是极其缓慢的，这一点我完全认同。自然选择只有在某些现有生物的变异更适合某个地区自然生态体系中的一些位置时，才会发生作用。而那些位置的出现常会依靠自然条件，一般都是慢慢地被取代，并且会阻止更适应生物的迁入。由于某些古老的物种发生了变异，所以其他物种的相互关系会被打乱；而且会导致其他物种的产生，并准备被其他适应的物种类型所占据。但是所有的变化都发生得极其缓慢。尽管同一物种的所有个体间有着极轻微的差异，但是唯有漫长的岁月才能使它们身体构造的各部分表现出相当明显的差异。这一结果常会被自由杂交所阻碍。人们一定会说，这几种因素足以抵消自然选择的力量，但是我不相信会这样。我觉得自然选择仅对同一地区的少数个体起作用，一般来说，其作用都是极其缓慢的，而且会间隔很长一段时间。同时，我还相信，这些缓慢的、断断续续的选择结果，与地质学所告诉我们的世界上生物变化的速度和方式是非常一致的。

如果力量有限的人类能通过人工选择大有作为，那么尽管自然选择的过程十分缓慢，但在生物体中，生物与其自然生活条件之间的相互适应关系，并且通过自然选择的力量，通过适者生存的法则，一定会无限制地向着更完美、更复杂的方向发展变化。

## 自然选择引发的消亡

"自然选择引发的消亡"这一主题,在地质学一章里我们将会更加充分地探讨;但是这一主题必须在这里被提及,是因为它与自然选择有着极亲密的关系。自然选择仅仅通过保存在某些方面的有利变异而发生作用,并且使这些变异能不停地繁衍下去。因为所有生物的几何级数有极大的增加,所以每一个区域都完全被生物所占据;由此可知,伴随着有利类型物种数量的增加,劣势类型的物种会慢慢减少,甚至是稀有。正如地质学告诉我们的那样,稀有就是消亡的前兆。我们都知道的是,在季节气候发生重大变动时,或是在天敌数量暂时居多时,任何一个代表这少数几个个体的物种类型,都极有可能遭到灭顶之灾。但是我们可以进一步阐述这个主题,因为随着新型物种的产生,除非我们承认特殊的物种类型不可能无限增多,否则那些旧类型物种就会慢慢消亡。地质学明确地告诉我们,特殊物种类型的数量不会无限增加;现在我们将努力说明为什么世界物种的数量没有达到不可计算的程度。

我们都已经知道,在任何时期,个体数量最多的物种拥有产生有利变异的最好时机。对此我们是有证据的。我们曾在第二章提到的事实证明,那些常见的、分散的、占优势的物种提供了极大数量有据可靠的变异物种。因此,稀有物种在一定时期内会降低变异和改良的速度;而且它们常会在生存斗争中被变异和改良过的常见物种的后代所击败。

我觉得,从这些观点中我们必然能得出以下结论:通过自然选择,新物种会在一定的时间内形成,而其他的物种会变得越来越稀少,并最终消亡。那些与正在变异和改良的物种类型进行最激烈斗争的物种类型将会最先灭亡。我们在"生存斗争"一章中已经了解到的是:有着极相似的结构、体质及习性的同一物种的变种,它们的近缘类型物种,即同一物种的变种、同属或近属的各物种之间竞争最为激烈。因此,每个新的变种或物种的形成过程,一般都会给它们的近缘物种构成极大的威胁,甚至会使那些近缘物种消亡,以至于往往最终消灭它们。通过人类对改良物种类型的选择,家养动物中也会出现同样的消亡过程。在家养动物中，通过人类对改良类型的选择，也会出现同样的消亡过程。许多奇特的事例都可以为我们加以说明：牛、羊及其他动物的新品种和花草的变种，是以多快的速度取代了旧的低劣种类的。在英国的约克郡，人们都知道古代的黑牛被长角牛取代，而那些长角牛被短角牛所取代。在这里我要引用一句农谚来解释："简直就像被残酷的瘟疫一扫而光一样。"

## 性状分异

这个术语所包含的原理是极其重要的，而且正如我坚信的那样，某些现象可以用这些事实来解释。首先，与那些优良的、明确的物种相比较，即使是那些在某种程度上已具有了物种特征的显著变种，它们彼此间的差异还是要大得多，因而在很多情形中都很难对它们进行分类。尽管如此，我仍然相信，变种是形成过程中的物种，而我将它们称为初期物种。那么有较小差异的变种是如何扩大为有较大差异的物种的呢？从大自然中大多数物种呈现出来的显著差异，我们可以得出的结论是：有较小差异的变种扩大为有较大差异的物种，是常会发生的事。我们可以说，仅仅是偶然的变异才会引起某个变种在性状上与母体不同，而且这个变种的后代在同一性状上与母体在很大程度上是不相同的；但是，仅仅凭着这一点绝不能解释为什么在同属物种间常会存在如此大的差异。

按照惯常的做法，我已经从家养动植物中找寻到了关于这个问题的答案。我们将会在这里找到某些事情的相似之处。以下观点会得到人们的支持：有着如此大差异的物种之间，比如短角牛和黑尔福德牛、赛跑马和拉车的马及几种鸽子的品种，等等，它们绝不可能仅会受到世代相传的偶然累积的相似变异的影响。例如，一个育种者喜欢喙有点短的鸽子，而其他的育种者却喜欢长喙鸽。世人公认的原则是："育种者不会也不愿喜欢中间型的鸽子而喜欢极端的类型"，他们都会继续选择并且饲养那些喙越来越长的鸽类（就像人们已经培育出来的翻飞鸽的亚品种那样）。另外，我们可以假设的是：在早期历史时期，一个国家或地区的人们需要的是跑得快的马，而另一个国家或地区的人们需要的是更强壮、更高大的马，那么早期国家的马种差异就极其明显了。但是，随着时间的流逝，某一个国家不断地选择跑得快的马，而另一个国家不断地选择强壮高大的马，那么这两个马种间的差异就会变得更大，并慢慢形成两个亚品种。在经历几个世纪的变迁之后，这些亚品种最终会转变成两个固定的、有区别的品种。随着这两个马种间差异的扩大，那些具有中间性状的、跑得不是很快的、也不是很强壮的劣等动物，不会被选来配种，那么它们就很容易消亡。因此，我们能从人工选择中看到其造成的所谓差异原理的作用：在刚开始时它极难被察觉到，并且这种差异在逐步增大，这就会使它们彼此间和它们共同的母体在性状上出现差异。

但是人们可能会问，怎样将类似的原理运用到自然界去呢？我相信这一原理能够极有效地被运用到大自然中（尽管我花了很长的时间才明白怎样去运用），从这一简单事实，我们可以知道，任何一个物种的后代越是在结构、体质和习性上有差异，那么它们就越能在自然体系中占据不同的位置，而且在数量上也会有大大的提升。

我们能从习性简单的动物中清楚地看到这种情况。以食肉的哺乳动物为例，在任何可以容身的地方，任何一个国家的哺乳动物数量在很久以前就达到了饱和状态。如果它们的生活条件在自然力量的允许下有所提升，那么只有那些发生变异了的子孙们，才能获取目前被其他动物占据着的一些位置（这个国家不会在生活条件方面有任何的改变）。例如，某些动物以捕食其他动物为生，无论这个动物是活的还是死的；某些动物生活在不同场所，比如会爬树的动物或是能下水的动物；某些动物也许会慢慢减少食肉。食肉动物的后代在习性和身体结构上的差异越大，它们在自然体系中占据的位置就越多。可以运用于一种动物的原理，也可以运用到所有时代的所有动物中去，也就是说，如果它们发生了变异，那就是自然选择在发生作用；与之相反的结果，就是自然选择并未发生作用。这一原理在植物中同样适用。已有的实验证明：如果一块土地只被种上某一种草，而在一块相似的土地上种上几种不同的草，那么种在后一块土地上的植物的数量和干草的重量都要比前一块土地多。同理可得，当把小麦的一个变种或几个变种分别种在同样大小的土地上，后一块土地的小麦要比前一块土地的小麦好。所以，如果某一种草继续变异，即使是极小的变异，那么这些彼此间物种或属都不同的草会用同样的方式继续被选择，而这个物种的个体植株的数量，包括了变异了的后代，会进一步增多，并且能成功地在同一块土地上共同存活。众所周知，每个物种或变种的草，每年都会被播下无数的种子；可以说是在最大限度的追求其个体数量的增加。因此，在经过了千万代的传承后，某一种草极特殊的变种在数量增加方面会有一个极好的机会，因此过度种植会减少那些不够显著的物种；当各个变种变异得彼此截然不同时，它们就跻身于物种之列了。

这一原理的正确性可以从许多自然环境的情况中看到：大量的生物因其结构上的多样性，使它们获得了最大限度的生活空间。在极小的区域内，尤其是当这个区域对于那些想要嵌入的物种来说是开放的、自由的，在那里，生物个体之间的竞争一定是非常激烈的，我们总能从其生物中发现它们之间存在着极大的差异。例如，我找到一块宽3尺、长4尺的草地，经过许多年后，它们有着相同的生活条件，在这里生长的20种植物属于8个目的18个属，这表明这些植物之间有着多么大的差异啊！在地质构造一致的小岛上或是小小的淡水池塘里，植物与昆虫的情况也是如此。农民发现他们在同一块土地上轮种不同科目的作物收获最多，自然界所遵循的则称为同时轮种。大多数动植物在一小块土地上生活得极为邻近，并且它们都能在这一土地上生存下来（假设这一小块土地本身无任何特殊情况），我们可以说这些动植物都在为能存活在这里而极力奋斗；但是，正如那一普遍规则所讲的，我们能在这里看到，在生存斗争最激烈的地方，由于生物的习性和构造存在差异，以及它们身体构造的多样性使它们彼此间紧密联系在一起的，正是那些我们所说的不同属和不同目的生物。

同样的原理通过人类作用可在异地归化中得到证明。人们已经预料到，能在任何一块土地上归化的植物，一定与当地植物有着近缘关系，因为人们普遍认为那些植物都是为适应这块土地而特地创造的。也许，人们也能预料到，在当地那些能归化的植物，一定是属于特别能适应某一迁入地区的少数几类植物。但是实际情况并非如此；德康多尔在他的巨作中已经明确指出，经过归化的植物中属的数目，比本地植物属与种类的比率要大得多。下面将给出一个简单的例子，阿沙·格雷在他的《美国北部植物志》最近一版中列举了260种归化植物，这些归化植物属于162个属。因此我们可以得出结论：这些归化植物有极大的差异性。此外，归化植物与本地植物有很大程度的不同，因为在162个归化属中，外来的物种不低于100种，因此在现在生存在美国的植物中，属的比率大大地增加了。

通过对某个地区归化的动植物和当地动植物的性质，我们可以粗略得出结论：从它们的性质就可以了解到土著生物该如何变异，才能获得超越这些外来共生者的优势。至少我们可以推论出，生物结构的多样性能弥补与外来属间的构造差异，而且对它们也是有利的。

在同一地区栖息的生物，其构造多样性所产生的优势，实际上与同一个体在器官上的生理分工是一样的，这一话题已被米尔勒·爱德华兹充分阐明。所有生理学者都不会怀疑，仅用来适应了消化蔬菜或是肉类的胃，其实会从这些物质中吸收大部分的营养。所以，在任何地方的一般自然状态中，分布较广泛与发育较完全的动植物，一般会随着不同的生存习性而有所差异，大量的个体也是以这样的方式才能够维持自身的生命。如果存有一类动物，其组织间没有太多的差异，它们几乎就不能与构造差异显著的那一类动物相抗衡。例如，澳洲的有袋哺乳类动物被分类为两个物群时，彼此间的差异到底是否微乎其微、生殖能力是否也是相当的衰弱，这是值得怀疑的。正如沃特尔豪斯与其他的一些学者曾表示的那样，肉食类动物、反刍类动物、啮齿类动物能与这些发育良好的目相竞争。在澳洲的哺乳类动物中，我们观察到了早期未发育完全的个体间差异过程，通过性状分歧及灭绝，自然选择对共同祖先的后代可能发生的作用。

根据以上精简的讨论，我们可以假定，任何物种的后代，在构造上越复杂，便越能成功地侵入其他生物所占据的地方。现在我们可以看看从性状分歧得到此类优势的原理，是怎样与自然选择的原理和灭绝的原理结合起来共同作用的。

本书所附的图表能帮助我们理解这个复杂的问题。正如自然界中的一般情形那样，也如图表里用不同距离的字母所表示的那样，以 A 到 L 代表这一地方的一个大属的诸物种——假定它们的相似程度并不相同。我说的是一个大属，第二章已经说过，在大属里比在小属里平均有更多的物种发生变异；并且大属里发生变异的物种有更大数量的变种。同时我们可以发现，最普通的和分布最广的物种，比罕见的和分布狭小的物种更容易变异。假定 A 是普通的、分布广的、变异的物种，并且这个物种属于本地的一个大属。那么从 A 发出的不等长的、分歧散开的虚线则代表变异的后代。假定此类变异极其细微，但其性质具有极大不同；假定它们在不同时间发生，并且常常间隔很长时间才发生；并且假定它们在发生以后能存在的时间也各不相等。只有那些具有某些优势的变异才会被保存下来，或被自然选择下来。于是便出现了由性状分歧得到优势的原理的重要性；因为这一般就会引致最差异的或最分歧的变异（由外侧虚线表示）受到自然选择的保存和累积。在一条虚线遇到一条横线时，就用一小数字标出，那是说明了假定变异的数量已得到充分的积累，因而形成了一个很显著的并在分类工作上被认为有记载价值的变种。

图表中横线之间的距离，代表一千或一千以上的世代。一千代以后，两个很显著的变种由假定物种（A）产生，它们名为 $a^1$ 和 $m^1$。它们所处的条件一般还和亲代发生变异时所处的条件相同，而且变异性本身是遗传的；结果 $a^1$ 和 $m^1$ 便同样地具有变异的倾向，并且普遍以亲代相同的方式发生变异。此外，$a^1$ 和 $m^1$ 只是轻微变异了的类型，所以倾向于遗传亲代（A）的优点，这些优点使其亲代比本地生物在数量上更为繁盛；不仅如此，它们还遗传了亲种所隶属的那一属普遍拥有的优点，从而使这个属在它自己的地区内成为一个大属。所有这些条件都是有利于新变种的产生的。

这时，如果这两个变种仍能变异，那么它们变异的最大分歧在此后的一千代中，一般都会被保存下来。经过这段期间后，假定在图表中的变种

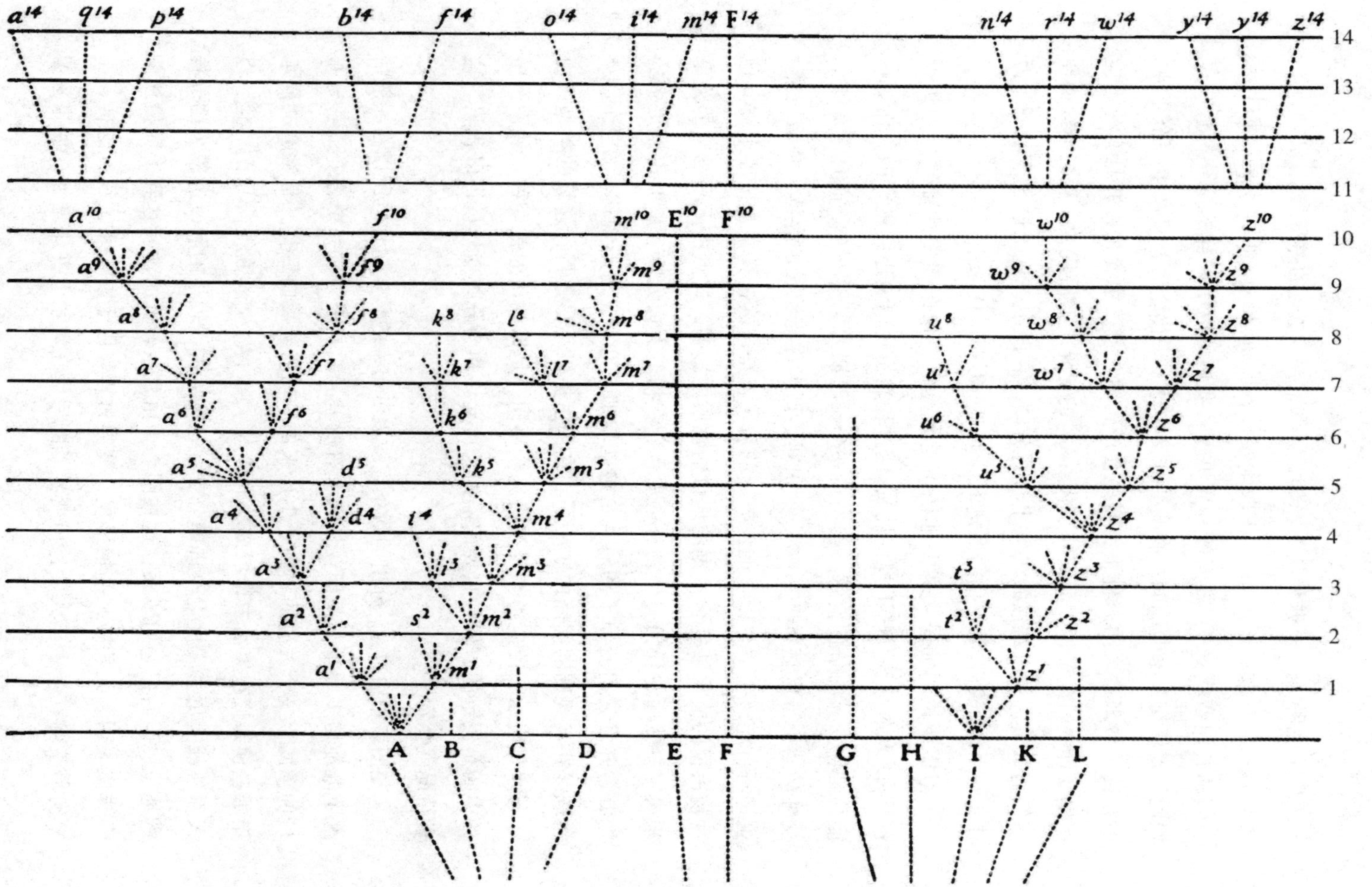

a14 q14 p14 b14 f14 o14 i14 m14 F14 n14 r14 w14 y14 y14 z14
14
13
12
11
a10 f10 m10 E10 F10 w10 z10
10
9
8
7
6
5
4
3
2
1
A B C D E F G H I K L

$a^1$产生了变种$a^2$，根据分歧的原理，$a^2$和（A）之间的差异要比$a^1$和（A）之间的差异更大。假定$m^1$产生两个变种，即$m^2$和$s^2$，彼此不同，而且和它们的共同亲代（A）之间的差异更大。我们可以用同样的步骤把这一过程延长到任何久远的期间；有些变种，在每一千代之后，只产生一个变种，但在变异愈来愈大的条件下，有些会产生两个或三个变种，并且有些不能产生变种。因此变种，即共同亲代（A）的变异了的后代，一般会继续增加它们的数量，并且继续在性状上进行分歧。在图中，这个过程表示到一万代为止，在压缩和简单化的形式下，则到一万四千代为止。

但需要说明的是：我并非假定这种过程会像图表中那样规则地进行（尽管图表本身已有些不规则性），此过程是不规则地连续进行的，而更可能的是：变异的条件使每一类型在一个长时期内保持不变。而且最分歧的变种必然会被保存下来——一个中间类型也许能够长期存续，或者可能、也许不可能产生一个以上的变异了的后代；是自然选择常常按照未被其他生物占据的或未被完全占据的地位的性质的影响。这点由无限复杂的关系来决定。然而，任何一个物种的后代，在构造上愈分歧，愈能占据更多的地方，并且它们变异了的后代也愈能增加，这都是普遍规律。在上图中，系统线在有规则的间隔内中断了，在那里标以小写数目，连续的类型则由小写字母表示，因此类型已变得完全不同，足以被认为是变种。然而图中的中断是假定的，但是只要间隔的长度允许相当分歧变异量得以积累，这种情况就会发生。

在图表中由（A）分出的数条虚线表示出来的是：物种之所以在一般情况下既能增多数量，又能在性状上有所差异，是因为从一个普通的、分布广的、属于一个大属的物种产生出来的一切变异了的后代，常常会共同承继那些使亲代在生活中得以成功的优点。从（A）产生的变异了的后代，以及系统线上更大程度上改进的分支，往往会占据较早的和改进较少的分枝的地位，因而把它们毁灭；这在图表中由几条较低的没有达到上面横线的分支来表明。无疑在某些情形里，变异过程只限于一支系统线，这样，虽然分歧变异在量上扩大了，但变异了的后代在数量上并未增加。如果只留

$a^1$ 到 $a^{10}$ 的那一支，把图表里从（A）出发的各线都去掉，便可表示出这种情形。正如英国的赛马和向导狗，两者性状显然是从原种缓慢地分歧，尽管既没有分出任何新支，也没有产生任何新族。

假设一万年后，（A）种产生了 $a^{10}$、$f^{10}$ 和 $m^{10}$ 三个类型，然而这三种类型可能并不相等，因为它们经过历代性状的分歧，相互之间及与共同祖代之间会有很大的区别。如果我们假定图表中两条横线间的变化量极其微小，那么这三个类型也许还只是十分显著的变种；但我们只要假定这变化过程在步骤上较多或在量上较大，就可以把这三个类型变为可疑的物种或者至少变为明确的物种。所以说，这张图表表明了由区别变种的较小差异，升至区别物种的较大差异的各个步骤。如果这样的过程延续下去（如上文图表所示），会有用小写字母 $a^{14}$ 到 $m^{14}$ 所表示的八个物种，而它们都是从（A）传衍下来的。正如我所假设的：物种增多了，属便形成了。

在大属里，大概有超过一个以上的物种发生变异。我假定图表中的第二个物种（I）以相似的步骤，经过一万代以后产生了两个显著的变种或是两个物种（$w^{10}$ 和 $z^{10}$），它们究竟是变种还是物种，要根据横线间所表示的假定变化量来决定。假定一万四千代后产生了六个新物种，从 $n^{14}$ 到 $z^{14}$。在任何种属里，性状彼此不相同的物种一般会产生出最大数量的变异了的后代；这有助于它们在自然中拥有绝佳机会来占有大量新的不同地方：因此在图表里，我把极端物种（A）与近极端物种（I）选择作为变异最大及已产生新变种和新物种的物种。不等长的上行虚线用来表示原属里的其他九个物种（用大写字母表示的），它们在长久的但不等长的时期内，可能继续传下不产生变异的后代。

除此之外，在变异过程中，如图所示，另一原理，即灭绝的原理，也起到十分重要的作用。在到处生活着不同生物的环境里，自然选择的作用必然在于选取那些在生活斗争中比其他类型更为有利的类型，这是任何物种改进了的后代经常具有的一种倾向。也就是说在任何一个阶段，都会有后代替代或消灭它们的先驱者和原始祖代。然而值得注意的是，最为剧烈的斗争一般发生在习性、体质和构造方面彼此最相近的那些类型之间。这就是较早的和较晚的状态之间的中间类型（即介于同种中改进较少的和改良较多的状态之间的中间类型）以及原始亲种本身，会有绝灭倾向的原因，系统线上许多整个的旁支会这样绝灭，它们被后来的和改进了的支系所战胜。然而，如果一个物种的变异了的后代进入了某一不同的地区，或是很快地适应了一个全新的环境，那么在那里，后代与祖代间就不进行斗争，它们就都可以继续生存下去。

假定图表存在较大的变异量，则物种（A）及一切较早的变种皆会灭绝，它们会由八个新物种 $a^{14}$ 到 $m^{14}$ 所代替；并且物种（I）将被六个新物种（$n^{14}$ 到 $z^{14}$）所代替。

进一步而言，正如自然界的一般情况，假定该属的那些原种彼此相似的程度并不相等，物种（A）和B、C及E的关系比和其他物种的关系近，物种（I）和G、H、K、L的关系比和其他物种的关系近；又假定（A）和（I）都是很普通而且分布很广的物种，这就是它们本来一定就比同属中大多数其他物种占有若干优势的原因。经过变异了的后代，在一万四千世代时共有十四个物种，它们遗传了一部分同样的优点：在系统的每一阶段中，它们还以种种不同的方式进行变异和改进，因此它们在居住的地区的自然组成中，适应了许多和它们有关的地位。所以说，它们会取得亲种（A）和（I）的地位而把它们消灭掉，并且还会消灭某些与亲种最接近的原种。因此，能够传到第一万四千世代的原种是极其稀少的。我们可以假定与其他九个原种关系最疏远的两个物种（E与F）中只有一个物种（F），可以把它们的后代传到这一系统的最后阶段。

在图表中的十一个原种传下来的新物种数目现在是十五个。自然选择造成分歧的倾向使 $a^{14}$ 与 $z^{14}$ 之间在性状方面的极端差异量很大，甚至超过了原种之间的最大差异。除此之外，新种间亲缘关系的亲疏程度也很不相同。从（A）传下来的八个后代中，$a^{14}$、$q^{14}$、$p^{14}$ 三者由于都是新近从 $a^{10}$ 分出来的，亲缘比较相近；$b^{14}$ 和 $f^{14}$ 是在较早的时期从 $a^5$ 分出来的，故与上述三个物种在某种程度上有所差别；最后 $o^{14}$、$i^{14}$、$m^{14}$ 彼此在亲缘上是相近的，它们可以成为一个亚属或者成为一个明确的属，因为它们在变异过程的开始便产生了与前五个物种的差别。

从（I）传下来的六个后代将形成两个亚属或两个属。但是因为原种（I）与（A）大不相同，（I）在原属里差不多是站在一个极端，所以从（I）分出来的六个后代，只是由于遗传的缘故，就与从（A）分出来的八个后代大不相同；还有，我们假定这两组生物是向不同方向继续分歧的。而连接在原种（A）和（I）之间的中间种（这是一个很重要的论点），除去（F），也完全绝灭了，并且没有遗留下后代。因此，从（I）传下来的六个新种，以及从（A）传下来的八个新种，势必被列为很不同的属，甚至可以被列为不同的亚科。

因此我认为，两个或两个以上的属是经过变异传衍，从同一属中两个或两个以上的物种中产生的。这两个或两个以上的亲种又可以假定是从早期同属的某一物种传下来的。以图表中大写字母下方的虚线来表示，其分支向下收敛，趋集一点；这一点代表一个物种，它就是几个新亚属或几个属的假定祖先。新物种 $f^{14}$ 的性状值得稍加考虑，它的性状假定并未产生较大分歧，仍然保存着（F）的性状，没有什么改变或仅稍有改变。在这种情形里，它和其他十四个新种的亲缘关系，乃带有奇特而疏远的性质。因为它是从现在假定已经灭亡而不为人所知的（A）和（I）两个亲种之间的类型传下来的，那么它的性状大概在某种程度上介于这两个物种所传下来的两群后代之间。新物种（$f^{14}$）并不直接介于亲种之间，而是介于两群的亲种类型之间，这是因为它们的性状与亲种类型发生了分歧——每一个生物学者大概都能想到这种情形。

假定图表中的各条横线都代表一千代，同样也可以代表一百万或更多代，甚至还可以代表包含有灭绝生物遗骸的地壳的连续地层的一部分，这是我们在有关地质学的章节里必定会讨论的话题。我认为到那时我们将发现这张图表对灭绝生物的亲缘关系会有所启示，虽然这些生物通常与现存生物属于同目、同科，或同属，但是它们常常在性状上有别于现今生存的各群生物，这是完全能理解的。灭绝的物种系生存在各个不同的久远时代，那时系统线上的分支线还只有较小的分歧。

我认为我们毫无理由将现在所解释的变异过程仅仅只限制于属的形成。如图所示，假定分歧虚线上的各个连续的群所代表的变异量是巨大的，那么标着 $a^{14}$ 到 $p^{14}$、$b^{14}$ 和 $f^{14}$，以及 $o^{14}$ 到 $m^{14}$ 的类型，将形成三个极不相同的属。之后还会有从（I）传下来的与（A）的后代有着明显区别的两个不同的属。按照图表所表示的分歧变异量，该属的两个群形成了两个不同的科，或不同的目。它们不是从原属的两个物种传下来的，而是从某些更古老的和不为人所知的类型传下来的。

我们已经发现各地较大属的物种，即初期的物种是最常出现变种的。这是可以被预见的情形；因为自然选择是通过一种类型在生存斗争中比其他类型占有优势而起作用的，它主要作用于已经具有某种优势的类型；正是因为物种从共同祖先那里遗传了一些共通的优点，它才会形成一个大群。因此，为了产生新的、变异了的后代的斗争，主要是发生在力图增加数目的一切大群之间。在一个大群将慢慢战胜另一个大群的过程中，它们能减少对方的数量，从而进一步减少对方变异的机会。然而在同一大群中，后来的更为高度完善的亚群，因为在自然组成中分歧出来并且占有更多新的地位，就经常会有一种排挤和消灭较早的、改进较少的亚群倾向。而最终灭亡的就是小的和衰弱的群及亚群。长远来看，我们可以预言：能在很长时期内保持数量继续增加的生物群，是现在数量巨大以及最少被攻击的，即最少受到灭绝威胁的生物群。然而我们却不能预言哪几个群能够得到最后的胜利，因为许多群从前都曾是极发达的，但它们现在都已经灭绝了。瞻望更为遥远的未来，我们还可预言：生活在任何一个时期的、能把后代传到遥远未来的物种为数并不多，因为较大群持续不断地增多，大量的较小群终要趋于灭亡，而且不会留下变异了的后代。在"生物的分类"一节里我会再次讨论这一问题，但是按照我的说法，在此我能补充说，因为只有极少数较古远的物种能把后代传到今日，而且由于同一物种的一切后代形成一个纲，所以在动物界和植物界的每一主要大类里，现存的纲非常之少。虽然极古远的物种只有少数留下变异了的后代，但在过去遥远的地质时代里，地球上也有许多属、科、目及纲的物种分布着，其繁盛程度差不多就和今天一样。

## 到什么程度机体会倾向于进化

自然选择完全通过变异的保存和累积起作用，而这些变异对每一种生物在它生命的各个阶段，无论是在有机还是无机条件下，都是有益的。最后的结果就会是，每种生物与环境的关系都会越来越融洽。而这种改进无可避免地又会使世界范围内的大量生物的机体发生逐渐的进步。但是关于这点我们也有一个错综复杂的问题——机体的进步是什么意思？因为博物学家们还没有对此达成一个令人满意的结论。在脊椎动物中，智力的程度提高及构造上接近于人类都可以表明是机体的进步。也可以这样认为，各种不同的部件和器官在从胚胎到成熟的过程中，所经历的一定数量的变化足够作为比较的标准。但是在某些寄生甲壳类动物中，它们某些结构上的部件却变得没那么完美，所以成熟动物不能被认为比幼虫更高级。冯·贝尔的标准看起来是适用范围最广，也是最适用的。他的标准是，同一生物不同部分分化的总量（这里我应该补充说明的是，这是针对成熟时期而言）和各部分不同职能的专业化程度。这也是米尔恩·爱德华提到的生理分工的完全性。但是如果我们以鱼的种类为例子来研究这个问题，就可以知道它是多么让人难以理解了。有些博物学家把鱼当中最接近两栖动物的鲨鱼，列为最高等的；而另外一些博物学家却把普通的多骨鱼或者硬骨鱼列为最高等的，主要的原因是它们最具有鱼的形状，但是又和其他脊椎类动物最不相像。转向植物界，这个问题也同样让人难以理解，植物中智力的标准当然是无须提到的。一些植物学家认为每一个器官都得到充分发展的开花植物是最高等的，包括萼片、花瓣、雄蕊和雌蕊。然而，另外一些植物学家认为，植物的器官得到最大改进，但是数量减少得最少的，才是最高等的。

如果我们把高级机体的标准看作每种成熟时期几种器官的分化和专业化（这将包括大脑为了智力目的而发生的进步），自然选择无疑会指向这个标准，因为所有的生理学家都会承认，对完成器官各自功能的情况而言，器官的专业化是更好的选择，对各生物体而言也是有利的。因此，变种的累积会导致专业化也是符合自然选择学说的。而另外一方面，我们必须牢记，所有的有机生物都在以极高的比例努力地增加，并且努力占据自然界中每一个还未被占据或者未被完全占据的领域。对自然选择而言，使一种生物适应几种器官多余或者无用的条件是完全可能的，在这样的例子中，机体的比例就会退化。从最遥远的地质时代到现今，机体是否在总体上进化了，我将在《地质的演替》一章中做更详细的讨论。但是也可以提出这样的反对意见：如果所有的有机生物都有等级上如此的上升趋势，为什么世界范围内还有这么多最低等的生物形式存在呢？为什么在每一个大的纲里都有一些形式比其他形式发达得多呢？为什么发达得多的形式还没有取代并完全把较低等的形式灭绝呢？拉马克相信所有的有机生物都有其内在的不可避免的趋向完美的趋势，因此他强烈地感觉到这个问题很难理解，以至于他只有假定新的简单生物形式是被自然发生不断创造出来的。科学还没有证实这种说法的真实性，但无论如何，未来会做出解释。根据我们的理论，低等生物体的持续存在是不难理解的，因为自然选择或者说适者生存，不一定包括前进的发展，它只会在出现时利用那些变异，这对每一个生活在复杂环境下的生物也是有利的。就我们所见，我们也许可以提问，那么高等的机体对于滴虫类微生物，对于一种肠蠕虫，甚至是对蚯蚓而言，有什么益处呢？如果没有益处，按照自然选择，这些生物形式就不会被改进或者说只有很少的改进，会无限期地停留在现在这样的低等形态。地质学告诉我们，一些最低等的形态，比如说纤毛虫和根足虫，已经把它们现在的状态维持了非常长的时期。但是，假定大多数现存的低等形式从生命诞生之日起就一点进步都没有，也是极端轻率的。因为每一个曾解剖过现在被认为是等级上非常低的生物的博物学家，一定会被它们奇异而美丽的机体所震惊。

　　观察同一个大群里的不同等级的机体，我们可以运用几乎一样的评论。比如，在脊椎动物中，哺乳动物和鱼类共存；在哺乳动物中，人类和鸭嘴兽共存；在鱼类中，鲨鱼和文昌鱼共存，而后一种鱼类极其简单的结构与无脊椎类很接近。但是，哺乳动物和鱼类彼此间没有什么可以竞争的，所有哺乳类动物或者这类动物中的某些成员进化到最高级，也不会代替鱼类的位置。生理学家相信，大脑必须被温暖的血灌注才能高度活跃，而这需要空气呼吸。所以，当温血的哺乳动物栖息在水中这样一个不利环境的时候，就需要不断地到水面来呼吸。关于鱼类，鲨鱼科的成员不会趋向于代替文昌鱼，因为我听弗里茨·米勒说过，文昌鱼唯一的伙伴和竞争对手，是巴西南部贫瘠沙岸旁一种异常的环节动物。哺乳类中三个最低级的是有袋类、贫齿类和啮齿类，在南美洲的同一地区与大量的猴子共存，它们很可能互相很少打扰。尽管世界范围内的机体总体上已经或者仍然在进化，但是在等级上将会一直呈现很大程度的完善。因为某些全部种类或者每一类别中的某些成员的高度进化，并非必然会导致竞争激烈的种群灭绝。在某些例子中，我们今后还能看到，好像低级的机体形式能被保存到先进的原因，是因为它们居住在有限的或者特殊的地区，在那里它们经历的竞争较少，而且在那里由于它们的成员稀少，减少了它们发生有利变异的机会。

  最后，我相信，许多低等的机体形式现在由于各种各样的原因还存在于世界上。在某些例子里，有利性质的变异或个体差异从未发生，因而自然选择不能发生作用而加以积累。很可能找不到例子证明时间对于最大可能的发展量是足够的。某些少数的例子我们可以称为机体的退化。但是主要的原因在于这个事实：在非常简单的生活环境下，高等的机体是没用的，可能还会有实际的伤害，因为性质越微妙，就越容易产生混乱而被损害。

  再看一下生命产生的最初时期，正如我们所相信的那样，当时所有的有机生物表现出的都是最简单的结构，那么，各部分的进步或者分化的第一步是如何出现的呢？赫伯特·斯宾塞先生很可能回答，一旦简单的单细胞生物通过生长或者分裂成为多细胞的复合体时，或者对任何一个支撑面都依赖的时候，他的法则就发生作用了，即"当它们与偶然力量的关系产生差异的时候，任何等级的同源单位，按照与偶然力量的关系的比例进行分化"。由于我们没有事实指导，关于这个题目的猜想是完全没用的。"由于没有生存的斗争，在很多形式产生之前也不会有自然选择"的理论是错误的。居住在隔离地区内的单个物种间的变异也许是有利的，因此，整个个体就可能得到改进，或者两种完全不同的形式就会产生。

但是，正如我在绪论结尾处提到的那样，如果我们承认对于世界上现存生物之间相互关系的无知，特别是对以前存在的生物之间关系的无知，那么，关于物种起源还有很多无法解释的地方，就不会有人觉得惊奇了。

## 性状的趋同

H. C. 沃森先生认为我过高估计了性状分歧的重要性（虽然他表面上是相信性状分歧的），同时认为被称为形状的趋同也会起作用。如果两种有着明显区别但又同源属的物种，都产生了很多新的趋异的形式，那么可以想象得到，这些新的形式会非常接近，以至于可以把它们划分在同一个属下。这样，两种不相同属的后代就会汇合成一属了。但是，就大多数的例子而言，把大不相同的形式变异了的后代在构造上的接近和近似，归咎于性状的趋同，却又是极端轻率的。晶体的性状仅仅是由分子力决定的，因此，有时候不同的物质会呈现相同的形态就没什么可吃惊的了。但是对有机生物而言，我们必须牢记，每一种类型都是由无限的复合关系决定的，也就是说，已经出现了的各种变种存在的原因是错综复杂到难以解释的。已经被保存下来的或者经过选择的变异的性质，是由周围的实际条件所决定的，更大程度上是由与生物体竞争的周围环境所决定的。最后，无数祖先的遗传（遗传本身就是一个波动的因素），它们的形式也是由同样复杂的关系来决定的。很难相信，最初在某一方面有着显著区别的两种生物体的后代，从此后一直向某点集合，直到它们的整个机体变得几乎完全一致。如果这曾经出现过，我们就会看到独立于血缘之外的同一形式，循环出现在被广泛分隔开的地质建造中，而平衡的证据正与这种说法相反。

华生先生同样也反对这种说法，自然选择的连续作用加之性质的趋异，会产生数量不确定的特殊形式。单就无机环境来讲，足够多的物种会很快地适应各种温度、湿度等的多样性。但是我完全承认，生物间的相互关系更为重要。随着各个地方物种的不断增加，生物的有机环境也必定变得越来越复杂。因此，初看之下，结构上有利的变化的数量似乎是无限的，因此能够产生的物种数量也应该是无限的。我们甚至不知道在最多产的地区是否充满了特殊的形式。

好望角和澳大利亚有着数量惊人的物种，很多欧洲的植物还是归化了。但是地质学告诉我们，第三纪早期，贝类物种的数量和同时期中期开始哺乳的动物数量，并没有极大的增加或者完全没有增加。那么是什么抑制了物种数量的无限增加呢？一个地区所能支撑的生物数量（我不是指某一个特定物种的数量）必须有一个限制，这种限制很大程度上取决于该地区的物理环境。因此，如果一个地区内栖息着很多的物种，那么每一个或者几乎每一个物种的个体，就会只有极少数个体作为代表。这样的物种就容易因为季节的性质或者天敌数量的偶然变化而灭绝。这些情况中的物种的灭绝过程是迅速的，而新物种的产生必定是缓慢的。想象一下英国许多物种个体的极端情况，最开始的严冬或者干燥的夏日会使成千上万的物种绝灭。如果任何地区物种的数量都会无限制增加，那么稀有品种和每个物种都会变得稀有，而且都会在一定期限内表现出极少有利的变异性。因此，产生新物种的过程就会受到阻碍。任何物种变得非常稀少的时候，近亲间的杂种繁殖会加速它们的灭绝。作者们认为立陶宛的欧洲野牛、苏格兰的马鹿和挪威的熊等的数量衰退，都可以用这种作用来解释。最后，关于这个问题还有个最重要的因素，一个已经在它的家乡打败许多竞争对手的优势种，会扩散开并取代其他物种。得·康多尔曾经说明，这些散布较广的物种一般还会散布得更广。所以，它们在一些地方就会取代若干物种的地位，并使它们灭绝，如此在世界范围内控制物种类型的无节制增加。胡克博士最近指出，由于在澳大利亚的东南角有许多从地球上的不同地方来的入侵者，澳大利亚的地方性物种的数量就极大地减少了。这些论点能做出多大贡献还不确定，但把这些论点总结起来，就能知道它们趋向于限制各地区物种的无限增加。

## 章节总结

在不断变化着的生活条件下，有机生物结构中差不多每个部分都会表现出个体差异，这是无可辩驳的。由于生物按几何比率增加，所以它们在某个年龄、某个季节或某年会发生激烈的生存斗争，这也是毫无争议的。那么，考虑到所有有机生物之间和它们与环境之间无限复杂的关系，会造成结构、体制以及习性上发生的对它们无限有利的差异。假如说从来没有发生过任何有利于每一种生物本身繁荣的变异，正如曾经发生的很多对人类有利的变异，将是个非常离奇的事实。但是如果对任意生物有益的变异的确曾经发生过，有各种特征表现的个体就确定会在生存斗争中有最好的机会被保存下来。根据遗传的有力原则，这些生物很可能会产生有同样特征的后代。

这个保存的原理或者说适者生存，我称之为自然选择。自然选择会导致生物与有机的和无机的环境间关系的改进，因此在大多数情况下，它会引起机体的进步。然而，如果低等简单的生物形式能很好地适应它们简单的生活环境，也能长久保持下去。

根据在相应的时期获得的品质的遗传原理，自然选择能改变卵、种子、幼体，就像能改变成体一样容易。在很多动物中，雌雄选择有助于普通选择，其方式是确保最有活力、最好的雄体产生最多的后代。雌雄选择会单独赋予雄体某些性状，在它们与其他雄体斗争或对抗的时候是有用的。根据获胜的那种遗传形式，这些性状将被传输给某一性或雌雄两性。但是我们已经明白了自然选择是如何引起生物的灭绝的，地质情况也明白地表明灭绝是如何主要作用于世界历史的。自然选择也会引起性状的趋异，因为生物的结构、习性和体质区别越多，这个地区能支撑的生物就越多。我们只要查看任何一个小地方的生物和在外国土地归化的生物，就能找到证据。因此，在任何物种后代变异的过程中，以及在所有物种与增加的数目的斗争中，它们的后代越多样化，在生存的战斗中成功的机会就越大。因此，同一物种中不同变种间细小的差异就有稳定增大的倾向，直到比得上同属甚至是不同属物种间的较大差异。

我们已经明白，变异最大的物种，在每一个纲中是大属的那些普通者、分散者和分布范围广者。而且这些物种倾向于把已经在本土获得支配地位的优越性传给变异了的后代。正如刚才提到的，自然选择能导致性状的趋异，并且导致改进较少的和过渡类型的生物大量绝灭。根据这些原理，世界上每个种类的无数生物间的亲缘关系，以及普遍存在的明显区别就可以被解释了。这确实是一个奇异的事实，即因为熟悉我们却容易忽视任何时间和地点的所有动植物，按照每个地方都认可的方式，可以在一个种群里互相联系起来，从属于某个种群。也就是说，关系最紧密的同一物种和同一属下关系没那么紧密也不相等的物种，形成了亚属和亚科。不同属下完全没有联系的物种和不同程度联系的不同属形成子族、科、目、子纲和纲。任何一个纲中的几个次级类群都不能放入同一列，但是能以点为中心聚集在一起，这些点又围绕着另外一些点，如此下去，几乎就成了无穷的环状组成。如果物种是独立创造出来的，那么这样的分类便无法解释。但是，可以用遗传和性状趋异的复杂的自然选择来解释，就正如我们在图表中说明的那样。

同一纲中所有生物的亲缘关系有时可以用一株大树来表示。我相信这种比喻在很大程度上说明了实际情况。生芽的小枝可以代表现存的物种，以往年代生长出来的枝条可以代表灭绝物种长期连续。在每一个生长期中，所有正在生长的嫩枝都试着向各个方向分出枝桠，并且试图凌驾于周围的嫩枝和枝条之上并杀死它们。同样的情形也会在物种的群在巨大的生活斗争中试图征服其他种族时出现。树的枝首先分为大枝，再逐步分为愈来愈小的枝，当树幼小时，它们曾是嫩枝。这种旧芽和新芽由分枝来连接的情形，非常能够代表一切灭绝物种和现存物种的分类，它们在群之下又分为群。当这棵树还只是矮树的时候，所有茂盛的小枝中现在只有两三个小枝长成了大分枝，生存并支撑着其他枝条。所以生活在很久之前的地质时代的物种，只有极少数存活了下来，有了变异的后代。从树刚开始生长开始，许多树枝开始衰败掉落。这些大小不一的掉落的树枝，应该就能代表那些现在没有活着的代表——只能在化石状态下见到的全目、全科和全属。正如我们时不时能看见一枝细小的疏离的枝条从树的下部的分叉处生出来，并且由于某种有利的机会，它至今还生长在鼎盛期一样；正如我们偶尔能看见像鸭嘴兽或美洲肺鱼之类的动物在两个大的生物分支中被细小的亲缘关系联系起来，又因为生活在受保护的地点而免于致命的竞争一样。芽通过生长而生出新芽，这些新芽如果健壮，就会分出枝条，超出周围的许多较弱枝条。所以我相信，这棵巨大的生命之树用它枯死的枝条覆盖了地球，再用充满生机的美丽枝条遮盖了地面。

## 第五章 变异的法则

生活条件变化的因素——在某种自然选择的限制下，器官的使用与废弃，如生物的飞行与眼睛等器官——生物对环境的适应能力——相关的变异——生物发育的经济适用性与补充性——阴差阳错的与生物变异相关的情况——数量繁多，缓慢发育未全的变异组织结构——以某种不特殊方式发育而成部分器官具有较高频率的变异性；一些具体的生物特征比同属类的更易于多变，即易于变化的第二性征——同属类的物种以各异的同功形式进行变异——长期遗失生物特征的复原——摘要

到目前为止，我的言论有时似乎在暗示，生物在大自然环境中的变异的多样性程度比驯养条件下的要更低，是出于偶然的缘故。当然，虽然这种观点并不正确，但却十分明显地指出了我们对每一种不同变异原因认识的缺乏。某些学者认为，生殖系统产生个体的差异，或是在生物结构上的轻微差异，就像孩子与本身的父母有些相似之处但也有某些不同的地方，是一样的道理。然而，生物的变异与基因突变发生在驯养条件下的程度，要远远高于野外环境，生物在广阔空间下的变异数量也要多于那些在受密闭限制的空间下的，这一事实就告知我们，变异在连续的几代中通常与每一种生物的生存条件相关。在第一章节中，我努力指明，不断改变的环境

会在两个方面产生作用：一是直接对整个生物体或单独对某些生物器官而言；二是以间接的方式通过生殖系统对生物产生变异的作用。在所有这些事实中，有两种因素制约了生物变异，而最重要的就是生物体自身的性质，另外一种就是环境的性质。不断变化的环境产生的直接效果是明显或不太明显的结果。在后一事实中，我们发现，生物体好像是具有各种创造力与可塑性，那变异也似乎是波动不定的。而在前一事实中，某些条件中生物体本身的性质可以轻而易举地改变，而几乎一切的生物个体都会以同一方式进行变异。

我们不容易分辨出生存条件的改变——比如说气候或是食物等——以一特定的方式对生物产生的作用究竟到了怎样的地步。不过我们有理由相信，这些作用比一些精确的可证的作用还要多得多。我们可以估计，不计其数的复杂结构的适应性不可简简单单地归因于此类作用，虽然我们知道这些不同生物间的适应性存在于整个自然界中。在接下来的一些事实里，生存条件看起来是对生物发挥了某种轻微而又明显的效果。福布斯表示，当受到南方环境限制的贝类生活在浅水中时，它们的颜色就会比那些来自更为遥远的南方的同种贝类亮丽许多。不过，这一观点并不总是站得住脚。高尔德先生就认为，比起生活在靠近海岸附近的同种鸟类，生活在干燥环境下的鸟类颜色就会鲜亮一些。沃拉斯顿也相信，临近海岸的居住场所会对昆虫的颜色产生影响。莫昆坦顿提供了一份植物的名单，在单子里，生活于海滨的植物叶片某一部分要肥厚一些，虽然整体并非都是这样的情况。在这些生物体所呈现的性状与局限于相似条件下的同物种所表现出来的性状的同功情况中，变异程度并不很大的生物具有一定的趣味性。

当某一种最轻微的变异运用到了任一生物中时，我们不能明确地获知它究竟多大程度应归因于自然选择的积聚作用，又有多大程度应限于生存条件产生的明显效果。因此众所周知，越是靠近北方生活的动物，它们的皮毛就越厚实，质地也会越好。不过，谁又能讲清楚这一差异是由于带有皮毛而倍感温暖的生物个体在多代中更利于存活下来，还是由于剧烈的气候所产生的影响呢？有可能正是这种气候对驯养的四足动物皮毛的不同产生了某种效果。

一些所能列出的情况与我们所设想的是不一样的。这不但发生在生存这一外部条件下的同一物种产生的类似变异中，而且也存于明显相同的外部环境的各类变异中。另外，博物学家还知晓不胜枚举的事实，有些物种的确是这样的，还有的物种根本不会进行变异，如，即使它们是生活在完全不同的气候条件下。这样的考虑让我更加不太支持同边环境对生物变异产生的作用了，反而更趋向于认为变异是出于我们很容易忽视的某些原因。

在某种意义上，生活条件不仅可以被认为是引起生物变异的直接或间接因素，还可以被认为是涵盖了自然选择。然而，一旦人成了选择的主体，我们就可明显看到，变异的自然因素与人为因素区别是很大的。某种形式下的变异是相当活跃的，但这是由于人的意愿而对生物某些方向的选择所积累下来的变异。正是后者这一因素对自然界中的适者生存这一现象给出了满意的答案。

## 自然选择操控下器官的使用与废弃产生的效果

在第一章节中间接提到的诸多事实中，毫无疑问的是，我们的驯养动物在不断使用它的器官后，器官的功能会得到强化，且某些部分还会增大，而相反，废弃的部分则会相应减小。这一变异也会遗传给它们的下一代。在无拘无束的自然界中，我们根本没有一定的比较标准去衡量器官的运用与否究竟会带来多大的影响，因为我们都明白，它们都不属于亲本类型。不过，器官废弃所产生的效果却可以很好地解释许多动物所持有的组织结构。正如欧文教授表示的，与一只鸟不能飞行相比，自然界中的生物的异常现象并不是太多，但是，世界上其他地方还是存在一些这样的例子。根据卡宁汉姆先生所言，南美洲的大头鸭只能在水面拍动自身的翅膀，而它的翅膀与驯养的艾尔斯伯里鸭几乎是一样的。幼鸟可以飞翔但成年后却没有这一飞行能力，这真是一个令人惊奇的事实。由于较大的地面觅食鸟类除了在逃离危险的时刻平日几乎不会飞行，所以它们极有可能在没有野兽追捕的海岛上因不使用翅膀而变异，最终成了现在的几种无翅鸟类之一。鸵鸟的确是生活于大陆上，它虽然不能以飞行的方式来逃脱所遭遇的危险，却能像许多四足动物那样以反撞自己的敌人这一有效的方式来保护自己。我们相信，鸵鸟属的祖先与鸨持有的习性一样，如：它们的体形与体重都曾增加过；它们的腿运用的程度很高而翅膀运用的次数却相对较少，直到最后它们都失去了飞行的能力。

卡尔比指出了同一事实，许多在粪便中觅食的雄性甲壳虫，早期的跗骨或是脚常常会被折断。他查看自己收集到的17个样品，并没有发现一点点跗骨或是脚的残迹。而且在阿佩利斯，它们的跗骨也是一如既往没有得到保留，因此，大家都认为这种昆虫从未长有这种器官。而在其他的某种属中却存有这种器官，但只不过是一点残留的迹象罢了。埃及的甲虫（或是受人崇敬的甲虫）则是完完全全地失去了这类器官。关于器官偶然的残缺可以被遗传这件事，至今人们也没有确凿的证据。而布朗沃得发现了令人惊奇的事实，即豚鼠遗传的结果，这使我们在否认这一观点时要小心谨慎。所以说，有一些残留的早期甲壳虫跗骨不是其毁坏的可遗传性的结果，而是器官长期废弃的效果。这是因为很多在粪便中觅食的甲壳虫通常在早期发育中都没有跗骨。那么，这一器官就对这些昆虫作用不大，使用的次数也不会太多。

在一些事实中，我们可能认为变异结构的废弃是由于自然选择的这一全部或主要情况引起的。沃拉森先生发现200只甲壳虫里有生活在马德拉的500类物种（不过现在还要多一些）到目前为止因缺失翅膀而不能飞翔；而29种地方属中，不少于23种存于这种环境之中，这真是一个显著的事实！还有其他的一些事实，如，全国各地很多甲壳虫会被吹到海中而不幸死亡；正如沃拉森先生发现的那样，马德拉诸多甲壳虫在大风平息与太阳出来之前都是隐藏了起来的；而部分暴露在荒漠植被中的无翅甲壳虫，体形要比马德拉的大许多。特别是沃拉森先生所强烈主张的这一不寻常的事实——某些庞大的甲壳类物群，其数量之多使其需要使用翅膀，但它们却几乎已经消失了。这几种考虑使我相信，马德拉的甲壳虫出现的无翅现象是由于自然选择的作用，才使这一器官没有得到利用。在不断延续的世世代代里，每一种极少飞行的甲壳虫——无论是由于它们的翅膀相比完全发育时少之又少，还是由于自身懒惰的习性——都曾获得过不被刮入海中而自己得以幸存下来的绝佳机会。另外，那些最易于飞行的甲壳虫极有可能被吹进海中，从而失去了自己的生命。

在马德拉，不在土地上寻食的昆虫，如某些在花丛中觅食的鞘翅类和鳞翅类的昆虫，通常都会使用自身的翅膀以求得生存之道。因此，沃拉森先生认为，它们的翅膀一点都不会减少，反而会有增大的现象。这种观点与自然选择所产生的作用是相一致的。当一种新的昆虫最初到达一个岛，自然选择是使它们的翅膀变大还是变小，取决于大量的个体是否能成功作战于强风，或是取决于个体是否会放弃尝试飞行或是从未飞行。这就好像海员往往会在靠近海岸的地方失事一样，如果他们能够游得更远一些，这就对好的游泳者更有利；相反，如果他们根本不会游泳，那他们就只有在海上遇难中丢掉自己的性命。

鼹鼠与一些土拨鼠残留了一定大小的眼睛，而有些的眼睛还被皮与毛紧紧地盖住。这种状态下的眼睛很有可能是由于眼睛不被使用而不断减小造成的，但也有可能是借助了自然选择的力量。在南美洲，土拨鼠、栉鼠在其习性上比起鼹鼠甚至还有更多的隐秘性。一位西班牙人经常捕获它们，受到他的影响，我就确定，这些动物大多数都是看不见东西的。我也抓获过一只活的鼠，它也是盲眼的，在解剖中，我发现了之所以会出现这种情况的原因，就是它们的眼膜已经有了炎症。由于眼睛经常发炎对任何动物都是有害的，再加上它对习惯于地下生活的动物没有太多用处，于是，伴随着该器官形状的减小，其眼睑相应地黏合起来，皮毛也会在上面生长。对于这类动物来说，这也许是有利的；如果事实真是如此，自然选择就会加剧器官的废弃。

大家都知道生活在卡尔尼奥拉与肯塔基州洞穴里的几种动物，虽然属于不同的纲但却都是盲眼的。在一些蟹类中，它们的眼睛到现在还保留了下来，虽然它们已经不见了——这就像望远镜的台座仍旧在那儿，而带有镜片的望远镜已经找不到了一样。即使动物的眼睛对它们已经不具价值了，但我们还是很难想象该器官对生活于黑暗中的动物会造成什么危害，而这种器官的遗失可能是废弃不用引起的。但并不是所有的鼠类都是这样的，如盲眼动物中的一类，即啮齿类动物挖洞鼠。瑟利曼教授在离洞口大概半英里①的地方捕获了两只这样的鼠类，它们的大眼睛都比较大且有识光的能力。瑟利曼教授告诉我，将这些动物暴露在层次分明的光线下将近一个月后，它们就能够察觉到物体模糊的图像。

我们很难想象生活条件还有比在接近相似的气候条件下的石灰岩洞穴更为相似的了。所以，根据古老的观点，我们可以想象，盲眼动物分别是美洲与欧洲山洞创造出来的，而且两地的动物在组织上与亲缘关系上都有密切的相似性。不过，倘若我们仔细地看看这两个动物群，事实就显然不是刚刚所描述的那样。斯奇特曾指出，就单独对昆虫而言，"所以我们不能单单用地方性的眼光来看待所有的现象，而存于马摩斯洞穴（在肯塔基）和卡尼鄂拉洞穴之间的少数类型当中的类似性，也只是欧洲和北美洲动物群之间所平常维持的相似性的一些鲜明表现"。根据我的观点，我们不得不假设美洲动物在大多数情况下普遍拥有自己的视觉能力，慢慢地，这些连续的世代从外面光亮的世界迁移到了深度越来越大的肯塔基洞里，就如欧洲动物也搬进了欧洲的洞穴里一样。对于这种渐变的习性，我们有证据可以证明；因为如斯奇特说的那样，所以我们将隐藏于地球表面下的动物群看成细小分支，它们来源于邻近土地上受地理限制的且深入到地面下的动物群，随后不断潜入到黑暗中去，最后适应于周边环境。与普通物种类型相差不是很大的动物，开始准备由光明向黑暗进行过渡。然后，接受微光的生物类型逐渐增多；最后那些注定要与黑暗相伴一生的类型，其存在是不同寻常的。我们应该明白，斯奇特的这些言论对同一物种而言并不适用，但对于不同物种，他的言语则是可以被采用的。动物经过世世代代的演变之后，会抵达一些最深的地方，这样一来，它们的眼睛由于不经常使用，

---

① 1英里 ≈ 1609.34米。——编者注

其痕迹或多或少地就会消失，而自然选择常常会引起其他的一些变化，如触角或触须的长度会有所增加，以这样的方式来作为盲眼的补充。尽管如此，从此种变异中，我们还是有望看出美洲的洞穴动物相似于栖息在美洲大陆的其他动物；另外，欧洲的洞穴动物与欧洲大陆的动物也是这样的情况。我听达奈教授说过，美洲的某些洞穴动物确实与之对应，而欧洲的某些洞穴里的昆虫，与周边地方的昆虫也有密切的亲缘关系。若是根据"它们是被独立创造出来的"的通常理论，我们对眼盲的洞穴动物与生活在这两大洲的其他动物之间所存有的亲缘关系，很难作出一个较为理智的解释。由于埋葬虫属是一个眼盲的物种，它们一般是大量生活在远离洞穴的阴暗岩石旁，该属内的洞穴物种的视觉遗失，与其黑暗的生活环境间所持有关系的可能性并不是非常大；一种昆虫如果缺乏了视觉能力，就易于适应黑暗的洞穴，这是理所当然的一件事。另一无眼虫属也具有这种明显的特质。按照莫雷先生的观察，除了在洞穴里，至今还没有在其他地方发现该奇特的物种；不过，那些栖息于欧洲和美洲几个洞穴内的物种之间的差异是非常显著的；这几个物种的祖先可能在自己能够识别物体之前，就已经分布在了这两个大陆之上。后来，除了现在还住在与世隔绝的洞穴里的那些物种，其他的都变成了灭绝物种。大家对于某些不同寻常的穴居动物也大可不必感到惊奇，因为正如阿加西斯曾说过的洞穴鱼——一种盲鱼——还有盲变形种类，这就要参考欧洲的爬虫类了，它们都是罕见的特殊物种。而只有一点我还是感觉有些惊奇，那就是为什么更多的古生物残留遗迹没有保存下来，原来这是因为住在黑暗地方的生物数量越少，出现激烈竞争的频率就会越低。

## 生物对生存环境的适应能力

习性的可遗传性也同样体现在大属植物上，如开花的时期，种子的休眠期以及种子发芽所必需的雨量等，这促使我需要简单地来谈谈生物对环境的适应性。由于同属内的不同物种植物本身会异常普遍地栖息在热带和寒带地区，所以，如果同属的所有物种真的是从某一单个的亲本类型继承而来，那么生物对环境的适应能力就容易在长期的世代交替过程中受到一定的影响。大家都知道，每一个物种都习惯性地能适应它自身的当地性气候：来自寒带乃至温带区域的物种，不但不能忍受热带气候，也很难承受寒带气候。除此之外，许多富含水分的植物本身是不能忍受潮湿的气候的。但是，大家往往对某一物种对其生存的气候的适应程度评价过高。为了推论出这一点，我们可以这样来看，即：在通常的情况之下，我们不能预测一种引进植物是否可以适应我们的新气候；然而从不同地方引进的一定数量的植物和动物，却能在该地非常健康地成长。我们有理可信，在自然状况下，由于该物种与其他物种进行竞争，或者由于物种对特殊气候的适应能力，物种的分布受到严格的限制。而两种影响中，也许分布的程度相似，也许前一种比后一种影响的程度大一些。但是无论物种对气候的适应性在大多数情况下密切与否，在某些植物方面，我们都有证据证明它们在某种程度上逐渐变得习惯于多种多样的气温，这也说明它们慢慢适应了新的气候环境。在喜马拉雅山上，胡克博士收集到了生长于不同海拔处的相同松树和杜鹃花属的种子，之后，他将这些种子在英国进行培育，最后发现它们抵御寒冷的能力各有不同。斯卫茨先生告诉我，他在锡兰观察到过类似的事实；H. C. 沃特森先生也观察了这样相似的情况；我还能提供一些其他的事例。就拿动物来说，我也可以列举出几个真实的例子。在历史不断更替的大舞台上，物种所占据的较大面积得到了延展，它们从较暖的纬度延伸至较冷的纬度范围，同时相反的扩展情况也是成立的；然而，即使在一切普通的事实中我们的假设的确如此，我们也不能就这样断然地认为这些动物一定会严格地去适应自己本地的气候；我们也不能妄下结论，认为它们随后就一定会变得对新的家园拥有特殊的适应能力，能比最初更好地适应这一新的环境。

我们可以推断出，驯养动物是通过未经教化的人类别出心裁地选择而来的，这是出于它们有利用价值且易于在受限制的环境下进行繁殖的原因，而不是由于人们发现它们能够广泛地传播到各处。其后，它们不但能够抵抗天差地别的气候,而且能够在那种气候下存有可繁殖的所有性质(这真的是极其严峻的考验),所以,它们有普遍而又特别的能力。根据这点,我们可能就会想当然地想去证实,现今生活在自然状况下的其他的大部分动物,都能够轻而易举地与大不一样的气候相抗衡。然而,事实上我们根本就不能将这个理论一直强硬地向前推进,其原因是我们的一些驯养动物的祖辈,很有可能是几种野生动物;例如,热带狼和寒带狼的血统恐怕是混合在我们的驯养品种里的。对于大鼠和鼹鼠,不能将其当作驯养动物,可它们曾经过人类的力量被运送到了世界的大部分地方,因此其分布范围是相当广泛的,超过了其他任何啮齿动物;它们既生活在北方非罗的寒冷气候下,又在南方福克兰居住,并且还生活在许多岛屿上,那里的气候火热无比。因此,对于任何一种特殊气候的适应性可以被看作一种性质,它能够容易地与生物自身所固有的广泛灵活性良好地相结合,组成大多数动物普遍含有的特质。由此观点细推而来,在一些特殊的环境之下,人类和他们驯养出来的动物能够应付有天壤之别的气候,灭绝了的大象和犀牛最初也能在冰川气候下求得生存;与之相反,其现存物种在习性上却能承受热带和亚热带气候,这些都不应被看作什么怪异的现象,反而应被当作很普通的事例,是体内特有的对环境适应的灵活性产生了一定的效应。

物种对于任何异常气候的适应性,多大程度上是纯粹出于习性,多大程度上出于自然选择对固有性质不一的变种发挥了作用,还有在多大程度上是这两种因素的联合而产生的结果,至今仍是一个隐晦不清的问题。我不得不相信人的习惯性思维与一些风俗有某种影响力。比如依照农业著作甚至是中国古老百科全书的忠告,当人将动物从一个地方运输到另一个地方时必须谨慎对待,因为人类想使所有物种所具有的性质能极好地适应于自己生活的区域,这是不可能的。我认为导致这种结果的一定是习性的缘故。另一方面,一些个体天生就带有某些性质,能够以最好的方式适应它们的栖息场所,那自然选择当然会不可避免地倾向于保存那些个体。在一些专著中就提到了关于多种多样栽培的植物,说其某些变种比其他变种更能抵抗某种气候;在美国出版的关于果树的作品鲜明地写道,某些变种习惯性地被推荐栽培到北方去，另外的一些变种又被建议送到南方去。其原因是这些变种大多数起源于近代，所以其体质间的差异就不能归因于习性了。我们来谈谈菊芋，它在英国的繁殖方式从来不依靠种子，因而一直也没有新的变种产生，这个例子以前被提出来，用以证明生物对生存条件的适应性不会受到任何影响，因为它至今还是像从前那样难以应付。大家也常常引用菜豆的例子来证实相类似的目的，这的确更有说服力。但在即将播种之前，若有人播种菜豆太早导致他的大多数种子遭霜冻死，然后从为数不多的幸存下来的种子中收集种子，并且细心看管，以避免这些种子由于偶然因素而进行物种杂交，也采取了相同的预防措施并像上一次一样，小心地再从这些刚出芽的幼苗中收集种子，最后又来进行播种，这样不断地重复二十代——在这些工作做好之前，他是不能说他已经进行过了这个试验的。我们不能假设，幼苗期的菜豆在自身的性质上永远不会出现差异，因为曾发表的一篇报告显示，某些幼苗比其他的有更强的耐寒能力。而对于这样的引人注目的事例，我自身也曾观察到过相关显著的变异。

从整体上来看，我们可以总结出：无论生物的习性还是器官使用与否，在一些情况中，它对生物性质与组织构造上的改变都产生了至关重要的影响；但这些影响有的时候会被特有变异的自然选择过度操控，而在大部分时间里，它通常还是会与其联系在一起。

## 相关变异

我指的是，整个组织在其生长与发展中是联系在一起的，因为任何一个环节出现了细微的变化，通过自然选择积累起来的其他部分也会相应地发生变化。这是一个非常重要的问题，但是却有着不是太完美的理解，而且毫无疑问的是，完全不同类别的事实在这里可能很容易被混淆在一起。我们目前可以看到的是，简单的遗传往往给人一种相关的虚假表象。最显而易见的一个实例，是指在变化的结构中产生的年轻生命或幼虫，自然而然就会影响成年的动物的结构。身体的几个部位是同源的，在早期胚胎时期其结构是相同的、必然能接触到类似条件的，很明显会用同样的方式进行变异；我们看到其身体的左右侧都以同样的方式在进行变异；在前后腿，甚至在颌骨和四肢处都同时在进行变异，下颌骨被一些解剖学家认为与四肢是同源的。我相信这些倾向可以或多或少通过自然选择而完全被掌握。因此，曾经存在于一群鹿中的鹿只有一边长角；如果这对这一品种曾有过极大的用处，它可能会被自然选择为永久的。

正如某些研究学者曾说过的那样，同源部分倾向于合生；这往往能在畸形的植物中被看到：没有什么比结合同源部分的正常结构更常见的，比如花瓣结合而成的管状；坚硬的部分似乎能影响邻近的柔软部分的形式；一些作者认为与鸟类骨盆的形状差异使它们的肾脏形状有着极大的差异。其他的人认为，人类中母亲骨盆的形状因压力而影响孩子的头部形状。而蛇类，根据施莱格尔的观点，身体的构造和吞咽的方式决定了几个最重要的内脏的位置和形式。

这种联系的性质往往是相当模糊的。杰佛瑞·圣蒂莱尔曾提出强有力的评论，某些畸形构造常常共存，而其他的却很少能并存，因为我们没有任何可以确定的理由来解释。虽然同源性在这里发挥着作用，但是有什么比这更奇异的关系吗？这种关系是指纯白毛色的猫和蓝色眼睛与耳聋的猫之间的关系；龟壳颜色的猫与女性之间的关系；鸽子长满羽毛的脚和裸露在外的脚趾之间的关系；刚孵化出来的幼鸽所长毛发的多少与其未来毛发颜色的关系；或者，土耳其无毛狗的头发和牙齿之间的关系。我认为，关于相关性的后一种情况不可能是偶然的，因为有两种哺乳动物的表皮最不正常，也就是说，鲸目（鲸）和贫齿目（犰狳、鳞片食蚁兽等），同样都有最不正常的牙齿。但是这一定律也有很多例外，如米瓦特先生所指出的，它的价值极小。

我知道，没有比某些菊科类植物和伞形科植物的内外差异更适合展示相关性和变异性法则的重要性，它是被独立使用的，因而与自然选择无关。例如，雏菊，每一个人都对其伞形花序柄和中央的小花之间的差异很熟悉，这种差异往往伴随着生殖器官的部分退化或完全退化。但一些这种植物种子的形状和刻纹也有所不同。这些差异有时被归因于皮膜施加于小花上的压力，或是因其相互间的压力，一些有放射性小花的菊科植物的种子的形状就是如此的观点；但是对于伞形科植物，正如胡克博士告诉我的那样，它绝不是有最密集的花序的物种，而这一物种内部的花蕊和外部的花瓣常会有差异。它可能被认为是从生殖器官吸收营养来发展的放射性的花瓣，并导致它们的发育不全；但这几乎不可能是唯一的原因，因为在某些菊科植物中：外部和内部的小花种子是不同的，而它们的花冠没有任何差异。这些差异可能与营养素流向中央的花和流向外部的花的方向不同；至少我们知道，那些最不规则却最接近茎轴的花，最易变成反常的整齐花，也就是说，成为异常对称的花。我想就这一事实再补充一个实例，以此来突出相关性的案例，比如，许多天竺葵，这一捆花中央的花上面有两片花瓣往往会失去颜色较深的斑点；当这种情况发生时，黏附的蜜腺就会完全流失；中央的花变成异常整齐或规则的花。当两片花瓣中有一片颜色缺失，那么蜜腺就不会完全流失，但却会大大缩短。

关于花冠的发展，斯普伦格尔的观点是，放射状的小花用于吸引昆虫，那些昆虫的媒介对于这些植物的受精是十分有利或必需的，也有着极大的可能性。如果是这样，自然选择可能也发挥了作用。但关于种子，似乎不可能总是和任何花冠的差异有着相关性，因为它们的形状存在差异，而且不会有任何的利益可言，但这些差异在伞形科类植物中有着如此明显而重要的作用——有时外部鲜花的种子是平腹胚乳的，中央鲜花的种子是倒生的，即老得康多尔是基于那些字符建立了他对植物秩序的分类。因此，结构变异被分类学家认为具有很高价值，可能完全是变化性和相关性法则的结果。

我们常会错误地认为相关变异是整个物种群中普通的一种结构，事实上，它只是由于遗传而十分简单。因为一个古代的祖先通过自然选择可能已具备了某些结构的变异，在经历了千万代之后，另一些物种就能够独立进行变异；这种变异已经以不同的习惯传播到整个后代物种中去了，这自然会被认为是一些必要的相关的方式。其他一些相关性显然是由于自然选择而能单独发挥作用的方式。例如，奥佛森·德·康多尔曾说过，有翼种子绝不会在裂开的水果中被发现，我应该解释一下这条规则：不可能通过自然选择而逐渐由无翼的种子变成有翼的种子，除非种子的表皮膜是裂开的。因为在这种情况下更适合植物随风飘送着去播种，这样才能有利于在不适合广泛播种的地方进行种植。

## 生物的补偿和节约法则

年长的杰佛瑞与歌德差不多在同一时期提出，他们的补偿法则或稳步增长；或者，正如歌德所说："为某一边花钱，自然就会被迫在另一边节约。"我认为这在某种程度上适用于我们的国内生产：如果营养过度地流向一个部分或器官，或至少它很少流动到另一个部分，就很难使一头牛既生产太多的牛奶同时又容易变肥。同一品种的卷心菜，有的能生产大量有营养的叶子，有的能生产大量含油的种子。当水果中的种子变得萎缩时，水果本身在大小和质量上便有很大程度的提升。在家禽方面，若头部有一大丛羽毛，通常它伴随着一个渐渐缩小的冠状物，和一大块类似于胡子的渐小的肉垂。在物种的自然状态下，这一法则很难得到普遍的应用；可是许多优秀的观察者，尤其是植物学家，相信它的真实性。但是，我不会在这里给出任何实例，因为我几乎找不到任何方式去区分其效果。从一方面来看，其中的一部分是通过自然选择来发展的，另一部分和邻接部分都因同样的使用过程或未加使用有所减少；另一方面，从一个部分实际获得的营养，是由于相邻的另一个部分的过度增长。

我怀疑，某些情况下的补偿已经得到了提升，同样地，其他的某些事实给予一个更加普遍的原则而融合在一起，即：自然选择是不断努力地去节省组织的每一部分的开支。如果一种结构处在不断变化的生活条件之下，在之前它有用，后来变得不那么有用了，那么其结构的缩减将会有利，因为它会不让其营养素浪费在构建一个无用的结构上。因此我可以理解这样一个事实：当我对蔓脚类动物进行检查时，我被其深深打动（而且类似于这样的事例还有很多）。也就是说，一种蔓足动物寄生在另一种蔓足动物体内，从而它就能得到保护，但它差不多会完全失去自己外部的硬壳。这种情况和雄性四甲石砌属相似，而寄生石砌属确实是一种极其不寻常的方式：因为其他所有蔓脚类动物的外壳，都是由非常发达的头部前端的三个非常重要的部分组成的，配有极大的神经和肌肉；但在寄生虫和背包袱的保护寄生石砌属中，整个头部的前部被减少到最雏形的时候，它附着于适于抓握的触角的基础之上。当保留一个大而复杂的结构成为多余时，把它省去，对于这个物种的各代个体都是有决定性利益的。因为每一种动物都是在为生存而斗争，而每一个物种都通过减少浪费营养来取得更好的维持自身的机会。

因此，我相信从长远上来说，自然选择往往会通过改变习惯、尽快使其变成多余的，以减少机体的任何一部分，但不会以任何方式引起其他部分在相应的程度上发生极大改变。

## 重复的、残留的以及低等的生物组织构造具有可变异性

正如杰佛瑞·圣蒂莱尔提到的那样，在品种和物种中，任何某个部分或器官如果重复了许多次（如对蛇类的脊椎和多雄蕊的花的描述），其数量是可变异的，这似乎是一条规则；然而当相同的部分或器官发生在较小的数量中时，它就是常量。同一位作者以及一些植物学家进一步指出，多个部分极易在结构上产生不同之处。引用欧文教授的观点，"生长的重复"是一种低等组织的标志，上述声明与自然学家的共同意见相符，位于自然低层次的生命比那些位于更高层次的生命更加容易发生变异。我认为，低，在这里是指机体的几个部分已经变异却缺少专业化的功能；只要一部分执行多种工作，或许我们就能明白为什么它应该是可变异的。也就是说，当一个部分为某个特殊目的而服务时，自然选择不应该谨慎小心地保存或拒绝每个形式的小偏差的形成。用相同的方式，一把刀可以把各种东西切割成任何形状；而为一些特定目的制造的工具必须是特定形状。永远都应该

记住的是，自然选择可以仅仅通过每个物种的优势发生作用。

正如一般所承认的，残疾器官非常容易变异。我们将不得不再次提及这个问题。在这里我只想补充说明的是，它们的变异似乎是无用而导致的结果，因此自然选择已经没有力量去检查结构上的偏差了。

生物组织结构的可变异性与外来物种的同一器官相比，一切物种以任一方式发育至任何特殊程度的器官都趋向于高度变异

几年前，我对沃特尔豪斯发出的上面观点印象深刻并为之所动。欧文教授似乎同样得出了几乎相同的结论。除非我将自己已搜集到的事实展现在人们面前，不然就无望让人相信上述观点的真实性。然而我现在确实不可能把这一系列的事实全盘托出。我仅能陈述出我自己的信念，那就是我所信奉的是一个极其普遍存在的法则。我意识到了错误出现的几种原因，但我希望我的观点是建立在对这些问题不断思索的基础之上。我们应该明白，除非该部分和许多密切近似物种的同一部分的比较，表明它在一个物种或少数物种里是异常发达的，否则，这一规律绝不可能应用于任何生物的器官，尽管它是生物体中异常发达的部分。比如，在哺乳动物纲中，蝙蝠的翅膀是一个最不规则的构造部分，但是该规律还是不能运用到它的身上，其原因是，整个蝙蝠群里都长有这样的翅膀。若与同属的其他物种相比较，某一物种因不同于常规的形式而持有特别发达的翅膀，这一法则才能被运用到。而不管第二性征以怎样异常的方式显现了出来，也都可以强力使用该法则。亨特尔所指的"第二性征"这一术语是说与某一性别相关的性状，但与生殖作用却没有直接联系，因此，这一规律可以应用到雄性与雌性个体中去，可又因为雌性个体不会经常提供一些明显的第二性征，因而应用于雌性的时间就不会很多。我认为，很明显地应用于第二性征的法则可能是由于这些性状无论是否会以不同寻常的方式显现，都很少会遭到质疑。它们总是具有巨大的变异性——我想这一事实很少值得怀疑。但

是，这一规则在第二性征中不受局限的情况，在雌雄同体的蔓足类动物中也得到了明显的体现。观察这一目时，我详细地参照了沃特尔豪斯的论述，我完全相信，这一规律往往占据了有利的地位。在今后的书籍中，我会在一个表里阐述出所有相对较引人注目的事实；而我在这里仅仅举出一个事实来解释这一规律的最广泛的适用范围。如，从诸多方面的意义上说来，无柄蔓足类（岩藤壶）的叶盖都是很重要的构造，甚至在区别很大的属里它们的差异也非常小；但在四甲藤壶这一属的几个物种里，这些叶盖间的差异量却是令人不可思议的；这种同源瓣的形状有时在不同物种中极度不相似；就算是在相同物种的一些个体，该同源瓣的变异量也是如此之大，因而，很不夸张地说，相同物种的变种身上的这些重要器官，在性状上的分歧比归属于不同属内的物种要大一些。

对于鸟类，相同物种的个体由于栖息在同一地方，不同的部分就会相对较少，我曾专门去观察过它们，发现这一纲中也好像可以运用这一法则。我没有弄清楚该法则是否还可以应用于植物中，假如不是植物的巨大变异性使我不容易比较出其变异的相对程度，那么我也许就将严重地动摇对这一规律真实性的信任。

当我们看到某一物种的任何部分或器官以显著的程度或显著的方式而发育时，就证明它对于那一物种是高度重要的，这是合理的推测。尽管如此，恰恰是在这种情形之下，它反而易于变异的趋势是显而易见的。为什么会发生这样的现象呢？根据每个物种是被独立创造出来的观点，正如我们今天所看到的生物的一切部分，我是无法解释清楚的。根据这个观点：各个物种群是从其他某些物种遗传而得到的，并且自然选择使它们进行了变异，那么我们就能以某一新的眼光来看待事物。首先，请允许我作一些初步的申明。如果我们忽视了驯养动物的任何部分或整体，也没有对其进行选择，物种的部分（例如道根鸡的肉冠）或整个品种就不会再现同以前规格一样的性状；大家就会称这是一个退化的品种。对于残留的器官而言，为了特殊目的而使器官专门化的情况有，但是并不多见，而且，我们在多形态的物群中也可以看到近乎一致的事实。因为处于这样的一些情形下，自然选择不会也不能施展自己所有的才能，来促使生物发生变异。因此，生物的构造就会处于起伏波动的状态。但是，值得我们特别注意的是，我们的家养动物由于不间断的选择效果而正经历着迅猛改变的阶段，其方向接近于变异。再来看看属于相同品种的个体——鸽子。鸽子间的差异量是多么令人惊讶啊！例如：翻飞鸽的嘴、传书鸽的嘴和肉垂、扇尾鸽的姿态及尾羽等，这些都是英国的饲养员们主要关注的一些地方。即使是在相同的亚品种里，如短面翻飞鸽，有的想要成为几乎是发育完全的鸽子，可多数离标准的鸽子还很远，这很明显是相当不容易的。从严格的意义上来看，有一种永恒不断的斗争在接下来所要提到的两方面持续着：第一，是复原到发育不是那样完全的状态去的倾向，以及进行新的变异的一种特有的倾向。第二，是维持不断选择纯真品种的力量。展望长远的未来，在未来的某一天，还是选择获得了胜利，由此一说，我们不用害怕从品种优良的短面鸽类里养育出来如翻飞鸽那样普普通通的粗野鸽。不过，只要选择的这种力量迅速向前推进，我们就常常能够预测到关于进行着变异的部分，其可变异程度是多么大。

　　现在让我们回到自然界的话题上来。我们一旦知道任何一个物种的一个部分发育的方式比同属内的其他物种奇特，就可以得出以下结论：自从几个物种从该属的同一祖先继承这一时期以来，关于该物种这一部分已经过的诸多变异，其变异量是令人难以置信的。从任何极端的方面来看，一个物种生活的时期几乎很难超过一个地质时代，所以该时期并不会太遥远。大家所称为异常的改良的数量其实意味着非常巨大的和长期连续的变异量，这是由自然选择以物种的利益为前提而不断累积起来的。但是过度发育的部分或器官的变异程度是这样的高，况且它还是在不很久远的时期内长久连续发生的，因此，根据普遍的法则，我们大概仍有希望发现这种部分可变化趋向的速度，会超过在较久远时期内近乎保持稳定的体制里的其他部分。我确信事实就是如此。二者的斗争，一方面是自然选择，另一方面是复原和变异的倾向，随着时间的进程不断向前推进，永不停息地进行下去。另外，发育最不正常的器官有可能会处于一种稳定的状态，我非常坚信这一点。因此，不管一种器官是怎样地不遵循常规，处于大体相同状态的它们一旦被传递给许多变异的后代（如蝙蝠的翅膀），根据我们的学说观点，我们就可以非常有把握地断定，这样近似一致的状态在较长一段时期内都存在过，它就不会比任何其他构造更具有可变异性。只有当变异不但离现在相对较近，而且变异非常显著的时候，我们才能发现，所谓的生殖变异现象存在的概率依然很高。在这种状况之下，变异性很难固定不变，这是因为自然按照所想要的方式和程度在不停选择发生变异的个体，还不断摒弃了一些本来有趋向恢复到以前较少变异的状态的个体。

## 物种性状比属内性状更具变异的这一特性

上一个我们已讨论过的法则，也可以应用于我即将探讨的话题中。特种性状比属内性状更易变化，这是众所周知的一件事。为了解释清楚这个观点到底是指什么，我需要举一个简单的例子来加以说明。如果在植物的一个大型属里，有些植物长有蓝色花朵，另外的植物长有红色花朵，这颜色仅将作为一个物种性状；开蓝花的植物会变异成为开红花的植物，对此谁都不会感到惊奇，倘若情况相反，也是一样。然而，如果所有物种开放的花朵都是蓝色的，该颜色就将成为物种属内性状，而它的变异当然也是更为寻常的情况了。我之所以会选取这个例子，是因为大多数博物学家所推崇的解释应用于此是不适当的。换句话说，物种的性状比属内性状更具可变异性，他们认为这是因为物种的分类所采用的那些部分，其生理重要性要小于普通应用于属的分类的那些部分。这种解释从整体与直接的角度上来讲都不是正确的；我一定会在"生物的分类"这一节谈论到这一点。若引用证据来证实一般的物种性状比属内性状更易变异的现象，就显得多此一举了；但就对物种重要的性状而言，我曾于博物学的作品里多次注意到，当一位作者惊奇地谈到某一重要器官或部分普遍长期存于大型物群中时，密切相似的物种间的差异却是相当大的，在相同物种的个体当中，它通常容易发生变异。该事实表明，一般具有常用价值的性状，如果价值被降低了且仅变得持有某一特定价值，即使它的生理作用还是与以前一样重要，也常常会转为可变异的物种。这样同类的情况可以用到畸形的现象中去：至少圣·杰奥弗雷海勒尔显然是毋庸置疑地认为，一种器官在同物群的不同物种中表达出来的差异越是正常，它在个体中屈服于异常现象的可能性就会越大。

根据普遍的观点，如果每个物种是创造于某种独立的力量，那么在独立创造的同属各物种之间，构造上相异的部分为什么会比几个物种里异常相似的部分更具有可变异性呢？对于这样的情况，我还没见到有人给出过相对合理的解释。但是，按照"物种仅仅是鲜明的且不易改变的变种"这一观点，我们可能就能以我们从前的期望发现，彼此有所差异的那些构造部分还要保持变异的步伐。这是因为它们在相对靠近的时期内曾发生过变异。实际上，我们还能以另一种方式来阐明这个问题。某一属内所有物种的构造彼此间都是相似的地方，以及与相似属的不同的部分，就被称为属的性状。这些性状的出现是由同一祖先的遗传作用而产生的，因为自然选择几乎不能让几个相差明显的物种按一模一样的方式进行变异，以使它们去适应差异很大的习性。由于在几个物种最开始从自身的同一祖先那儿分离下来之前，这些所谓的属的性状就已经遗传下来了，随后也未曾发生变异，或者只是在一些程度上显示出了不同的地方，因此，到目前为止，也许它们不会再进行变异。另外，某一物种与该相同属内的其他物种互异的地方，被叫作物种性状。并且由于自从该物种分隔于同一祖先后，这些物种的性状就发生了变异，从而其差异也开始呈现了出来，所以它们应该在某种程度上还常常发生变异，这是极有可能出现的情况。而那些长久保持不变的构造部分，至少它们具有变异的潜能。

## 第二性征所持有的可变异性质

我认为即使我在这里不深入详述，博物学者们也必定会承认第二性征是高度具有可变异性的。不仅如此，他们还会承认，同群的物种彼此之间在第二性征上的差异要比其他构造部分大得多。让我们来举一个例子，雄性鹑鸡类之间与雌性鹑鸡类之间都在第二性征方面表现出了一定的差异量，但前者表现的程度更高，我们可以将其拿来比较一下。虽然导致这些性状最初发生变异的原因并不是显而易见的，但我们还是可以知道，它们本应该像其他性状那样，表现出固定性和一致性。可事实却不是这样的，它是由性别选择逐渐积累起来的因素所决定的，而性别选择发挥效果的严格程度要低于普通选择的效果，它会使生物面临死亡，只是让不那么具有优势的雄性个体留下为数不多的后代。不管是什么原因导致第二性征发生了变异，只因它们本身持有高度变异的这一特性，性别选择产生影响的范围就会非常广泛，因而也就能够成功地使相同物群内的物种在第二性征出现的差异数量，远远大于在其他性状所显现出来的。

值得注意的事实是，相同物种的两性间存有的第二性征差异通常都表现在一个部分，该部分是同属内各物种互为不同的地方。在这个事实当中，我将列举两个出现在我表中的例子。由于这些事例间的差异是极为罕见的，因此其中所包含的关系绝非出于什么偶然性。绝大多数甲虫类所共有的一种性状，是甲虫跗骨处的关节数目相同。不过，就像韦斯特伍德所论述的那样，在木吸虫科里，跗骨的数目却有极大的差异。同样地，两性中相同物种的跗骨数目也是这样的情况。另外，在掘土膜翅类中，翅膀的脉序由于是大量物群所共有的性状，所以对此类生物来说，它是处于高度重要的地位的；然而在某些属里，不同的物种就会有各异的翅膀的脉序，并且同种的两性依然是这样的现象。最近，路伯克爵士谈论道，几个微小的甲壳类动物为这一法则提供了最好的解释。"举个例子，在角镖水蚤属里，第二性征大部分是显现在早期的触角和第五对脚这两个方面，而具体的差异也主要是由这些器官决定的。"这种关系对于我所表达的观点的意义很明显：我将相同属的所有物种看作必定从同一个祖先那儿遗传下来的后代，而任一物种的两性也是由此种方式获得的。合乎逻辑的推论是，不论同一祖先或是它早期后代的什么部分发生了变异，该部分的变异非常有可能受自然选择或性选择之用，以这样的方式，使几个物种能够在自然界中更好地适应自己的生存环境；同样，使同一物种的两性彼此和谐以对。除此之外，还可使一种雄性与另一种雄性在争夺雌性的时候有相适宜的优势。

　　最后，我得出了结论：物种的性状或者是用来分辨物种间的显著性状比属的性状，或者是一切物种带有的性状变异的可能性大一些。当一个物种发育异常的任何部分对照同属内的相同部分，表现得异常发达时，前者往往具有过度的变异倾向。无论一个部分异常发达到什么样的程度，假若这是整个物群一致拥有的，那在这个部分中的变异程度也不会大到什么地方去；第二性征的变异倾向是相当明显的，并且亲缘物种间的差异也是极为显著的；第二性征和一般物种间的分歧大多显现在物种构造的相同部分——这是所有原理密切共同相连的准则。其主要原因是，相同物群内的物种都是从同一个祖先那儿继承下来的，因此它们从祖先遗传获得的物质是为大家所共有的；与长时间内遗传而没有经过变异的部分相比较，近期发生大规模变异的部分更有可能不断变异；随着时间的流逝，恢复以往的状态和向前变异的倾向基本上都受自然选择而被过度掌控住了。性别选择的严格程度远不如常见的自然选择。自然选择和性选择的积累是同一部分产生变异的两大因素，这样，该部分就能恰当地达到第二性征与普遍适应的目的。

## 差异明显的物种也会体现出同功性的变异，因此，某个物种的变种往往会显现出来一个与亲缘物种相当的一种性状，也有可能恢复到某个祖辈的性状

　　只要细心观察一下我们的驯养物种，这些理论就极容易被理解了。在分隔较远后，鸽的品种间的差异非常显著，而且还诞生了头长逆毛和脚长羽毛的亚变种，而这一性状并未在土生土长的岩鸽上得到体现。所以，这些就是两个或多个不同物种间的同功性变异。突胸鸽常会出现十四片乃至十六片尾羽，事实上，这可以看作是一种变异，象征着另一物种扇尾鸽的正常构造。我认为大家都会相信，这些同功性变异是这几个鸽的品种在某

种类似而又不可预知的作用下，从一相同亲代那里遗传到了相同的物质和变异趋势。在植物的领域里也存在一个同功性变异的例子，即瑞典芜菁和芜青甘蓝长有的硕大茎（大家普遍称之为根部），这些植物被一些植物学家分类到从一个共同祖先栽培而来的变种行列。假若情况并非如此，那么这个事实将作为两个所谓不同物种间出现了同功性变异的例子。即便不加前面提到的这两种植物，普通的芜菁也是这样的。根据大家普遍的观点，如果一切物种都是被独立创造出来的话，我们肯定就不能把这三种植物都有同样硕大的茎归因于真实原因——相同的血缘，当然也不能归因于相同形式变异的倾向，而真正的原因是三种看似是分隔开来却又紧紧相连的创造作用。在葫芦这一巨大家庭里，诺丁观察到了诸多同功相似性变异的事实，并且各行各业的学者们也曾在我们的谷类植物中发现了相同的现象。不仅如此，最近沃尔西先生也曾倾其所才地讨论过在自然状况下与昆虫相关的此类情形，之后他又用自己的"稳定变异"法将这些现象分别归类。

不过，鸽子却属于另一种情况，即石板色与蓝色相混合的鸽子有时会出现在所有的品种当中，它们的翅膀上长有两条黑色条纹，显现出白色的腰部，尾巴的末梢有一条黑色条纹，外部羽毛在靠近基部的外部边缘显现了白色。由于所有的这些生物标志都是亲代岩鸽所固有的性状，所以我认为，我们可以有把握地得出这样一个结论：正如我们所看到的，这些鸽子身上的颜色标志会倾向于出现在两个不同的且颜色有差别品种的杂交后代中；于此种事实中，鸽子中重现的相混合石板加蓝色以及若干色条，只不过是依据遗传法则而受到了杂交作用的支配，并非是由什么外部生存条件引起的。

## 不同物种间显现出来的变异

曾经消失了好几百个世代的某些性状至今还能重现，毫无疑问是一个让人非常吃惊的事实。但是，如果一个品种只是与其他品种有过一次杂交的经历，它的后代的性状有时也会在以后的世世代代（有些人估计是十二代,甚至是二十代)倾向于复原到外来品种的性状上去。物种在经过十二世代的演变之后,从某个祖先流传下来的血缘数(用普通的说法),在 2 048 个中只占有 1 个。但是,据我们所知,大家都普遍相信,这些外来血缘维持着物种恢复以前性状的情况。一个品种未曾杂交过,而它的双亲已经失去了从祖代那儿继承过来的某个性状,正如前面提及过的,不管重现遗失性状的倾向是强还是弱,都可能会传送给难以计数的世世代代。之所以会有这样一说,是因为用反面的眼光来看待这一种情况,也不会有任何改变。如果一种性状已经在一个品种中销声匿迹,继而在无数个世代过去后,它又在这一品种中得到了重现,那么这不是由于几百个世代的流逝先夺去了该性状,转而它又被个体突然获得,而是这种性状在连续的世世代代里都暗自存在,最后又在某些不可预知的有利条件下得到了发展。我认为,这种假定的可能性极大。以长有倒钩的鸽为例,虽然它们几乎不可能会繁衍出一只蓝色鸽,但是却有在每一世代都有产生长有蓝色羽毛的鸽子的潜在倾向。与根本无用或残留的器官也会趋向于以类似的方式传递被遗传下来的情形相比,它们不大可能会倾向于借助不计其数的世世代代而保留下来。实际上,产生遗留器官的倾向有时正是依照前者的方式来加以遗传。

若相同属的所有物种都是同一个祖先的后代,我们就可以预测到,这些后代有时以一种类似的方式来产生变异。所以说,两个物种或多个物种的一些变种会彼此相像,或者在某些性状上某一物种的一个变种可能会相似于差异显著的物种。以我们的观点来说,这个物种只不过是一性状突出且长久稳定的变种罢了。然而,由于在功能上,所有重要性状的保存要以这个物种的各种各样的习性作为参照,自然选择就成了决定性的因素,于是因同功性变异的诸多性状所具有的性质可能就显得并不那样重要了。其实,我们可以更深层次地来期待一下,相同属内的物种时而会呈现长时间已遗失掉的性状——但不管怎么样,由于我们对任何自然物群的共同祖先一无所知,也就无法将其在复原的性状与相似的性状中来加以区分。我们来看一个例子,假若我们根本就不知道亲本岩鸽不长有含有羽毛的脚,或者我们也不知道有倒冠毛的情况，我们就不能将之公之于众，因为驯养品种间显现出来的此种性状是一种复原现象，也有可能只是同功性变异。但从许多大量的颜色条纹性状中，我们可以做出推论，蓝色条纹的出现是一种性状恢复的现象，因为蓝色是与颜色有一定联系的，而这许多的颜色条纹也不太可能因为简简单单的变异就共同相约出现。这一点是能够被我们推知出来的，尤其是在颜色不同的品种相杂交时，蓝色和几种颜色的性状出现的次数是如此频繁。所以说，虽然我们一般会有以下的疑问，如，以往延续的性状的显现要达到怎样的程度才算是性状恢复？什么才能算是全新却又是同功性的变异？但是，根据我们的学说所阐述的观点，有时我们会发现，相同物群的其他成员已有的性状，在一个物种的变异的后代中显现了出来。这个事实是毋庸置疑的。

分辨变异物种的困难大部分是因为变种确实会模仿相同属内的其他物种。而且，其他两个物种类型的中间类型不胜枚举，而这两个物种类型本身却只是被模棱两可地归类成了物种。如果不将所有的这些亲缘物种类型都看作独立创造出来的物种，那么前面所讲到的情况就表示，在变异阶段中，它们继承到了其他物种类型的一些性状。但是，能够最好地证明同功性变异的例子，还是某些平常在性状方面比较稳定的部分或器官，不过它们间或也会存有变异的情形，以便能够在某种程度上相似于亲缘物种的相同部分或器官。我曾搜集到过这样的事实，并将其列在了一张长长的清单上。不过遗憾的是，与以前一样，我无法将它们一一阐述。我所能做的只是不断强调这种情况无疑出现过，而且对于我来说，它们非常具有吸引力。

布莱斯先生曾见过一个有明显肩条纹的野驴的标本，但它现在已经完全消失了。普尔上校已告知我，这种驴驹标品一般都是在腿部上有条纹，而且在其肩膀上也隐约有着斑点。虽然斑驴身上有像斑马一样明显的条纹，但是它的腿上却没有明显的条纹。但格雷博士已经发现了一个标本，这个标本的跗关节上有着非常独特且类似于斑马的条纹。

关于马，我在英国收集了在脊柱上长着条纹的不同品种和颜色的马。在暗褐色的、鼠褐色的马腿上，横向的条纹并不罕见，在这种情况下，我就以栗色马为例。微弱的肩条纹有时会在暗褐色的马身上见到，而且我也有在一匹栗色的马身上见过。我的儿子做了细致的检查，并为我描绘了一匹暗褐色的、肩部与腿部都有条纹的比利时拉车的马的草图。我曾亲眼看见了一匹暗褐色的英格兰的德文郡矮种马，还有别人向我详细描述的一匹小的威尔士矮种马——这两种马的肩上都有三条平行条纹。

在印度西北部的kattywar品种的马普遍都有条纹，那正如我从普尔上校那儿听到的一样，他为印度政府审查了这一品种的马——一匹没有条纹的不能称为纯种的马。这种马脊柱上总是有条纹；腿上一般都是竖纹，而肩部的条纹有时候是两倍或者三倍的，这是十分常见的；此外，侧脸有时也有条纹。马驹的条纹往往是清晰的，但有时在老马身上会完全消失。普尔上校曾看过刚出生的灰色的和栗色的小马驹身上都是有条纹的。从W. W. 爱德华兹先生给我的信息中，我也有理由怀疑，英国赛马脊髓上的条纹比在长大的动物中更加普遍。我自己近年来培育了由栗色的母马（东土耳其雄马和佛兰德雌马的后代）和一匹栗色的英国赛马产下的小马驹；当这匹小马驹一个星期大的时候，它的后腿上和额头上有许多非常狭窄的、暗色的、像斑马一样的条纹，而且它的腿部也有些不太明显的条纹。不久后，所有的条纹都完全消失了。在这里不必再进一步谈论细节了，可以说，我已经收集了从英国到中国东部、从北方的挪威到南方的马来群岛的各种品种的马的事例，以此来说明其肩部和腿部都有条纹。在世界各地，这些条纹最常在暗褐色的和鼠褐色的马匹身上见到；暗褐色这一术语可以囊括很大范围内的颜色，这个范围是指从一种介于棕色和黑色的颜色，到一种接近于奶油色的颜色。

写下了关于这个论文主题的史密斯·汉密尔顿上校认为，多个品种的马是从多个原始的物种遗传而来，其中一种就是暗褐色且有条纹的；他还认为上述现象的出现都是由于古代时暗褐色的马与之杂交的结果。但人们能稳妥地否定这一观点，因为强壮的比利时拉车的马、威尔士矮种马、挪威矮脚马等，都栖息于离彼此最遥远的地方，极其不可能的事就是假设它们都与原始的土著马杂交过。

现在让我们来讲讲马属中几个物种的杂交效果。罗林声称普通的骡子是由驴和马杂交而来的，所以在骡子的腿上极易产生条纹；按照戈斯先生的观点，美国某些地方的骡子，十有八九腿上都有条纹。我有一次见过一匹骡子，它腿上的条纹多得让人认为它是与斑马杂交的效果；在一篇有关马的优秀论文里，W.C.马丁先生绘有一幅与此相像的骡子图。我曾见过四张驴和斑马的杂种彩色图，在它们的腿上有着比身体其他部分更加明显的条纹；而且其中一匹的肩上生有双重条纹。莫顿爵士有一个著名的由栗色雌马和雄斑驴育成的杂种，这个杂种以及后来栗色雌马与黑色亚拉伯马交配所产生的纯种后代，腿上都有比纯种斑驴更加明显的横条纹。最后，这里还有另一个极其值得注意的事例，格雷博士曾绘制过驴子和野驴的一只杂交种的图（而且他告诉我说他除此之外还知道一个事例）：驴驹的腿上偶尔才会有条纹，而野驴的腿上并没有条纹，甚至其肩上也没有条纹。尽管如此，它们的四肢上都有条纹，并且像暗褐色的德文郡马与威尔士马一样，在肩上还生有三条短的条纹，甚至在脸上也有一些斑马状的条纹。关于最后这一事实，我深信绝不会有一条彩色条纹会在偶然间出现，驴和野驴的杂交种脸上生有条纹的事情引导我去问普尔上校，是否那样的条纹也会显著地出现在凯替华（Kattywar）品种的马脸上——从上述观点可见，他的回答是肯定的。

关于这些事实我们能谈论些什么呢？我们看到，通过简单的变异，几个不同品种的马属就像斑马一样会在腿上长出条纹，或像驴一样在肩部长出条纹。对于马来说，我们看到这种倾向十分强烈，而且经常会出现一种暗褐色——这种色彩接近于那些其他物种的一般的属。这种条纹的出现并不会对其形式有任何改变，或造成任何其他新特性的出现。我们看到变成条纹的这一趋势在几种极不相同物种之间的杂交中有明显的展现。现在观察多个品种的鸽子的事例：它们是从一种浅蓝色的鸽子身上继承而来（包括两个或三个亚种或地方种族），因为那些鸽子的身上有某种条纹或其他的标志；当任何一个品种通过简单的变异而呈现出淡蓝色，那么这些条纹和其他的标志都常常会出现；但其形式或特性都不会有任何的改变。当不同颜色的、最古老的、最纯粹的品种之间进行杂交，我们看到在杂种中有一种强烈的倾向，那就是再现蓝色、条纹和标志。我已经讲过，大多数用来解释极古老特性的重现的假设，是指重现年轻的每一代长久以来失去的特性的一种倾向，而且由于未知因素，这一趋势有时会十分盛行。我们已经看到，几个物种的马属的条纹与古老的物种相比，要么更加清晰，要么就是在年轻的动物中更加常见。如果把鸽的品种——其中有些是在若干世纪中纯正地繁殖下来的——称为物种，那么这种情况与那种马属的物种是极其相似的。而对于我自己，我自信地回头看成千上万代以前，我看见一种动物有像斑马的条纹，但也许从另一方面来看，其构造是极其不同的——这就是家养马（不论它们是从一个还是从数个野生原种遗传而来的）、驴、亚洲野驴、斑驴以及斑马的共同祖先。

如果有人相信每一种马的物种都是被独立创造出来的，我认为，他也就会断言：在野生条件下和在驯养条件下，每个创造而来的物种都会倾向于按照这种独一无二方式进行变异，这使得它们往往与该属内的其他物种一样，带有斑纹这一性状。并且，当与栖息在世界上彼此相隔遥远之地的物种相杂交时，被创造出来的每一个物种就强烈趋向于繁殖出杂交生成的生物体，这些个体在条纹方面都与本身的双亲有着一定的差异，却与该属内的其他物种持有某些相同的地方。按照我的思路，如果真的接受这种观点，就等于是对事物发生的真实原因持有异议；相反，对于那些虚假的或至少说是不为人知的原因报以热诚。这种理论就会让我们感到上帝所创造出来的作品失去了真实与诚实的意义；而我几乎也很快将与年老而无学识的宇宙进化论者们共同相信，贝类化石根本就未曾在这个世界上存活过，而它们纯粹是为模拟生活于海岸的贝类才得以从石头缝里被创造出来的。

摘要

我们对生物变异法则认识的缺乏是根深蒂固的。我们对这部分或那部分发生变异的任一原因能做出合理且明确的解释，在百个事实当中这样的目前还不足一个。不过，无论何时对以下的事实进行比较，我们都可以发现相同的法则不但在同物种变种间的较细微差异发挥了作用，而且在相同属内物种间的较显著差异也是如此。变化不定的生存条件常常只会引发变异起伏波动的现象，然而有时也会引起直接而确切的影响；伴随着时间进程的不断向前，这些影响可以变得极其明显；虽然就这一点而言，我们还没有充分有力的证据来进一步加以阐述。在生物习性引起体质的特性、频繁使用促使器官的强化、还有废弃不用导致器官功能的削弱和形状的缩小等方面，这些因素在许多情况下都产生了有效的作用。同源部分不仅会倾向于以同一方式进行变异，而且这些部分还会连接起来。发生在部分较硬和部分靠外的变异，有时会对较柔软的和内在的生物部分产生一定的效应。如果某一部分大体上已发育过了，它可能会趋向于从毗邻部分吸收所含的营养成分；可以被节省的每一部分结构若对生物体本身不会造成伤害，则将被省去。早期生物构造的变化可能影响随后逐步发育的部分；在诸多与变异有关的事实中，虽然我们还不能明白其变异的实质，但无可争辩的是这些现象是存在的。在数量和构造这两个方面，多个部分都会进行变异，其原因是这些部分可能没有因任何特定的功能而极度专一化，因此自然选择才没有对其变异有过度的控制。也许就是这样相同的原因，才导致大量的低等生物比数目繁多的高等生物更具可变异的性质，而使高等生物的所有组织结构的专一化体现得更为充分一些。由于没有太多价值的缘故，一些发育不完全的器官就不容易受控于自然选择的作用，因此变异的可能性也就会相对提高。物种的一些性状——比起属内的性状，从某一相同亲本类型那儿脱离而出的同属里的几个物种，变异的程度会更高。可能也会有这样的情况：长期遗传的属所持有的性状于该时期内曾未进行变异。在这些阐述中，我们针对的是仍旧保持变异状态的特殊部分或器官，因为它们近来发生过变异，这样它们之间也开始出现了差异。然而，在第二章节里，我们也看到了这样的法则被应用到了全部个体中；因为倘若某一属的许多物种都生活在同一区域，那可以肯定的是，从前那里已有过很大程度的变异和衍进，抑或是新物种类型已经踊跃出现过——所以在那个区域栖息的这些物种间，我们目前平均可以发现数量最多的变种。第二性征持有的可变异程度极高，这种性征在相同物群内的物种间存有的差异是相当明显的。生物组织构造中的同一部分发生的变异，通常会给两性间相同物种各异的第二性状提供有利的条件。与亲缘物种的相同部分或器官相对照，已经发育到不同寻常的程度或以特殊的形式进行过发育的器官与部分，当从属开始呈现时，就一定经过了异于常量的变异过程。这样，我们就可以明白，它到目前为止的变异程度还是会远远胜过其他部分；因为生物变异的整个进程是持续不断且缓慢的，在这样的情况之下，自然选择不但还没有足够的时间去倾向于战胜进一步的变异，而且也还没有时间去制服变异程度较低部分的恢复。但是，当一个物种长有任何发育特殊的器官，就会成为大多数进行过变异的后代的亲本类型。我们对此持有的观点是，这肯定是一个极其缓慢的过程，因此也就需要很长的时间来完成——在这种条件下，不管一种器官是以怎样不合乎情理的方式发育起来的，自然选择都会成功地赋予该器官特定的性状。一个物种从共同祖先那里继承到了近似的遗传物质，倘若遭受到了相似的影响，该物种要么会顺理成章地趋向于显现同源性变异，要么这些相同的物种偶尔也许会将其古老祖先的一些性状复原。尽管全新且居重要地位的变异并非产生于性状复原与同功性变异，不过这种情况下的变异，还是会对大自然中生物特有的美好和谐的多元化的增加有所贡献。

无论子代与其亲本类型间细微程度的差异来源于何种原因，既然各种差异一定会存有自身的原因，我们就有理由相信，恰好是生物长期稳定地积累了对自身有益的差异，才导致了与物种习性有联系并且更为至关重要的构造发生了变异。

## 第六章 学说的难点

伴随着遗传变异学说而来的难点——过渡变种的缺失——生活习性的转变——同一物类的各种习性——具有不同习性的相似物种——完美的器官——过渡方式——疑难事例——自然界没有飞跃——次要器官——器官不是在所有情况下都绝对完美——自然选择学说的体型统一律和生存条件律。

在读到本章之前,读者应该就遇到了许多难题。其中有些是很困难的,以至于到现在回想起来我也难免踌躇。但是,依我判断,大部分的难点都只是表面的。我想,即便是那些真的难题,对这一学说也不会有致命的影响。

这些难点和异议可以分为以下几点:

第一,如果一类物种是其他物种通过细微变化而渐渐形成的,那么,为什么我们看不到大量处于过渡形式的物种?为什么我们看到的这些物种都个性鲜明,而非模糊不清?

第二,一种动物,比如具有蝙蝠一样生理结构和生活习性的动物,可能由另一种构造和习性都大不相同的动物变化而来吗?我们能相信自然选择既能产生一些微不足道的器官——比如长颈鹿那如苍蝇拍一样的尾巴——又能成就像眼睛一样完美的器官吗?

第三，本能可以由自然选择进化而来吗？引导蜜蜂筑巢的本能实际上就出现在被知识渊博的数学家发现之前，对此我们又怎么解说呢？

第四，我们要怎么解释物种杂交时的不育性以及其后代的不育，然而变种杂交之后其生育能力却不受损害的现象？

这里讨论前两项问题，下一章讨论关于学说的种种异议，而本能和杂种性质将在之后的两章讨论。

## 过渡变种的缺失

因为自然选择仅保留有利的变种，因此在种类繁多的生物世界，新的物种都趋于代替或消除它们不尽完善的先祖类型，以及其他在竞争中受益较少的种类。因此，生物的灭绝是和自然选择同时存在的。所以，如果我们把每个物种都看作由某些未知类型繁衍而来，那么在新物种形成和完善的过程中，它们的杂交亲本和过渡变种通常都会被消灭。

然而，按此理论，无数过渡变种一定存在过，可在地壳中我们为什么没有发现它们大量存在呢？此问题在"地质记录的缺陷"一章中谈论将更为合适。在这里，我只声明：我相信这一问题的答案在于地质记录比人们通常认为的要缺失得更多。地壳是个巨大的博物馆，但是这种自然界的收藏并不完整，并且时间的间隔很长。

可以说，当联系紧密的物种栖息在同一地区时，我们本应当找到许多过渡物种才对。来看一个简单的例子：当从大陆的北部向南旅行时，我们经常能看到，在各个地带，近缘物种和代表种显然都占据着自然条件几乎相同的位置。这些代表种常常相遇继而相互融合；当某一物种的数量越发稀有，另一物种就渐渐繁荣，直到一个物种替代另一物种。但是，倘若我们在物种混合的地区将它们拿来比较，就会发现它们结构的每个细微之处都有所不同，就像从物种栖息的中心地带采集来的标本一样。依据我的学说，这些近缘物种都是由共同的亲本变化而来；在变异过程中，它们都适应了所在地域的生活条件，并且取代消灭掉其原始亲种类型以及一切过渡变种。因此，我们不能期待当下也能在各个地区见到无数的过渡种类，尽管它们曾经一定存在，也可能以化石的状态埋在地壳之中。但是在具有过渡生活条件的中间地带，我们为什么找不到密切联系的中间变种呢？这个难题长时间地困扰着我，但我想，这还是基本上能解释的。

首先，只因为一个地域现在是一个整体，就认为它过去也一直是整体，做这样的推论应该格外谨慎。地质学使我们相信大部分的陆地在第三纪末期就已经分裂成了一个个岛屿。在这些分开的岛屿上，各类区别明显的物种分别形成，因为这里既没有中间地带也没有中间物种。随着地貌和气候的变化，现在连续的海域以前也很可能是以分散状态而存在的。但是我不愿因此而回避这一难点，因为我相信众多完全不同的物种原本就是在连续的大陆上形成的。我也并不怀疑原来分开而现在连续的地域，对于新物种，尤其是自由杂交和自然生长的物种的形成有着重要的作用。

在观察现今广泛分布的物种时，我们通常会发现，它们在很广的一个范围内都大量存在，但在这个地域范围的边缘就逐渐稀少甚至绝迹。因此，两类代表物种的中间地带与它们自身所独占的地域要狭小。在登山时，我们也能发现如德康尔多所观察到的相同的事实：一种常见的高山植物突然就绝迹了。福布斯在用拖网探查海洋深度时也曾注意到类似的事实。对于那些视气候和客观环境为生物分布重要因素的人来说，这些事例无疑能让他们诧异，因为海拔和海洋深度的变化都是极其细微的。但是我们必须牢记，大多数的物种在它们的聚居区内如果没有其他与之竞争的物种存在，它们的数量将大幅增加，各类物种之间要么捕食别的物种，要么就被别的物种捕食。简言之，每个生物体都是以最重要的方式直接或间接地与其他生物体相联系——任何地方的物种分布都不只取决于差距甚微的客观环境，而是主要决定于该地域所存在的其他物种：这些所谓的存在的其他物种或是它生活所必需，或是它的天敌，又或是它生存的竞争对手。因为这些物种都已界限分明，不会相互混淆，所以任何一个物种的分布范围都将由其他物种的分布而定，其界限自然也就清晰可见了。此外，生活在边缘地带数量有限的物种，随着其天敌和猎物数量的波动以及季节的变化，极易遭遇灭绝的可能。因此，物种地理分布的范围就更加明显了。

　　栖息于一个连续地域的近亲种或代表种，通常都各自分布于一定的范围，这些分布范围之间存在着相对狭窄的中间地带。在这个地带内，这些物种的数量骤然减少。因为变种和物种没有本质的区别，所以这一规律对二者也同样适用。如果我们以一个栖息区域很广且正在发生变异的物种为例，那么必然有两类变种分别适应于两个大的地区，而在狭小的中间地带则有第三类变种。由于栖息地域狭小，这些中间变种的数量自然也较少。实际上，据我理解，这一规律是适用于自然状态下的变种的。我看到的关于这一规律的显著事例，便是藤壶属中明显可辨的变种与中间变种的分布。沃森先生、阿萨·格雷博士和沃拉斯顿先生给我的材料表明，当两种变种之间存在中间变种时，中间变种的数量通常要比与之相联系的那两类变种少得多。如果相信这些事例和推论，我们就可以推断：介于两类变种之间的变种，其存在的数量要比与之联系的变种数量少，这样我们就能理解为什么中间变种的存在时间不会长久，为什么一般情况下中间物种都会比与之联系的其他类型灭绝得早。

　　如前所说，任何数量较少的物种类型要比数量多的类型灭绝的机会更大，并且在这种特定的条件下，中间物种极易被周围存在的近缘物种侵害。但还有更为重要的原因：在两类变种变异演化成两类完全不同的物种这一过程中，数量较多且栖息地域较广的两类物种必然比生活在范围狭小、数量较少的中间变种具有更大的优势。这是因为在任何时间段内，数量多的类型与数量少的类型相比，都具有更多的机会产生更有利于自然选择的变异。因此，在生存竞争中，具有数量优势的普通类型能击败并取代数量少的类型，因为后者的进化和改良较为缓慢。我相信，这和第二章中提到的一样，每一个地区的普通物种要比稀有物种呈现更多的特征显著的变种。让我举一个例子来说明。假设饲养三类绵羊变种，一类适应广大的山区，一类适应范围相对狭小的丘陵地带，而第三类则适应广阔的平原；又假设这三处的居民都以同样的决心和技能，通过人工选择来改良他们的种群。这样的情况下，拥有大量羊群的山地和平原居民，就比狭小的中间丘陵地带的居民有更多有利的选择机会，羊群品种改良的速度也更快。结果，改良了的山地或平原品种很快就代替了改良较少的丘陵品种。这样，两个原本就具有数量优势的变种便密切相连，不再有夹在中间丘陵地带的变种。

总之，我相信物种之所以能界限分明，而且在任何时期内都不会与变异着的中间环节产生混乱的原因，有以下几个方面：

第一，因为变异是一个缓慢的进程，新变种的形成非常缓慢。自然选择要有所作为，就必须有有利的个体差异或变异的发生，以及这个自然结构中的某一位置被一个或多个有利变异物种占据。这样的新位置的产生取决于气候的缓慢变化或是新生物的偶然迁入，更有可能取决于某些旧物种缓慢变异而产生的新物种与原来物种之间的相互作用。所以，不管何时何地，人们只能见到少量的物种在构造上表现出较稳定的轻微变异，我们看到的也正是如此。

第二，现在连续的地域在过去不久往往是分离的各个部分。在这些分隔的地方，许多类型，特别是需要交配繁殖和四处迁徙的种类，也许已经变得各不相同，以至于能成为代表物种了。这种情况下，这些代表物种和它们共同亲本中的中间变种，在各分隔的地区一定存在过，但是在自然选择的过程中，它们已经被取代灭绝，因此我们现在便看不到它们的存在了。

第三，在一个连续地域的不同地区形成了两个或两个以上的变种，那么，在中间地带也许曾经也存在过中间变种，只是它们存在的时间一般不长。由于我们提到的理由（即近缘种、代表种以及被广泛认可的变种的实际分布情况），这些中间地带的中间变种要比与之相连的其他变种数量少。单从这一原因来看，中间变种就难免灭绝。在自然选择的过程中，它们必然被与之所连接的其他类型所取代。这是因为后者的数量众多，能产生更多的变种；再通过自然选择进一步改善，必然就获得了更大的优势。

第四，从整个时间段而不是某一特定阶段来看，如果我的学说成立，那么连接同一类群所有物种的中间变种一定大量存在过。但是，正如之前多次提到的，自然选择的过程往往具有消灭亲本种和过渡变种的倾向。所以，我们只有从化石中才能找到它们曾经存在的证据。然而，在后面的章节我们将提到，这些化石都是断断续续极不完整的记录。

## 论具有特殊习性和构造的生物之起源及过渡

曾有反对我观点的人问道：陆生的食肉动物要怎么转变为水栖食肉动物？这种动物在转变的过渡状态下要怎么生存？不难发现，现今仍然有肉食动物呈现出从路生到水生动物的中间状态。因为各种动物必须为了生存而斗争，所以很显然，各种动物必须尽量适应其在自然界中所处的位置。比如北美的水貂（Mustela vison），它们的脚有蹼，皮毛、短腿和尾巴的形状都和水獭相似。夏天的时候，它们潜入水中捕食鱼类。但在漫长的冬季，它们离开冰冻的水域，像艾鼬（pole-cats）一样捕食鼠类和其他的陆栖动物。如果反对者问另一个例子：以昆虫为食的四足兽怎么能转化为善飞的蝙蝠？解释这个问题将困难得多，但是我想这个问题也不那么重要。

在这里，我又处于严重的劣势状态。因为从收集到的众多显著事例中，我只能列举出一两个近缘物种，来说明它们的过渡习性和结构，以及说明同一物种经常的或偶然的各种习性。依我看，像蝙蝠这类特例，只有把过渡状态的例子都列出一个清单来，才能得到比较满意的解释。

试看一下松鼠科，从只具有微扁尾巴的松鼠，到理查森爵士（Sir J. Richardson）注意到的身体后部较宽且两侧具有皮膜的松鼠，再到所谓的飞鼠，它们之间的渐变都很清晰明了。飞鼠的四肢与尾巴的末端由一层宽大的皮膜覆盖，这些皮膜像降落伞一样，能让飞鼠在相隔甚远的树与树之间滑翔。我们相信，这些松鼠的每一种身体构造在其栖息的地区都是有益的：帮助它们逃避飞禽走兽的捕食，更快地采集食物；我们还认为，这样能让它们避免偶然跌落的危险。但是我们不能单从这里就认为每一种松鼠的构造在一切可能的条件下都是最完美的。假如气候和植被发生了变化，假如其他啮齿类动物和新的掠食动物迁入，又或者旧的掠食动物有所进化，以此类推，我们相信除非这些松鼠能相应地进化，否则，它们中至少有一些类型的数量会减少，甚至灭绝。因此不难理解，随着生存环境的改变，那些身体两侧皮膜变得越来越宽大的个体被保留了下来。它们的每一次变化都是有益的，这些特性都会传衍下去，在自然选择的累积效应下，最终形成了所谓完美的飞鼠。

鼯猴（Galeopithecus），即所谓的飞狐猴，以前被列为蝙蝠类，但现在我们相信它们更应属于食虫类。一层长有伸展肌的宽大皮膜从飞狐猴的下颌一直覆盖到尾端，连着它长着爪子的四肢。虽然现在还没有能把鼯猴类与其他食虫类动物连接起来，具有滑翔功能的过渡构造。但是，不难想象，这样的构造一定曾经存在过，它们的进化方式和飞鼠的进化方式一样，各级的构造对动物自身都是有过用处的。我们可以进一步认为，连接鼯猴趾头与前臂的皮膜因为自然选择的缘故变得更加宽大。同理，就飞行器官来说，这样的过程也可能将它们变为蝙蝠。有一些蝙蝠，它们的翼膜从肩端一直延伸到尾部，并且把后肢也包含在内。从这里我们依稀可以看到原先适合滑行而非飞翔的器官的痕迹。

如果将近十二个属的鸟类要从地球上消失，谁敢肯定地推测下列这些种类能继续存在？它们是：翅膀只能拍水的大头鸭，翅膀在水里是鳍、在陆地上却是上肢的企鹅，翅膀像风篷一样的鸵鸟，以及翅膀完全没有任何作用的几维鸟（Apteryx）。上述的这些鸟类，它们的构造在其所处的生活环境下都是有利的，因为它们都必须在竞争中生存。但这些构造不是在所有的情况下都是最有优势的。这样的论述虽然不能推出"或许因为长久不使用而形成的各级翅膀的构造显示了鸟类获得完善飞行能力所经过的各个阶段"，但是这些足以表明多种过渡方式存在的可能性。

我们看到在水下呼吸的甲壳动物和软体动物中有一部分可以适应陆地环境，也看到飞鸟、哺乳动物、各种飞虫以及曾经存在的能飞行的爬行动物，便会推想：借助拍打鱼鳍一跃而起在空中滑翔旋转的飞鱼，也可能进化成翅膀完善的飞行动物。如果这样的事情发生，谁能想到它们早期的过渡状态是汪洋大海中的居民？而且，像我们知道的那样，它们飞行器官的最初形成，是为了避免被其他鱼类捕食吗？

当看到任何适于特殊习性且高度完善的构造（例如鸟类用于飞翔的翅

膀）时，我们必须记住，具有早期各级过渡构造的动物很少能生存至今，因为在自然选择中日益完善的后继者会取代它们。适应不同生活习性的构造，其过渡形式在早期数量很少，也少有次级类型。再回到我们假想的飞鱼例子。真正能飞的鱼，大概要等到它们的飞行器官达到高度完善的阶段，能帮助它们在生存竞争中压倒其他动物时，才能从各种次级类型中发展起来，才能使其在陆地上和水中都能以多种方式捕食猎物。因此，要在化石中发现具有过渡各级构造物种的机会并不多，因为它们曾经存在的数量少于构造更完善的个体。

再举几个例子来说明同一物种不同个体生活习性的改变及趋异。两种情况下，自然选择都能轻松地使动物的构造适应其改变了的习性，或者使其专门适应若干习性中的某一特定习性。但是，我们难以确定，究竟是习性的改变先于构造的改变，还是构造的细小变化引起了习性的改变？这两者大概是同时进行着的吧。对于习性的改变，只要列举出英国昆虫以外来植物或者人造食物为生的事例就已经足够了。关于习性的趋异，也可以举出很多例子。在南美洲的时候，我经常观察霸鹟（Saurophagus sulphuratus），它像茶隼一样在高空盘旋，有的时候又像翠鸟一样，静静地立在水边，然后突然冲向水面捕食鱼类。在英国，有一种大山雀（Parus major），它们像爬山虎一样在树枝上攀爬，有的时候，它们像伯劳鸟似的啄小鸟的头，直到杀死它们。我曾经常看到、听到它们像五子雀一样击打紫杉树的种子。赫恩在北美洲的时候还曾经看到黑熊为了捕捉水里的昆虫，像鲸鱼一样张大嘴巴游泳。

有时候我们会看到，有些个体的习性和同种同属的其他个体有所不同。我们便预想，这样的个体或许能够形成新物种。这些新物种具有异常的习性，其构造也或多或少有所改变。自然界中不乏这样的例子。还有比攀爬在树上并从树皮的裂缝中捕食昆虫的啄木鸟更好的例子吗？在北美洲，有的啄木鸟主要以果实为食，而有的则翅膀细长，在飞行中捕捉昆虫。在几乎没有树木生长的拉普拉塔平原，有一种叫作平原䴕（Colaptes campestris）的啄木鸟。它们两趾朝前，两趾向后，舌头细长，尾羽虽不及典型啄木鸟一样坚硬有力，却也足以让它们能直立攀爬在树干上。它们还有笔直有力的喙，虽不如典型啄木鸟的坚硬，却也足以在树上凿洞了。还有一些不重要的特征，比如羽毛的颜色、刺耳的叫声、起伏的飞行，这些都表明了这种鸟与典型啄木鸟的密切亲缘关系。据我和阿扎拉（Azara）的观察，可以断定在某些大范围的区域内，它们都不攀爬树木，而是在堤岸的洞穴中筑巢。然而据哈德森先生说，同样的啄木鸟在其他区域，常常往来于树木之间，并在树干上凿洞筑巢。再举一个这一属鸟类习性变化的例子：德沙苏尔曾描述过一种墨西哥的啄木鸟，它们在坚硬的树木上啄洞以贮藏橡树果实。

海燕，是最具空栖性和海洋性的鸟类。在火地岛恬静的海峡间，生活着这一种水雏鸟。它们的一般习性、惊人的潜水能力，以及游泳和飞翔的方式都使人们误把它们归类为海雀或䴙䴘（grebe）。然而，这种鸟本质上还是一种海燕，只是它们身体结构的许多部分都在新的生活习性中发生了改变。而拉普拉塔的啄木鸟在结构上只是发生了细微的变化。河乌（water-ouzel），就算是最敏锐的观察家通过对它尸体的检查，也绝不会怀疑它半水生的生活习性。事实上，这种鸟与画眉同属一科，却靠潜水为生。它们会在水中使用翅膀，并用爪子抓起石子。在膜翅类昆虫这一大目中，除了卢布克爵士（Sir John Lubbock）发现的细蜂属（Proctotrupes）具有水栖的习性，其他的都为陆栖昆虫。细蜂属的昆虫经常潜入水中，在水下不用脚而是靠着翅膀游动，它们在水下能待四个小时之久。然而，其构造却没有随着这种惹事的习性而发生改变。

有些人相信，各种生命一经创造出来时就是现在这个样子，那么，当他们看到某种动物的习性与结构不一致时，一定常常感到惊讶。鸭子和鹅形成长蹼的脚是为了游泳，还有比这个更明显的事例吗？然而高原鹅虽然有蹼足，却很少接近水边。除了奥杜邦，他曾经见过四趾间有蹼的军舰鸟（frigate-bird）降落在海面上。但是，另一方面，䴙䴘和蹼鸡（coot）都是典型的水栖鸟，尽管它们的脚趾只有边缘上长着膜。还有些涉水禽类（Grallatores）那为了在沼泽和漂浮植物上行走而形成的长而无膜的足趾。水鸡（water-hen）和长脚秧鸡（land-rail）都属于这一目，然而前者差不多和蹼鸡一样是水栖性的，而后者则几乎跟鹌鹑（quail）和鹧鸪（partridge）一样，是陆栖性鸟类。这样的例子还有很多，都表明生物的习性已经发生变化，而构造却不相应地变化。高原鹅那长蹼的脚虽然结构上并未发生变化，但它的功能已基本退化了。而军舰鸟趾间凹陷下去的皮膜则表明它的构造已经开始发生变化了。

相信"生物是无数次单独创造出来"的人会说，这类情况是造物主愿意让一种类型的生物去代替另一种类型的生物。但在我看来，这只是用庄严的言辞复述事实罢了。相信生存竞争和自然选择的人们，承认各类物种都在不断努力以增加种群数量；同时，任何生物无论是在习性还是在构造上发生细微的变化，与该地域的其他生物相比，都能占据一定的优势，然后占领它们的领地——不管新的领地与它们原来生长的地方是多么不同。所以，它们对于下列现象并不感到惊奇：长蹼的高原鹅生活于干燥的陆地；同样有蹼的军舰鸟很少降落于水面；长有长趾的秧鸡生活在草地上而不是沼泽；啄木鸟出现在几乎没有树木的地方；能潜水的画眉和膜翅类昆虫；还有具有海雀习性的海燕。

## 完美而极复杂的器官

眼睛以其独特的方式对不同的距离聚焦，接纳强度不同的光线，以及矫正球面和色差。如果说这样的器官能通过自然选择而形成，我承认这听起来的确十分荒谬。当最初听说地球是围绕静止不动的太阳运动的时候，人们根据常识宣称这一学说是错误的。然后像每位哲学家都知道的那样，"民声即天声"这样的古谚在科学上是不可信的。理性告诉我，如果能够列出从简单不完善的眼睛到复杂完美的眼睛的各级存在，就会发现，事实上每一个级别的构造对其所有者都是有益的。进一步假设眼睛是可变异的且这种变异是可以遗传的，这样的假设在很多案例中都确实存在。同时，如果这些变异对处在变化中的外界环境下的任何动物都有利，那么自然选择形成完善复杂的眼睛的难点，虽然难以被克服，但并不至于颠覆这一学说。

神经是如何变得对光有感觉的？这样的问题就如同生命是如何产生的一样，不是我们所研究的问题。不过，我可以说，有些最低等的生物体内并不能找到神经，却依旧具有感光能力。或许这可能是它们原生质（sarcode）的某些感觉元素聚集起来发展成为了神经，从而赋予了它们这样特别的感觉能力。

在探寻物种的器官是怎样逐级完善时，我们应当特别观察它们的直系祖先。这几乎是不可能的，于是我们只得去观察同种群物种中其他的物种和属类。通过观察同祖旁系的后裔，来了解可能存在的变化，或许还能发现一些遗传下来几乎没有改变的中间类型。但是，不同纲类动物的同一器官的状态，有时也能阐释该器官进化完善的进程。

能够称作眼睛的最简单器官是由一条视神经组成的，它被色素细胞所包围，覆盖着半透明的皮肤，而没有任何晶状体或是折射体。然而根据乔丹（M. Jourdain）的研究，甚至还有更低级的视觉器官，它们只是附着在原生质组织上的色素细胞集合体，没有任何视神经却能起着视神经器官的作用。但是上述这样性状简单的眼睛只能分辨明暗，而不具有清晰的视觉能力。根据乔丹的研究，在有些海星中，包围神经的色素层上有小小的凹陷，里面充满了透明的胶质物，表面向外凸起，就像高等动物的角膜。他提出，这样的构造不是为了成像，而只是用来聚合光线，使感光更容易。光线的聚合是真正能成像的眼睛形成的最初和最重要的一步，因为只要这些裸露的视觉神经末梢与聚光装置距离适中，便能成像。在低等动物中，视神经末梢的位置有的藏在体内，而有的接近身体表面。

在关节动物（Articulata）这一大纲内，我们应该从仅被色素包围的视神经开始。这种色素有时能够形成瞳孔，但是没有晶状体或是其他光学装置。而昆虫，现在我们已经知道它们复眼的角膜上无数的小眼形成了真正的晶状体，这些视锥细胞包含了变异奇妙的神经纤维。而在关节动物中，视觉器官的差别如此巨大，以至于穆勒（Muller）将它们分为三个大类和七个亚类，此外，还有聚生单眼这第四个大类。

回顾一下之前提到的简单事例：关于低等动物眼睛构造变化的广泛性、

多样性、阶段性。如果我们考虑到一切现存生命形式，其数量比已灭绝的数量一定要少得多。那么就不难相信：自然选择要将被色素层包围、透明膜覆盖的视神经这样简单的装置演变为任何关节动物都具有的完善的视觉器官，也并不那么困难。

　　看到这里，读者如果发现大量令人费解的事例除了自然选择的变异学说，其他方法都不能解释，那么你一定会毫不犹豫地继续读下去。你应该会承认像鹰眼一样完美的构造也是因此而产生，尽管在这里你并不清楚它的过渡状态。曾经有反对的意见说，为了使眼睛得到进化，并让它作为一种完善的器官保存下来，必然会同时发生许多变化。在这些反对者的假想中，这样的变化是自然选择无法做到的。但是，正如我在论家养动物变异的著作中所试图阐释的，如果这些变异是逐渐细微的，那么就没有必要认为它们都是同时发生的。不同的变异也可能是因为同样的目的而产生。华莱士先生曾说过："如果晶状体的焦距太短或太长，它可以通过改变曲度或密度进行调整；如果曲度不规则，光线不能聚于一点，那么提高曲度的规律性，也能使其得到改善。"因此，虹膜的收缩和眼部肌肉的运动对于视觉都不是必要的，这不过是对器官构造各阶段的补充和完善而已。在动物界最高等级的脊椎动物中，我们从最简单的眼睛开始。文昌鱼的眼睛只是由透明的皮肤构成的小囊，上面除了覆盖有色素的神经就再没有别的装置了。在鱼类和爬行类动物中，欧文曾说过："屈光构造的各级变化的范围是很大的。"根据微尔啸（Virchow）的权威说法，这样意义重大的事实也发生在人类身上。人类那如水晶般美妙的晶状体在初始状态也是由囊状皮肤中的表皮细胞堆积而成的；而玻璃体则是由胚胎的皮下组织组成。虽然如此，像眼睛这样不可思议又不尽完善的器官，要对其形成得出公正的结论，理性就必须战胜想象。

　　人们免不了要将眼睛与望远镜相比较。我们都知道，望远镜是人类的最高智慧经长期坚持努力得到的，自然，我们会推断眼睛的形成也是类似的过程。但是这样的推论会不会太自以为是了呢？我们有什么权力认为造物主也是以人类一样的智慧来工作的呢？如果必须要将眼睛和光学仪器拿来比较，我们应该想象眼睛有一层厚厚的透明组织，其空间里充满了液体，下面有敏感的感光神经。然后，再假设这层组织各部分的密度缓慢地发生着变化，以便分离为密度和厚度都不同的各层。各层间的距离不同，各层表面的形状也在慢慢地发生改变。我们还得进一步假设，自然选择或是适者生存的力量一直密切关注着透明层的每一个细微的改变，并在以不同方式、不同程度变化着的环境下将这些改变保存下来，以产生更清晰的影响。我们必须假定，这类器官的每一种新状态都是大量地成倍增长的，每一种状态都被保存到更好的变化产生之后才完全毁灭。在生命体中，变异会引起一些细微的改变，繁殖使得这些改变成倍增长，而且自然选择还会精确地挑选每一次的改进。这样的进程持续了百万年。我们不得不承认，这样鲜活的光学仪器要比玻璃器更优越，正如造物主的杰作要比人类的作品优越一样。

## 过渡模式

如果能证明任何复杂器官都并非经历无数连续的、轻微的变异而形成，那么我的学说便会彻底毁灭。但是，我还没有见过这样的事例。毫无疑问，现存的很多器官都有我们不知道的过渡诸级，特别是对于那些特别孤立的物种更是如此，因为根据我的学说，它们周围的类型大多已灭绝了。再者，我们拿同一纲类所有成员共有的器官来说，它最原始形成的时期一定非常遥远，此后该纲类的各种成员才发展起来。为了揭示该器官早期的过渡诸级，我们就必须观察其远古始祖类型，可是它们早已灭绝了。

在断言一种器官的形成可以不经过某种中间过渡类型时，我们必须十分谨慎。同样的器官能同时拥有完全不同的功能，在低等动物中，这样的例子不胜枚举。例如蜻蜓的幼虫和泥鳅（Cobites），它们的消化道既能消化、呼吸，又能排泄。水螅（Hydra）可以将身体内层翻向外面，用其外层进行消化，胃则用来进行呼吸。在这种情形下，自然选择可能将原来具有两种功能的器官的全部或者一部分的功能专一化，如果由此获得了功能上的优势，器官的性质便会在不知不觉中发生巨大的改变。许多植物常常同时生长出不同构造的花，如果这一植物仅产生一种构造的花，那么该物种的性质可能就会突然发生较大的变化。但是，同一植株产生两种形态的花可能是经过精细的步骤分化而来，这些步骤至今可能仍在一些事例中存在。

另外，两种不同的器官或是两种形态不同的同种器官，可以在同一个体上同时发挥相同的功能，这是极为重要的一种过渡方式。比如说，鱼类用鳃呼吸溶解在水中的空气，但同时，又用鱼鳔呼吸游离态的空气。鱼鳔被充满血管的膈膜分隔成多个部分，由鳔管供给空气。再举一个植物界的例子，植物攀爬的方式有三种：螺旋缠绕，用灵敏的卷须缠绕支撑物或是发射的气根。不同的植物类群会使用上述的不同方式，但也有些植物个体兼用两种甚至三种方式。在所有的这些案例的变异过程中，两种器官中的一个在另一个的辅佐下，可能比较容易发生变异和完善。而另一个器官要么进化为另一种不同的功能，要么就完全消失。

鱼鳔是一个很好的例子，因为它明确地向我们阐释了一个极为重要的事实：原先起漂浮作用的器官可以转变为功能差异甚大的呼吸器官。在某些鱼类中，鱼鳔又对听觉起着辅助功能。生理学家公认，在位置和构造上，鱼鳔与高等脊椎动物的肺是同源的，或者说是"完全相似"的。因此，毋庸置疑，鱼鳔实际上已经进化成了专营呼吸的器官——肺。

按此观点便可推断，一切有真正肺的脊椎动物都是由远古的未知原型一代一代传衍下来的，这些原型动物则具有漂浮器官，即鳔。这样，正如我根据欧文有趣的描述而推论的，我们便可以理解为什么我们下咽的每一点食物以及饮料，都冒着可能落入肺部的危险但又必须经过气管（trachea）上的小孔——尽管那里有一种美妙的装置可以使声门紧闭。尽管高等脊椎动物的鳃已经完全消失，但是在它们的胚胎中，脖子两侧的缝隙和弧形的动脉仍然标志着鳃的原始位置。但是可以想象，现今完全消失的鳃，也许由于自然选择的作用逐渐被应用于不同的目的。兰多伊斯（Landois）曾表示，昆虫的翅膀是由气管进化而来的，因此在这个大纲内，曾经用来呼吸的器官，现在很可能已经转变为了飞行器官。

在谈到器官的过渡时，有一点很重要，那就是要记住器官的功能是能改变的。有柄蔓足类动物有两块很小的皮褶，我称为"保卵系带"。它分泌出黏液将卵粘在袋中，直到卵孵化出来。这种蔓足类没有鳃，整个身体和卵袋的表皮，以及小小的"保卵系带"都具有呼吸功能。藤壶科，即无柄蔓足类，则不是这样。它们没有保卵系带，卵松弛地躺在由壳紧紧包裹着的袋子的底部。但是在相当于系带的位置却有夸大褶曲的膜，与袋子和身体的循环小孔自由相通。所有的自然学家都认为这类膜有鳃的作用。现在，我想没人会否认这一科内的保卵系带与其他科类的鳃是完全同源的——实际上，它们彼此之间是逐渐转化的。所以，不用怀疑，原来作为保卵系带，同时也有部分辅助呼吸作用的两块小皮褶，由于自然选择的作用，仅通过增加自身体积和去除黏液腺，就转变为鳃了。有柄蔓足类比无柄蔓足类更易灭绝，如果所有的有柄蔓足类都已灭绝，那么谁还能想到无柄蔓足类的鳃原本是用来防止卵被冲出袋子的一种器官呢？

还有另外一种可能的过渡方式，即提前或延迟生殖时期。这是美国的柯普教授（Prof. Cope）和一些人近期主张的一种方式。有些动物在个体特征完全发育成熟之前，就已经具有生殖能力了；在一个物种里，如果这一能力得到彻底的完善，其发展阶段的成年的发育阶段或许迟早会消失；这种情形下，如果幼体与成体形态差别很大，该物种的特征可能就要发生大的改变或退化了。另外，不少动物在达到成熟期之后，性状的改变还几乎在它们整个生命过程中继续进行。例如哺乳动物，它们头骨的形状随着年龄的增长而常常发生很大的改变。关于这一点，穆利博士（Dr. Murie）曾就海豹列举了一些引人注目的事例。众所周知，鹿角分支的数量随着年龄的增大而增多，某些鸟类的羽毛也是随着年龄的增加而愈发美丽。柯普教授说过，某些蜥蜴的牙齿形状会随着年龄的增长而发生很大的变化。根据弗里茨·米勒的记载，在甲壳纲动物成熟之后，大部分都会呈现出新的性状。上述的例子以及其他能列举的例子都说明，如果生殖年龄延迟，那么该物种的特性，至少其成年期的特性就会发生变异。至于物种是否经常或曾经通过这种比较突然的过渡方式进化，我还不能断言，但是，如果这样的情形曾经发生过，那么幼体和成体之间的差异，最初可能还是逐渐获得的。

　　　　　　　　　自然选择学说的特殊难点

　　虽然我们在断言任何器官不可能是由许多细小的、连续的过渡诸级变化而来的时候必须十分谨慎，但是自然选择学说无疑还有一些难点。

　　难点之一便是中性昆虫，它们的构造常常与正常的雄体和能育的雌体有所不同，这一点将在下一章讨论。另一个特别难以解释的例子便是鱼的发电器官，我们无法想象，这样奇异的器官是经过怎样的步骤形成的。但这也不用大惊小怪，因为我们甚至不知道它们有什么作用。电鳗（Gymnotus）和电鳐（Torpedo）的发电器官无疑是强有力的防御方式，也可能具有捕食的作用。但是根据玛得希（Matteucci）的观察，鳐鱼（Ray）的尾部也有类似的器官，即使它被激怒也只能产生少量电量，这点电几乎起不到任何防卫或是捕食的作用。又如麦克唐纳博士（Dr. R. McDonnell）的研究，除了上述提到的器官，在鳐鱼的头部附近还有另一个器官，虽然已知它并不带电，但它似乎与电鳐的发电器官是真正同源的。就其内部构造、神经分布以及对各种刺激的反应方式来看，一般认为这些器官与普通肌肉非常相似。其次，值得关注的是肌肉的收缩是与放电相伴发生的。正如雷德克里夫博士（Dr. Radcliffe）强调的，"电鳐的发电器官在静止时的充电，与肌肉和神经静止时的充电过程相同，电鳐的放电也不过是肌肉和运动神经在活动时放电的另一种形式而已，并没有什么特别"。除此之外，我们现在也没有其他的解释。由于现在对这种器官的功能知之甚少，而且对于现今存在的可发电鱼类的祖先的习性和构造我们也毫不了解。所以，要说这些器官的逐渐发展不可能经过有利的过渡类型，未免过于大胆了。

　　乍一看，这些器官好像带来了另一个更加严重的难点，因为很多鱼都有这样的发电器官，其中几种在亲缘关系上相去甚远。在同一纲类中，如果出现习性差异很大却具有相同器官的生物，我们一般把这归功于共同祖先的遗传。同一纲中有的生物不具备这些器官，则我们认为这是长期不使用或是自然选择作用的缘故。因此，如果这些发电器官是由某一原始祖先遗传而来的，我们就可以猜想一切发电鱼类彼此之间都应该有特殊的亲缘关系。但事实远非如此，地质学也根本不能令人相信大部分的鱼类原先具有发电器官，而他们变异的后代现在已经失去了这一器官。然而，当我们更加深入地思考这一问题时就会发现，在具有发电器官的若干鱼类中，发电器官在身体上的位置及其结构都有不同，就像电板不同的排列方式一样——而且据帕西尼（Pacini）说，其发电的过程与方法也不尽相同。最后一点，或许也是最重要的一点，就是这些发电器官的神经来源也有所不同。因此，在具有发电器官的若干鱼类中，不能认为这些器官都是同源的，而只能认为它们的功能相同。所以，我们没有理由假设这些鱼类都是从共同的祖先遗传下来的。因为假如有着共同的祖先，它们的各方面就应该极其相似。这样，这个关于表面相似、实则源于若干关系甚远物种器官的难题就解决了。现在只剩一个次要却依旧困难的问题，即：在不同类群的鱼类中，这种器官是经过怎样的步骤逐渐变化而来的。

在分属差异明显的不同科的几种昆虫中，它们身上不同部位的发光器官在我们知识缺乏的现状下，给我们提出了一个和鱼类发电器官一样的难题。还有一些其他类似的例子，比如在植物中，成团的花粉粒生长在具有黏液腺的足柄上，这些奇妙的装置在红门兰属（Orchis）和马利筋属（Asclepias）中，构造也明显相同。然而在开花植物中，这两属亲缘关系相去甚远，这些类似的装置显然不是同源。在这些例子中，物种的规模相去极远，却具有相似且独特的器官——尽管这些器官的一般形态和功能相同，但总是有着根本的区别。例如，头足类动物（cephalopods）和乌贼（cuttlefish）的眼睛与脊椎动物的眼睛惊人地相似，在差距这么大的族群中，这些相似的部分应该不可能归于同一祖先的遗传。米瓦特先生（Mr. Mivart）曾提到这样的案例也是特殊的难点，但是我看到的并非如此。一个视觉器官必然是由透明的组织形成，并且包含能把影像投射到暗示后方的晶状体。除了上述那些表面上的相似之处以外，乌贼和脊椎动物的眼睛并没有其他共同点。这一点可以参考汉森（Hensen）关于头足类动物这一器官精辟的研究报告。在这里并没有详细说明的必要，但是我要指出其中几点不同。较高等级的乌贼，其透明晶状体由两部分组成，就像一前一后两个透镜，这两部分的结构及所在位置与脊椎动物的完全不同。二者的视网膜（retina）也完全不同，实际上，乌贼眼睛的主要部分是颠倒的，眼睛的薄膜内还有一个不小的神经节。肌肉间的关系以及一些其他特点也像我们想的一样，是不相同的。因此在描述头足类动物与脊椎动物的眼睛时，很难决定同样的术语要怎样使用。当然，在两个案例中，"任何一种眼睛都是通过连续细微变化的自然选择而形成的"这样的观点，谁都可以否认。但是，一旦承认这一观点，其他的案例也必然如此。可以预料，这两类动物的视觉器官与它们的形成方式一样，在结构上有着本质区别。正如两个人有时可能分别同时研究出同一发明一样，在上述提到的案例中，自然选择为每一种生物的利益服务，促进一切有利的变异，在不同生物中产生功能相似的器官——虽然这些器官在构造上不是由共同祖先遗传而来的。

弗里茨·米勒（Fritz Miller）为了验证本书的结论，十分谨慎地给出了一些几乎相似的论据。甲壳纲中几个科里少量的动物具有呼吸空气的"装置"，能够适应水外的生活。米勒对其中两个科进行了十分详细的研究。这两科的关系十分相近，各物种所有的重要特征机会完全相同。它们的感觉器官、循环系统、复杂胃中的毛状纤维的位置，以及水下呼吸鳃的构造，甚至连清洁鳃部的微型钩子，都几乎是完全相同的。由此可以想到，在这两个科的少数陆生物种中，其同等重要的呼吸器官应该是相同的，毕竟，其他一切重要的器官都相似或相同，为什么单让具有同样功能的呼吸器官不同呢？

根据我的观点，米勒认为构造上这么多的密切相似之处，必然是由共同的祖先遗传而来。但是上面提到两个科的大多数物种跟其他大多数甲壳类动物一样，都是水栖型的，它们的共同祖先适于呼吸空气是不可能的。因此，米勒在呼吸空气的物种里仔细检查了其呼吸器官，发现在很多重要的地方，如呼吸孔的位置，开闭的方式以及若干其他附属构造都是不一样的。假设这些不同科的物种是各自逐渐变得适应水外呼吸空气的生活的，那么那些差异便是可以理解的，甚至是可以预料到的。因为它们属于不同的科，难免会有一定程度的差异。根据变异的性质依赖生物本身的性质和环境因素这一原理，它们的变异必然不会完全相同。因此，自然选择要达到相同的功能，就必须作用于不同的材料或是变种，由此产生的构造必然是各不相同的。根据"物种是分别创造出来"的假设，那全部的事实就无法解释了。这样的论证过程使米勒接受了我这本书所主张的观点——应该是很有说服力的。

另一位伟大的动物学家，已故的克拉帕雷德教授（Prof. Claparede），曾以同样的方式论证，并得到了同样的结论。他指出，属于不同亚科的寄生螨（Acaridar）都具有毛钩。这些器官都是分别发展而成的，因为它们不可能由共同的祖先遗传下来。在不同类群中，这样的器官起源各异，有些是由前腿变异，有的是后腿，另一些则是下颌或唇部，还有一些则是由身体后部下方的附肢变异而来。

从上述的事例我们可以发现，在完全没有或是有很远亲缘关系的生物中，有的器官的外形十分相似，尽管起源不同，但达到的目的和表现出来的功能却是一样的。另一方面，通过多种方式可以达到同样的结果，是贯彻于自然界的一个共同原则，甚至在密切相近的生物里有时也是如此。鸟类的羽翼和蝙蝠的膜翼在构造上差异很大，蝴蝶的四翅、苍蝇的双翅以及甲虫的翅鞘（elytra），其构造就更不相同了。双壳贝类（bivalve）的壳能开能闭，但是从胡桃蛤（Nucula）那一长排整齐交错的牙齿到贻贝（Mussel）简单的韧带，两壳闭合的方式各种各样。植物种子的散播：有的因为种子本身极其微小，依靠孢蒴形成气球状的被膜来传播；有的把自己包裹在由不同部分组成的营养丰富、色泽鲜明的果实内，以吸引鸟类吞食而得以传播；有的则常有各种钩状或是锯齿状的芒，以便附着在走兽的皮毛上；还有的有着形状各异和构造精巧的翅或毛，一遇到微风便能飞散开来。我再举一个例子，因为用多种方式得到相同结果这一问题确实是值得好好注意的。有的学者主张，以各种方式形成的各种生物就好像店里的玩具一样，仅仅是为了显示花色品种不同。但这种自然观念并不可信。雌雄异株的植物，以及雌雄同株但花粉不能自动落在柱头（stigma）上的植物，需要借助某种外力以完成受精过程。这些外力分为多种，有的植物其花粉轻巧而松散，可以随风飘荡，单靠机遇落在雌蕊的柱头上，是可以想象到的最简单方法。有一种同样简单却很不一样的方法存在于大量植物中：它们的对称花分泌几滴花蜜招引昆虫，然后由昆虫将花粉带到柱头上。

从这个简单的阶段出发，我们可以看到无数的装置为了同样的目的，并且以基本相同的方式发生作用，引起花各个部分的变化。花蜜可以储藏在各种形状的花托中，雌蕊和雄蕊形态变化很大，有时形成陷阱形的装置，有时能随着刺激性或弹性进行巧妙的适应运动。从这样的构造到克鲁格博士（Dr. Cruger）近期描述的兰属（Coryanthes）那样特别适应的例子，都是如此。这些兰科植物的唇瓣也就是下唇，有一部分向内凹成一个水桶状，在它上方有两个角状结构，分泌近乎纯净的水滴，不断落在桶状结构中。当桶半满时，里面的水就从一边的出口溢出。唇瓣的基部在桶状结构的上方，它也凹陷成一个两侧有出入口的腔室，在这个腔室内有神奇的肉质棱。即使最聪明的人，如果不曾目睹这里发生的一切，也永远想不到这些部位的作用。但是克鲁格博士曾见过大黄蜂成群地光顾这种兰花巨大的花朵，它们不是为了吸食花蜜，而是为了啃食水桶上方的腔室内的肉质棱。在啃食过程中它们常常互相冲撞，跌进水桶中，它们的翅膀因为被水浸湿而不能起飞，于是，它们不得不从那个溢水的孔道爬出。克鲁格博士看见很多大黄蜂被迫洗澡之后这样爬出的情形。这孔道很狭小，上面盖着雌雄合蕊的柱状体遮盖。因此大黄蜂用力爬出时，它的背先会擦过胶粘的柱头，随后又擦过花粉块的黏腺。这样，当黄蜂爬过新近张开的花的孔道时，便把花粉块粘在它的背上带走了。克鲁格博士曾经寄给我一朵浸在酒精里的花，花里有一只没有完全爬出孔道便死亡的黄蜂，它的背上还粘有花粉块。带着花粉的黄蜂飞临另一朵花，或者再飞回同一朵花，如果被同伴挤落在水桶装置里，就从孔道爬出去。这时，花粉块必然先与胶粘的柱头接触，并且粘在上面，于是这朵花便受精了。现在我们已经了解这种花各部分的全部功能——如分泌水滴的角状体和半满的水桶——它们的用处便是防止黄蜂飞走，迫使它们从孔道爬出，让它们与生在特定位置上胶粘的花粉块和胶粘的柱头相摩擦。

还有一种亲缘关系密切的兰科植物，叫作飘唇兰（Catasetum）。虽然为了同一个目的，但是其花朵与上述构造相比有很大差异，却也同样奇妙。蜜蜂像光顾蜂兰属花一样为了啃食唇瓣而光顾它的花朵，当它们吃食的时候，不得不接触一条细长的、感觉敏锐的突出物，我把这突出物叫作触角。触角一旦被触碰，就将感觉即振动传到一种薄膜上，那薄膜便立刻破裂；由此放出一种弹力，使花粉块像箭一样地射出去，使胶粘的一端粘在蜂背上。这种雌雄异株的兰科植物雄株的花粉块就这样被带到雌株的花上，在那里碰到柱头。柱头具有足以撕裂弹性丝的粘力，这样就能把花粉留下进行受精。

也许有人会问，在上述及其他无数的例子中，我们怎么理解这种为达到同一目的的复杂逐级步骤和各式各样的方式？毫无疑问，这答案正如前面已经说过的那样：已稍有所差异的两个类型在发生变异时，它们的变异属性不会完全一致，所以为了同样的目的经过自然选择得到的结果也不会相同。我们还应记住，各种高度发达的生物必然经过了许多变异，并且变异的构造都有遗传下去的倾向，所以每一次的变异都不会轻易消失，反而会反复地继续发生变化。因此，每一物种的每一构造，无论它是为了什么目的，都是许多遗传变异的综合。通过这一过程，这个物种不断适应变化的习性和生活环境。

最后要指出的是，尽管在许多情况下，要猜测器官经历了怎样的过渡形式才达到今日的状态是极其困难的；但是考虑到现存的和已知的类型比绝迹的和未知的类型数量少得多时，我感到很诧异，因为很难列举出一个没有经过过渡阶段而形成的器官。这的确是真的，为了特别目的而创造出来的新器官，在任何生物里都很少出现或者说从未出现——正如自然史里那句稍显夸张的古老格言所说的："自然界里没有飞跃。"几乎所有有经验的博物学者的著作都承认这一观点，米尔恩·爱德华兹（Milne Edwards）阐释得很好，"自然界在变异方面是慷慨的，但革新却是吝啬的"。如果特创论成立，那么为什么变异那么多，而真正的创新却这样少？为什么那么多独立生物虽然是分别创造以适合于自然界的特定位置，可是它们的各个器官却这样普遍地被逐渐分级的众多步骤连在一起？为什么自然界不采取从这一构造到另一构造的突然飞跃？按照自然选择学说，我们应该清楚地明白自然界为什么不这样：因为自然选择只能利用细微的、连续的变异发生作用；它从来没有突然的大飞跃，而是以小而稳的步调缓慢前进。

## 自然选择对次要器官的影响

因为自然选择是一个适者生存、不适者淘汰的生死存亡的过程，所以在理解次要器官的起源或形成时，我有时感到很困难，其难度几乎和理解完美且复杂的器官的起源问题一样，虽然这是一种不同的困难。

首先，由于我们对于任何有机生命生物的全部结构知之甚少，所以我们不能说轻微变异是重要的还是不重要的。在前面的章节里我曾列举过一些次要性状的例子，比如果实上的茸毛、果肉的颜色、四足动物皮毛的颜色。这些性质有的与体质的差异相关，有的则决定于昆虫，都是自然选择的结果。长颈鹿的尾巴看起来就像人造的苍蝇拍，初看起来似乎难以置信，它现在的功能也是经过连续细微的变异，越来越适应像驱赶苍蝇这样的琐事。然而，即便如此，在做肯定之前还是应该稍加考虑，因为我们知道，在南美洲，牲畜及其他动物的分布和生存完全决定于抵抗昆虫攻击的能力。最后，不管用什么方法，那些能防避这些小敌害侵袭的个体，就能扩张到新的草场，从而获得巨大的优势。事实上，苍蝇并不能消灭这些大型的四足动物（极少数除外），而是连续地干扰，使它们体力下降以至于比较容易生病，或是在饥荒来临时不能有效地觅食以及逃避食肉动物的攻击。

现在被认为不重要的器官，对于原始动物来说，在一些情况下也许是十分重要的。这些器官在以前慢慢完善之后，尽管现在用处不大，仍然以近乎相同的性状遗传给现有物种。但它们在构造上任何实际有害的偏差，必然受到选择的抑制。当我们看到尾巴作为运动器官对多数水生动物的重要性时，大概就可以理解为何如此多的陆生动物都有尾巴，而且功能多样。

因为肺以及变异的鱼鳔泄露了它们起源于水生动物的秘密。在水生动物中形成的发育良好的尾巴，之后可能会形成各种各样的用途：例如作为苍蝇拍子；抓握器官；或是帮助转向的器官，比如狗尾巴——尽管尾巴在帮助转向这一方面用处很小，因为野兔（hare）几乎没有尾巴，却依旧能加速转向。

其次，我们很容易误解某些性状的重要性，以及误信它们是经过自然选择发展而来的。但是我们不能忽视变化的生活环境所能产生的确切效果，不能忽视似乎与自然环境条件少有联系的所谓自发变异的效果，早已消失的性质重现的趋势的效果，以及类相关性、补偿性、一部分压迫另一部分等生长规律的复杂性的效果。最后，还有性选择所产生的效果：通过这一选择，常常获得对于某一性有用的性状，并能把它们或多或少地传递给另一性，尽管这些性状对于另一性毫无用处。但是这样间接获得的构造，虽然开始对一个物种没什么好处，以后却可能会被它变异了的后代在新的生活条件下和新获得的习性里所利用。

如果世界上只存在绿色的啄木鸟，如果我们不知道有许多种黑色的和杂色的啄木鸟，我敢说人们一定会认为绿色是一种使这种频繁往来于树木之间的鸟得以在敌害面前隐藏自己的颜色，继而认为这是一种通过自然选择获得的重要性状。实际上，这颜色很可能主要是通过性选择获得的。马来群岛（Malay Archipelago）有一种藤棕榈（trailing palm），它依靠聚集在枝头的构造精致的刺钩，攀缘高高耸立的树木，这一构造对这种植物无疑是非常有用的。但是我们在许多非攀缘性的树上也能看到非常相似的刺钩。我们有理由相信这些刺钩原本是用来抵御食草动物的，这一点，从非洲和南美洲的带刺物种的分布可以看出。所以藤棕榈的刺可能最初也是为着这种目的而发展的，随后这种植物随着变异变成攀缘植物，刺钩也被改良和利用了。人们通常认为秃鹫（vulture）头上裸露的皮肤或许是对进食腐败尸体的一种直接适应，也或许是由于腐败食物的直接作用。但是当看到吃干净食物的雄火鸡的头皮也这样裸露时，我们再要做任何这样的推论就必须十分谨慎了。哺乳动物幼崽头骨上的缝曾被认为是帮助分娩的美妙适应，毫无疑问，这能促进分娩，又或许这对分娩是必需的；然而，雏鸟和幼小的爬行动物只是从破裂的蛋壳里爬出来，但是它们的头骨也有缝。我们可以推断这种构造缘于生长法则，不过高等动物把它用于分娩产崽上了。

对于每一个细微的变异或是个体差异的原因，我们可以说是完全无知的。只要想一下各地家养动物品种间的差异，尤其是在文明程度较低、极少实行有计划选择的国家里，我们就会立刻意识到这一点。各地的野蛮人所饲养的动物通常还要为自己的生存斗争，在某种程度上它们是暴露在自然选择之下的；构造稍微不同的个体，在不同的气候下最容易获得成功。牛对于苍蝇的攻击的敏感性，正如它对某些植物的毒性的感受性一样，与体色相关。所以可以说甚至颜色也得服从自然选择。一些观察者相信潮湿气候影响毛发的生长，而角又与毛发相关，高山品种与低地品种通常都有差异。山地可能会影响后肢，因为在那儿它们使用后腿更频繁，甚至骨盘（pelvis）的形状也可能因此受到影响。于是，根据同源变异的法则，前肢和头部可能也要受到影响。骨盘的形状也可能因压力而影响子宫里幼崽的某些部分的形状。在高地必须费力呼吸让我们有理由相信这有扩大胸腔的趋势，继而引起其他的相关效应。运动的缺乏和食物的丰盛对整个体制的影响可能更加重大，冯·纳修西亚斯（H. Von Nathusius）在就他近期的优秀论文中指出，这显然是猪的品种发生巨大变异的一个主要原因。尽管人们普遍认为若干家养品种是从一个或几个亲本经过许多普通的世代而出现的，但是如果我们不能解释它们性状差异的原因，那么对于各物种之间我们还未了解的细小的相似差异的确切原因，就不必花费太多精力了。

## 功利说的可信度：美是怎样获得的

前面的论述引导我对有些博物学家最近就功利说提出的异议再作阐释。他们反对功利说主张的"构造的每一个细节的产生都是为了其所有者的利益"。他们相信许多构造的创造都是为了美，为了取悦人类或造物主（但造物主超出了科学讨论的范围），或仅仅为了多几个花样。这一观点已经讨论过了，这些理论如果成立，我的学说就完全没有立足余地了。我完全承认，许多构造现在对于它的所有者没有直接用处，也许对于其祖先也不曾有过任何用处；但这不能证明它们仅仅是为了美或花样而出现。毫无疑问，条件改变的明确作用变化，以及此前列举过的变异的各种原因，不管物种是否由此而获得利益，都能产生效果，还可能是很明显的效果。更重要的是，各种生物机制内的主要部分都是由遗传而来；因此，虽然每一生物的确能很好地适应自身在自然界的位置，但许多构造与现有的生活习性并没有十分密切的直接关系。因此，我们很难相信高地鹅和军舰鸟的蹼足有什么特别的用处；我们也不相信猴子的手臂、马的前腿、蝙蝠的翅膀、海豹的鳍内相似的骨头有什么特别的用处。我们可以有把握地将这些构造归因于遗传。但是毫无疑问，蹼足对于高地鹅和军舰鸟的祖先是有用的，正如蹼足对于大多数现存的水鸟是有用的一样。所以我们或许可以相信，海豹的祖先没有鳍状肢，但是有脚上的五个趾头以适应行走或抓握。我们还可以冒险地进一步相信：猴子、马和蝙蝠四肢内的那几根骨头，最初的发展是基于功利原则，很可能是整个纲内某些古代鱼形祖先鳍内的多数骨头经过减少而发展成的。要确定这些变化产生的原因，比如外部条件、所谓的自发边缘，以及复杂的生长规律、应当占的份额，几乎是不可能的。但是除了这些重要的例外，我们可以断言，任何生命的构造不管是现在还是过去，对于所有者总是有些直接或间接的用处的。

关于有机生命生物是为了取悦人类才被创造得美观——这一宣称可以颠覆我全部理论的学说——我可以首先指出美的感觉明显取决于心理素质，而与被鉴赏者的任何实质都无关。而且审美的观念并非先天，也并非不能改变。例如，我们就发现，不同种族的男性对于女性有着完全不同的审美标准。如果美好事物的出现完全只为供人类欣赏，那就必须指出，在人类出现之前，地球上出现的美好远比人类登台之后要少。那么，始新世（Eocene epoch）美丽的螺旋形和圆锥形的贝壳，以及第二纪（Secondary period）刻纹精致的菊石类化石，是为了多年以后人类可以在陈列室鉴赏它们而被创造出来的吗？几乎没有什么生物的外壳比硅藻的细小硅质壳更美丽的了，然而它们是为了在高倍显微镜下供人们观察和欣赏而被创造的吗？其实，硅藻以及其他许多生物的美显然完全是对称生长的缘故。花是自然界最美的产物，它们与绿叶交相呼应而格外引人注目，自然也很漂亮，因此昆虫很容易发现它们。我得到这样的结论，是由于看到了一个不变的规律：风媒花从来没有鲜艳的花冠。好几种植物通常开有两种花，一种是开放且有颜色的，以便吸引昆虫；而另一种则是闭合没有颜色的，且没有花蜜，从不受到昆虫的光顾。因此，我们可以得出这样的结论：如果在地球的表面上不曾有昆虫的发展，植物便不会缀满美丽的花朵，而只开不那么美丽的花，就像我们在枞木、橡树、胡桃树、白蜡树以及茅草、菠菜、酸模、荨麻里所看到的那样，它们都借助风力受精。同样的观点也完全适用于水果：成熟的草莓及樱桃既悦目而又美味，桃叶卫矛（Spindlewood tree）的鲜艳果实和冬青树猩红色的浆果都很美丽，所有人都承认这一点。但是这种美仅仅是为吸引鸟兽吞食果实，以便将成熟的种子传播开来。我作如此推论，是因为还不曾发现这一规律有过例外：包裹于任何种类的果实中的种子（生长于肉质的或柔软瓤囊里的种子），若果实是色彩鲜艳或黑白分明、分外醒目的，就总是这样散布的。

另一方面，我乐意承认大多数的雄性动物，如所有华丽的鸟类、鱼类、爬行动物和哺乳动物，以及众多色彩炫目的蝴蝶，都是为美而美的。但这是通过性选择而得到的成果，也就是说，这是因为雌性不断首选更漂亮的雄性，而不是为了取悦人类。鸟类的鸣声也是如此。我们可以根据所有这些推断：动物世界的大多数动物，对于美好的色彩和动听的鸣声都有相似的品位。雌性拥有雄性那样的美丽颜色（这在鸟类和蝴蝶中并不罕见），其原因显然是通过性选择所获得的颜色会同时遗传给两性，而不只遗传给雄体。最简形式的美感，是从某种颜色、形态和声音所得到的一种独特快感，关于在人类和低等动物的心理里最初是怎样发展而来的，是一个很晦涩的问题。如果我们追究为什么某一香味可以给予快感，而味道却不行，就会遇到同样的困难。在所有情况下，习性似乎有某种程度的作用，但在每一物种神经系统的构造上，必定还有某种本质原因。

在一类物种中，自然选择不可能专门有利于另一物种的任何变异，尽管在自然界中，一类物种常常利用其他物种的构造。但是自然选择能而且经常产生对别种动物有直接伤害的构造，如我们所看到的蝰蛇（adder）的毒牙、帮助姬蜂把卵产在别种活昆虫身体里的产卵管。假如能够证明任一物种的构造的任一部分是专为另一物种而形成，那我的学说就要被推翻了，因为自然选择不能产生这些构造。虽然在博物学的著作里有许多关于这一效果的陈述，但我找不到一个对我来说有意义的陈述。人们公认响尾蛇（rattlesnake）的毒牙是用以自卫与杀害猎物的；但有的作者认为它同时也拥有对自己不利的响器，这种响器发出的声音会使猎物警戒起来。这样说来，我似乎就要相信猫准备跳跃时卷动尾端是为了警告厄运当头的老鼠。但更可信的观点是，响尾蛇晃动它的响器、眼镜蛇（cobra）膨胀颈部皱皮、蝮蛇在发出响亮且刺耳的嘶嘶声时把身体胀大，都是为了警告各种哪怕对最毒的蛇也敢发动攻击的鸟类和野兽。蛇的这种行为和母鸡在看见狗走近自己的小鸡时竖起羽毛、张开两翼的道理一样。动物设法把敌害吓走的方法有很多，但在此限于篇幅，不能详细描述。

在一种生物中，自然选择从来不会产生对自己弊大于利的任何构造，因为自然选择是根据、同时也是为了各种生物的利益而运行的。正如佩利（Paley）所说，没有哪种器官的形成是为了给所有者带来痛苦或伤害。如果公平地衡量由各个部分所带来的利害，就能发现，整体来说各个部分都是有利的。随着时间的流逝以及生活环境的改变，如果任何部分变为有害的，那这部分就会改变；如果不这样，这种生物就会灭绝，像无数已灭绝的生物一样。

自然选择只会让一种生物与栖息于同一地区并与之有竞争的其他生物同样或是更加完善。我们发现，这就是自然环境下完善化的标准。例如，新西兰的本土生物彼此相比都是同样完善的；但是在欧洲引进的大量动植物面前，它们很快就被征服了。自然选择不会产生绝对完美的生物，据我们所知，自然界里也没有这样高的标准。米勒曾经说过，光像差的校正，甚至像人类的眼睛这样被认为最完善的器官，也并非完美无缺。没人会怀疑亥姆霍兹（Helmholtz）的论断，在他着重描述了人类眼睛的奇异能力之后，又补充了以下值得人们注意的话："在这种光学构造和视网膜上的成像里有不精确和不完美的情况，但是不能与我们刚刚遇到的感觉领域内的各种不协调相比。可以说，自然界为了祛除内外界之间预先存在和谐的理论的所有基础，是乐于积累矛盾的。"如果理性引导我们热烈地赞美自然界里无数独特的"发明"，那么同样的理性也告诉我们，有些"发明"还是不那么完善的，尽管我们在两方面都容易犯错误。我们能说蜜蜂的螫针是完美的吗？因为螫针上面有倒生的小锯齿，在刺入敌人体内之后并不能拔出来。如果非要拔出来，蜜蜂的内脏也会被拉扯出来，不可避免地会引起死亡。

　　我们如果假设蜜蜂的螫针是其遥远的祖先就拥有的用作钻孔的锯齿状构造；而就像这个大目里许多成员一样，为了现在的用途它发生了变异，但还并不完善。螫针上的毒素原本是为了适应别的目的（例如催生树瘿），由此逐渐强化。这样，我们大概就能够理解为什么蜜蜂使用螫针往往导致自身的死亡。因为从整体来看，螫针有利于蜜蜂的社会生活，尽管可能导致少数成员的死亡，但却能满足自然选择的要求。如果我们赞叹雄性昆虫寻找配偶所依靠的嗅觉的奇异能力，那么，为了生殖目的而产生的无数雄蜂对蜜蜂群体没有任何其他用处，最终被勤勉却不孕的姐妹消灭，我们对此也该赞叹吗？——这应该很难。但我们应当赞叹蜂后野蛮而本能的仇恨，正是由于这种仇恨驱使它们消灭了自己刚出生女儿，也就是幼小的蜂后——或者，自己在这场战斗中死亡。毫无疑问，这对蜂群是有利的，尽管来自母亲的恨十分罕见，但不管是母爱还是母恨，对于自然选择无情的原则都是一样的。如果我们赞叹兰花和其他植物依靠昆虫授粉的独特构造，那么枞树产生出来的密云一般精巧的花粉，其中只有少数几粒能够碰巧吹到胚珠上去——我们还能认为它们是同等完善的吗？

　　提要：自然选择学说包括的体型一致律和生存条件律

　　在这一章里，我们已经讨论了能用来反对这一学说的部分难点和异议。

其中很多都是很困难的，但是我想，在这个讨论中已经有很多事实得到了解释，而如果依据特创论的观点，这是完全解释不了的。我们已看到，物种在任一时期的变异都并非是无限的，也没有无数过渡的中间诸级相连接。一部分原因是，自然选择的过程总是极其缓慢的，而且在任何时候都只对少数类型起作用；而另一部分原因是，自然选择本身是不断排斥和消灭其先祖以及中间过渡类型的过程。现今存在于连续地域上的近缘物种，一定是在这个地域还没有连接起来并且生活条件还彼此不同时，就已形成了的。当两个变种在连续地域的两个地方形成时，常有形成适于中间地带的中间变种；但按照之前提到的理由，中间变种的个体数量通常比它所连接的两个变种少。结果这两个变种在进一步变异的过程中，由于个体数量较多，便比个体数量较少的中间变种拥有更多的优势，进而一般就能成功地把中间变种排斥消灭掉。

在本章中我们已经看到，要断言极其不同的生活习性之间不能逐渐转变时，我们必须十分谨慎——比如断言蝙蝠不能通过自然选择而从一种最初只在空中滑翔的动物形成。

我们明白，在新的生活条件下物种可以改变它的习性；或者它能拥有多种习性，甚至有的习性与它最近同类的差异很大。因此，只要记住各种生命体都在试图适应任何它们能生存的地方，我们就能理解脚上有蹼的高地鹅、陆栖的啄木鸟、潜水的画眉和具有海鸟习性的海燕了。

像眼睛那样完美的器官能够由自然选择形成，这样的观点足以使任何人存疑。但是任何器官，只要我们知道其一系列复杂的过渡诸级，且每一个过渡形式对其所有者都有益处，那么，在变化的生活环境下，通过自然选择达到任何可以想象的完善程度，在逻辑上并非不可能。在我们还不知道中间状态或过渡状态的情况下，要断言不可能有这些状态曾经存在过，必须慎之又慎。因为很多器官的变异都表明，功能上的奇异变化至少是可能的。比如说鱼鳔就明显转变成呼吸空气的肺了。执行多种不同功能的同一器官和执行同一功能的两种不同器官，前者部分或全部转化为执行某一特定功能，而后者中的一个在另一个的帮助下得到了完善，这些都会大大促进器官的过渡。

我们也看到，在自然界彼此相距很远的两种生物，具有用途一样且外表相似的器官，它们可能是分别独立形成的；但是若对这种器官仔细加以检查，常常会发现它们的构造在本质上有所不同，这是符合自然选择的原则的。而另一方面，自然界的普遍规律是，以构造的无限多样性达到同一目的——这也是符合自然选择这一伟大原理的。

许多情况下，我们所知的都太少，所以相信物种的某一个部分或器官对物种自身的利益并不重要，其构造上的变异也不能由自然选择而慢慢累积。在很多其他情况下，变异很可能是变异法则或生长法则的直接结果，与由此获得的利益无关。但是，即便是这类构造，就像我们认为可以相信的那样：在新的生活环境下，为了物种的利益，它后来也常常被利用，并进一步变异。同样，我们相信从前曾经非常重要的部分往往会保留下来——尽管已变得无足轻重，以至于在目前状态下，它已不通过自然选择的方式获得，比如水栖动物的尾巴依旧存在于它陆栖的后代里。

自然选择不能在一个物种里产生出完全有利或有害于另一个物种利益的任何构造。虽然它能够有效地产生对于另一物种极其有用的甚至不可缺少的，或是十分不利的部分（如器官和分泌物），但在所有情况下，这样的构造对其所有者本身是有用的。在物种丰富的地方，自然选择通过栖息者的竞争起作用，结果，依照这个地方的标准，有某种构造的栖息者在生存斗争中获得成功。因此，较小区域的生物通常屈服于另一个更大区域的生物。因为在较大的区域内，存在有更多的个体、更多样化的形式，因而竞争更加激烈，所以完善的标准化程度也更高。自然选择不一定会引起绝对的完善，凭借我们有限的认知能力，绝对的完善也不是能随便断定的。

根据自然选择学说，我们就能清楚充分地理解博物学里"自然界没有飞跃"这一古老格言的意义。如果就看到的世界上的现存物种而言，这句格言并不全对；如果我们只看到世界上的现存生物，这句格言也并不是严格正确的；但是，我们如果把过去一切无论已知未知的生物都包括在内，按照这个学说来讲，这句格言就是完全正确的。

一般认为，所有生物都是依照两大定律即体型一致律和生存条件律形成的。体型一致是指同纲生物中，无论生活习性如何，它们的构造基本一致。根据我的学说，体型一致律可以用统一的祖先来解释。著名的居维叶（Cuvier）所一贯坚持的生存条件的说法，完全可以包含在自然选择的原理之内。因为自然选择的作用在于，使各生物正在变异的部分适应其所在的有机和无机的生存环境，当然也可以使它们在过去适应各种生存环境。在许多情况下，适应受到器官使用的增多或不再使用的帮助，受外界生存环境的直接作用的影响，并且任何情况下都受到生长和变异若干法则的支配。因此，生存条件律是比较高级的法则，因为通过以前的变异和适应的遗传，它把体型一致律也包括在内了。

## 第七章 对自然选择学说的种种异议

  长寿——变异不必要同时发生——似乎没有直接用处的变异——进步的发展——功能次要而性状最稳定——假设自然选择不能解释有用构造的初期阶段——阻碍自然选择获得有用构造的原因——伴随着功能变化的各级构造——同纲成员的极不相同的器官来自同一起源——巨大而突然的变异不可信的原因。

  这一章将着力讨论反对我观点的各种异议，以弄清前面提到的一些论述；但也用不着讨论所有的异议，因为其中很多都是由缺乏认真思考的作者所提出的。一位著名的德国博物学者曾断言我的学说中最脆弱的一部分，便是我认为一切生物都是不完美的。其实我说的是，一切生物对它们所处的环境来说都非尽善尽美；世界上许多地方的本地生物被外来物种侵蚀便证明了这一事实。即使生物在过去任何时期都能够完全适应其所在的生活环境，但是当环境改变时，它只能让自己也随之改变，否则就不再完全适应了。并且，不会有人质疑各地的物理条件和所栖息生物的数量和种类都已经历过多次改变。

  最近有一位批评家为了炫耀数学的精确性，坚决主张长寿对一切物种都十分有利，所以相信自然选择的人，必须按照一切后代都比其祖先更长寿的方式来排列系谱图（genealogical tree）！我们的批评家难道没有考虑到吗？如果两年生植物或低等动物分布于寒冷的地带，一到冬季便会死亡。但是通过自然选择，它们能利用种子或者卵子存活下来。雷·兰基斯特先生(Mr. E. Ray Lankester) 最近才讨论过这个问题，他总结，在这个问题的极端复杂性所许可的范围内，他的判断是，寿命一般与各物种在体制等级中的标准有关，并且与其在普通活动中的能量消耗有关。而且这些条件可能主要是通过自然选择决定的。

有人争论说，埃及的动植物，据我们所知，在过去的三四千年中一直没有发生过变化，所以世界上任何地方的生物大概也不曾发生变化。但是，正如刘易斯先生 (Mr. G. H. Lewes) 所说，这种观点未免太过分了。因为无论是刻在埃及纪念碑上，还是制成木乃伊的古代家养动物，虽与现代的家畜十分相似甚至相同，然而所有博物学者都认为这些家畜是通过它们原始类型的变异而产生的。许多动物自冰河时期开始就保持不变了，这是一个有力的例子，因为它们曾经历了气候的巨变以及长途迁徙；然而在埃及，据我们所知，在过去的几千年中，生活环境一直保持不变。将冰河时期以来生物很少或是没有变化的事实，用来反对那些相信先天和必然发展规律的人们，大概还是有效的，但用来反对自然选择即适者生存学说，却是无力的。因为这一学说认为，当有利的变异或个体差异发生时，它们会被保存下来；但这只有在某种有利的环境条件下才能实现。

著名的古生物学者波隆 (Bronn)，在他一部作品的德语译本的末尾问道：按照自然选择的原理，一个变种怎么能够与其亲种并肩生存呢？如果二者都能够适应稍微不同的生活习性或生活环境，它们或许能够一起生存。如果我们把变异性似乎具有特别性质的多形物种，以及暂时的变异［如个体大小、白化病 (albinism) 等］搁置在一边不谈，据我所知，其他比较稳定的变种一般都栖息于不同地点，如高原或低地、干燥或潮湿区域。此外，在活动范围很广和自由交配的动物中，变种似乎通常都局限于不同的地区。

波隆还认为，不同的物种从不只在一种性状上不同，而是在很多部分上都有差异；他还问道，整体的各个部分是怎样由于变异和自然选择同时发生变化的呢？但是我们无须设想任何生物的各部分都同时发生变化。能完美适应某种目的的最显著变异，就像之前提到的，是通过连续的变异得到的。这些变异是细微的，起初发生在某一部分，然后是另一部分。因为这些变异都是一起传递下来的，所以看起来好像是同时发生的。对于上述问题的最好回答，应该是那些家养动物了，它们因为某种特殊的人类需求，依靠人工选择的力量而发生变异。有些家养族主要是由于人类选择的力量向着某种特殊目的进行变异的，这些家养族为上述异议提供了最好的回答。看一看赛马和役马，或是细腰猎狗和獒犬（mastiff）吧，它们的整个身躯甚至是心理特性都已发生了改变。但是，如果我们能够追踪它们变化史的每一阶段（而且最近的几个阶段是可以追踪到的），我们将看不到巨大和同时的变化——首先只是一部分，随后再是另一部分轻微地进行变异和改进。甚至当人类只对某种性状进行选择时，例如栽培植物，我们总是看到，如果这一部分，无论是花、果实还是叶子，都发生了很大的改变，则几乎一切其他部分也都会发生细微的改变。这一部分可以归因于相关生长原则，而另一部分可归于所谓的自发变异。

更为严苛的异议来自波隆以及最近的布罗卡（Broca），他们认为许多性状看起来对它们的所有者并没有什么用处，所以它们不可能受自然选择的影响。波隆列举了不同种类的山兔和老鼠的耳朵以及尾巴的长度、许多动物牙齿上珐琅质的复杂皱褶，以及其他类似情形。关于植物，内格利（Nageli）在一篇令人称赞的论文里已经讨论过了。他承认自然选择的影响很大，但他强调各科植物彼此的主要差异在于形态特征，而这类差异对物种的利益来说并不十分重要。因此他相信生物有一种固有倾向，使它朝着进步和更完善的方向发展。他特别指出，对于细胞在组织中的排列和叶子在茎轴上的排列，自然选择不能发生作用。此外还有花朵各部分的数目、胚珠的位置，以及在传播上没有任何作用的种子形状等。

上述异议颇有力量。尽管如此，首先，当我们判断什么构造对各物种现在有用或曾经有用时，还是应该十分谨慎。其次，必须随时谨记，由于一些尚不明了的原因，物种的某一部分发生变化，其他部分也会发生变化。比如：流向某一部分的养料的增加或减少，各部分互相压迫，先发育的部分影响后发育的部分等。此外，还有一些我们不知道的其他原因，正是它们导致了许多相关的神秘事例。为了简单起见，这些作用都可以包括在生长律之内。最后，我们还必须考虑生活环境的和所谓的自发变异直接明确的变化，而且在自发变异中生活环境的性质显然只起次要作用。芽变 (bud variations)，例如普通蔷薇上出现的苔蔷薇 (moss-rose)，或者在桃树上生长出油桃 (nectarine)，都是自发变异例子。但是即便在这种情况下，只要记得昆虫的一小滴毒液在产生复杂的树瘿上所发挥的力量，我们就不会那么肯定上述变异不是由于生活环境的改变引起的了。每一细微的个体差异以及偶然发生的更显著的变异，一定有某种充分的原因。如果这种未知的原因持续发生作用，那么可以肯定的是，这个物种的所有个体都会发生相似的变异。

在本书较早版本中，我曾低估了因自发变异引起的变异的重要性和频度，而现在看起来这也并非不可能。但我们也不可能把各物种无数适应于生活习性的构造都归功于这一原因，在人工选择原理未被了解之前，适应性良好的赛马以及细腰猎狗曾使一些年长的博物学者感叹，而我也不相信这可以用上述原因进行解释。

为阐明上述论点，举一些例子是值得的。至于假定的各种部分和器官的无益性，甚至在最广泛的高等动物中还存在许多构造，它们是那样发达，几乎没人怀疑其重要性，然而它们的功能还没有或是最近才被确定。关于这一点，几乎没有必要再说什么了。波隆曾把多种鼠类的耳朵和尾巴的长度作为"构造上没有特殊之处，然而用途却呈现差异"的例子。尽管这是一个微不足道的例子，但我可以指出，按照薛布尔博士的意见，普通老鼠的外耳具有很多以特殊方式分布的神经，它们无疑是被当作触觉器官用的：因此耳朵的长度就不那么重要了。我们还能看到，尾巴对于某些物种是一种十分有用的抓握器官，因而其功能就要大大受长度的影响。

关于植物，由于有内格利的论文，我就只作一下说明。人们承认兰科植物的花朵有各种奇异构造，在几年以前，这还仅仅被认为是形态上的差异，而没有任何特别的功能。但是现在我们知道，这些构造在昆虫的帮助下，对受精有着十分重要的作用，并且它们很可能是通过自然选择获得的。过去，没有人能想象在二形植物和三形植物中，雄蕊和雌蕊的不同长度以及排列方式有什么作用，但是现在，我们知道这确实是有作用的。

植物的某些类群中，胚珠（ovules）是直立的，而在其他类群中，胚珠则是倒挂的；也有少数植物，在同一个子房（ovarium）中，一个胚珠直立而另一个倒挂。这些姿态乍一看好像只是形态上的差别，并没有任何生理意义。但胡克博士（Dr. Hooker）告诉我，在同一个子房里，有时只有上方的胚珠受精，而有些又只有下方的胚珠受精，他认为这很可能取决于花粉管进入子房的方向。如果是这样，那么胚珠的位置，甚至在同一个子房内一个直立一个倒挂时，大概是位置上轻微偏差的选择结果，因而有利于受精和产生种子。

不同目的的各种植物，经常出现两种花——构造普通的开放的花以及不完全的闭合的花。这两种花有时在构造上表现出惊人的不同，而在相同的植株上还是可以看出它们是相互渐变而来的。普通的开放的花可以异花受精；并且由此保证从中获得利益。然而闭合的不完全的花也是十分重要的，因为它们只需花费极少的花粉便可以极稳定地生产大量的种子。如前所述，这两种花的构造通常差异很大。不完全花的花瓣几乎总是退化了的，花粉粒的直径也缩小了。柱芒柄花（Ononis columnæ）的五本互生雄蕊是退化了的；堇菜属（Viola）的一些物种里，三本雄蕊是退化了的，其余的二本雄蕊虽然保持着正常功能，但已变得很小。一种印度堇菜（Violet）（名字不详，因为我从来没有见过这种植物开过完全的花），三十朵闭合的花中，有六朵的萼片从正常的五片退化为三片。西厄（A. de Jussieu）说，金虎尾科（Malpighiaceæ）里的有些种类中，闭合的花有更进一步的变异。和萼片对生的五本雄蕊全都退化了，只有和花瓣对生的第六本雄蕊是发达的。而这些种类中普通的花却没有这一雄蕊存在，其花柱发育不全，子房由三个退化为两个。尽管自然选择有能力阻止某些花开放，并且使花闭合从而减少过剩的花粉数量，然而上面提到的各种特别变异难以由此决定，而应该是依照生长法则支配的结果。在花粉减少和花闭合起的过程中，某些部分在功能上的停滞也可纳入生长法则之中。

重视生长法则的重要影响是十分必要的，因此我会再举一些例子，以表明同样的部分或器官由于在同一植株上的相对位置的不同而是有所差异的。沙赫特（Schacht）说，西班牙栗树和某些枞树的叶子，在几乎水平的和垂直的枝条上，分叉的角度有所不同。在普通芸香属（rue）和某些其他植物里，中央或顶端的花通常最先开放，这朵花的萼片和花瓣分别为五片，子房也是五室的；而这些植物的所有其他花都是四基数的。英国的五福花属（Adoxa）顶上的花一般只有两个萼片，其剩下的器官则是四基数的；周围的花一般是三个萼片，而其他器官则是五基数的。许多菊科植物（Compositæ）和伞形花序植物，以及一些其他植物，其四周的花比中央的花的花冠更发达；而这似乎和生殖器官的发育不完全有关。还有更奇妙的事实，也是之前提到过的：外围和中央的瘦果以及种子的形状、颜色和其他性状都有很大的不同。在红花属（Carthamus）和其他一些菊科植物中，只有中央的瘦果具有冠毛；而在猪菊苣属（Hyoseris）里，同一个头状花序上有三种不同形状的瘦果。按照陶施（Tausch）的观点，在某些伞形花科的植物里，长在外方的种子是直生的，而中央的种子则是倒生的，德堪多（De Candolle）认为这种性状区别于其他物种，在分类上非常重要。布劳恩教授（Prof. Braun）提到过紫堇科（Fumariaceae）的一个属，其穗状花序下面部分的花产生卵形的、有棱的、含一粒种子的小坚果；而花序上面部分产生尖刺的、结披针形的、两个萼片的、两粒种子的长角果。在这几种情况中，除了为吸引昆虫注意而产生的发达的放射状花朵外，据我们判断，自然选择并没有起什么作用，或只起了十分次要的作用。所有的这些变异都是各部分的相对位置及其相互作用的结果。毋庸置疑，如果同一植株上的所有花和叶，都能享有像某些部位上的花和叶那样的内外条件，那么它们就都会以同样的方式改变。

在其他无数的情形中，我们看到，被植物学者们认为具有重要性质的构造变异只发生在同一植株上的某些花朵上，或发生于同样外界条件下密集生长的不同植株中。这些变异看上去对于植物没有什么特别的用处，因此它们不受自然选择的影响。究其原因我们却知之甚少，甚至不能像上述最后一类例子，把它们归因于类似于相对位置的任何原因。这里我只列举少数几个例子。观察到同一株植物上的花无规则地表现为四基数或五基数是常有的事，对此我不必再列举实例。但是，在花的各部分数目较少的情况下，其数目上的变异也比较罕见，这里我想提一下。据德堪多说，大红罂粟（Papaver bracteatum）的花有两个萼片和四个花瓣（这是罂粟属的普通形式），或是三个萼片和六个花瓣。在大多数植物群中，花瓣在花蕾中的折叠方式都是一个极其稳定的形态上的性状。但阿萨·格雷教授认为，关于沟酸浆属（Mimulus）的某些物种，它们的花瓣的卷叠式，常常既像喙花族（Rhinanthideæ），又像同属的金鱼草族（Antirrhinideæ）。希莱尔（Aug. St. Hilaire）曾列举出以下例子：芸香科（Rutaceæ）具有单一子房，但属于芸香科的花椒属（Zanthoxylon）的某些物种的花，在同一植株甚至同一个圆锥花序上，却具有一个或两个子房。半日花属（Helianthemum）的蒴果有单房的，也有三房的；但变形半日花（H.mutabila）则"在果皮和胎座之间，有一个稍微宽的薄隔"。马斯特斯博士（Dr. Masters）观察到，石碱花（Saponaria officinalis）的花朵具有边缘胎座和游离的中央胎座。希莱尔曾在油连木（Gomphia oleæformis）分布区域的近南端处发现两个类型，起初他毫不怀疑地认为这是两个不同的物种，但后来他看见它们生长在同一灌木上，于是补充说道："在同一个体中的子房和花柱，有时生在直立的茎轴上，而有时生在雌蕊的基部。"

由此可知，植物许多形态上的变化可归因于生长法则和各部分的相互作用，与自然选择没有关系。但是内格利主张生物有朝着完善或进步发展的固有倾向。根据这一学说，在这些显著变异的场合里，能够说植物是朝着更高级的发展状态前进的吗？相反，根据上述同一植株上的花各部分差异和变化很大的这一事实，我可以推论这类变异不管在分类上有多重要，其对于植物本身却是无足轻重的。获得一个没有用处的部分很难说可以提高生物在自然界的等级。至于以上描述过的不完善且闭合的花，如果必须引用什么新原理来解释，那一定是退化原理，而非进化原理——许多寄生和退化的动物也一定如此。对于引起上述特殊变异的原因，我们还是不清楚；但如果这种未知的原因几乎一致地长期发生作用，我们就可以推论，其结果也会是一致的。并且在这种情况下，该物种的一切个体会以同样的方式发生变异。

上述事实中对于各物种性利益不重要的特性所发生的任何轻微变异，是不会通过自然选择而累积和增大的。当一种通过长期持续选择发展起来的构造对物种失去了作用，它通常就容易发生变异，就像我们在退化的器官中看到的那样；因为它已不再受原来选择的力量支配了。但是有机体以及外界环境的性质引起了对物种利益并不重要的变异的发生，这些变异可以且显然常常以几乎相同的状态，传递给无数在其他方面已发生变异的后代。对于多数哺乳类、鸟类或爬行动物，是否具有毛发、羽毛或鳞并不那么重要，然而它们却几乎分别传递给了一切哺乳类、鸟类，以及真正的爬行动物。一种构造无论是什么样的，只要为大量近似类型所共有，我们就认为它们在分类上非常重要，结果往往假定这种构造对物种具有生死攸关的重要性。因此我倾向于相信我们认为很重要的形态上的差异，比如叶子的排列、花和子房的分类、胚珠的位置等。在很多情况下，这些差异最初都是以彷徨变异的形式出现，随后由于有机体和周围环境的性质，以及不同个体的杂交稳定下来，但并不是由于自然选择。由于这些形态的性状不影响物种的利益，所以它们任何细微的变化都不受自然选择作用的支配和累积。于是，我们得到了一个奇怪的结论：对物种生存无关紧要的性状，对分类学家而言却是最重要的；但是，当我们以后讨论到分类的遗传原理时，会发现两者并不像初看时那样矛盾。

尽管我们没有有利的证据证明生物具有向着进步发展的固有内在倾向，然而就像我在第四章中曾试图指出的，这是自然选择连续作用的必然结果。对生物高低标准的最佳定义，是器官专业化或是分化所达到的程度。自然选择有完成这个目标的倾向，因为器官专业化或分化程度越高，它们的功能就越有效。

著名的动物学家乔治·米瓦特先生最近搜集了我和其他人对于华莱士先

生和我所主张的自然选择学说所提出的异议，并以令人称赞的技巧和力量加以解说。那些异议一经整理，便形成了可怕的阵容。因为米瓦特先生并没有计划列举与他结论相反的各类事实和论点，所以读者必须在推理和记忆上付出极大的努力，以衡量双方的证据。讨论到特殊的情况时，米瓦特忽略了生物身体各部分增强使用和不使用的效果——而我一直认为这是非常重要的，而且在"在家养状态下的变异"这一章里，我自认为比任何其他作者都更详细地讨论了这个问题。同样，他还经常认为我忽视了与自然选择无关的变异，相反，在刚刚提到的那一章，我搜集了很多十分确切的例子，超过了我所知道的任何其他著作。我的判断不一定可靠，但仔细阅读了米瓦特的书之后，把他所讲的与我在同一题目下所讲的加以比较之后，我从未这样强烈地相信本书得出的结论具有普遍的真实性，当然，在这样错综复杂的问题里，难免产生许多局部的错误。

米瓦特先生的异议将在本书中加以讨论，有些已经讨论过了。其中动摇了许多读者的一个新论点便是："自然选择不能说明有用构造的初期阶段。"这一问题与通常伴随着机能变化的各性状的阶段变化密切相关。例如已经在前面一章的两节讨论过的由鳔到肺的转变。尽管如此，在此我选择米瓦特先生提出的例子中最有代表性的几个作详细讨论，因为篇幅限制，不能对所有的问题都加以讨论。

长颈鹿有着高高的个子，脖子、前腿、头部以及舌都很长，它的整个构造很美妙地适应着啃食较高的树枝的需要，因此在同一地区它能获得其他有蹄动物所触碰不到的食物，这在食物不足的时候对它很有利。南美洲的尼亚太牛（Niata cattle）向我们表明，在饥荒时期，不管多么细微的构造上的差异，对保住动物的性命都会有巨大的影响。尼亚太牛和其他牛类一样都在草地上吃草，但是因为下颌突出，遇到持续干旱的季节，它们就不能像普通的牛和马那样吃树枝和芦苇等。因此在这些时候，如果没有主人的喂食，尼亚太牛就只能饿死。在讨论米瓦特先生的异议前，最好再好好解释一下，自然选择是怎样在所有的一般情况下发生作用的。人类已经改变了某些动物，而没有注意其构造上的特殊之处，如单从速度最快的个体中进行选择而加以保存和繁育赛马和细腰猎狗,又例如斗鸡,人们只是对胜利的公鸡加以繁育。在自然状况下,初始阶段的长颈鹿也是如此,饥荒时期能比其他个体高出一两英寸、从高处吃食的个体常被保存下来,因为它们能游遍整个区域搜寻食物。同一物种的不同个体在身体各部分的比例长度上通常都微有不同,这在许多自然史著作中都能看到,并且书中还有详细的测量。这些比例上的微小差异是生长法则和变异法则引起的,它们对许多物种是完全没有作用的。但是对于初始阶段的长颈鹿,考虑到它们当时可能的生活习性,情况就会有所不同。因为如果身体的某一部分或几个部分比普通个体稍微长一点,这些个体一般就能生存下来。这类个体间杂交之后,产生的后代便遗传有相同的身体特性,或是倾向于按照同样的方式再发生变化。在这些方面不那么适应的个体就很容易消失。

从这里我们可以看出,自然选择无须像人类那样系统地隔离繁育物种,它保存并由此分出优良的个体,任由它们自由交配,而把一切次级的个体毁灭掉。这样的过程长期连续地作用,完全符合我所称的"人类无意识选择",而且无疑以极重要的方式与器官增强使用的遗传效果结合在一起。在我看来,一种普通的有蹄四足类动物都是可以转变为长颈鹿的。

对此结论,米瓦特先生曾提出两点异议,一是说身体的增大显然需要更多的食物供应,他认为"由此发生的不利在食物缺乏的时候是否会抵消它的利益,很成问题"。然而,事实上南非洲的确生存着大量长颈鹿,还有世界上最大的、比牛还高的羚羊,也在那里成群地生活着。那么,仅就体型的大小而言,我们可以确信,那里曾经存在过的中间诸级的物种遭遇过严重的饥荒。在长颈鹿体形变大的各个阶段,都能得到该地其他有蹄类动物触及不到而被留下来的食物供应,这对于初始状态的长颈鹿肯定是有利的。我们也不能忽视另一个事实,即体形的变大可以防御除了狮子以外的几乎所有的食肉动物。并且在防范狮子时,它的脖子也是越长越好,正如昌西·赖特先生(Mr. Chauncey Wright)所说,长脖子可以做瞭望台之用。正因如此,贝克爵士(Sir S. Baker)说,要偷偷走近长颈鹿比走近任何动物都要困难。长颈鹿还可以借助长脖子猛烈摇撞它那有着似树桩的犄角的头部，以此作为攻击和防御的手段。任何物种的生存很少由一种有利条件来决定，而是由一切大大小小的有利条件的合力来决定。

米瓦特先生的第二个异议是：如果自然选择如此强有力，又如果高处取食有这样大的利益，那为什么除了长颈鹿以及比它稍矮一点的骆驼、驼马（guanaco）和长颈驼（macrauchenia）以外，其他的有蹄兽类没有获得具有长脖子的高个子呢？或者说，为什么这群物种没有任何成员拥有长鼻子呢？要知道，南美洲可是曾经有无数长颈鹿栖息过的。要回答上述问题并不困难，而且还可以列举一个例子来很好地阐释：在英格兰有树木生长的每一片草地上，我都能看到被马或牛啃食之后形成的同等高度的低矮枝条；如果生活在那里的绵羊获得了稍微长一点的脖子，对它们能有什么利益呢？在每一个地区内，肯定有某一种类的动物能比别种动物啃食较高处的树叶；同样肯定的是，只有这一种类能够通过自然选择和增强使用的效果的目的使脖子增长。在非洲南部，为了啃食金合欢（acacias）和别种树较高枝条上叶子所进行的竞争，一定是在长颈鹿和长颈鹿之间，而不是在长颈鹿和其他有蹄动物之间。

为什么在世界的其他地方，同属一个目的各种动物没有得到长脖子或长鼻子呢？这是没有明确答案的。希望明确解答这一问题，就如同希望明确解答为什么在人类历史上某些事情发生于这一国而非那一国一样，都是不合理的。我们并不清楚决定各物种的数量和分布范围的条件；我们甚至不能推测什么样的构造变化在某一新区域对于它的个体数量的增加有利。但我们能够大概看出影响长脖子或长鼻子发展的各种原因。要想啃食一定高度的树叶而不攀爬，就意味着躯体的大幅增大，因为有蹄动物的构造极不适合攀登树木。我们知道在某些地区内（例如南美洲），大型的四足动物很少，尽管那里草木繁茂；而在非洲南部，大型四足动物却多得不可比拟。为什么会这样？我们不知道。而第三纪末期又是为什么比现在更适合于它们的生存？我们也不知道。不论什么原因，我们能够看出某些地域和某些时期会比其他地域和时期更有利于像长颈鹿这样的大型四足动物发展。

一种动物为了在某种构造上获得特别而巨大的发展，若干其他部分便几乎不可避免地要发生变异和相互适应。虽然身体各部分都微微发生变异，但必要的部分通常不一定按照适当的方向和程度发生变异。关于家养动物的不同物种，我们知道它们身体的各部分是按照不同方式和程度发生变异的，而且某些物种比其他物种更容易变异。虽然产生了适宜的变异，自然选择并不一定会对它们发生作用而产生一种对物种明显有利的构造。例如，一种个体生存于某一地域数量，如果主要是由食肉动物的捕食来决定，或是内外部寄生虫等的侵害来决定——情况常常的确如此——那么，这时，自然选择在使任何特别构造发生变异以便取得食物上所起的作用就很小了，有的还要大受阻碍。最后，自然选择是一个缓慢的进程，任何显著效果要想产生，必须有同样的有利条件长期持续不变。除了这些普通含糊的理由外，我们实在不能解释为什么世界上许多地方的有蹄动物不能拥有很长的颈项或别种器官，以便啃食较高的树枝。

很多作者都曾提出与上述问题性质相同的异议。在每种情形中，除了上述的一般原因外，或许还有种种原因会阻碍那通过自然选择获得并被认为有利于某一物种的构造。有位作者问，为什么鸵鸟没有获得飞翔的能力？但是，只要略加思索便能明白，要使这种沙漠中的鸟类具有在空中挪动其巨大身体的能量，需要何等多的食物供应。海洋性岛屿（oceanic islands）上栖息有蝙蝠和海豹，然而没有陆栖哺乳动物。但是，因为这些蝙蝠中有些是特殊的物种，它们一定栖息在这里有很长一段时间了。所以莱伊尔爵士提出，为什么海豹和蝙蝠不在这些岛上产出适应陆地生活的动物呢？他还举出了一些理由来解答这个问题。但是如果要变异，海豹一定要先转变为体型巨大的陆栖食肉动物；而蝙蝠一定先转变为陆栖食虫动物。对于前者，岛上缺少可捕食的动物；而蝙蝠，虽然可以将陆地上的昆虫作为食物，但是它们的大部分早已被先移居到海洋岛上的数量庞大的爬行类和鸟类吃掉了。构造上的逐级变化，每一阶段都要有利于一个变化着的物种只有在某种特定的条件下才会发生。一种严格意义上的陆栖动物，偶然地在浅水中猎取食物，随后便在溪流或湖泊里猎取食物，最后可能变成一种甚至可以在大洋里栖息的彻底的水栖动物。但海豹在海洋性岛屿上找不到有利于它们逐步再转变为陆栖动物的条件。至于蝙蝠，就像前面所说，为了逃避敌害或避免跌落，也许最初像飞鼠那样在空中从这棵树滑翔到那棵树，从而获得翅膀。但真正的飞翔能力一旦获得之后，至少为了上述的目的，它们绝不会再变回到能力较低的滑翔。的确，像许多鸟类一样，由于不使用，蝙蝠的翅膀也会退化缩小，或者完全失去。但是在这种情形中，它们必须先获得仅靠后腿的帮助而在地面快速奔跑的能力，以便能够与鸟类或其他陆上动物竞争；而蝙蝠似乎特别不适合这样的变化。上述这些推论不过是为了证明，在每一阶段都是有利的一种构造的转变，是一件极其复杂的事情；同时，在任何特殊的情况下没有过渡情况的发生，也并不奇怪。

最后，不只一个作者问，既然智力的发展对一切动物都有利，为什么有些动物的智力比别的动物发达得多呢？为什么类人猿没有获得人类的智力呢？对此可以有各种原因，但都是推测的，由于不能衡量这些原因的相对可能性，列举出来也并无用处。对于后面一个问题，我们不要期待有确切的答案，因为还没人能回答比这更简单的问题：在未开化的人的两个族群中，为什么一族群的文化水平会高于另一族群？这显然意味着前者智力的提高。

我们再来看米瓦特先生提出的其他异议。昆虫常常为了保护自己而使自己与各种物体相似，比如绿叶、枯叶、枯树枝、小块的地衣、花、棘刺、鸟粪以及其他活昆虫；最后一点以后我会再讲。这种相似往往是惊人的，而且不局限于色彩，还包括外形，甚至还有昆虫支撑身体的方式。以灌木为食的毛毛虫，常一动也不动地像一条枯枝似的待在灌木上，这便是模仿的最好例子。而模仿鸟粪那样物体的例子是罕见而例外的。就这一问题，米瓦特先生说："根据达尔文的学说，生物有一种稳定的不定变异的倾向，又因为细小的初期变异是全方位的，这些变异便会有相互抵消、形成极不稳定的变异的趋势。如果这是可能发生的，那么就很难理解这种极其细微且初始状态不稳定的变异怎能被自然选择利用而长久保存下来，最终实现与叶子、竹子或其他物体的充分相似。"

但在上述的所有情形中，昆虫的原来状态与其所处环境中的某一常见物体无疑有一些粗略和偶然的相似性。考虑到周围物体的数量之多，以及昆虫外形和色彩的多样化，就知道这并非完全不可能。某些粗略的相似对于最初的开始是必要的，由此我们能够理解为什么较大和较高的动物没有为了保护自己而与某种特殊的物体相似，而只是与周围的表面和主要色彩相类似（据我所知，有一种鱼例外）。假设有一种昆虫原本与枯树枝或枯叶有某种程度的类似，并且在许多方面它都有细微的变异，那么在这些变异中，只有使昆虫更像这些物体的一切变异被保存下来，因为这些变异有利于昆虫逃避敌害，而其他变异则被忽略而最终消失。或者说，如果这些变异使得昆虫完全不像被模拟物，它们就会被消灭。如果我们不根据自然选择而只根据参差变异来解释上述的相似，那么米瓦特先生的异议的确是有力的；但事实并非如此。

华莱士先生举过竹节虫（Ceroxylus laceratus）的例子，它像"一根爬满苔藓的木棍"。这种高度的相似使得迪亚克人（Dyak）竟说上面的叶状赘生物是真正的苔藓。米伐特先生对这种"拟态伪装的最高妙技"难以理解，对此异议，我觉得不难解释。昆虫被视觉大概比人类还要敏锐的鸟类和其他敌害捕食，所有能帮助昆虫逃脱敌害注意的相似，都有把这种昆虫保存下来的倾向；而且这种相似性越完善，对于昆虫就越有利。考虑到竹节虫所属的这一类群中物种之间的差异性质，就可以知道这种昆虫其身体表面的不规则甚至略带绿色，并非不可能。因为在各个类群中，几个物种间的不同性状最易变异，而属的性状，即该属一切物种所共有的性状则最为稳定。

格陵兰鲸鱼是世界上最神奇的动物之一，鲸须（baleen）和鲸骨是它最显著的特征。鲸须生在鲸鱼上颌的两侧，各有一行，每行大约有三百片须片紧密地对着口腔内的长轴横排着，在主行须片之内还有一些副行。所有须片的末端和内缘都磨成了刚毛，刚毛完全覆盖了巨大的上颌。它作为滤水之用，由此获得它们这种巨型动物赖以生存的微小生物。格陵兰鲸口腔正中最长的须片能达到十、十二甚至十五英尺。但在不同种类的鲸鱼中，须片的长度等级也不同。据斯科比（Scoresby）说，中间的那一须片在某种鲸鱼中是四英尺，在另一种鲸鱼中是三英尺长，而另一种的则有十八英寸长；而在长吻鳁鲸（Balaenoptera rostrata）中，其长度仅九英寸左右。鲸骨的性质也随种类的不同而有所差异。

关于鲸须，米瓦特先生说："当它一旦达到有利的大小和发展程度之后，自然选择就会在有用的范围内促进其保存和增大。但这种有利的发展其初始状态是怎样获得的？"在回答的时候，我们可以问，具有鲸须的鲸鱼的祖先，它们的嘴为什么不像鸭子那薄片形的喙？鸭子和鲸鱼一样，依靠滤去泥和水取食，因此这一科有时候被称为滤水类动物（Criblatores）。我希望这不会被误会成我认为鲸鱼祖先的嘴确实有像鸭的薄片喙那样的构造。我只想表示这并不是不可信，格陵兰鲸鱼的巨大须片或许最初就是通过细微的渐进步骤从这种薄片发展而成的，而每个这样的步骤对动物本身都是有利的。

琵嘴鸭（Spatula clypeata）的喙在构造上比鲸鱼的嘴更加巧妙复杂。根据对标本的检查，其上颌两侧各有188枚呈梳状的弹性薄片，这些薄片对着嘴的长轴横生，斜列成尖角形。它们都产生于上颌，靠韧性膜附着在颚的两侧。位于中央附近的薄片最长，约为1/3英寸，比边缘下方突出约0.14英寸。在它们的基部还有斜着横排的隆起构成短的副列。这几点都和鲸鱼口腔内的鲸须相似。但在嘴的末端附近，它们就有很大的不同了，因为鸭嘴中的梳状构造是向内倾斜，而不是向下垂直。琵嘴鸭的整个头部虽然不能和鲸相比，但和须片仅9英寸、中等体型的长吻鳁鲸相比，约为其头部长度的1/18；所以，如果把琵嘴鸭的头放大到这种鲸鱼的头那么长，它们的栉片就应当有6英寸，相当于鲸须的2/3。琵嘴鸭的下颌所生的梳状薄片在长度上和上颌的相等，但更细小，这种构造显然与没有鲸须的鲸鱼下颌有所不同。另一方面，它下颌的梳状薄片顶端磨得细尖的刚毛却又和鲸须异常类似。锯海燕属是海燕科的一员，它只有上颌有很发达的栉片，比喙的边缘突出。这种鸟的喙在这一点上和鲸鱼的嘴相似。

根据萨尔文先生（Mr. Salvin）给我的资料和标本，我发现从高度发达的琵嘴鸭的喙的构造，可以经由湍鸭（Merganetta armata）的喙并在某些方面经由美国木鸭（Aix sponsa）的喙，一直追踪到普通家鸭的喙，其间并没有大的间断。家鸭喙内的栉片比琵嘴鸭喙内的要粗糙得多，并且牢固地附着在颚的两侧，每侧大约只有五十枚，而且没有伸出嘴的下缘。它们的顶端呈方形，边上镶有半透明的坚硬组织，似乎是为了碾碎食物。下颌边缘上横生着无数细小而突出的小细棱。虽然作为滤水器，这种喙远不如琵嘴鸭的，然而我们都知道，家鸭经常用它过滤。从萨尔文先生那里得知，有其他物种的梳状薄片还不如家鸭，但我不知道它们是否用作滤水。

现在来看同科动物中的另一类。埃及鹅（Chenalopex）的喙与家鸭的喙十分相似，但栉片没有那么多、那么分明，而且也不那么向内突出。但巴特利特先生（Mr. E. Bartlett）告诉我说，这种鹅"和家鸭一样，用嘴把水从喙角排出"。它的主食是草，像普通家鹅吃食那样咀嚼。家鹅上颌的栉片要比家鸭粗糙得多，几乎混生在一起，每侧约27枚，上部末端形成齿状的结节，颚部也满布坚硬的圆形结节。家鹅上颌的栉片要比家鸭粗糙得多，几乎混生在一起，每侧约27枚，上部末端形成齿状的结节，颚部也满布坚硬的圆形结节，下颌的边缘呈锯齿状，比鸭喙的更突出和粗糙，也更锐利。家鹅不用喙滤水，而仅仅用喙撕扯切断草，它的喙十分适合这样做，能比其他动物更靠近根部把草切断。我听到巴特利特先生说，还有另一些鹅，它们的栉片还不如家鹅的发达。

由此可见，鸭科中的一类成员如果拥有像家鹅那样的喙，而且只适应吃草，或另一种喙内栉片不那么发达的成员，由于细微的变异也许会变成为像埃及鹅那样的物种，进而演变成像普通家鸭那样的物种，而最后再演变成像琵嘴鸭那样拥有几乎完全适合滤水的喙的物种。因为这种禽除了使用喙的尖钩，其他的任何部分都难以抓取和撕裂固体食物。这里我想补充一点，鹅的喙可能也是由细微的变异成为像同科成员秋沙鸭（Merganser）的喙那样，突出而带有回钩的牙齿。秋沙鸭的这种用来捕捉活鱼的喙，其使用目的与家鹅大不相同。

回头再看鲸鱼，无须鲸（Hyperoodon bidens）没有切实有效的真牙，但据拉塞佩德（Lacepède）所说，它的颌是粗糙的，还分布有小而不等的角质粒点。因此，可以假设某些原始鲸类在颌上生有这类角质粒点，但排列得稍微整齐一些，像鹅喙上的结节一样，用以帮助抓取及撕裂食物。如果是这样，那么就难以否认这类角质粒点可以通过变异和自然选择而演变为像埃及鹅那样的发达而且能滤水和捕食的栉片，然后又演变成家鸭那样的栉片。这样连续演变，直到产生像琵嘴鸭那样专门优良的栉片，形成用作滤水器的构造。从栉片达到长吻鳁鲸须片的 2/3 这一个阶段开始，经由现存鲸鱼类中能见到的一些中间过渡类型，就可以把我们引向格陵兰鲸鱼的巨大须片。毫无疑问，这一演化的每一步骤就像鸭科现存不同成员的喙部逐级变化一样，对于在发展进程中器官机能缓慢变化的某些古代鲸鱼是有用的。我们必须牢记，每一个种鸭都是处于激烈的生存竞争之下的，它身体每一部分的构造一定要很好地适应所处的生活环境。

比目鱼科（Pleuronectidæ）以不对称的身体著称。它们侧卧着休息，大部分物种卧向左侧，而有些卧向右侧；偶尔也有相反的个体出现。下侧面，即卧着的那一侧，最初看来与普通鱼类的腹部相似：白色的，在许多方面不如上面那一侧发达，侧鳍通常也比较小。它的双眼具有极其显著的特征，因为它们都长在头部上侧。在幼体中，它们分生在两侧，那时整个身体是对称的，两侧的颜色也是相同的。不久之后，下侧的眼睛开始绕着头部慢慢向上移动，但不是像以前想象的那样，是直接穿过头骨。显然，除非下侧的眼睛沿着头部移到上侧，在鱼以习惯的姿势卧在一侧时，那只眼睛就没有用处了。这也可能是因为下侧的那只眼容易被沙底磨损。比目鱼科扁平的和不对称的构造极其适应它们的生活习性，这在很多物种中都很常见，比如鳎目鱼（soles）、鲽（flounders）。由此得到的主要利益似乎就是防避敌害，以及方便在海底觅食。然而希阿特说，本科中的不同成员，"从孵化后形状没有太大改变的庸鲽（Hippoglossus pinguis），到完全侧卧的鳎目鱼，其逐渐过渡的各阶段，可以列出一长串的物种"。

米瓦特先生曾提到过这种情况，他说道，在眼睛的位置上有突然且自发的转变是难以相信的，我很同意他的这个说法。他还说："如果这种过渡是渐变的，那么一只眼睛移向头另一侧的移动过程，极小的位置变化对个体有怎样的利益是难以理解的。看起来，初期的转变是弊大于利的。"米瓦特可以在曼姆（Malm）1867年发表的观察报告中找到关于这一异议的答复。比目鱼科在很幼小的时候还是对称的，它们的双眼分生于头部的两侧，但因身体过高，侧鳍过小，加之没有鳔，所以不能长时间保持直立的姿势。据曼姆的观察，它们侧卧时，常常把下方的眼睛向上转，看着上面。由于眼睛转动得十分有力，使得眼球紧紧地抵着眼眶的上侧。于是两眼之间的额头宽度暂时缩小，这是可以清楚看到的。一次，曼姆看见一条幼鱼下眼提高和下压经过的角度差不多有70°。

我们要记住，头骨在早期是软骨质而且柔韧的，所以它容易受到肌肉运动的牵引。我们还要明白，高等动物甚至在幼年期之后，如果皮肤或肌肉因疾病或某种意外而长期收缩，头骨的形状也会改变。如果长耳朵兔子的一只耳朵向前或向下垂，其重量就能牵动这一边的所有头骨向前倾斜（我还画过这样的一张图）。曼姆说，鲈鱼（perches）、鲑鱼（salmon）和几种其他的对称鱼类，它们新孵化的幼鱼偶尔也有在水底侧卧的习性；他还观察到，因为常常牵动下面的眼睛向上看，它们的头骨会变得有些歪。然而这些鱼类很快就能保持直立，所以不会产生永久的效果。比目鱼则不然，随着年龄的增长，它们的身体日益扁平，侧卧的习性也愈深，因而对头部的形状和眼睛的位置产生了永久的效果。以此类推，这种骨骼歪曲的倾向无疑会让遗传原理得到加强。与其他一些自然学家相反，希阿特相信比目鱼科的鱼在胚胎时期就已不对称，如果是这样，我们就能理解为什么某些物种的鱼在幼小的时候习惯向左侧卧，而另一些则是向右。曼姆为了证实上述观点说道，不属于比目鱼科的北粗鳍鱼（Trachypterus arcticus）的成体，在水底也是向左侧卧，并且斜着游泳；据说这种鱼的头部两侧不一样。鱼类学权威京特博士（Dr. Günther）在摘录曼姆的论文之后评论道："作者对比目鱼科的异常状态，给出了简单的解释。"

由此可见，米瓦特先生认为比目鱼眼睛从头的一侧移向另一侧的最初阶段是有害的，但这种转移可以归因于侧卧在水底时两眼努力朝上看的习性，这种习性对于个体和物种都是有利的。有几种比目鱼的嘴弯向下面，而且没有眼睛的那一侧的头部颚骨之所以比另一侧强而有力，根据特拉奎尔博士（Dr. Traquair）的推测，是为了便于在水底取食。我们可以把这种事实归因于使用的遗传效果。另一方面，包括侧鳍在内的比较不发达的整个下半身，可以解释为是不使用的结果。虽然耶雷尔（Yarrell）认为这类鱼鳍的缩小对于比目鱼也是有利的，因为"下面的鳍的活动空间比起上面的大鳍活动空间要小得多"。斑鲽（plaice）的上颌有四至七颗牙齿，少于下颌的二十五到三十颗，这种牙齿数目的比例同样也可由不使用来说明。因为大多数鱼类以及许多其他动物的腹部都没有颜色，我们有理由推断，比目鱼类的下面一侧，无论是右侧或左侧，其没有颜色，都是由于缺乏光线照射所致。但是我们不能断定鳎目鱼上侧身体上像沙质海底的特殊斑点——如普谢（Pouchet）最近指出的——具有随着四周环境而改变颜色的能力；也不能断定欧洲大菱鲆（turbot）的上侧身体具有的骨质结节是因为阳光的作用。自然选择可能已经发生作用，就像自然选择使这些鱼类身体的普通形状和许多其他特征适应其生活习性一样。我们需要记住，就像我之前强调的，各部分增强使用或不使用的遗传效果，会因自然选择而加强。因为，一切朝着正确方向发生的自发变异会被保存下来；这与任何部分的增强和有利使用的效果被最大限度遗传下来的那些个体能够被保存下来是一样的。至于在各个具体案例中，有多少可以归因于使用的效果，又有多少可以归因于自然选择，似乎是不可能确定的。

我可以再举一个关于"构造的起源明显是由于使用或习性的作用"的例子。一些美洲猴的尾端已变成一种非常完美的抓握器官，能作为第五只手使用。关于这种构造，一位完全赞同米瓦特先生的评论者认为："很难相信，不管在什么时候，这个抓握能力的初期倾向，都能够保护掌握这一倾向的个体，或给予它们生育后代的机会。"习性意味着得到或多或少的利益，也意味着能够完成这样的工作。布雷姆（Brehm）看到一只非洲猴（Cercopithecus）的幼猴用手抓着它母亲的腹面，同时还用小尾巴钩住母猴的尾巴。亨斯洛教授（Prof. Henslow）饲养过几只仓鼠（Mus messorius），这种老鼠的尾巴并不能抓握东西；但是他多次观察到它用尾巴缠绕着笼内的一丛树枝，借此攀缘。我从京特博士那里得到一份相似的报告，他曾看到一只老鼠用尾巴把自己挂起。很难解释非洲幼猴的这种习性后来为什么就没有了。但是，这种猴的长尾巴可以在大幅跳跃时作为平衡器官，这可能比当作抓握器官更有用处。

乳腺（Mammary gland）是哺乳纲动物所共有的，也是哺乳动物不可缺少的一部分。因此它们一定在极其久远的时代就已经发展了；而关于乳腺的发展，我们一无所知。米瓦特先生问过："任何幼崽偶然从它的母亲膨胀的皮腺吮吸了一滴几乎没有营养的液体就能避免死亡，这可能吗？即便有过一次这种情况，那么有什么可能让这样的变异永存呢？"但是这里举这个例子并不恰当。大多数进化论者都承认哺乳动物是来源于有袋动物。如果是这样，乳腺最初一定是在育儿袋内发展起来的。在海马属（Hippocampus）鱼类中，卵的孵化以及幼鱼一定时期的养育，都是在这种性质的袋中进行的。美国的自然学家洛克伍德先生（Mr. Lockwood）根据他观察到的幼鱼的发育情形，相信它们是靠袋内皮腺的分泌物养育的。哺乳动物的早期祖先，差不多在它们可以适用于这个名称之前，其幼崽按照同样的方式养育，也是可能的吧？在这类情况中，那些分泌在某种程度和方式上最营养的，即带有乳状性质液体的个体，比那些分泌液汁较差的个体，会养育数量更多且营养良好的后代。因此，与乳腺同源的这种皮腺就会被改进，变得更为有效。根据广泛应用的专业化原理，分布在袋内特定位置上的腺体会比其余位置的更为发达，于是形成了乳房。但它们最初没有乳头，就像我们在低等哺乳类动物鸭嘴兽（Ornithorhyncus）那里所看到的一样。是什么作用使得分布于特定位置上的腺体变得比其余的更专业化呢？我不能断定是否一部分是由于生长的补偿作用、使用的效果，或是自然选择的作用。

如果幼崽不能同时吸食这种分泌物，乳腺的发展便没有用处，也不会受自然选择的作用。要理解哺乳动物幼崽怎样本能地懂得吸食乳汁，并不比理解未孵化的小鸡怎样懂得轻轻击破蛋壳，或怎样在离开蛋壳数小时后便懂得啄取谷类食物更加困难。在这类情况中，最可能成立的解释是，这种习性起初是在年龄较大的时候由实践获得的，其后传递给年龄较小的后代。但据说小袋鼠并不吸吮，而只是紧紧含着母亲的乳头，而母亲能把乳汁喷射进她无助的、半成形的幼崽的嘴里。对于这个问题，米瓦特先生说："如果没有特别的准备，小袋鼠肯定会因乳汁误入气管而窒息，但是，是有这样特别的准备的。小袋鼠喉头很长，向上一直通到鼻管的后端，这样就能够让空气自由进入到肺里，而乳汁可以顺利地经过这种延长了的喉头两侧，最终安全到达食管。"米瓦特先生接着提出，自然选择是怎样从成年袋鼠中（以及从大多数假定是从有袋类动物遗传而来的其他哺乳类中）去除"这种完全无辜的和无害的构造的呢？"可以这样回答：发声对于许多动物都十分重要，只要喉头通进鼻管，就不能大力发声。而弗劳尔教授（Prof. Flower）曾经告诉我，这种构造会大大阻碍动物吞咽固体食物。

我们现在大概看一下动物界中比较低等的生物。棘皮动物（Echinodermata）包括海星、海胆等，具有一种叫作叉棘的引人注意的器官。在生长良好的情况下，它呈三叉钳形，即由三个锯齿状的钳臂组成。三个钳臂灵巧地组合在一起，位于一支有弹性的、靠肌肉运动的柄的顶端。这种钳能够牢固地挟住任何东西。亚历山大·阿加西斯（Alexander Agassiz）曾目睹一种海胆（Echinus）快速地将排泄物的细粒从这个钳传给那个钳，沿着身体上特定的几条线路传递下去，以免弄脏外壳。但是除了去除各种污物外，它们无疑还有其他的功能，其中之一显然是防御。

对于这些器官，米瓦特先生又像之前那样问道："这类构造最初的萌芽阶段有什么用处呢？这种初期的阶段是怎么保护一只海胆性命的呢？"他还说："即使这种钳状物的作用是突然发展而来的，但如果没有能够自由运动的柄，这种作用也不会是有利的。同时，如果没有具有吸附作用的钳状物，这种柄也不会有什么作用。而如果只是细微不定的变异，并不能使这类复杂而协调的构造同时进化。如果否认这一点，就无异于肯定了一种惊人且自相矛盾的悖论。"虽然在米瓦特先生看来这似乎是自相矛盾的，但是有的海星确实具有基部固定却有吸附作用的三叉棘。这是可以理解的，至少它们部分的功能是防御。关于这一问题，要感谢给我提供大量材料的阿加西斯先生，他告诉我说，还有些星鱼，它们的三只钳臂中的一只已经退化成了其他两只的支柱；还有其他的属，其第三只臂已经完全消失。据佩雷尔先生（Mr. Perrier）描述，斜海胆（Echinoneus）的壳上生着两种叉棘，一种是类似于刺海胆的叉棘，而另一种则类似心形海胆属（Spatangus）。这类情况通常很有趣——通过一个器官两种状态之一的消失，指出了器官明显的突然过渡方式。

至于这类奇异器官的进化步骤，阿加西斯先生根据自己以及米勒的研究推断，海星和海胆的叉棘无疑是普通棘的变形。这可以从它们个体的发育方式以及不同物种和不同属的一系列完整的变化（从简单的颗粒到普通的棘，再到完善的三叉棘）推论出来。这样的逐级变化甚至出现在普通的棘，以及具有石灰质支柱的叉棘与壳相连接的方式中。在海星的某些属中可以发现，"正是那些连接表明了叉棘不过是变异了的分支棘"。于是就出现了固定的棘，它们有三个长度相等、呈锯齿状、可以行动的分支，连接于靠近基部的地方，在同一个棘上面一点；另外还有三个能动的分支。如果后者从一个棘的顶端生出，实际上就形成了一个简单的三叉棘，这样的情况在具有三个下分支的同一棘上可以看到。很明显，叉棘的钳臂与棘能动的分支具有相同的性质。众所周知，普通棘是用作防御的，如果是这样，就没有理由怀疑那些生着锯齿和能动分支的棘也是出于同样的目的。而且一旦它们连接在一起作为抓握或吸附的工具，就更加有效了。所以，从普通固定的棘到固定的叉棘，所经过的每一个过渡形式都是有用的。

在某些海星的属里，这类器官并不是固定的，不是生长在一个不动的支柱上的，而是生长在能缠绕且能伸缩的肌肉顶端。在这种情形里，除了防御，它们大概还有一些其他的附加功能。海胆类中，由固定的棘演变到连接于壳上并能移动的棘，其经历的步骤都是能追踪到的。限于篇幅，这里不能把阿加西斯先生关于叉棘发展的有趣观察作更详细的摘述。据他说，在海星的叉棘和棘皮动物的另一类——阳遂足（Ophiurians）的钩刺之间，也能找到一切可能的过渡各级；在海胆的叉棘与棘皮动物这一大纲的海参类（Holothuriæ）的锚状针骨之间，也是如此。

有一种被称作苔藓虫（Polyzoa）的群体动物有一种神奇的器官，叫作鸟头体（avicularia）。不同的苔藓虫，该器官的构造有很大差异。在发展完善的状态下，它们与秃鹫的头和嘴出奇地相似，长在颈部上面，还能运动，下颚也是如此。一种我曾经观察到的苔藓虫，生长于同一支上的鸟头体常常一齐向前和向后运动，同时张开下颌，约成90°，这样一直保持五秒钟。它们的运动使得整个苔藓虫都颤动起来。而如果用针去触碰它的颚，它们会把针紧紧咬住，其所在的那一支也会因此摇动。

米瓦特先生举这个例子，主要是因为他认为苔藓虫的鸟嘴体和棘皮动物的叉棘"本质上是相似的"，而这些器官在动物界相去甚远的两个门类中通过自然选择得到发展是难以想象的。但就构造而言，我并没看到三叉棘和鸟头体之间的相似。鸟头体更像螯或者说更像甲壳类的钳，米瓦特或许也可以提出同样适当的相似性作为特别的难点，甚至可以说它们与鸟类的头和喙的相似。巴斯克先生（Mr. Busk）、斯密特博士（Dr. Smitt）以及尼采博士（Dr. Nitsche）都是仔细研究过这一类群的自然学家，他们都相信鸟嘴体与个虫（zooid）以及组成植虫的虫房是同源的。虫房能活动的唇（或者说盖）是与鸟头体能活动的下颌相对应的。然而巴斯克先生并不知道现今存在于单虫体和鸟头体之间的过渡各级，所以不可能设想通过什么样的有用的过渡类型，实现由一物向另一物的转变，但绝不能因此就说这样的过渡类型从来没有存在过。

因为甲壳类的螯在一定程度上与苔藓虫的鸟头体相类似，二者都是当作钳子来使用的，所以有必要指出，关于甲壳类的螯至今还有一系列有用的过渡形式存在着。在开始最简单的阶段中，分肢末端那一节向下闭合时，抵住宽阔的第二节的方形顶端，或者抵住它的整个一侧，以便夹住所碰到的物体；但这种分肢还是被当作移动器官的。继而，我们发现，宽阔的第二节一角稍微突出，有时生着不整齐的牙齿，末端一节闭合时就抵住这些牙齿。随着这种突出增大，它和末节的形状也都稍有变异和改进，于是这种螯就会变得更完善，直到最后变成为龙虾的钳那样的有效工具。实际上，一切的这类过渡阶段都是可以被追踪到的。

除鸟头体外，苔藓虫类还有一种奇妙的器官，叫作振鞭体（vibracula）。它们一般由能移动而且容易受刺激的长刚毛组成。我观察过一个物种，它的振鞭体略显弯曲，外缘成锯齿状，通常同苔藓虫体上的一切振鞭体同时运动：它们中的一支像长船桨一样运动，迅速从我显微镜的物镜下穿过去。如果把一支面向下放着，振鞭体就纠缠在一起，用力挣脱。假设它们有防御作用，就可以看到巴斯克先生所说的"它们小心翼翼地在苔藓虫表面上扫过，就会伸出触须，把对虫房内的娇弱居住者有害的东西去除"。鸟头体与振鞭体相似，很可能也有防御作用，但它们还能捕杀小动物，人们相信这些小动物被杀之后，是被水流冲到个虫的触手所能达到的范围之内的。有些物种兼有鸟头体和振鞭体，有些物种只有鸟头体，还有少数物种只有振鞭体。

难以想象外观上有比刚毛的差异更大的两个物体，然而几乎可以肯定它们是同源的，是从同一个起源，即个虫与其虫房发展而来的。因此我们就可以理解，就像我在巴斯克先生那里了解到的，这些器官在某些案例中是怎样从这种样子逐渐变化成另一种样子的。这样，膜胞苔虫属（Lepralia）中的几个种类，其鸟头体运动的颚十分突出，而且与刚毛非常相似，只能根据上侧固定的嘴决定它们作为鸟头体的性质。振鞭体可能是直接从虫房的唇片发展而来，而不经过鸟头体的阶段，尽管它们经历这一阶段的可能性更大。因为在转变的早期，包含着个虫的其他部分不可能立刻消失。在许多情形里，振鞭体的基部有一个带沟的支柱，看上去相当于固定的鸟嘴状构造，而某些种类则完全没有这支柱。如果这种关于振鞭体发展的观点是可靠的，那么它也是有趣的。因为，假设所有具有鸟头体的物种都已绝灭，那么即使最富有想象力的人也绝不会想到原来振鞭体是一种类似鸟头又类似于形状不规则的盒子或兜帽的器官的一部分。看到差异甚大的两种器官竟会从同一根源发展而来，的确很有趣。因为虫房的能运动的唇片有保护个虫的作用，所以不难相信，唇片首先变为鸟头体的下颌，然后变为长刚毛，其间所经过的一切过渡类型，同样可以在不同环境条件下，以不同方式发挥保护作用。

关于植物界，米瓦特先生只提出了两种情况，即兰科植物花朵的构造以及攀缘植物的运动。关于前者，他说："关于它们起源的解释完全不能令人信服，对于构造初期最细微起点的解释，十分不充分。而这些构造只有在发展到十分完善时才有效。"因为我已经在另一部著作中详细地讨论过这个问题，这里就只对兰科植物花朵最显著特性，即它们的花粉块，稍微详细地加以叙述。高度发达的花粉块有大量花粉粒，它们着生在一条有弹性的下萼柄，或者说花粉块柄（caudicle）上，而此柄则附着在一小块极黏的物质上。通过这种方法，花粉块就能依靠昆虫从这朵花运送到另一朵花的柱头上去。某些兰科植物的花粉块没有柄，花粉粒仅由精细的丝联结在一起。而这种情形并不限于兰科植物，所以无须在此讨论。然而我可以谈一下兰科植物系统中最低等的杓兰属（Cypripedium），以此理解这些细丝最初大概是怎样发展的。在其他兰科植物中，这些细丝聚集在花粉块的一端，这就是花粉块柄的最初形式。这也是高度发达而且有一定长度的花粉块柄的起源，我们有时还能从发育不全的花粉粒里发现埋藏于其中的坚硬部分，这就是有力的证据。

　　至于花粉块的第二个主要特性，也就是附着在柄端的那一小块黏性物质，可以举出一系列的过渡形式，每一个形式对于这种植物都有明显的用处。而其他目植物的大多数花朵的柱头，只分泌少量的黏性物质。某些兰科植物也分泌相似的黏性物质，但在三个柱头中有一个柱头分泌得特别多，而大概因为分泌过盛，这个柱头变得不育了。当昆虫光临这类花的时候，一旦蹭上这些黏性物质，就能同时带走一些花粉粒。从这种与多数普通花朵差不多的简单状态，到花粉块附着在很短且独立花粉块柄上的物种，再到花粉块柄牢固地附着在不育且变异很大的柱头上的其他物种，其间都存在着无数的过渡类型。在最后一种情况下，花粉块最发达且最完善。只要是亲自仔细研究过兰科植物花朵的人，都不会否认有上述系列过渡形式的存在——从柱头和普通花朵柱头差不多，而花粉粒团仅由细丝连接在一起，到非常适应昆虫传送而高度复杂的花粉块。同时，他也不会否认那些物种的所有过渡类型中，各种花朵的一般构造都神奇地适合于不同昆虫的授粉。在这些案例以及其他一切类似的案例中，还可以进一步追问下去，可以问普通花朵的柱头怎样才会变得具有黏性。但因为我们还知道任何一类物种发展的完整历史，所以这样的问题是徒劳的，正如企图解答它们一样徒劳。

现在我们来看攀缘植物。从单纯缠绕支撑物的攀缘植物，到被我称为爬叶的植物，再到有卷须的攀缘植物……可以长长地排列出一个系列。虽然后两类植物的茎通常失去了旋转的能力，但不是全部，尽管它们的卷须同样也具有旋转能力。从爬叶植物到有卷须的攀缘植物的过渡类型是十分相似的，有些植物甚至可以随意归于两类之一中。但是，从单纯的缠绕植物发展到爬叶植物的过程中，增加了感应接触物这一重要性质。依靠这种感应性，叶柄、花梗或它们发展而成的卷须，都会因刺激而弯曲围绕并抓住所接触物体。我想，读过我关于这类植物研究报告的人，都会承认在单纯的缠绕植物和有卷须的攀缘植物之间，所有功能和构造上的过渡类型对物种都十分有利。例如，缠绕植物变为爬叶植物显然是一大进步；而任何具有长叶柄的缠绕植物，如果其叶柄稍稍具有一些必需的对接触物的感应性，就很有可能发展为爬叶植物。

缠绕是沿着支撑物上升的最简单方式，也是在这一系列中最基本的方式，因此自然要问：植物最初是怎样获得这种能力，然后又通过自然选择得到改进和增强的？缠绕的能力，第一，依赖茎在幼小时的极易弯曲性（但这也是与众多非攀缘植物所共有的特征）；第二，依赖于茎按同一顺序沿着圆周各点的不断弯曲，通过这样的运动，茎能朝着各个方向一圈一圈地旋转，一旦碰上任何物体，茎的下面部分就会停止缠绕，而它的上面部分仍能继续弯曲旋转，这样必然会缠绕着支撑物上升。在每一新芽的初期生长之后，这种旋转运动便会立即停止。在相去甚远的各科植物中，单单一种或属的物种具有这种旋转的能力，继而转变为缠绕植物，所以它们一定是独立获得这种能力，而不是从共同祖先那里遗传而来的。因此我预言，在非攀缘植物中，稍微具有这类运动倾向的植物也不是不常见，这也为自然选择提供了发展和改进的基础。当我这样说的时候，我只知道一个并不完善的例子：毛籽草（Maurandia）幼小花梗轻微而不规则的旋转，很像缠绕植物的茎，但这种习性对这一植物没有一点作用。随后米勒发现了一些泽泻属（Alisma）和亚麻属（Linum）的植物，它们并非攀缘植物，在自然系统中也相去甚远。虽然它们的幼茎旋转得不规则，但确实有旋转。他还说道，有理由推测，一些别种植物也有类似的情形。这些细微的运动看上去对植物没有什么用处，无论如何，在我们所讨论的攀缘中是很少用到的。尽管如此，我们能看出，如果这类植物的茎本来具有可弯曲性，而它们所处的环境又有利于它们向上攀爬，那么，轻微和不规则的旋转习性便会通过自然选择被增强和利用，直到它们变化成十分发达的缠绕植物。

关于叶柄、花柄和卷须的敏感性，几乎同样可以用来说明缠绕植物的旋转运动。由于分属各群的许多物种都被赋予了这种敏感性，在许多还没有变成攀缘植物的物种里，也可以看到这种性质的初始状态。情况是这样的：我观察到上述毛籽草的幼小花梗能向自身所接触的那一边微微弯曲。莫伦（Morren）在酢浆草属（Oxalis）的若干物种里发现，如果轻轻地反复触碰叶和叶柄，或摇动植株，叶子和叶柄便会发生运动，暴露在烈日下；以后更是如此。我对其他酢浆草属的几类物种进行了反复的观察，得到了同样的结果。其中有些物种的运动很明显，不过只是在嫩叶里看得最清楚，而在别的几个物种里的运动却是极细微的。更重要的事实是，据权威人物霍夫迈斯特（Hofmeister）所说，一切植物的嫩枝嫩叶被摇晃之后，都能运动。至于攀缘植物，如我们所知，只有在成长的初始阶段，它们的叶柄和卷须才是敏感的。

在植物幼小和成长中的器官中，上述由于触碰或者摇动所引起的轻微运动，对于它们似乎很少有任何功能上的重要性。但是植物服从各种刺激而发生运动能力对于它们却至关重要，例如向光的运动能力，以及比较罕见的背光运动能力，还有背地性和较为罕见的向地性。动物的神经和肌肉因受到电流刺激或吸收番木鳖碱（strychnine）而受到刺激于是发生运动，我们可以称之为偶然结果，因为神经和肌肉并不专门感受这类刺激。植物也是这样吧，因为它们具有顺从某种刺激而发生运动的能力，所以当遇到触碰或者摇晃时便会以偶然的方式运动。因此，我们不难承认，在爬叶和卷须植物的案例中，这种趋势正是通过自然选择而获利和增强。但是根据我的研究报告所举出的各项理由，这种情况大概只发生在已获得旋转能力、并且因此变成缠绕植物的植物中。

我已经尽力解释了植物怎样因为轻微不规则的而且最初对它们没有用处的旋转运动这种趋势的增强而变为缠绕植物。这种运动以及因为触碰或摇晃而产生的运动,是运动能力的偶然结果,并且是因为其他利益目的而获得的。在攀缘植物逐步发展的过程中,自然选择是否得到使用的遗传效果的帮助,我还不敢断定;但我们知道,周期的运动,比如植物所谓的睡眠运动,是由习性支配的。

一位经验丰富的自然学家仔细挑选了一些例子来证明自然选择不足以解释有用构造的初期阶段,现在我对他提出的异议已作了足够的或许是过多的讨论。如我所愿,我已经阐明,这个问题并没有很大的难点。但这也是一个很好的机会,让我可以对通常伴随着功能改变的构造的逐级变化略加论述——这是一个重要的问题,而我在本书的前几版中没有作过详细的讨论。现在我简要复述一下上述情况。

关于长颈鹿,在某些已经灭绝了的能触及高处的反刍动物中,那些拥有最长的脖子和腿等器官、并且能啃食比平均高度稍高的树叶的个体可以继续得到保存,而不能在那样的高处取食的个体则会不断走向灭亡,像这样,大概就足以产生这种神奇的四足动物了。但是这些部分的长期使用再加上遗传作用,以一种重要的方式大大帮助了各部分的相互协调。通过大量模拟各种物体的昆虫,我们完全可以相信:在各种情况下,昆虫与某一普通物体的偶然类似,都曾是自然选择发生作用的基础。此后,经过使这种相似性更加接近的细微变异的偶然保存,模仿才逐渐趋于完善。只要昆虫继续发生变异,只要不断完善的相似性能帮助它们逃过视觉敏锐的天敌,这种作用就会继续进行。一些鲸鱼的颌上有生长不规则的角质小粒的倾向。这些粒点逐渐变为栉片状的突起或齿,就像鹅喙上所生的一样;然后它们变成短栉片,像家鸭的喙;再然后变成像琵嘴鸭那样完善的栉片;最后则变成像格陵兰鲸鱼嘴里那样的巨大的鲸须。而所有这些有利变异的保存,似乎都在自然选择作用的范围之内。在鸭科里,栉片最初是被当作牙齿用的;然后一部分用作牙齿,一部分用作滤器;最后,就仅仅作为滤器使用了。

上述的角质栉片以及鲸须的构造，依我判断，习性或使用对它们的发展，很少甚至没有起作用。另一方面，比目鱼下侧的眼睛向头部上侧的转移，以及具有抓握能力的尾巴的形成，大多可以归因于持续使用以及遗传作用。至于高等动物的乳房，最可能想到的便是，有袋动物袋内表面的皮腺分泌出一种有营养的液体，后来这类皮腺通过自然选择，在功能上得到改进，进而集中在一定的部位，于是形成了乳房。要理解古代棘皮动物用于防御的分支棘刺是怎样通过自然选择发展成三叉棘的，与理解甲壳动物的螯是借助最初用作行动的肢末端两节通过细微有用的变异而得到发展相比，并没有更大的困难。从苔藓虫类的鸟头体和振鞭体，我们看到由同一根源发展而来的外观大不相同的器官。而且通过振鞭体，我们还能理解那些连续的过渡类型可能有的用处。关于兰科植物的花粉块，可从开始连接花粉粒的细丝，追踪到逐渐形成的花粉块柄；普通花的柱头所分泌的、作用大致相同的黏性物质附着在花粉块柄游离末端上所经过的步骤，也是可以追踪出来的——所有这些过渡类型对于这类植物都明显是有利的。至于攀缘植物，刚在前面说过，这里就不再重复了。

经常会有人问，自然选择既然如此强大，为什么某些物种没有获得对自身明显有利的这种或那种构造？但是，鉴于我们对各种生物的历史以及现在决定它们的数量和分布的条件的无知，要想给予这样问题确切的答案是不合理的。在多数案例中，仅能举出一般的理由，但在少数情况下，还是可以举出具体的理由来的。要使一个物种适应新的生活习性，许多相应的变异是不可缺少的，而且常常出现必要的部分不按正当的方式或程度进行变异的情况。一些与特定构造无关的破坏性力量能阻止许多物种数量的增加，而这种力量在我们看来正是源于自然选择，而且对物种有利。在这类情况下，生存竞争并不依存于这些构造，所以它们不可能通过自然选择而获得。在许多情况下，一种构造的发展需要长期复杂而特殊的条件，但是这些必需条件很少能一致出现。我们常错误地认为，任何对物种有利的构造，在一切环境条件下都是通过自然选择而获得的，这种信念与我们能理解的自然选择的活动方式正好相反。米瓦特先生并不否认自然选择有一定的影响，但他认为我用自然选择的影响来解释这类现象"例证明显不足"。他的主要论点已经讨论过了，而其他的论点以后再说。这些论点对我来说似乎很少有例证的性质，与我认为的自然选择以及常提到的其他辅助自然选择的力量相比，分量要轻得多。再补充一点，我在这里所用的事实和论点，有些已在最近出版的《医学外科评论》（Medico-Chirurgical Review）的一篇论文里，因为同样的目的讨论过了。

如今，几乎所有的博物学者都承认有某种形式的进化，尽管米瓦特先生相信物种的变化是通过"内在的力量或倾向"而来的，但他对这种内在力量究竟是什么却一无所知。所有进化论者都承认物种有变化的能力，但依我看，除了普通变异性的倾向之外，似乎没有强调任何内在力量的必要。普通变异性通过人工选择的帮助产生了许多适应性良好的家养品种，而通过自然选择的帮助，经过逐级变化的步骤，将会产生同样优秀的自然种族，即物种。最终的结果如已经说过的那样，一般是生物构造的进步，而极少数例子中则是生物构造的退化。

米瓦特先生进一步相信，新物种"是突然出现，而且是由突然变异而产生"，还有一些自然学者也赞同这一观点。例如，他假设已经绝迹的三趾马（Hipparion）和普通马之间的差异是突然发生的。他认为，鸟类的翅膀"其发展是由于明显且重要的突然变异而来，除此之外的任何方式都是难以想象的"，他显然把这种观点推广到了蝙蝠和翼龙（pterodactyles）翅膀的形成上。这样的结论意味着进化的系统中存在着巨大的断裂以及不连续性，这在我看来是完全不可能的。

任何相信进化是缓慢而渐进的人，当然也会承认物种变化可以是巨大而突然的，就像我们在自然或在家养状况下所看到的任何单独变异一样。但由于驯养或栽培条件下的物种比自然状态下更容易变异，所以，像在家养状况下经常发生的巨大而突然的变异，不大可能在自然状态下经常出现。家养状况下的变异有些可归因于返祖遗传，这样重现的性状在许多案例中最初大都是逐渐获得的。还有更多的案例则被称作畸形，如六指的人、多毛的人、安康羊（Ancon sheep）、尼亚塔牛等。因为它们性状与自然物种大不相同，所以它们对于我们的问题无关紧要。除了这些突然的变异之外，其余少数变异如果在自然状况下发生，也只能构成与亲种类型密切相关的可疑物种。

我怀疑自然的物种会像家养物种那样突然发生变化，而且我完全不相信米瓦特先生所说的自然物种以奇特的方式发生变化，理由如下：根据我们的经验，显著而突然的变异，往往是单独且间隔较长地发生在家养动物中的。如果这种变异在自然状况下发生，如前所述，会容易由于偶然的毁灭以及之后的杂交而消失；在家养状况下，除非这些突然变异像我们知道的那样被精细照顾、隔离以及特别保存下来，否则也是会消失的。因此，如果新物种以像米瓦特先生所假定的那种方式突然出现，那么，有必要来相信，若干奇异变化的个体会同时出现在这一个区域内——但这是和一切推理相悖的。就像人类无意识选择的案例一样，要避免这一难点，就只有根据逐渐进化的学说；而逐级进化，则是通过逐渐保存朝向任何有利方向变化的大量个体以及不断消除朝相反方向变化的大多数个体进行的。

毫无疑问，许多物种都是以极端渐变的方式进化的。自然的许多大科甚至属里的物种之间是如此相似，以至于它们中有不少都难以分辨。在各个大陆，从北到南、从低地到高地等，我们都会看到许多密切相似的或典型的物种。即便是在不同的大陆上，我们看到同样的情形时，也有理由相信它们曾经是连续的。但是，在做这些陈述时，我不得不先提到以后要讨论的问题。看一看环绕大陆的离岛，那里有多少生物能上升到可疑物种的地位呢？回顾过去的时代，把刚刚消逝的物种与该地域现存的物种相比，又或是拿埋存在同一地质层各亚层内的化石物种相比较，也会发现同样的情况。显然，众多化石中的物种与现今依然存在的或近代曾经存在过的其他物种的关系是极其密切的，很难说这类物种是以突然的方式发展而来的。同时也不能忘记，当我们观察近缘物种而非不同物种的特殊部分时，便能发现极其细微的无数过渡类型构造，它们可以把大不相同的构造连接起来。

许多物种群的事实，只有通过细小步骤逐渐进化的原理才能得到解释。例如，大属的物种比小属的物种在彼此关系上更密切，而且变种的数量也更大。大属的物种四周通常聚集着像物种围绕变种那样的小群体，它们还有类似变种的其他方面，就像我们在第二章提到的那样。根据同样的原则，我们能够理解为什么物种的性状比属的性状更易发生变异，为什么以异常程度或方式发展起来的部分比同一物种的其他部分更易变异。在这方面还可以举出许多类似的事实。

尽管许多物种产生所经过的步骤并不比产生那些差别甚小的变种所经历的步骤大，但还是可以认为，有些物种是以与众不同且突然的方式发展而来的。然而要承认这一点，就必须列举出有力证据。昌西·赖特先生曾举出一些模糊的甚至在某些方面错误的类比，来支持突然进化的观点，比如无机物质的突然结晶，或具有刻面的球状体从一面落至另一面。然而这些类比几乎没有讨论的价值。有一类事实，例如在地层里突然出现的新的不同生命形式，乍一看似乎能支持突然发展的观点。但是这些证据的价值则完全取决于地球史中的远古时代相关地质记录的完整性。如果地质记录像众多地质学者所主张的那样，是不完整的，那么新生命类型的突然出现就不足为奇了。

除非我们承认转变就是像米瓦特先生所主张的那样巨大，承认鸟类和蝙蝠的翅膀是突然发展而来的、三趾马是突然变成普通马的，否则突然变异的观点完全不能说明地质层中相接环节的缺乏。但是胚胎学（embryology）对于突然变化的观点提出了强有力的反对。众所周知，鸟类和蝙蝠的翅膀，以及马和其他四足动物的腿，在胚胎形式的早期是没有区别的，而后来以细微的步骤不知不觉地慢慢分化。如以后还要说到的，各种胚胎学上的相似性的出现，是现存物种的祖先在幼年期之后发生了变异，并把新获得的性状传递给了后代。而胚胎几乎是不受影响的，并且可作为物种的过去存在情况的一种记录。因此，现存物种在发育的早期阶段，通常与同属一纲的已绝灭的古代生物类型十分相似。根据这种胚胎相似的观点，动物经历上述巨大而突然的转变是不可信的，事实上根据任何观点它都是不可信的。而且在胚胎状态下，完全找不到任何突然变异的痕迹，其构造上的每一个细节都是通过细微的步骤逐渐发展起来的。

如果有人相信古代生物通过一种内在力量或倾向而突然完成转变（例如有翅膀的动物），那么他不得不假设许多个体都是同时发生了变异，但这与一切推理都是相悖的。无可否认，构造巨大而突然的变化与大多数物种明显进行的变化是迥然不同的。他甚至还要被迫相信，能良好地适应同一生物其他部分以及周围环境的很多构造都是突然产生的。对于这样复杂而奇异的相互适应，他不能做出任何解释。最后，他还必须承认，这些巨大而突然的转变在胚胎上不曾留下任何痕迹。在我看来，承认这些就代表进入了奇迹的领域，而远离了科学。

## 第八章 本能

本能与习性相比较，二者起源不同——本能的渐变——蚜虫和蚂蚁——本能的变异——家养动物的本能及起源——杜鹃、牛鹂、鸵鸟和寄生蜂的自然本能——蓄奴蚁——蜜蜂筑巢的本能——本能和构造的变化不必同时发生——自然选择学说应用于本能的难点——中性以及不育的昆虫——提要。

许多本能都是如此神奇，在读者看来，它们的发展大概就是一个足以推翻我整个学说的难点。在这里我首先声明，我不会讨论智力的起源，就如我不讨论生命本身的起源一样。我们要关心的只是同纲动物的本能，以及其他心理官能的多样性的问题。我并不试图给本能下任何定义。很容易理解，这一名词一般包括若干不同的心理行为。但是，当我们说本能促使杜鹃迁徙并把蛋产在其他鸟的巢里，每个人就都能理解这是什么意思了。当我们需要经验才能完成的活动被没有经验的动物尤其是小动物完成，或者被许多个体为了它们不为人知的目的却以同样的方式完成时，这一般就被称为本能。如皮埃尔·休伯（Pierre Huber）所说的，这常常是少许判断和理性在起作用，即便是在自然系统中的较低级动物中，也是如此。

弗列德利克·居维叶（Frederick Cuvier）以及许多年长的形而上学者曾把本能与习性加以比较。我认为这样的比较为完成本能活动时的心理状态提供了一个准确的概念，但对其起源并不重要。许多习惯性行为都是无意识进行的，甚至不少还与我们的意志相反！然而意志和理性可以改变它们。习性容易受到其他习性以及特定时期或者身体状况的影响。而且主体一旦获得某种习性，通常终生都能保持不变。本能和习性之间还有很多其他相似之处。本能也是以某种节奏跟随某一种行为的活动，就好比人在唱歌或反复背诵时被打断，一般情况下他都不得不从头开始，才能恢复习惯性的思路。休伯发现一种能够建造复杂茧床的毛毛虫（caterpillar）也是如此：如果在它完成建造茧床的第六个阶段时把它取出，并放在只完成到第三个阶段的茧床里，它就会只重建第四、第五、第六这三个阶段。然而，如果把完成建造茧床的第三阶段的青虫放在已完成到第六阶段的茧床中，虽然这个工程已完成了大部分，但由于毛虫并没有从中得到任何利益，于是它感到手足无措。为了完成它的茧床，它似乎不得不从第三个阶段开始，因为它是从这里中断的，就这样它会试图去完成已经完成了的工作。

  如果我们假设任何习惯性的行为都可遗传，而且可以证明这样的情况时有发生，那么原本的习惯和本能之间的相似性就变得更加难以区分。如果莫扎特（Mozart）在三岁时不是通过少量练习而是完全没有练习就能弹奏钢琴，那么他弹钢琴就确实是出于本能了。但是如果假设大多数本能是来源于某一代的习惯，然后通过遗传传递给后代，则是一个严重的错误。我们很清楚，很多为人们熟知的神奇本能，比如蜜蜂和蚂蚁的本能，都不可能通过习性获得。

  本能对处在现今生活环境下各物种的安全像肉体构造一样重要，是被人们所公认的。在已改变的生活环境下，本能的微小变异至少对物种是可能有利的；如果能证明本能的确发生过变异（虽然这种概率很小），那么对我来说，自然选择把本能的变异保存下来并继续积累到任何有利的程度，就不存在有什么难点。我相信，一切最复杂、最奇妙的本能就是这样起源的。使用或习性能够引起并增强肉体构造的变异，而不使用则使这些变异减弱或消失，我并不怀疑本能也是如此。但我相信，在很多情况中，习性的影响同自然选择或是所谓本能的自发变异的影响相比，前者还是处于次要地位的。引起身体构造微小差异的未知原因，同样也能引起本能的自发变异。

除非逐渐缓慢地积累许多细小而有利的变异，否则任何复杂的本能都不可能通过自然选择而产生。因此，就如肉体构造一样，我们在自然界中所找寻的不应是获得每个复杂本能的实际过渡各级——因为它们只能在各物种的直系祖先里找到——但我们应该从旁系系统里去寻找过渡各级的证据，或者我们至少要能够确定某些过渡类型的存在是可能的，这一点我们肯定能做到。动物的本能在欧洲和北美洲以外的地方还很少被观察过，关于绝迹物种的本能我们更是一无所知，所以大量发现最复杂本能形成的中间过渡类型让我感到十分惊喜。同一物种因为处于生命的不同时期，由于一年中的不同季节或不同的环境等原因，其本能的变化有时会被促进。在这些情况下，自然选择可能会将这样或是那样的本能保存下来。我们也能举出存在于自然界同一物种中本能具有多样性的例子。

还有，和身体构造的情况一样，各个物种的本能都是为了自身利益，据我们判断，它从来不会特意为了其他物种的利益产生，这也符合我的学说。我了解到一个关于一种动物的活动看起来是专为另一物种的利益而服务的极有说服力的事例：休伯首先观察到，蚜虫自愿为蚂蚁提供带甜味的分泌物。它们这样做是完全出于自愿，这可由下列事实来说明：我把一株酸模植物（dock-plant）上的所有蚂蚁全部移去，在数小时内不让它们回来，并留下了约十二只蚜虫。过了这一段时间，我确定蚜虫该分泌了。我用放大镜观察了一段时间，但没有一个分泌的。于是，我用一根毛发轻轻触动和拍打它们，尽力模仿蚂蚁用触角触动它们的那样，但还是没有一只分泌出汁液。随后我让一只蚂蚁去接近它们，从蚂蚁急切奔跑的方式来看，它好像清楚地意识到自己发现了一顿丰富的大餐。于是它开始用触角拨弄一只又一只蚜虫的腹部，每只蚜虫一感觉到蚂蚁的触角便立刻抬起腹部，分泌出一滴清澈的甜液，蚂蚁急急忙忙地就把这甜液吞食了。即使是十分幼小的蚜虫也有同样的行为，可见这种活动是本能的而非经验的结果。根据休伯的观察可以肯定，蚜虫对于蚂蚁并没有表示厌恶，因为如果没有蚂蚁，它们最终也不得不排出分泌物。但是，因为这种分泌物黏性极强，如果被移去，对蚜虫来说无疑是有利的。因此，这样的分泌大概不只是专为蚂蚁的利益。虽然没有证据证明任何动物会完全为了其他物种的利益而活动，但是各物种却试图利用其他物种的本能，正如利用其他物种相对弱势的身体构造一样。这样，就不能认为某些理论是绝对完善的，但这一点和其他相似观点的详细讨论并非不可缺少，所以这里省略不谈。

自然状态下的本能会发生一定程度的变异，而这些变异的遗传又是自然选择作用必不可少的。所以应该尽量多列举出一些例子，但受篇幅所限，无法如愿。我只能说，本能确实是可变异的。例如迁徙的本能，不但在范围和方向上有变异，还可能完全消失。鸟巢也是如此，它的变异一定程度上依赖于选定的位置、栖息地的自然条件和气候，还有我们完全不知的一些原因。奥杜邦（Audubon）曾列举了多个具有代表性的例子，以说明美国北部和南部同一物种的鸟巢有所不同。曾经有人质问：如果本能是可以变异的，为什么没有赋予蜜蜂"当蜡质缺乏的时候使用其他材料的能力"？但是怎样的其他材料才适合蜜蜂使用呢？我曾看到它们会使用朱砂让蜂蜡变得坚硬。赖特曾观察到，他的蜜蜂并不勤于收集蜂胶，而是将蜂蜡和树胶的混合物涂抹于没有树皮的树上。最近还有人指出："蜜蜂不寻找花粉，却喜欢采用一种与众不同的物质，即燕麦片。"从鸟巢里雏鸟的身上可以看出，对任何特定敌害的恐惧都必然是一种本能，尽管这种恐惧因经验或目睹其他动物对同一敌害的恐惧而得到强化。而我在别处指出的"栖息于荒岛的各种动物对人类的恐惧"是慢慢获得的。甚至在英格兰，我们也能看到这样的事例：大型鸟与小型鸟相比，前者更害怕人类，因为它们最易遭到来自人类的迫害。我们可以稳妥地将英格兰的大型鸟怕人的原因归为此类。因为在荒岛上，大型鸟并不比小型鸟更怕人；在英格兰的喜鹊（magpie）很警惕，但在挪威的喜鹊却很温驯；埃及的冠小嘴乌鸦（hooded crow）也并不怕人。

许多事实都表明，自然状态下产生的同类动物的心理特质变异很大。还有若干事例表明野生动物中奇怪却偶发的习性如果对该物种有利，就会通过自然选择的作用形成新的本能。但是我很清楚，这类具体事实的一般陈述在读者脑海中只能留下微弱的映象。我只好反复保证，我不会说没有切实依据的话。

## 家养动物中习性和本能的遗传变异

只要粗略地考虑少数几个家养状态下的例子，便可加强对自然状态下本能遗传变异的可能性的认识。由此我们可以看到习性和所谓的自发变异的选择，在改变家养动物心理特质上的作用。众所周知，家养动物心理特质的变异是巨大的。例如猫，有的天生就捉大鼠，有的则天生捉小鼠，我们知道这种倾向是遗传而来的。据圣约翰先生（Mr. St. John）说，有一种猫常常捕捉猎鸟（game-bird），另一种则捕捉野兔或兔子，还有一种猫在沼泽地上捕猎，几乎每晚都能捕捉一些山鹬（woodcock）或沙锥鸟（snipe）。有很多奇妙而真实的事例可以说明，与它们特定心理状态或时期有关的各种性情、嗜好以及怪癖，都是遗传而来的。让我们来看看人们熟悉的关于狗的品种的例子。毫无疑问，第一次带幼年的向导犬出去时，它们有时能够指示方向，甚至还能帮助别的狗（我曾亲眼目睹过这样的事例）；拾物猎犬（retriever）在一定程度上确实可以遗传巡回猎物的特性；牧羊犬不跑在绵羊群之内，而有在羊群周围环跑的倾向。我不明白为何年轻且没有经验的动物个体却以差不多相同的方式进行这些活动，并且它们即便没有任何目的，也能欢欣鼓舞地完成这些活动——幼小的向导犬并不知道指示方向是在帮助主人，正像粉蝶不知道为什么要在卷心菜叶子上产卵一样——我无法看出这些活动与真正的本能在本质上有什么区别。我们观察一种狼，它们年幼且没受过任何训练，可一旦嗅到猎物，便会先像雕像一样站着不动，然后用特别的步法匍匐前进；而另一种狼遇到鹿群时并不直冲过去，而是环绕追逐，以便把它们赶到远处。我们肯定要把这类行为称作本能。而被称为家养状态下的本能，的确远不如自然的本能那样稳定，但是它们毕竟来源于不那么严格的选择，而且是在不那么稳定的生活环境下，在较短时间内遗传而来的。

不同品种的狗进行杂交时，能很好地表明这类家养状态下的本能、习性以及性情的遗传是多么强大，而且它们混合得非常奇妙。我们知道，斗牛犬与细腰猎狗杂交，前者的勇敢顽强能影响后者的几代后代；牧羊犬与细腰猎狗杂交，前者的所有后代都会得到捕捉野兔的倾向。这些家养状态下的本能如果用杂交方法来试验，便和自然本能按照同样的方式奇妙地混合在一起，而且在很长一段时间内都表现出双亲本能的痕迹。例如，勒罗伊（Le Roy）描述过一只狗，它的曾祖父是一只狼。能表明勒罗伊野性祖先的一点痕迹便是，当听到呼唤时，它不是直线奔向主人。

家养状态下的本能有时被认为完全是由长期持续的和强迫养成的习性遗传而来的行为，但这并不真实。没有人会想到要教翻飞鸽（tumbler-pigeon）翻飞。而且据我观察，一只从没见过其他鸽子翻飞的幼鸽也会有翻飞的行为。我们可以相信，曾经有一只鸽子表现出了这种奇异习性的轻微倾向，在后续的世代中，经过对最优个体的长期选择，便形成了现在的翻飞鸽。听布伦特先生（Mr. Brent）说，格拉斯哥（Glasgow）附近家养的翻飞鸽，如果不翻筋斗，连十八英寸高都飞不到。假如从来没有那么一只狗天生具有指示方向的倾向，那么我便要怀疑，是否会有人想到训练狗来指示方向；我们知道这种倾向偶尔会发生，我就曾在纯种的梗犬（terrier）中目睹过这样行为。如许多人设想的那样，这种指示方向的行为大概只是动物准备扑击猎物前短暂停留的延长而已。当指示方向的最初倾向出现时，在此后连续各代中人类有计划的选择以及强迫训练的遗传效果之下，很快就能培养出这样的品种；而无意识的选择仍在继续，因为每个人都试图获得最善于指示方向和狩猎的狗，而本意并不是改善品种。另一方面，在某些情况下，仅习性就已经够了；没有什么动物比幼年的野兔（wild rabbit）更难驯服；也几乎找不到一种比小家兔更为温驯的动物了。但我很难想象，对家兔进行的选择只是因为驯服的个性。因此，从极其野性到极其温驯的个性的遗传变异，大部分都要归因于习性和长期持续的严格圈养。

自然的本能在家养状况下会消失：最显著的例子是一些品种的家禽变

得很少或从不孵蛋，也就是说它们从来不愿意窝在蛋上。但是因为司空见惯，我们看不出家养动物的心理变化是多么巨大和持久。犬类对于人类的亲昵已变成了本能，这是毋庸置疑的。一切狼、狐、豺狼 (jackal) 以及猫科动物即便是在被驯服后，也喜欢攻击家禽、绵羊和猪。从火地岛或澳洲带回来的小狗有着无法矫正的野性，因为那里的土著人并不将它们当作家养动物饲养。一方面，已经驯服了的狗，即使是在年幼的时候，也没有多大必要教它们不要攻击家禽、绵羊和猪。可以肯定的是，它们偶尔也会攻击，但会因此挨打，如果这样的行为得不到纠正，它们就会被处死。这样，习性和某种程度的选择通过遗传，犬类大概就能被驯服了。另一方面，完全出于习性，小鸡失去了惧怕狗与猫的原有本能。赫顿上尉 (Captain Hutton) 告诉我，在印度，由家养母鸡抚养的红色原鸡 (Gallus bakkiva) 的幼鸡，开始的时候野性很大。在英格兰，母鸡抚养的小野鸡也是如此。小鸡并非不会恐惧，而只是不怕狗和猫，因为如果母鸡发出表示危险的咯咯声，小鸡（尤其是小火鸡）便从母鸡的羽翼跑开，躲到四周的草丛或灌木丛里去。这显然是一种本能的行为，就像我们在野生陆栖鸟类中所看到的一样，这样做是为了能让鸟妈妈飞走。但家养小鸡所保留的这种本能已经没有用处了，因为不使用的原因，母鸡已几乎丧失飞翔的能力。

因此我们可以断定，家养状态下可以获得新的本能，但也会失去自然的本能。这一部分是因为习性，一部分则是因为人类在它们后续的各代中选择和累积了其独特的心理习性和行为。而这些习性和行为的最初出现，因为我们的无知，只能解释为是由于偶然的原因。在某些情况下，仅仅是强制性的习性就足以产生可遗传的心理变化；而在另一些情况下，强制性的习性却不能发生作用，一切都是有计划选择和无意识选择的结果。但在大多数情况中，习性和选择都是同时发生作用的。

## 特殊的本能

只要理解少数几个事例，我们大概就能彻底理解，在自然状态下选择是怎样改变本能的。我选了三个例子：杜鹃在其他鸟类巢里下蛋的本能、某些蚂蚁蓄奴的本能，以及蜜蜂筑造蜂室的本能。自然学家通常公正地把后两种本能列为一切已知本能中最奇异的本能。

杜鹃的本能——一些自然学家假设，杜鹃的这种本能产生的较为直接的原因，是她并不每天下蛋，而是隔两三天产一次蛋；如果自己筑巢、自己孵蛋，则要么最先产下的蛋必须经过一段时间后才能开始孵，要么在同一个巢里会出现鸟蛋和不同年龄的小鸟。如果是这样，产蛋和孵化的过程就会变得冗长且不方便，而且由于雌鸟迁徙得很早，刚孵化的小鸟就必须要由雄鸟单独哺养。但是美洲杜鹃就处于这样的困境：因为她需要自己筑巢，还要同时孵蛋以及照顾相继孵化的幼鸟。有人赞同也有人反对"美洲杜鹃偶尔也在别种鸟的巢内产蛋"的说法。但我最近从爱荷华州的梅丽尔博士（Dr. Merrell）那里听说，他曾在伊利诺斯州看到在松鸦（Garrulus cristatus）的巢里有一只小杜鹃和一只小松鸦。因为这两只小鸟差不多都已长满羽毛，所以对于它们的鉴别不会有错。我还可以列举出其他一些偶尔将蛋产于其他鸟巢中的鸟类的例子。现在我们假设欧洲杜鹃的祖先也有美洲杜鹃的习性，它们偶尔也在别种鸟的巢里下蛋，如果这种偶发的习性通过使成年鸟更早的迁徙或其他原因而给它带来利益；如果利用其他物种误养的本能能使幼鸟成长得比由母亲哺养的还要强壮——因为母鸟必须同时照顾不同龄期的蛋和小鸟——那么成年鸟和被误养的小鸟就都能得到利益。以此类推，我们可以相信，这样哺养起来的小鸟，倾向于遵循从母亲那里遗传来的偶尔却奇特的习性，当它们下蛋时也就会倾向于把蛋下在别种鸟的巢里，这样，它们就能更成功地哺养自己的后代。我相信通过这种性质的连续过程，便能产生杜鹃的奇异本能。最近米勒还以充分的证据证明，杜鹃偶尔会在空地上下蛋、孵化，并且哺养幼鸟。这种罕见的现象大概是丧失已久的原始筑巢本能的再现。

有人质疑说，我没有注意到杜鹃的其他相关本能和构造的适应性，而它们必然是相互关联的。但在所有情况下，只在单一物种中推测一种已知的本能是没有用的，因为至今都没有任何可以指引我们的事实。直到最近，我们所知道的只有欧洲杜鹃的和非寄生的美洲杜鹃的本能；现在，幸亏有拉姆塞先生（Mr. Ramsay）的观察，我们才了解了三种在别种鸟巢里下蛋的澳洲杜鹃的一些情况。这里需要提到三个要点：第一，除了少数个例外，普通杜鹃只在一个巢里下一枚蛋，以便它们体型较大且贪吃的幼鸟能够得到丰富的食物。第二，杜鹃蛋很小，还没有体型只有自己 1/4 大的云雀（skylark）所产的蛋大。我们从美洲非寄生杜鹃所下的尺寸较大的蛋可以推知，个头小的蛋其实是一种适应的表现。第三，小杜鹃孵出后不久就具有一种本能和力气，以一种恰当的背部形状把义兄弟排挤出鸟巢，被挤出的小鸟便因饥饿寒冷而死。这曾被大胆地称为"双赢"的安排，因为这样既可使小杜鹃得到充足的食物，又可以使其他的幼鸟在尚未有感觉的时候便死去！

再来看澳洲杜鹃，虽然它们一般只在一个巢里产一枚蛋，但在同一巢内产两到三枚蛋的情况也并不罕见。青铜色杜鹃的蛋，其大小变化很大，长度从 8 英分（lines）至 10 英分不等。如果为了欺骗某些养父母，或者更可能的是，为了在较短时间内使蛋得到孵化（据说蛋的大小和孵化期有一定联系）而产下比现在还小的蛋（对于物种有利），那么就不难相信，蛋越来越小的品种或物种可能就会这样形成——因为小型的蛋能够比较安全地孵化和哺养。拉姆塞先生说，有两种澳洲杜鹃，当它们在没有掩护的巢里下蛋时，会特意选择那些巢内的蛋和自己所产的蛋颜色相近的鸟巢。欧洲杜鹃的本能也明显表现出了与此相似的倾向。但也有不少相反的情况，例如，杜鹃把暗灰色的蛋产在有着亮蓝绿色的蛋的篱莺（hedge-warbler）巢中。如果欧洲杜鹃总是表现出上述本能，那么在那些被假设共同获得的本能中，一定还要加上这一本能。拉姆塞先生说，澳洲青铜色杜鹃的蛋的颜色变化很大，所以在蛋的颜色和大小方面，自然选择都保存和固定一切有利的变异。

在欧洲杜鹃的例子中，杜鹃孵出之后的三天内，养父母的后代通常会被逐一排挤出鸟巢。因为这时的小杜鹃还处于一种极其无力的状态，所以古尔德先生（Mr. Gould）以前相信这种排挤的行为是出自养父母。但他现在得到了一个关于小杜鹃的可靠报告，有人曾目睹小杜鹃眼睛还闭着，甚至连头都还抬不起来的时候，就已经能把巢里的义兄弟排挤出去了。观察者曾把被排挤出来的幼鸟中的一只重新放回巢里，但它还是会被挤出来。至于获得这种奇怪丑恶的本能的途径，如果小杜鹃在刚孵化后得到尽量多的食物对它们很重要——很可能的确是这样——那么我想，在连续各代中杜鹃逐渐获得排挤行为所必需的盲目欲望、力量以及构造，就不难被理解了——这种习性和构造最发达的小杜鹃将会得到最安全的抚养。获得这种独特本能的第一步，大概是年龄和力气稍大一些的小杜鹃无意识的乱动，而之后，这种习性得到了改进，并传递给更幼小的杜鹃后代。这种本能的获得在我看来并不比其他下面的情形困难：鸟类的幼鸟在被孵化之前就获得了啄破自己蛋壳的本能——又或者是欧文提到的，小蛇为了弄破结实的蛋壳而在上颌暂时产生一种锋利的牙齿。因为，如果身体的各部分在各个年龄段都容易发生个体变异，而且这变异在适当或是较早的年龄段有被遗传的倾向——这是不可争辩的主张，那么，幼体的本能跟构造肯定跟成体一样，能够慢慢改变，而这两种情况一定与自然选择的整个学休戚相关。

牛鹂鸟（Molothrus）是美洲鸟类中很特别的一属，它们与欧洲椋鸟（starling）相似，有些牛鹂和杜鹃一样，具有寄生的习性，而且它们在完善本能的过程中表现出了有趣的过渡各级。根据杰出的观察者哈德森先生所说，栗翅牛鹂（Molothrus badius）的雌鸟和雄鸟有时成群混居，有时则配对生活；或者自己筑巢，或者侵占别种鸟的巢，偶尔还会把别种鸟的幼鸟抛出巢外。它们或者在这个据为己有的巢内下蛋，或者，奇怪地在这个巢的顶上为自己修筑另一个巢。它们通常亲自孵化和抚养幼鸟，但哈德森先生说，它们很有可能偶尔也会寄生，因为他曾看到这个物种的小鸟追随着其他种类的成年鸟，而且吵闹着要求它们喂食。另一种牛鹂鸟——紫辉牛鹂（M. bonariensis）的寄生习性比上述物种更为发达，但还远没有达到完美的程度。已知的情况是，这种鸟总是在其他鸟的巢里下蛋。但值得注意的是，有时候几只紫辉牛鹂会一起筑造一个杂乱而不规则的巢，这种巢建在完全不适合的地方，比如大蓟（large thistle）的叶子上。然而哈德森先生认为，它们从来不能完成自己的巢。它们通常一次性在其他鸟的同一个巢里产很多蛋——15枚到20枚，因此能孵化出来的蛋很少，或根本没有。此外，它们还有在蛋上啄孔的奇怪习性，在被它们据为己有的巢中，无论是同种或是养亲的蛋都会被啄孔。它们也会把许多蛋抛向空地，这些蛋也就会因此而荒废。第三种是北美的单卵牛鹂（M. pecoris），它们已经获得了杜鹃那样完善的本能，因为它们从来不在别种鸟的一个巢里产一枚以上的蛋，所以保障了幼鸟的哺育。哈德森先生是坚决不信进化的人，但紫辉牛鹂的不完全本能似乎让他大受打击，因此他引用了我的话，问道："我们是否必须认为这些习性并非特别赋予或特创的本能，而是一个普通法则——即由过渡而形成的小小结果呢？"

形形色色的鸟类，如上所述，偶尔会把它们的蛋产在别种鸟的巢里。这种习性在鸡形目（Gallinaceæ）里并非不常见，但是为鸵鸟的奇特本能提供了一些线索。鸵鸟科里几只母鸟先是一起在一个巢里产蛋，然后又在另一个巢里下少数的蛋，由雄鸟去孵化。这种本能或许可以由下述事实来解释：雌鸟产蛋量大，但和杜鹃一样，它们每隔两三天产一次。然而美洲鸵鸟的这种本能和牛鹂一样，也还没有达到完善的程度。因为它们把大量的蛋都零散地产在地上，所以我在一天的游猎中就捡到了不下20枚散落和废弃的蛋。

许多蜂也是寄生的，它们经常把卵产在其他蜂种的巢里。这种情况比杜鹃更值得注意，因为，伴随着这种寄生习性，这类蜂不但改变了本能，而且改变了它们的构造；还因为它们不具备采集花粉的器官，所以如果它们要为幼蜂储存食物，这种器官是必不可少的。泥蜂科（Sphegidæ，类似胡蜂）的某些物种也是寄生的，法布尔（Fabre）最近提出有力的理由让我们相信，尽管小唇沙蜂（Tachytes nigra）通常都是自己筑巢，并为幼虫储存被麻痹的食物，然而当发现其他泥蜂贮藏有食物的现成的巢，它便会加以利用，变成临时的寄生者。这种情况和牛鹂或杜鹃一样。我认为如果一种临时的习性对物种有利益，而且被害的蜂类不会因巢和储存的食物被掠夺而遭绝灭，自然选择就会把这种临时的习性变为永久的。

蓄奴的本能——这种奇特的本能最初是由皮埃尔·休伯在红火蚁（Formica rufescens）中发现的，他是一位比他卓越的父亲更为优秀的观察者。这种蚂蚁完全依靠奴隶生活，如果没有奴隶的帮助，该物种肯定在一年之内就会灭亡。雄蚁和能育的雌蚁不做任何事，工蚁（即不育的雌蚁）虽然在捕捉奴隶上十分英勇，但除此之外并不做其他工作。它们不修筑自己的巢，不喂养自己的幼虫。当老巢已不再合适，必须迁徙的时候，也是由奴蚁来决定迁徙的事情，实际上是它们用颚把主人衔走。主人们是如此无能：当休伯捉了三十只火红蚁关起来，而没有一只奴蚁时，尽管供给了大量它们最喜欢的食物，而且为了刺激它们工作还放入了它们自己的幼虫和蛹，但它们还是完全不工作，甚至都不会自己吃东西，许多火红蚁就此饿死。休伯随后放进一只奴蚁，即黑蚁（F. fusca），这只奴蚁立刻开始工作，饲喂和拯救那些幸存者；修筑蚁房，照料幼虫，一切都变得井井有条。还有什么比这类事实更奇异的呢？如果我们不知道任何其他蓄奴蚂蚁，大概就无法想象如此奇异的本能是怎样发展完善的。

另一种蚂蚁，血蚁（Formica sanguinea），也是由休伯最初发现的蓄奴蚁。这个物种被发现于英格兰南部，大英博物馆的史密斯先生（Mr. F. Smith）曾研究过其习性，我要深深感激他关于这个问题以及其他问题的帮助。虽然充分相信休伯和史密斯先生的叙述，但我仍抱着怀疑的态度处理这一问题，因为对蓄奴这种极其异常本能的存在，任何人的怀疑都是可以谅解的。因此，我想稍微详细地介绍一下我的观察。我曾挖开14个血蚁的巢穴，在其中都发现了少数的奴蚁。奴种（黑蚁）的雄蚁和能育的雌蚁只出现在其固有的群体中，在血蚁的巢中从未观察到。奴蚁呈黑色，还不及红色主人的一半大，因此它们外形上的差异是大的。当蚁穴受到轻微的骚扰时，奴蚁会不时跑出来，像主人一样十分激动，并保卫巢穴；当蚁穴受到更严重的骚扰或当幼虫和蛹暴露时，奴蚁会和主人一起奋力将它们运送到安全的地方。因此，很明显，奴蚁是很安于它们的现状的。连续三年的六七月份，我都在萨里郡（Surrey）和萨塞克斯郡（Sussex）对几个蚁巢观察数个小时，却从来没有看到一只奴蚁出入一个巢穴。在这些月份里，奴蚁的数量很少，因此我想如果数量更多，它们的行为可能就会不同。但史密斯告诉我，他曾在五月、六月，以及八月的不同时间，在萨里郡和汉普郡（Hampshire）注意观察了它们的巢穴。虽然八月的奴蚁数量很多，但也不曾看到它们进出巢穴。因此，史密斯认为它们是严格的家庭奴隶。而另一方面，他却经常看到它们的主人搬回筑造蚁穴的材料和各种食物。在1860年7月，我遇到一个奴蚁特别多的蚁群，我观察到有少数奴蚁和主人混在一起离开巢穴，沿着同一条路向着约25码远的一棵高高的苏格兰冷杉前进。它们一齐爬上树，大概是为了寻找蚜虫或胭脂虫（cocci）。休伯有很多观察的机会，他说，瑞士的奴蚁在修筑巢穴时常和主人一起工作，在早晨和晚间则单独看管门户。休伯还明确指出，奴蚁的主要职责是搜寻蚜虫。两个国家的蚂蚁主仆之间的普通习性存在这么大的差异，大概仅仅因为在瑞士捕捉的奴蚁数量比英格兰的要多。

一天，我有幸看到了血蚁从一个巢穴迁移到另一个巢穴，主人们谨慎地把奴蚁衔在颚间，而不像红火蚁，主人是由奴隶带走，这真是有趣的奇观。另一天，20只左右的红火蚁在同一地点徘徊，它们显然不是寻找食物。这引起了我的注意。它们走近一群独立的黑蚁群，但是遭到了猛烈的抵抗，有时候有3只黑蚁抓住血蚁的腿不放，血蚁残忍地杀害了这些弱小的抵抗者，并把它们的尸体拖到29码远外的巢中当作食物。可是它们没有得到一个蛹以培养奴隶。于是我从另一个巢里挖出一小团黑蚁蛹，放在邻近战场的一处空地上，这群暴君热切地把它们抓住并拖走——它们大概以为在刚才的战役中自己已经获胜了。

同时，我在同一个地点放下另一种蚂蚁，即黄蚁（F. flava）的一小团蛹，蚁巢的碎屑上还攀附着几只小黄蚁。史密斯先生曾描述过，这个物种有时会被当作奴隶，即使这种情况很少见。这种蚂蚁个头虽小，但十分勇敢，我曾目睹它们凶猛地攻击其他蚁种。有一个例子让我感到十分惊讶：一次，我发现血蚁的巢穴下有一块石头，石头下是一个独立的黄蚁群体；当我偶然地扰动了这两个巢的时候，小蚂蚁就以惊人的勇气攻击它们的大邻居。当时我很好奇血蚁是否能够辨别经常被奴役的黑蚁蛹与很少被俘的小而勇猛的黄蚁蛹，很明显它们的确能立刻分辨它们：遇到黑蚁蛹时，它们立刻热切地上前将其捕获，而遇到黄蚁蛹甚至遇到它们巢穴的泥土时，血蚁便惊慌失措，迅速逃跑。但是，大约一刻钟之后，当这些小黄蚁都离开了，血蚁就鼓足勇气，把蛹带走。

一天傍晚，我又观察了另一群血蚁，我发现这些蚂蚁很多都拖着黑蚁的尸体（这说明它们不是在迁徙）和无数蚂蚁蛹回自己的巢穴。我顺着一长串背着战利品的血蚁追踪，大约40码，到了一处密集的石南科（heath）灌木丛——在那里我看到最后一只拖着蛹的血蚁出现。但我没能在灌木丛里找到被踩踊的蚁巢。然而，这个巢一定就在附近，因为有两三只黑蚁十分慌张地冲出来，有一只嘴里衔着一个自己的蛹，一动不动地停留在石南的小枝顶上，对被毁坏的家园表现出一副绝望的神情。

这些都是关于蓄养奴隶奇异本能的事实，根本不需要我来证明。它们让我们看的血蚁和欧洲大陆上的红火蚁本能的习性有如此大的差异。后者不会自己筑巢，不会决定自己的迁徙，不会为自己和幼蚁采集食物，甚至不会自己吃东西：它们完全依赖数量众多的奴蚁。血蚁则不然，它们拥有的奴蚁数量较少，初夏更少；主人决定新巢穴修筑的时间和地点；迁徙的时候也是主人衔着奴蚁。瑞士和英格兰的奴蚁似乎都专门照顾幼蚁，主人则单独外出掠夺奴蚁。在瑞士，奴蚁和主人一起工作，制造和搬运筑巢的材料；主仆一起照顾它们的蚜虫，但主要还是奴蚁进行所谓的挤乳；这样，主仆都为集体采集食物。在英格兰，通常是主人单独出去寻找筑巢的材料，以及自己、奴蚁和幼蚁食物。所以，在英格兰，奴蚁为主人付出的劳动比瑞士的奴蚁要少得多。

通过哪些步骤，才产生了血蚁的这种本能，我不想妄加猜测。但是，据我观察，非蓄奴蚁如果发现有其他蚁种的蛹散落在巢穴附近，也会把这些蛹拖回去，而这些本来是贮存来作为食物的蛹，可能在蚁穴里发育为成虫。这样无意识养育的外来蚂蚁追随它们的固有本能，做它们所能做的工作。如果证实它们的存在对于捕捉它们的物种有利，如果俘获工蚁比自己生育工蚁对物种更有利，那么，原本采集蚁蛹作为食物用的习性可能会因自然选择而被加强，继而成为永久的、与原来目的相去甚远的饲养奴隶。本能一旦获得——即使它的作用远不及英国的血蚁（如我们所见，这种蚂蚁在对奴蚁帮助的依赖上比瑞士的同一物种少），如果我们假设每个变异都对物种有利——自然选择也会增强和改变这种本能，直到它形成像红火蚁那种卑鄙的依靠奴隶生活的蚁类。

　　蜜蜂筑巢的本能——我不打算在此对这个问题详加讨论，只想把我得到的结论大概说一说。凡是观察过蜂室的人，如果不对其精巧的构造如此美妙地适应它的目的予以热情的赞赏，他一定是愚钝的。我们听数学家说过，蜜蜂实际上解决了一个深奥的问题，它们用最少量的珍贵蜡质建造成了形状适当、能最大限度容纳蜂蜜的蜂室。曾有这样的说法：即便一个熟练的工人，用合适的工具和计算器，也很难造出真正形状的蜡质蜂室；但是一群蜜蜂却能在黑暗的蜂箱内完成。不管你认为那是一种什么本能，乍一看都似乎不可思议：它们是如何造出所有必需的角和面，又是如何觉察出蜂室是否建造得正确的？但是这并不像最初看来那样难，我想，这一切美妙的工作都是来自几种简单的本能。

　　我研究这个问题是受到沃特豪斯先生（Mr. Waterhouse）的影响。他表示，蜂室的形状和相邻的蜂室有着密切联系，而下述观点或许只能看作是他理论的修正。让我们看看伟大的级进原理，看看大自然是否向我们透露了它的工作方式。在这串小系列的一端是土蜂，它们用自己的旧卵囊贮蜜，有时候在上面添加蜡质的短管，它们同样也会做出不规则的分离的圆形蜡质蜂室。而在这系列的另一端则是蜜蜂的双层排列的蜂室，众所周知，每一个蜂室都是六面柱体，六个面的底边倾斜着连接在一起，形成三个菱形所组成的倒锥体。这些菱形都有一定角度，而在单独蜂室锥形底部的三条边，正好构成了其反面的三个相连蜂室的底部。在这一系列里，在完美的蜜蜂蜂室和简单的土蜂蜂室之间，还有墨西哥蜂（Melipona domestica）的蜂室，于贝尔曾经仔细地描述以及绘制过这种蜂室。墨西哥蜂的身体构造介于蜜蜂和土蜂之间，但与土蜂更为接近。它能筑造几近规则的蜡质蜂巢，蜂室是圆柱形的，在里面可以孵化幼蜂；此外还有一些贮蜜的大型蜡质蜂室。这些大型的蜂室大概呈球形，大小相似，并且聚集成不规则的团块。要注意的重点是，这类蜂室通常修筑得很近，如果完全成为球状，蜂室之间必然会交切或是穿通。但这是绝对不允许发生的，而这种蜂也会在有交切倾向的球状蜂室之间建造完美而平坦的蜡质平壁。因此，每个蜂室都是由外面的球形部分和两三个或更多的平壁构成，而平壁的个数要由相邻的蜂室个数来决定。当一个蜂室与其他三个蜂室相连时，由于球状的大小差不多，在这种情况下，它们的三个平面必然会呈一个金字塔状。而据休伯所说，这种金字塔状与蜜蜂蜂室的三边角锥形底部十分相似。和蜜蜂蜂室一样，这里的任何蜂室的三个平面必然是其所连接的三个蜂室的构成部分。墨西哥蜂使用这种建造方式筑巢，显然节省了蜡质，更重要的是，还可以节省体力。因为连接蜂室之间的平壁并不是双层，其厚度和外面的球状部分相同，可一个平面壁却构成了两个蜂室的共同部分。

这种情况让我觉得，如果墨西哥蜂将它们的球形蜂室建造得大小以及相互之间相隔距离都一致，并对称地双层排列，那么这构造就会像蜜蜂的蜂巢一样完美了。因此我写信给剑桥的米勒教授（Prof. Miller），这位几何学家认真地阅读了我根据他的资料做出的以下陈述，他认为这是完全正确的。

假设我们画若干大小相同的球，它们的球心都在两个平行面上；每一个球的球心与同层中围绕它的六个球的球心的距离等于或稍微小于半径的2倍，即半径乘以1.41421（或是更小的距离）；并且，与另一平行面中相邻的球的球心距也是如此。那么，如果把这双层球中每两个球的相切面都画出来，就会形成一个双层六面柱体。这个双层六面柱体互相衔接的面都是由三个菱形所组成的角锥形底部连接而成；角锥形与六面柱体的边所成的角，与经过精密测量的蜜蜂蜂室的角完全相等。但怀曼教授告诉我，他曾做过大量细致的测量，认为蜜蜂工作的精确性曾被过分地夸大，所以不论蜂室的典型形状怎样，要真正实现这样的精确，是很少见的。

因此，我们可以断定，如果我们能把墨西哥蜂不那么完善的已有本能稍微改变一点，那么它们便能建造出像蜜蜂蜂室那样完美的构造。我们必须假设，墨西哥蜂有能力建造大小相等的真正球形蜂室。当看到下面情形时，这就没有什么值得奇怪的了：因为它们已经能够在一定程度上做到这点；同时，还有许多昆虫也能在树上建造完善的圆柱形孔穴，这显然是依据一个固定点旋转而成的。我们也肯定能想到，墨西哥蜂有能力把蜂室排列在水平层上，因为它们已经能将圆柱形蜂室这样排列了。我们还可以更进一步假定（这是最困难的一点）：当数只工蜂修建它们的球状蜂室时，与同伴的蜂室之间应当距离多远。然而它们已经能够判断距离了，所以通常都能让球状蜂室在某种程度上相互交叉；然后由一个完整的平面把这些交叉点全部连接起来。这些本能并不十分奇特，它们并不比指引鸟类筑巢的本能更奇特，但经过这样的变异之后，我相信蜜蜂通过自然选择获得了不可模仿的筑巢能力。

这个理论是可以通过实验证明的。我依照特盖特迈耶先生（Mr. Tegetmeier）的例子，把两个蜂巢分开，在中间放一块长而厚的长方形蜡板，蜜蜂立刻就开始在蜡板上开凿圆形的小凹穴；随着小凹穴开凿深度的加深，宽度也逐渐扩展，直到形成与蜂室直径大致相当的浅盆形，这看起来就像真正球体的一部分。最有趣的是，几只蜜蜂相互挨着开始开凿盆形凹穴时，它们之间的距离刚好使盆形凹穴得到上述宽度（即大约一个正常蜂室的宽度），并且深度达到这些盆形凹穴所构成的球体直径的 1/6，这时盆形凹穴的边彼此交切或是穿通。一遇到这种情况，蜜蜂便立即停止往更深处开凿，并开始在凹穴之间的交切处造起平面的蜡壁。因此，每一个六面柱体并非像普通蜂室那样，建筑在三边角锥体的直边上面，而是建造在一个平滑的扇形边上。

然后我又把一块薄而窄的、涂有朱红色的、其边如刃的蜡片放进蜂箱，以代替之前所用的长方形厚蜡板。蜜蜂即刻像之前那样在蜡片的两面开始开凿一些彼此靠近的盆形小穴。但蜡片太薄了，如果把盆形小穴的底凿得像上述实验一样深，两面就会相互穿通了。然而蜜蜂不会让这种事情发生，它们会在一定时候停止开凿。因此那些盆形小穴一旦被凿得深一点，便会出现平坦的底部。这些未被咬去的一小片朱红色蜡质平底，正好位于蜡片反面盆形小穴之间的、想象中的交切面。不过在不同的地方，两面的盆形小穴之间留下来的菱形板大小不等，因为这并非是自然状态下的东西，所以它们不能精细地完成工作。虽然如此，这些蜜蜂必定是以几乎相同的工作速度，在朱红色蜡片的两面环绕地咬去蜡质，加深凹盆，以便能够成功地在交切面处停止工作，在盆形小穴之间留下平面。

因为薄蜡片是非常柔软的，所以我想，蜂在蜡片的两面工作时，不难在咬到适当厚薄的时候停止工作。在普通的蜂巢里，我认为蜜蜂在两面工作时，速度并不总是能完全相等。因为我注意到，一个刚开始建造的蜂室底部完成一半的菱形板，它的一面略微凹陷，我想这是由于在这面工作的蜜蜂掘得太快的缘故；而它的另一面则是凸出的，这是因为蜜蜂在那一面工作得稍慢一点。在一个典型的例子中，我把这个蜂巢放回蜂箱里，让蜜蜂继续工作一小段时间，然后再检查蜂室，这时我发现菱形板已经完成，并且已经完全变成平的了。这块蜡片非常薄，所以要将凸出的部分咬平是绝不可能的；我怀疑这是反面的蜜蜂把温暖柔软的蜡挤压到中间适当位置而成的（我试验过，很容易做到），就这样把它弄平了。

从朱红色蜡片的实验中我们可以看出：如果蜜蜂必须为自己建造一堵蜡质的薄壁，它们便彼此相距适当的距离，以同等的速度开凿下去，并且努力做成同等大小的球状凹穴，但绝不让这些凹穴彼此穿通，这样它们就可建造成适当形状的蜂室。如果检查正在修建的蜂巢边缘，就可以明显地看到蜜蜂先在蜂巢的周围筑成一堵粗糙的围墙或缘边。然后它们就像营造每一个蜂室那样环绕着工作，从两面开凿围墙。它们并不在同一个时间修筑蜂室的三边角锥体的整个底部，通常最先修筑的是位于正在建造的最边缘的一两块菱形板，这视具体情况而定。在没有修筑六面巢壁之前，它们不会完成菱形板上部的边。这些叙述的某些部分与享有盛誉的老休伯所说的有所不同，但我相信这些叙述是正确的；如果篇幅足够，我将阐明这些事实是符合我的学说的。

休伯说，最初的蜂室是从侧面平行的蜡壁开凿造出来的。就我所见，这一叙述并不十分准确，最初的一步通常是从一个小蜡兜开始的；但我不想在此详加论述。我们知道，开凿在蜂室的构造中是十分重要的，但若假设蜜蜂不能在适当的位置（即沿着两个连接的球形体之间的交切面处）建造粗糙的蜡壁，就可能会出现很大的错误。我有几个标本清楚地表明它们是能够这样做的。甚至从建造中的蜂巢周围的粗糙边缘或蜡壁上有时候也可观察到弯曲的情况，这弯曲所在位置相当于未来蜂室的菱形底面的位置。但在所有情况中，粗糙的蜡壁是由于咬掉两面的大部分蜡而完成的。蜜蜂的这种修建方式是很神奇的，它们总是先制造出粗糙的墙壁，其厚度是最后留下的蜂室的10倍到20倍。根据下述情形，我们便能理解它们是如何工作的：假设泥瓦匠工人开始用水泥堆起一堵宽阔的墙基，然后从接近地面处的两侧削去等量的水泥，直到中央部分形成一堵薄而光滑的墙壁；这些工人通常把削去的水泥混合新的水泥，再堆在墙壁的顶上。因此，薄壁就这样不断地增高，但上面经常有一个巨大的墙顶。因此一切蜂室，无管是刚开始修建的还是已经完成的，上面都有这样一个坚固的蜡盖，蜜蜂能够在上面聚集爬行，而不会损坏脆弱的六面壁。米勒教授曾经慷慨地帮我量过，这些壁的厚度大不相同。在接近蜂巢边缘处所做的12次测量的平均厚度为1/352英寸；底部的菱形板则要厚一些，根据21次的测量，其平均厚度为1/229英寸，前后二者的比值大约是3：2。上述这样特别的修建方法可以节省蜡的使用，同时还能不断地加固蜂巢。

因为许多蜜蜂都聚集在一起工作，乍一看，这增加了理解蜂室修建过程的困难。一只蜜蜂在一个蜂室工作一会儿后，又到另一个蜂室里去，所以，如休伯所说的，当第一个蜂室开始建造时甚至有20只左右的蜜蜂在工作。我可以用下述情形来实际地阐明这一事实：将熔化的朱红色蜡薄薄地涂在一个蜂室的六面壁上，就能发现蜜蜂把这颜色极细腻地分布开，细腻得就像画家用画笔画上去的一样——蜜蜂将有色的蜡质微粒一点一点地从原来涂抹的地方拿来加工到周围扩大着的蜂室边缘。这种修建的工作在众多蜜蜂之间似乎有一种平均的分配，它们彼此都本能地保持统一的距离，所有的蜜蜂都试图开凿相同的球形，建造起这些球形之间的交切面。它们在困难的情况中，例如当两个蜂巢以一定角度相遇时，蜜蜂常常把已建成的蜂室拆掉，并且用不同的方法重建，造出来的蜂巢形状往往和拆掉的一样。

当蜜蜂遇到一处地方，自己可以站在适当的位置进行工作——例如，一块恰好处于向下建造的蜂巢中央部分下面的一块木板——那么这蜂巢势必就会被建造在这木片的上面。这种情况下，蜜蜂会在最适当的位置筑起新的六面体中一堵壁的基础，使其突出于其他已建成的蜂房之外。只要蜜蜂之间以及最后完成的蜂房墙壁之间都能保持适当的距离就已足够，于是，蜜蜂通过开凿想象中的球形体，就足以在两个相邻的球体之间造起一堵蜡壁。但据我所知，不到蜂房和相邻的几个蜂房都已完成得差不多时，它们是不会咬去和完成蜂房的角的。在一定的环境条件下，蜜蜂能在两个刚开始建造的蜂房中间适当的位置上，建造起一堵粗糙的蜡壁，这种能力是重要的，因为这涉及一个初看起来似乎可以推翻上述理论的事实：黄蜂蜂巢最外边缘上的一些蜂房也常常是严格的六边形，但在这里我没有篇幅来讨论这一问题。我并不觉得单独的一只昆虫（例如黄蜂的蜂后）建造六边形的蜂房会有很大的困难；只要它在两三个同时在建的蜂房内外交互工作，并且在开始建造时能使这些蜂房各部分保持适当的距离，开凿球形或圆筒形，再建造起中间的平壁，就可以做到了。

既然自然选择只对构造或本能的微小变异的积累起作用，而各个变异对于个体在其生活环境下都是有利的，那么就有理由要问：一切建筑本能变异所经历的漫长而级进的连续过程中，所有趋向于现在那样的完善状态的变异，对于物种的祖先，曾起过怎样有利的作用？我想，答案很简单：那样建造起来的蜜蜂或黄蜂的蜂室都很坚固，而且大大节省了劳动力、空间，以及蜂室的建造材料。而蜡质，我们知道，必须采集足够的花蜜——在这方面蜂类往往是十分辛苦的。特盖特迈耶先生告诉我，实验证明，蜜蜂分泌一磅蜡须要消耗 12~15 磅干糖。因此在一个蜂箱里的蜜蜂为了分泌建造蜂巢所必需的蜡，必须采集和消耗大量的液态花蜜。此外，在分泌的过程中，势必有许多蜜蜂好几天都不能工作。贮藏大量的蜂蜜对于维持大群蜜蜂冬季的生活是必不可少的。而且我们知道，大量的蜜蜂是蜂群安全的主要保障。因此，节省蜡质便大大节省了蜂蜜，进而节省了采蜜的时间，这无疑是任何一个蜂蜜家族成功的重要因素。当然，一个物种的成功还可能决定于其天敌以及寄生物的数量，或决定于其他特殊原因，这些都和蜜蜂所采集的蜜量没有关系。但是，如果我们假设采集蜜量的能力能够决定一种近似英国土蜂的蜂类能否在某处大量生存；让我们再进一步假设蜂群要度过寒冬，就需要贮藏蜂蜜。在这种情况下，如果土蜂的本能稍有变异，引导它们把蜡房造得靠近些，彼此相切，无疑有利于我们想象的这种土蜂。因为一堵公共的壁即使只连接两个蜂室，也会节省一些劳力和蜡。因此，如果它们的蜂房造得越来越整齐，越来越靠近，就像墨西哥蜂的蜂室那样聚集在一起，这种土蜂就会不断获得越来越多的利益。因为这种情况下，各个蜂房的大部分壁将会用作连接蜂房的壁，从而大大节省劳力和蜡。还有，由于同样的原因，如果墨西哥蜂能把蜂室造得比现在的更为接近，并在各方面能更规则一些，对于它们也是有利的；因为，如我们所见，这样的话，蜂房的球形面将会完全消失，而代之以平面。这样，墨西哥蜂所造的蜂巢大概就能像蜜蜂巢那样完善。自然选择不可能产生能超越这种完美构造的构造，因为据我们所知，蜜蜂的巢在经济化地使用劳力和蜡质方面，已达到了极端完美的地步。

　　因此，正如我相信的那样，一切已知本能中最奇异的便是蜜蜂的本能，这可以解释为自然选择利用比较简单的本能无数连续发生的微小变异。通过缓慢的过程，自然选择日益完善地引导蜜蜂在双层板上开凿彼此保持一定距离而大小相同的球形体，并沿着交切面筑造蜡壁。当然，蜜蜂是不会知道它们是彼此保持一定距离的开凿球形体，正如它们不知道六面柱体以及底部的菱形板的角呈多少度。这一过程的动力，在于让蜂室造得有适当的强度、适当的大小，适合幼虫生活的形状，以及最大可能地节省劳力和蜡。如果能够以最小的劳力，并且在蜡的分泌上消耗最少的蜜，继而建造最好的蜂房，那么这种蜂群就能得到最大的成功，并且还能把这种新获得的节约本能传递给新蜂群，使它们那一代在生存斗争中获得最大的成功机会。

## 反对将自然选择学说应用于本能的原因：中性和不育的昆虫

曾经有人对上述本能起源的观点提出异议："构造的和本能的变异必须是同时发生的，并且彼此协调，因为如果一方面发生变异而另一方面没有相应变化，那将是致命的。"这种异议的力量完全建立于本能和构造是突然发生变化的这种假设之上。以前面章节提到的大山雀（Parus maior）为例，这种鸟通常在树枝上用脚夹住紫杉木（yew）的种子，用喙去啄，直到啄出果仁。自然选择通过保留喙在形状上的一切微小的有利变异，使其越来越适合啄破这种种子，直到形成像五子雀（nuthatch）那样适应这种目的的构造完美的喙。同时，习性、强迫或是嗜好的自发变异也使得这种鸟日益变成吃种子的鸟，用自然选择学说这样解释，还有什么特别困难的呢？在这个案例中，设想先有习性或嗜好的缓慢变化，通过自然选择，喙才慢慢地发生与之相适应的改变。但是假设大山雀的脚由于与喙相关，或由于其他未知原因变异而增大，这种变大了的脚可能让这种鸟越来越擅长攀爬，而最终使它获得像五子雀那样非凡的攀爬力量和本能。在这种情况中，是假定构造的逐渐变化引起了本能习性的改变。再举一个例子：东方诸岛上的雨燕（Swift）完全用浓缩的唾液造巢，几乎没有比这更奇异的本能了。一些鸟类用泥土造巢，相信泥土中也混合着唾液；我曾亲眼看见北美的一种雨燕用小枝沾上唾液来造巢，甚至连枝条的碎屑也沾上唾液来造巢。于是，通过对分泌唾液越来越多的雨燕个体的自然选择，最后就会产生一种具有专用浓缩唾液而不用其他材料筑巢的物种，这难道不可能吗？其他情形也大多如此。然而必须承认，在许多情况下，我们无法推测最初发生变异的究竟是本能还是构造。

无疑，还有很多难以解释的本能可以用来反对自然选择学说。例如有些本能我们不知道它是怎样起源的；有些本能我们不知道其中间过渡类型是否存在；有些本能无足轻重，连自然选择也不怎么对它起作用；而有些本能在自然系统相去甚远的动物里居然大体相似，而我们却不能用共同祖先的遗传来说明这种相似性，最后只好相信这些本能是通过自然选择而独立获得的。我不准备在这里讨论这几种情况，但我要集中讨论一个特别的难点。这个难点当初我认为是不可解释的，实际上对于我的全部学说也是致命的。我所指的就是昆虫社会里中性的即不育的雌虫，因为这些中性昆虫在本能及构造上与雄虫以及能育的雌虫有很大的差异，而且由于不育，它们也不能繁殖自己的种类。

这是一个值得详细讨论的问题，但在这里我只举一个例子，即不育的工蚁。工蚁是怎样变得不育的是一个难点，但这并不比有些物种构造上的显著变异更难解释。因为可以证明，自然状态下某些昆虫以及其他节肢动物偶尔也会不育。如果这类昆虫是社会性的，且每年能出生大量能工作却不能生殖的个体对群体有利，那么我认为不难理解这是自然选择作用的结果。但我必须省略这类初步的难点不谈。因为最大的难点在于工蚁与雄蚁以及能育的雌蚁在构造上差异很大。比如工蚁具有不同形状的胸部，缺少翅膀，有时没有眼睛，并且具有不同的本能。单就本能而言，工蚁和完全的雌蚁之间的显著差异，可以很好地用蜜蜂的例子来证明，如果工蚁或其他中性昆虫原本是一种正常的动物，那么我会毫不迟疑地假设，它们的一切性状都是通过自然选择而慢慢获得的。也就是说，由于刚出生的个体都有细微的有利变异，这些变异又遗传给了它们的后代，这些后代继而又发生变异，又被选择，这样循环往复。但工蚁和双亲之间的差异这么大，又是绝对不育的，所以它完全不能把历代获得的构造或本能上的变异遗传给后代。那么，这种情况怎么可能符合自然选择的学说呢？

首先，我们要牢记，有无数例子可以表明家养动物和自然状态下的物种里，被遗传构造的各种各样的差异都与一定年龄或性别相关。这些差异不只与一种性别有关，而且与生殖系统活跃的那一小段时期相关，例如各种鸟类的婚羽、雄鲑鱼的钩颚。我们知道，不同品种的公牛经过人工阉割之后，犄角的形状也相应出现了细微的差异：某些品种的去势公牛跟同一品种的公牛与母牛相比，犄角会比其他一些品种去势公牛的更长。因此，我认为昆虫社会中，某些成员的任何性状变得与它们不育的状态有关并不存在多大难点，真正的难点在于理解这些构造的相关变异是因为自然选择的作用而慢慢累积起来的。

这看起来难以克服，但只要记住选择的作用适用于个体也适用于一整科物种，而且由此可以得到所需要的结果，那么这一难题便会缩小，或者如我所想，从而消失。养牛者喜欢肉和脂肪交织成大理石纹的样子，有这种特性的牛便被屠杀了。但养牛者有信心继续培育同样的牛，并的确取得了成功。这种信念或许就建立在选择的力量之上：只要仔细观察什么样的公牛和母牛交配能产出犄角最长的去势公牛，大概就能获得经常产生长犄角公牛的品种——虽然没有一只去势公牛能繁殖后代。这里有一个更确实的例子：弗洛特（M. Verlot）认为，一年生重瓣的紫罗兰（Stock），其某些变种由于长期和仔细地被选择到一定程度，通常会产生大量能开双层花瓣、完全不育花朵的实生苗，但是它们也产生很多单层花瓣的、能育的植株。后面这种单瓣植株能繁殖这个变种，它可以比作能育的雄蚁和雌蚁，重瓣而不育的植株可以看作蚁群的中性蚂蚁。无论是对于紫罗兰的变种，还是对于社会性的昆虫，选择为了达到有利的目的，不是只作用于个体，而是作用于整个家系。因此我们可以断定，与物种群中某些成员不育状态相关的构造或本能上的微小变异，都能证明是有利的。但结果却是，这些获利的能育的雄体和雌体得到繁衍兴盛，并把这种产生具有同样变异的不育成员的倾向传递给能育的后代。这样的过程一定是不断重复的，直到同一物种的能育和不育的雌体的数量之间产生巨大的差异，就像我们在许多种社会性昆虫里所见到的那样。

但我们还没有触碰到最难的问题，即一些蚂蚁的中性虫不但与能育的雌虫和雄虫有所差异，它们彼此之间也有差异。这种差异有时甚至大到难以置信的程度，蚂蚁因此被分作两个甚至三个等级（castes）。这些等级彼此之间区别很明显，但过渡类型却并不常见；彼此的区别就像同属中的任何两个物种或同科的任何两个属那样。埃西顿蚁（Eciton）的中性工蚁和兵蚁有着极不相同的颚和本能；隐角蚁（Cryptocerus）只有一个等级的工蚁头上有一种奇异的盾，其用处目前还不清楚；墨西哥蜜蚁（Myrmecocystus）

有一个等级的工蚁从不离开巢穴，而由另一级别的工蚁喂养，它们的腹部发育得很大，能分泌出一种蜜汁，以代替蚜虫的排泄物。蚜虫被称为"蚂蚁的奶牛"，欧洲蚂蚁经常把它们圈养起来。

如果我不承认这种奇异而确实的事实可以立刻颠覆我的学说，一定会被认为对自然选择的原理过于自负。在较简单例子中的中性昆虫只有一个等级，我相信它跟能育的雄虫和雌虫之间的差异是通过自然选择得到的。从正常变异的类推中我们可以判断，这种连续微小的有利变异，最初并非发生于同一巢穴里的所有中性昆虫，而只发生于其中的少数个体。由于这样的群体中，雌虫产生的大量具有有利变异的中性昆虫能够得以生存，最终，一切中性昆虫便会具有相同的变异特征。按照这一观点，我们很可能在同一巢穴中偶尔发现表现出过渡各级构造的中性昆虫，事实确实如此，即便很少研究欧洲以外的中性昆虫，这种现象也并不罕见。史密斯先生曾表示，几种英国蚂蚁的中性昆虫在大小和颜色方面有着惊人的差异；而两种极端的类型可由同巢穴中的一些个体连接起来，我也曾亲自比较过这一种类完整的过渡各级。有时可以发现，大型或小型的工蚁数目最多，又或二者的数量都多，而中间大小的数量却很少。黄蚁有大大小小的工蚁，中间大小的则很少；正如史密斯先生所观察到的，这个物种里的大型工蚁有单眼（ocelli），尽管很小，但还是能清楚地辨认出来，然而小型工蚁的单眼则是退化了的。仔细地解剖几只这些工蚁之后，我确定小型工蚁的眼睛已经高度退化了，其程度是体型比例缩小所解释不了的。虽然不敢断言，但我深信中间型工蚁的单眼恰恰处在中间的状态。所以，一个巢穴内两群不育的工蚁的差异不只在于大小，还有视觉器官，然而它们是被一些少数中间状态的成员连接起来的。我再补充几句题外话，如果小型工蚁对蚁群最有利，那些生殖越来越多小型工蚁的雄蚁和雌蚁便必然会不断地被选择，直到所有的工蚁都呈现这样的状态。于是就形成了这样一个蚁种：中性蚂蚁差不多就像红蚁属（Myrmica）的中性个体一样；红蚁属的工蚁甚至连退化了的单眼都没有，虽然这一属的雄蚁和雌蚁都有很发达的单眼。

再举一个例子。我曾期望在同一物种不同等级的中性昆虫之间，可以偶尔找到重要构造的中间各级，所以我很高兴能得到史密斯先生提供的来自西非驱逐蚁（Anonma）的同一巢穴中的许多标本。我不列举测量的准确数字，而只是做一个严格精确的说明，这样读者大概就能最好地理解这类工蚁之间的差异了。这就好像我们看到一群建筑房屋的工人，其中很多是5英尺4英寸高，还有很多是16英尺高；但我们必须再假设那大个子工人的头比小个子的大不止三倍，而是大四倍。而在蚂蚁中，颚差不多要大五倍。几种大小不同的工蚁，它们不仅在颚的形状方面差异悬殊，牙齿的形状和数量也是如此。但对我们来说，重要的事实是，虽然工蚁可以按体型分为不同的等级，但彼此之间的逐渐变化却是缓慢的、难以觉察的，例如，它们的构造大不相同的颚。关于后一点，我确信是因为卢博克爵士（Sir J. Lubbock）曾用照相机把我所解剖的几种大小不同的工蚁的颚逐一记录了下来。贝茨先生（Mr. Bates）在他有趣的著作《亚马孙河上的博物学者》(Naturalist on the Amazons）里也描述过一些类似的情形。

根据眼前的事实，我相信自然选择通过作用于能育的蚂蚁，即亲本蚁，便可以形成一种专门产生大型且具有某一形状的颚的中性蚂蚁，或专门产生小型且具有明显不同的颚的中性蚂蚁。最后，也是最难的，便是形成一种能同时产生两群大小和构造都不相同的中性蚂蚁——但是最先形成的是一个逐渐过渡的系列，就像驱逐蚁的例子一样；然后，由于生育它们的亲本蚁得以生存，这一系列两端的类型就越来越多，直到具有中间构造的个体不再出现。

华莱士和米勒两位先生曾对同样复杂的例子提出类似的解释，华莱士的例子是某种马来蝴蝶的雌虫有规律地表现出两三种不同的形态；而米勒的例子是某种巴西甲壳类的雄体同样表现出了两种大不相同的类型。但这里无须讨论这个问题。

我相信，现在我已解释了存在于同一巢穴中、截然不同的两个等级的不育工蚁不但彼此之间差异甚大，它们和亲本蚁之间也大不相同这一奇异的事实是如何发生的。可以看出，这种情况的产生对蚂蚁群体有利，正如分工对文明的人类有利一样。不过蚂蚁是通过遗传的本能和遗传的器官即工具来工作，而人类则用所学的知识和人造的工具工作。但必须承认，我虽然对自然选择深信不疑，但如果没有这类中性昆虫引导我得到这一结论，我绝不会想到这一原理是如此有效。所以，为了阐明自然选择的力量，同时也因为这是我的学说所遭到的特别困难的地方，对于这种情形，我讨论得比较多，但仍旧不够全面。这种情况也很有趣，因为它证明动物和植物一样，任何的变异量都是通过积累无数细微的、自发的且在任何方面都是有利的变异而实现的，即便没有训练或习性的作用。因为工蚁，即不育的雌蚁所独有的习性，无论经历多长时间，也不可能影响专门繁殖后代的雄蚁和能育的雌蚁。我很惊讶，为什么至今也没有人用这种中性昆虫的明显例子反驳众所周知的拉马克"获得性遗传"学说。

提要

我已尽力在本章简要地阐明了家养动物的心理特质是会变异的，而这些变异是可以遗传的。我还试图更简要地阐明本能在自然状态下也有着轻微的变异。没人会否定本能对各种动物都非常重要。因此，在变化的生活环境下，自然选择能轻易地把任何稍微有利的本能的微小变异，累积到任何程度。而且在许多情况下，对于习性，器官的使用和不使用可能也起着一定作用。我不敢断定本章所举出的事实能够很大程度地稳固我的学说；但根据我能做出的最佳判断，没有一个难点可以颠覆我的学说。另一方面，本能并不总是绝对完全的，并且是容易发生错误的——虽然有些动物可以利用其他动物的本能，但没有一种本能是专为其他动物的利益产生的。自然史的格言"自然界没有飞跃"，不但适用于身体构造，也同样能应用于本能，这也可用上述观点清楚地说明，否则就无法解释了。所有这些事实都进一步巩固了自然选择的学说。

这个学说也因为其他几种关于本能的事实而更加稳固。例如，当亲缘很近的不同物种栖息在世界上相隔很远的地方，生活在完全不同的生活环境之下时，却常常能保持几乎同样的本能。比如，根据遗传的原理，我们就能够理解：为什么南美的热带画眉会和英国的同类一样奇特，用泥来涂抹它们的巢；为什么非洲和印度的犀鸟（hornbill）有同样异常的本能：它们用泥把树洞封住，把雌鸟关在里面，而只在封口处留一个小孔，以便雄鸟从这里给雌鸟和孵出的幼鸟喂食；而又是为什么，北美的雄性鹪鹩（Troglodytes）和英国的雄性鹪鹩（Kitty-wrens）一样，具有和其他已知鸟类完全不同的习性——筑造用于栖息的"雄鸟之巢"。最后，这可能是不合逻辑的推理，但根据我的想象，这样的说法最能令人满意：把这些本能——如小杜鹃把义兄弟挤出巢外，蓄奴的蚂蚁，姬蜂（ichneumonidæ）的幼虫寄生于有生命的青虫体内——不是看作被特别赋予或被特别创造的，而是看作引导一切生物进化，即繁衍、变异，让强者生存、弱者淘汰这些一般法则的小小结果。

# 第九章 杂种性质

首次杂交的不育与杂种不育的区别——不育性有不同的程度，不育性并非普遍，近亲交配对其影响，家养消除不育性——支配杂种不育性的规律——不育性并非特别的禀赋，而是伴随其他差异产生，它不通过自然选择累积——第一次杂交不育和杂种不育的原因——生活环境变化的影响和杂交的影响，二者之间的平行现象——二型性和三型性——变种杂交的能育性及其混种后代的能育性并非普遍——除了能育性以外，杂种和混种的比较——提要。

自然学家普遍认为，物种的杂交被特别赋予不育性是为了阻止它们之间的混杂。这一观点乍一看似乎是很可信的，因为物种生活在一起，如果可以自由杂交，就很难保持彼此不混杂。这个问题的很多方面对我们来说都很重要，特别是第一次杂交的不育性以及它们的杂种后代的不育性，正如我要说明的那样，不能通过各种不同程度的连续有利的不育性的保存而获得。不育性是亲本物种生殖系统中差异性产生的偶然结果。

在讨论这一问题时，有两大类根本不同的事实却通常被混淆在一起：物种第一次杂交时的不育性，以及它们产生出的杂种的不育性。

纯种物种自然具有完美的生殖器官，然而互相杂交之后，它们却只能繁殖出少量的后代，甚至没有后代。另一方面，无论从雄性的动物还是植物都可以明显看出，杂种的生殖器官已经失去了功能上的效用，尽管它们生殖器官的构造本身在显微镜下看来还是完整的。在上述第一种情况中，形成胚体的两性的生殖器都是完整的；第二种情况里，雌雄性生殖器或是没有发育，或是发育得不完全。这种区别在必须考虑上述两种情况中所共有的不育性原因时，是很重要的。因为我们通常把这两种情况下的不育性都看作是一种特别的禀赋，而这种禀赋又超出了我们认知能力的范畴，于是这种区别很可能被忽略。

变种通常被认为是从共同祖先传下来的不同形式，变种之间杂交的可育性以及它们的混种后代间杂交的可育性，根据我的学说，与物种杂交时的不育性同等重要，因为这似乎是物种和变种之间的一个显著区别。

## 不育性的程度

首先来看物种杂交时的不育性以及其杂种后代的不育性。科尔路特（Kolreuter）和格特纳（Gartner）这两位谨慎而优秀的观察家几乎用尽了毕生精力来研究这个问题，凡是读过他们研究报告和著作的人，肯定能深深感到一定程度的不育性是非常普遍的。科尔路特还把这一规律普遍化了。可是在十个例子中，科尔路特发现有两种类型虽被大部分作者看作不同物种，但在杂交时却几乎是完全能育的，于是他快刀斩乱麻，毫不犹豫地把它们列为变种。格特纳也同样把这个规律普遍化；他还对科尔路特列举的十个例子的完全能育性提出了质疑。但是在这些和许多其他例子中，格特纳不得不认真统计种子的数量，以便表明其中存在一定程度的不育性。他总是把两个物种第一次杂交时所产生的种子的最大数量，以及它们的杂种后代所产生的种子的最大数量，与双方纯种的亲本种在自然状态下所产生种子的平均数量相比较。但这里出现了一系列产生严重错误的原因：进行杂交的一种植物必须去掉雄蕊，更重要的是必须将它隔离，以防昆虫带来其他植物的花粉。但是格特纳所试验的几乎全都是盆栽植物，他把它们都放置在家中的一间屋子里。这些做法肯定会常常伤害植物的能育性。因为格特纳所列举出的约二十个例子的植物,都被借助于它们自己的花粉而进行人工授粉(除了一些难以处理的植物,如豆科植物以外),这二十种植物中的一半的可育性都受到了一定程度的损害。还有,格特纳反复使普通的蓝色与红色琉璃繁缕(Anagallis arvensis)——这些被最优秀植物学家们认为的变种反复杂交,发现它们是绝对不育的。因此我们可以怀疑,是否许多物种相互杂交时的确是不育的。

可以肯定的是:一方面,不同物种杂交时的不育性,其程度也各不相同,并且其间的渐进变化令人难以察觉;另一方面,纯种物种的能育性很容易受各种环境条件的影响,以至于为了实践的目的,很难说出完善的能育性是在何处终止,而不育性又从何处开始。关于这一点,我想没有什么能比经验丰富的二位观察家科尔路特和格特纳所提出的证据更为可靠了。关于某些完全一样的类型,他们曾得出完全相反的结论。关于某些可疑类型应被归类为物种还是变种的问题,比较最优秀的植物学家们提出的证据,与不同的杂交工作者从能育性推论出来的证据,或是同一观察者从不同年代的实验中所推论出来的证据,也是很有启发性的。但因篇幅有限,我没能详细说明这一点。由此可知,无论不育性还是能育性,都不能明确区分物种和变种。从这一方面所得的证据越来越少,并且从其他本质和构造上的差异所得出的证据在一定程度上也不可信。

在杂种连续后代的不育性方面,格特纳虽然谨慎地防止了一些杂种和纯种的父母亲本相杂交——这样培育到了第六、第七代,在一个案例中甚至到了第十代——但他肯定,它们的能育性没有增强,而是突然大幅削弱。关于这种能育性的削弱,首先要注意的可能是,当杂种的双亲本在构造或本质上同时出现任何偏差时,这往往会以倍增的程度传递给后代;而且杂种植物的雌雄生殖器官在一定程度上也受到了影响。但是我相信它们能育性的降低在几乎所有的情况中都有一个特别的原因,即过于亲密的近亲交配。我已经做过许多实验并搜集到了很多事实足以阐明:一方面,偶尔与一个不同的个体或变种进行杂交可以提高后代的活力和能育性;而另一方面，十分亲密的近亲交配会降低它们的活力和能育性。我一点也不怀疑这一结论的正确性。实验者们很少能培育出大量的杂种，而且因为亲本种以及其他近缘杂种一般都生长在同一园圃内，所以在开花季节必须小心防止昆虫的传粉。因此，如果杂种独自生长，每一代通常都是自花授粉；它们的能育性原本已因为起源于杂种而有所降低，现在则更可能受到损害。格特纳反复提到的一个特别声明增强了我的信心，他说，即便是能育性较低的杂种，如果用同类杂种的花粉进行人工授粉，尽管这样的操作常常带来不良影响，但有的时候能育性却能明显得到提高，而且会逐代持续提高。现在，在人工授粉的过程中，随机采取另一朵花朵花药的花粉（根据我的经验所知），与从来自本朵花的花粉参与受精的机会是均等的。所以，两朵花的杂交，尽管通常是同一植株上的两朵花的杂交，由此会受到影响。此外，无论什么时候进行复杂的实验，都应像格纳特这样谨慎的观察家一样，把杂种的雄蕊去掉，这样就可以保证物种的每一代都是用异花的花粉进行杂交，而这些异花来自同一植株或是同一杂种性质的另一植株。因此，我相信，与自发的自花受精相反，人工授精的杂种在连续各代中会逐渐提高能育性这一奇异的事实，是可以根据避免过于亲密的近亲交配来解释的。

现在让我们来看第三位经验丰富的杂交工作者赫伯特牧师所得出的结果。就像科尔路特和格特纳强调不同物种之间存在着某种程度的不育性是普遍的自然法则一样，他的结论强调某些杂种与其纯种亲本种一样，是完全能育的。他对格特纳曾试验过的一些相同物种进行了试验，但他们的结果却不同。我想这一方面是由于赫伯特精湛的园艺技能，而另一方面则是由于他有一个温室可供操控。在他众多的重要记载中，我只举出一个例子："在长叶文殊兰（Crinum capense）的一个豆荚内的各个胚珠上都授以卷叶文殊兰（C. revolutum）的花粉，便会产生一个在自然授粉状态下我们从未见过的植株。"因此，在这里我们看到，两个不同物种第一次杂交，就会得到完善的甚至比通常更完善的能育性。

文殊兰属的这个例子让我想起一个异常的事实：半边莲属（Lobelia）、毛蕊花属（Verbascum）、西番莲属（Passiflora）中的某些个体植物，容易被不同物种的花粉受精，但不易被同株的花粉受精——虽然我们已经证明这些花粉在使其他植物或物种的受精上是完全正常的。希尔德布兰德教授（Prof.Hildebrand）提到的孤挺花属（Hippeastrum）和紫堇属（Corydalis）中，以及斯科特先生（Mr. Scott）和米勒提到的各种兰科植物中，所有植株都有这种特殊的情况。所以，某些物种的一些异常个体与某些物种的一切个体，相比其用同一植株的花粉来受精，实际上更易杂交。再举一个例子，一种孤挺花（Hippeastrum aulicum）的一个鳞茎上开了四朵花，赫伯特在其中的三朵花上授以它们自己的花粉，使之受精，而在第四朵花上授以从三个不同物种杂交所得的一个复合杂种（Compound hybrid）的花粉，使它受精。其结果是："前三朵花的子房很快就停止了生长，几天之后完全枯萎，而由杂种花粉受精的荚果则生长旺盛，迅速成熟，还结出了能够自由生长的优良种子。"赫伯特先生多年以来的重复实验总是得到同样的结果。这些例子可以阐明，决定一个物种能育性强弱的原因常常是细微而不可思议的。

园艺家的实际试验虽然缺少科学的精密性，但也值得重视。众所周知，天竺葵属（Pelargonium）、倒挂金钟属（Fuchsia）、蒲包花属（Calceolaria）、矮牵牛属（Petunia）、杜鹃花属（Rhododendron）等物种之间，曾以十分复杂的方式杂交，然而许多这些杂种都能自由地结籽。例如，赫伯特断言，从绉叶蒲包花（Calceolaria integrifolia）和车前叶蒲包花（Calceolaria plantaginea）这两个习性颇为不相同的物种得到的一个杂种，"它们完全能够自己繁殖，就好像是来自智利山中的一个自然物种"。我曾苦心探索杜鹃花属的一些复合杂种能育性的程度，可以确定其中多数是完全能育的。诺布尔先生（Mr. C. Noble）告诉我，他曾把小亚细亚杜鹃（Rhod. ponticum）和北美山杜鹃（Rhod. catawbiense）之间的一个杂种嫁接在他培育的一些砧木上，而这个杂种"有我们可以想象的自由结籽的能力"。正确对待杂种，如果格特纳所相信的，其能育性在每一连续后代中总是不断降低，那么这一事实必然会引起园艺家的注意。园艺家们把同一个杂种培育在广大园地上，这才是最恰当的处理，因为借助昆虫的媒介作用，若干个体可以彼此自由地进行杂交，进而阻止亲密的近亲交配的有害影响。只要检查一下杜鹃花属那比较不育的杂种的花朵，任何人都会立刻相信昆虫媒介的作用，它们不产生花粉，而在它们的柱头上却可以发现大量来自其他花朵的花粉。

对动物详尽的实验要远远少于关于植物的实验。如果我们的分类系统可靠，就表明：如果动物各属彼此之间的区别程度和植物各属之间的一样明显，那么就可推论出在自然系统上区别较大的动物比植物更易杂交。但我认为，其杂种本身会更加不育。我们应牢记，由于没有几种动物在圈养条件下能正常繁殖，因此就很少有这样的实验。例如，用九种不同种的鸣雀与金丝雀杂交，由于这些雀类没有一种能在圈养条件下正常生育，所以我们不能期待这些鸟之间的本代杂交或其杂种后代是完全可育的。而关于较为可育的杂种动物在后继世代中的可育性，我几乎能举出一个事例来证明：由不同亲本种同时培育出同一杂种的两个家族，可以避免亲密的近亲交配的恶劣影响。相反，动物的兄弟姐间通常在每一连续世代中杂交，这违背了每一个饲养员反复提出的告诫。在这种情况中，杂种固有的不育性会继续增强，便不足为奇了。

虽然我不能举出任何完全可靠的例子，以证明动物的杂种是完全可育的，但是我有理由相信凡季那利斯羌鹿（Cervulus vaginalis）和列外西羌鹿（Reevesii）之间的杂种，以及东亚雉（Phasianus colchicus）和环雉（P. torquatus）之间的杂种是完全能育的。奎特伦费吉（M. Quatrefages）说，在巴黎已经证明，有两种飞蛾（Bombyx cynthia 和 arrindia）的杂种自行交配达八代之久，但仍能生育。最近有人断言，野兔和家兔这两类如此不同的物种，如果相互杂交能产生后代，那么这些后代与任何一个亲本种进行杂交，亲种后代的能育性都很高。欧洲的普通鹅和中国鹅（A. cygnoides）是差异很大的两个物种，人们一般将它们列为不同的属。它们的杂种与任何一个纯粹亲种杂交，通常都是能育的，并且在仅有的一个例子里，杂种之间的相互交配也是能育的。这都是艾顿先生（Mr. Eyton）的功劳，他从同一父母本培育出两只杂种鹅，但不是同时孵抱的。由这两只杂种鹅又培育出一窝八个杂种（这些都是当初两只纯种鹅的孙代）。然而在印度，这些杂种鹅的能育性更好，因为布里斯先生（Mr. Blyth）和赫顿大尉（Captain

Hutton）告诉我：印度到处饲养着这样的杂种鹅群，因为饲养它们是为了谋利，而且纯种的亲种已不存在了，因此它们必须具有较高甚至完全的可育性。

至于我们的家养动物，不同品种之间的相互杂交，能育性都很高。然而在许多情况下，它们都是从两种或两种以上的野生物种杂交繁衍而来。根据这一事实，我们可以断言：如果不是原始的野生亲本种一开始就杂交产生了完全能育的杂种，就是杂种在此后的家养状况下变得能育。后面一种说法，最初是由帕拉斯（Pallas）提出的，它的可能性似乎最大，也是难以怀疑的。

例如，几乎可以肯定我们的狗是从几种野生动物繁衍而来，除了南美洲某些土生土长的家狗，大概所有的家狗互相杂交，其可育性都是很高的；但类似的推理让我很是怀疑这几个野生的原始物种是否最初在一起就能互相杂交、正常繁殖，并产生能育性很高的杂种。最近我又得到了一个有力的证据：印度瘤牛与普通牛杂交的后代之间的相互交配是完全能育的；而根据卢特梅耶（Riitimeyer）对于这两种牛骨骼重要差异的观察，以及布里斯先生对于它们的习性、声音和体质差异的观察，这两个类型必然是真正不同的物种。家猪的两个主要品种情况也与之相似。因此，我们要么放弃物种在杂交时的普遍不育性的观点，要么承认动物的这种不育性不是不可消除的特性，而是可以在家养环境下能够消除的一种特性。

最后，根据植物和动物相互杂交的一切已知事实，我们可以得出以下结论：第一次杂交及其杂种后代具有的某种程度的不育性，是极其普遍的现象；但根据我们目前所有的知识而言，不能认为这是绝对普遍的。

## 支配首次杂交不育性和杂种不育性的规律

关于支配首次杂交不育性和杂种不育性的规律，我们会讨论得稍微详细一点。我们的主要目的，是看一看这些规律是否表明物种曾被特别地赋予了这种不育性，以阻止它们的杂交和混淆。下面的结论主要是从格特纳令人钦佩的植物杂交工作中得出来的。我曾费尽心思想要确定这些规律在动物中究竟能应用到什么程度，尽管我们对杂种动物的知识知之甚少，但我惊奇地发现，这些规律是能普遍应用于动物界和植物界的。

已经指出，首次杂交能育性和杂种能育性的程度，都是从完全不育逐渐上升到完全可育。让人惊奇的是，这种逐渐变化的方式可由很多奇妙的方式表现出来。但在这里我只能给出这些事实最简略的情况。如果把某一科植物的花粉放在另一科植物的柱头上，产生的影响并不比无机的灰尘大。从这种绝对不育开始，把不同物种的花粉放在同属的某一物种的柱头上，可以产生数量不同的种子，它们形成一个逐渐变化的完整系列，直到几乎甚至完全能育。我们知道，在某些异常情况下，它们甚至会出现超常的能育性，即超过了用自身花粉受精时的能育性。杂种也是如此，有些杂种，即使用其纯种亲本的花粉受精，也从来未产生——大概也永远不会产出一粒能育的种子。但在有些这类例子中，却可以看到能育性最初的痕迹，即以纯种亲本的花粉受精，可以使杂种的花比不用这种花粉的花凋谢得较早。而花朵开始凋谢是初期受精的一种征兆，这是众所周知的。从这种极度的不育性开始，我们已见过由自我交配能育的杂种，到可以产生越来越多种子的、直到具有完全的能育性为止的各种事例。

凡是很难杂交，杂交后又很少产生后代的两个物种产生的杂种，一般情况下可育性不大。有两种事实：第一次杂交的困难，和这样产生出来的杂种后代的不育性，这二者常常被混为一谈。而它们之间的平行性（parallelism）也不是绝对严格。许多案例中，比如毛蕊花属的两个纯种物种间的杂交十分容易，并且可以产生大量的杂种后代，可是这些杂种却具有明显的不育性。而另一方面，一些物种很少能够杂交或极难杂交，但最后产生的杂种后代可育性很高。甚至在同一个属内，例如在石竹属（Dianthus）中，都会有这两种相反的情况同时存在。

第一次杂交的能育性和杂种后代的能育性与纯种物种的能育性相比，前者更易受到不良条件的影响。不过第一次杂交的能育性本身也是可以变的，因为同样的两个物种在同样环境条件下进行杂交，其能育性的程度并不永远一样，这部分地决定于随机选取用作实验的个体体质。杂种也是如此，因为同一个蒴果的种子在同样条件下培育出的若干个体，其能育性程度往往有很大差异。

分类系统上的亲缘关系这一名词的定义，是指物种之间在构造和体质上的一般相似性。那么物种首次杂交的能育性以及由此产生的杂种的能育性，主要是受它们分类系统上的亲缘关系所支配。一切被分类学家列为不同科的物种之间从没有产生过杂种；另一方面，密切相近的物种一般容易杂交，这就清楚地阐明了这一点。但是分类系统上的亲缘关系和杂交的难易性之间的一致性并非绝对严格。可以列举无数的例子证明关系极密切的近缘物种不能杂交，或者说极难杂交；而另一方面，差异很大的物种却能很容易地杂交。在同一个科里，可能有一个属中，比如石竹属，在这个属中的许多物种能够极容易地杂交；而另一个属，如麦瓶草（Silene），在这个属里，即使很努力地让两个极其接近的物种进行杂交，也不能产生一个杂种后代。甚至在同一个属内，我们也会遇到类似的不同情形。比如烟草属（Nicotiana）的许多物种比起其他任何属的物种都更容易杂交，但是格特纳发现智利尖叶烟草（N. acuminata）虽然不是很特殊的物种，用它与不下八个烟草属的其他物种进行杂交，它却完全不能实现受精，也不能使其他物种受精。类似的例子还可以举出很多。

关于任何可辨识的性状，没人能够指出究竟是什么样或是什么数量的差异才能阻止两个物种的杂交。我们知道，习性和一般外形差异极大，且花朵的每部分，甚至花粉、果实以及子叶有着显著差异的植物是能够杂交的。一年生植物和多年生植物、落叶和常绿乔木、生长在不同地方且适应不同气候的植物，通常也是容易杂交的。

所谓两个物种的互交，我认为是指以下情形：例如，先以母驴和公马杂交，再以母马和公驴杂交，这样就可以说这两个物种已经互交了。在进行互交的难易程度上，通常会存在极大的差异。这类例子很重要，因为它们证明了任何两个物种的杂交能力通常跟它们分类系统上的亲缘关系完全无关，也就是跟它们生殖系统以外的构造和体质的差异完全无关。科尔路特很早以前就观察到了相同两个物种之间的互交结果会有所不同。例如，长筒紫茉莉（M. longiflora）的花粉很容易使紫茉莉（Mirabilis jalapa）受精，而且它们的杂种是完全可育的；但在8年之中经过了200次以上的反交，他试图用紫茉莉的花粉使长筒紫茉莉受精，结果都失败了。还可以列举很多同样突出的例子：瑟伦（Thuret）就曾在墨角藻属（Fuci）中观察到同样的事实；此外，格特纳发现互交难易的不同是极普遍的。他在被植物学家列为变种的一些亲缘类型[比如一年生紫罗兰（Matthiola awnua）和无毛紫罗兰（Matthila glabra）]之间，就观察到了这类事实。还有一个值得注意的事实：互交中产生的杂种，尽管从完全相同的两个物种混合而来，但只是一个物种先用作父本然后再用作母本而已。虽然它们的外部性状差异很小，但通常在能育性上略微有所不同，有时差异还很大。

从格特纳这里，还可以列举出其他一些奇妙规律：某些物种和其他物种杂交的能力很强；同属的其他物种能使杂种后代与自己更相像。但是这两种能力并不一定总伴随在一起。有些杂种后代不像通常那样，具有双亲之间的中间性状，而总是与双亲的某一方密切相似；这类杂种虽然在外观上很像纯种亲种的一方，但除了极少的例外都是完全不育性的。此外，具有双亲之间的中间构造的杂种中，有时会出现一些例外和异常的个体，它们与纯种亲本种的一方十分相似，但这些杂种几乎总是完全不育的，即便同一个蒴果的种子培育出来的其他杂种可育性很高的时候也是如此。这些事实表明，杂种的能育性和它与任何一个纯种亲种外表的相似性完全无关。

考虑到以上列举的几个支配首次杂交和杂种能育性的几条规律，我们便可看到：当被看作真正不同的物种类型进行杂交时，它们的能育性是从完全不育逐渐到完全能育，甚至在某些条件下可以超过完全能育；它们的能育性除了很容易受环境条件优劣的影响外，本身也容易产生变异；首次杂交与由此产生的杂种后代能育程度并不总是相同；杂种的能育性和它与任何一个亲本种外观上的相似性无关；最后，两物种间首次杂交的难易程度，并不总是受它们的分类系统上的亲缘关系，即彼此相似的程度所支配。最后一点，在同样的两个物种之间互交结果中表现出来的差异性中，已被明确证实了。因为某一物种或另一物种被用作父本或母本时，它们杂交的难易一般有一定差异，有时还可能有很大的差异。此外，互交中产生的杂种在能育性上往往也有所不同。

那么，这些复杂而奇异的规律是否表明物种不育性的赋予，仅仅是为了阻止物种在自然界中混淆？我想并非如此。因为，假如避免混淆对各个不同的物种都同样重要，那么为什么不同的物种进行杂交时，它们的不育性程度会有如此悬殊的差异呢？为什么同一物种不同个体间的不育程度存在变化呢？为什么某些物种易于杂交，会产生极不育的杂种；而其他物种极难杂交，却能产生极能育的杂种呢？为什么同样两个物种的互交结果中常常存在巨大的差异？甚至可以问，为什么会允许杂种的产生呢？既然赋予物种产生杂种的特别能力，为何然后又通过不同程度的不育性来阻止它们进一步繁衍？而这种不育程度又和首次杂交的难易没有太大的关系。这样的安排看起来很是奇怪。

另一方面，在我看来，上述的规律和事实清楚地表明，首次杂交和杂种的不育性仅仅只是伴随或决定于它们生殖系统中的未知差异。这些差异具有特殊和严格的性质，这使得在同样两个物种的互交中，虽然一个物种的雄性生殖器官能完全自由地作用于另一物种的雌性生殖器官，但反过来却不起作用。我所谓的不育性，是伴随其他差异而发生的、而非特别被赋予的一种性质。这最好用一个例子来充分解释：一种植物嫁接或芽接在其他植物之上的能力，对处于自然状态下的它们来说是没有特别利益的。我断定，没人会认为这种能力是被特别赋予的一种性质，但他们会承认这是伴随这两种植物生长规律的差异而出现的。有时从树木的生长速度、木质的硬度，以及树液流动周期和树液性质等差异上，我们可以看出一种植物不能嫁接在另一种植物上的原因。但在很多情况下，我们完全看不出任何原因。两种植物不会因为大小之间悬殊的差异，或是木本和草本、常绿和落叶的差异，以及对不同气候适应性的差异，而阻止它们嫁接在一起。杂交的能力受到分类系统上的亲缘关系所限制，嫁接也是如此，因为还没有人能够把分属差异很大的科的树嫁接在一起。相反，密切相近的物种以及同一物种的变种虽然不是一定，但通常都能嫁接在一起，只是这种能力和杂交一样，绝不会完全受分类系统上亲缘关系的控制。虽然同一科中许多不同的属可以嫁接在一起，但是在另一些情况下，同一属的一些物种却又不能嫁接。把梨嫁接到不同属的榅桲（quince）上远比把它嫁接到同一属的苹果上容易。甚至梨的不同变种在榅桲上嫁接的难易程度也有所不同。杏和桃树的不同变种在某些李子树变种上的嫁接也是如此。

格特纳发现，同样两个物种的不同个体，在杂交中往往会有内在的差异；萨格瑞特（Sageret）相信同样两个物种的不同个体在嫁接中也是如此。正如在互交中结合的难易通常差异很大，这种情况在嫁接中也通常如此。例如，普通醋栗（gooseberry）不能嫁接在红醋栗（currant）上，而红醋栗却能嫁接在普通醋栗上，虽然这样的嫁接很困难。

我们知道，生殖器官不完全的杂种的不育性与生殖器官健全的两个纯种物种难以结合是两回事。但这两类不同的情况在很大程度上是平行的。相似的情况也发生在嫁接中。杜因（Thouin）发现刺槐属（Robinia）的三个物种在自己的根上可以自由结籽，而如果嫁接在第四种刺槐上，虽然嫁接并不难，但不能产生种子。相反，将花楸属（Sorbus）的某些物种嫁接在其他物种上，所结的果实却比自己的根上多一倍。这一事实使我们想起孤挺花属、西番莲属等特别情况，它们由不同物种的花粉受精，产生的种子数量比用本株的花粉受精要多得多。

由此可见，虽然嫁接植物枝干的单纯愈合与雌雄性生殖器的结合在生殖作用上明显存在巨大的区别，但不同物种的嫁接和杂交的结果却大致相似。正如我们认为支配树木嫁接难易度的奇异而复杂的规律，是伴随着它们营养系统中一些未知差异而产生的一样，我相信支配首次杂交难易度的更为复杂的规律，是伴随生殖系统中一些未知差异而发生的。这两种情况的差异如我们所料，在一定程度上是遵循分类系统上的亲缘关系的。而通过分类系统的亲缘关系，可以表明生物之间的各种相似和相异的情况。这些事实似乎都没有表明各个不同物种在嫁接或杂交上的难易程度，或表明这是一种特别的禀赋；虽然在杂交的情况下，这种困难对于物种形态的维持和稳定具有重要意义，而在嫁接中，这种困难对于植物的利益并不重要。

## 首次杂交不育性和杂种不育性的起源及原因

有一段时间，我和别人一样，认为首次杂交的不育性和杂种的不育性，肯定是通过自然选择将能育性的程度逐渐削弱而慢慢获得的，而能育性的逐渐减弱和任何其他的变异相似，是一个变种的某些个体跟另一变种的某些个体杂交时，自发产生的。如果能够使两个变种或初期的物种避免混杂，显然对它们有利；根据这个原则，当人类同时对两个变种进行选择时，就有必要将它们隔离开来。首先要指出的是，栖息在不同地带的物种之间的杂交往往不育；那么，将这些隔离的物种相互杂交而不育，显然没有什么利益可言。因而这杂交不育就不可能通过自然选择而发生。但也可以这样争论：如果一个物种和某一同胞物种杂交而不育的话，那它和其他物种的杂交大概也是不育的。再者，在互交中，第一个类型的雄性生殖元素完全不能让第二种类型受精，但同时，第二个类型的雄性生殖元素却能使第一个类型自由受精。这一现象和特创论一样，都是违反自然选择学说的，因为生殖系统的这种奇妙状态对任何一个物种而言都几乎没有什么利益。

当考虑自然选择对于物种互相不育是否有作用时，最大的难点在于从稍弱的不育性到绝对的不育性之间，还有许多逐渐过渡的阶段存在。一个初期的物种在与其亲本种或某一其他变种进行杂交时，如果呈现某种轻微程度的不育，我们便可以认为这对初期的物种是有利的。因为这样可以少产生一些劣等和退化的后代，以免它们的血统与正在形成过程中的新物种混合。但是，谁要是不怕麻烦来考察这些过渡阶段，即从最初的不育性通过自然选择而逐渐得到强化，到很多物种所共同有的，以及已分化为不同属和不同科的物种所普遍具有的高度不育性，他将发现这个问题异常复杂。深思熟虑之后，我认为通过自然选择似乎不可能产生不育性。比如说，任何两个物种在杂交时能产生少数不育的后代，那么，如果偶然赋予一些个体程度稍微强一点的不育性，并且使其由此向完全不育性跨进一小步，这对于那些个体的生存会有什么好处呢？然而如果自然选择的学说可以应用于此，那么这种程度上的加深必定会在许多物种里相继发生，因为大多数的物种彼此是完全不育的。至于不育的中性昆虫，我们有理由相信，它们的构造和不育性的变异是通过自然选择的作用缓慢积累起来的，因为这样可以间接地使它们所属的这一社群比同一物种的另一社群更具优势。但是若非群体生活的动物中的个体与其他某一变种杂交而被赋予轻微的不育性，物种本身是不会得到任何利益的，也不会间接地给同一变种的其他个体带来利益，继而让这些个体保存下来。

但是，讨论这个问题的细节是多余的，因为关于植物，我们已经有确实的证据证明，杂交物种的不育性一定是由某种和自然选择完全无关的原理引起的。格特纳和科尔路特都已证明，在包含有大量物种的属里，杂交时产生越来越少种子的物种，直到不产生一粒种子，但受某些其他物种的花粉影响而使胚珠膨胀的物种可以形成一整个系列。显然，要选择比那些已经停止产生种子更不育的个体，是不可能的。所以，这种极端不育性仅仅是胚珠受到影响，因而是不可能通过选择而获得的。而且由于支配各级不育性的法则在动物界和植物界里是如此一致，所以我们可以推论，不育性的原因无论是什么，在所有情况下都几乎或完全是相同的。

现在我们再进一步，深入探讨存在于物种之间、引起首次杂交和杂种不育性的差异性的性质。在首次杂交中，物种的结合和获得后代的困难程度，显然决定于几种不同的原因。有时可能是雄性生殖器官由于客观因素不能到达胚珠，例如雌蕊过长导致花粉管不能到达子房的植物。我们也曾见过，当把一个物种的花粉放在另一个远缘物种的柱头上时，虽然花粉管伸出来了，但并不能穿入柱头表层。此外，虽然雄性生殖器官可以到达雌性生殖器官，但不能形成胚胎。瑟伦对于墨角藻所做的一些试验就是如此。这些事实就像某些树不能嫁接在其他树上一样，我们不能给出解释。最后，也许胚胎可以发育，但会在早期死亡。最后这一种情况还没有得到充分的注意；但是，根据在山鸡和家鸡的杂交工作上具有丰富经验的休伊特先生（Mr. Hewitt）所做观察的书信，我相信，胚胎的早期死亡是首次杂交不育性产生的最常见原因。索尔特先生（Mr. Salter）检查了原鸡属（Gallus）的三个不同种和它们杂种之间的各种杂交中所产出的 500 枚蛋，据此，他最近发表了这一检查的结果。大多数蛋都已受精，其中大部分的受精卵要么胚胎发育到中途便死亡，要么发育接近成熟，但雏鸡啄不破蛋壳；而在孵出的雏鸡中，在最初几天，至多出生后的几星期内，4/5 以上都会死亡。"没有任何明显的原因，似乎只是因为缺乏生活的技能"，500 枚蛋中只存活了 12 只小鸡。在植物中，杂种的胚胎很可能也是以同样的方式夭折。至少我们知道，由差异很大的物种培育出来的杂种常常是虚弱矮小的，而且会在早期死去。关于这类事实，马克思·维丘拉（Max Wichura）最近给出了一些关于杂种柳（willow）的特殊事例。值得注意的是一些单性生殖（parthenogenesis）情况：未受精的蚕蛾卵的胚胎，经过早期的发育后，就和从不同物种杂交中产生出来的胚胎一样死去了。在没有弄清楚这些事实之前，我一直不愿相信杂种的胚胎通常会在早期死去；因为杂种一旦出生，如我们所看到的骡子（mule）一样，通常是健康长寿的。然而，在杂种出生的前后，它们是处于不同环境条件之下的，如果出生和生活在双亲所生活的地方，对它们来说往往是很合适的。但是，一个杂种个体只有一半的本性和体质来自母体；所以在出生之前，当它还在母体子宫内或在母体所产生的卵或种子内被养育的时候，可能在某种程度上就已存在于不适宜的条件之下了，因此它很容易夭折。尤其是一切极其幼小的生物，对于有害的或不自然的生活环境是极其敏感的。但总的看来，胚胎夭折的原因更可能在于原始授精作用中的某种缺点，致使胚胎不能完全发育，这比它此后所处的环境更为重要。

  关于两性生殖元素发育不完全的杂种，其不育性的情况似乎颇为不同。我已不止一次提出过大量事实，以证明动物和植物一旦离开它们生存的自然环境，生殖系统就很容易受到严重的影响。实际上这也是动物驯化的重大障碍，因此产生的不育性和杂种的不育性之间有许多相似之处。在这两种情形中，不育性和一般的健康状况无关，而且不育的个体往往体形硕大或是异常茂盛。在这两种情况中，不育性的程度也不同，而且雄性生殖元素最易受到影响，但有时雌性生殖元素却比雄性的更易受到影响。此外，在这两种情况下，不育的倾向在一定程度上和分类系统的亲缘关系是一致的，因为同样的不自然条件可以使动物和植物全部变为不育；并且整个群体的物种都有产生不育杂种的倾向。另一方面，有时一个群体中的某一物种可以抵抗巨大的环境变化，而不影响能育性；而有些群体中的某些物种会产生能育性超常的杂种。如果没有试验，没人能断言一种特别的动物是否能够在圈养状态下繁殖，或外来植物是否能够在栽培状态下自由结籽；同样，也没有人能不试验就断言，同一属中任何两个物种杂交之后，究竟能否产生某种程度不育的杂种。最后，如果生物在几代里都处于（对它们而言的）非自然条件下，就极易产生变异，这种变异的原因似乎一部分是由于生殖系统受到了特别的影响，虽然这种影响比引发不育性的那种影响程度要低。杂种也是如此，正如每一个试验者所曾观察到的那样，杂种的后代在连续各代中也是容易变异的。

因此，我们看到，当生物处于新的非自然条件之下，或是杂种从两个物种的非自然杂交中产生时，生殖系统都以一种相似的方式受到影响，而与健康状态无关。在前一种情况中，是生活环境受到了扰乱，虽然通常那种程度轻微到我们难以觉察；在后一种情况中，在杂种中，虽然外界条件保持一样，但由于包括生殖系统在内的两种不同构造和体质的混合，它的体制便受到了扰乱。因为，当两种体制混合成为一种体制的时候，其发育、周期性的活动、不同部分和器官的相互关联，以及不同部分和器官与生活环境的相互关系，不被扰乱几乎是不可能的。如果杂种能够相互交配而生育，它们就会把同样的混合体制一代代地传递给后代。因此，它们的不育性虽然有某种程度的变异，但不会消失，甚至还有提高的趋势，就不足为奇了。如上所述，不育性的提高一般是过分亲密的近亲繁殖的结果。维丘拉曾大力支持上述观点，即杂种的不育性是两种体质混合在一起的结果。

然而，必须承认，根据上述观点或是其他任何观点，我们都还不能理解有关杂种不育性的若干事实。例如，互交产生的杂种，能育性并不相等；偶然与两个纯种亲种中任何一个密切相似的杂种，其不育性则有所提高。

我不敢说上述论点已经触碰到了问题的根源。对于一种生物处于非自然的环境下就会变为不育的原因，我还不能给出任何解释。我试图阐明的，只是在某些方面有相似之处的两种情形，都同样可以引起不育：在前一种情形中是由于生活环境受到了扰乱，而后一种情形里是由于它们的体制因为两种体制的混合而受到了扰乱。

同样的平行现象也适用于类似但又不同的一些事实。生活环境的细小变化对所有生物都是有利的，这是一种古老而普遍的观念，它是建立在大量证据上的，而我已经在别处给出了相关证据。我们看到农民和花匠就这样做，他们常常从土壤和气候不同的地方交换种子或块茎等，然后再换回来。在动物病后康复的过程中，几乎任何生活习性的变化对它们都是很有利的。此外，无论是植物还是动物，都有明确证据表明，同一物种内有一定差异的不同个体之间的杂交，能增强它们的后代的活力和能育性；而最近亲属之间的近亲交配，若持续几代而生活环境保持不变，则总会引起体形的缩小、虚弱或是不育。

因此，一方面，似乎生活环境的细小变化对所有生物都有利；而另一方面，轻微程度的杂交，即处于稍微不同的生活环境下，或是已经有微小变异的同一物种的雌雄个体之间的杂交，会增强后代的活力和能育性。但是，我们也曾看到，在自然状态下长期习惯于某种一致环境的生物，当处于变化甚大的环境之下时，比如圈养，常常会或多或少变得不育；而且我们知道，两类相差很远或是属于不同种类的物种，它们杂交之后几乎都会产生某种程度不育的杂种。我充分确信，这种双重的平行现象绝非偶然或错觉。如果一个人能解释大象和其他很多动物即使在它们的居住地以半圈养的方式下也不能生育的原因，那么他就能解释杂种通常不能生育的主要原因了。同时他还能解释，为什么常常处于新的或是不一致的环境下的某些家养动物在杂交时完全能够生育，虽然它们来源于不同的物种，而这些物种在最初杂交时很可能是不育的。上述两组平行的事实似乎被某一共同却未知的纽带连接在了一起，这一纽带本质上和生命的原理有关。赫伯特·斯宾塞先生（Herbert Spencer）认为，这一原理就是生命决定于各种不同力量的不断作用与反作用，这些力量在自然界中永远是趋于平衡的；当这种趋势被任何变化稍微扰乱，生命的力量就会增强。

## 互交的二型性和三型性

关于这个问题，在这里将进行简略的讨论，我们会发现这有益于对杂种性质的理解。属于不同目的若干植物表现出两种类型，即二型性。这两个类型的存在数量大致相等，并且除了生殖器官以外没有任何差异：一种类型的雌蕊长，雄蕊短；而另一种类型的雌蕊短，雄蕊长。这两个类型花粉粒的大小也不相同。三型性的植物有三个类型，同样，这三个类型在雌蕊和雄蕊的长短、花粉粒的大小和颜色，以及其他某些方面也有所不同。三个类型中的每一类型都有二组雄蕊，所以三个类型共有六组雄蕊和三类雌蕊。这些器官彼此长度几乎相等，其中两个类型的一半雄蕊与第三类型的雌蕊高度相同。我曾说过，要使这些植物获得充分的能育性，那么用雄蕊对应高度一致的一种类型雄蕊的花粉对另一种类型的柱头授精则是必需的，这样的结果也被其他观察者所证实。所以，在二型性的物种里，有两种结合是合理且充分能育的；有两种结合却是不合理的，或多或少也是不育的。而在三型性的物种里，有六种结合是合理且充分能育的，而有十二种结合是不合理且一定程度上不育的。

当各种不同的二型性植物和三型性植物被不合理地授精时，即用与雌蕊高度不相等的雄蕊的花粉来授精，我们便可以观察到，它们的不育性和不同物种的杂交时所发生的情形一样，表现出很大程度的差异，一直到绝对完全的不育。不同物种杂交的不育性程度明显取决于生活环境的适宜程度，因此我发现不合理的结合也是如此。众所周知，如果将不同物种的花粉放在一朵花的柱头上，随后，甚至很长一段时间之后，再把它自己的花粉也放在同一个柱头上，后者占据着很大的优势，通常可以消灭外来花粉的作用。同一物种不同类型的花粉也是如此，当合理的花粉和不合理的花粉被放在同一柱头上时，前者比后者有着更大的优势。我通过对若干花朵的受精情况肯定了这一点。首先，我在若干花朵上进行不合理的授粉，24小时后再用一个具有特殊颜色的变种的花粉进行合理的授粉，结果所有的幼苗都带有与后者同样的颜色。这表明，合理的花粉虽然在24小时后施用，但还是能破坏阻止之前不合理施用花粉的作用。又比如，同样两个物种之间的互交往往会有很不一样的结果。三型性的植物也是如此：紫色千屈菜（Lythrum salicaria）中的花柱类型，用短花柱类型的长雄蕊的花粉进行不合理授粉，能很容易受精，而且能产生许多种子；但用中花柱类型的长雄蕊的花粉来使短花柱类型受精时，却不能产生一粒种子。

在所有的这些方面，以及可能补充到的其他情况下，同一确定物种的一些类型如果进行不合理结合，其情况刚好与两个不同物种的杂交完全一样。因此，我对从几个不合理结合培育出来的若干幼苗仔细观察了四年。主要的结果就是，这些可以称为不合理的植物都不是充分能育的。我们可以从二型性的植物培育出长花柱和短花柱的不合理植物，也能从三型性的植物培育出三个不合理类型。培育出来的这些植物能够以合理的方式恰当地结合起来。如果即便是做到了这些，这些植物所产生的种子还是不能像它们双亲在合理受精时那么多，那么就没有什么明显的理由了。但实际情况并非如此——这些植物都是不育的，只是程度有所不同而已。它们有些是极端且无法矫正的不育，以至于在四年中未曾结过一粒种子，甚至没结过一个空蒴。这些不合理植物在合理的方式下结合的不育性，与杂种在互相杂交时的不育性是完全一致的。另一方面，如果一个杂种和纯种亲本种的任何一方进行杂交，其不育性通常都会大大减弱：当一个不合理植株由一个合理植株来授精时，情况也是如此。正如杂种的不育性和两个亲种之间首次杂交时的困难情况并非永远一致一样，某些不合理植物有着非常高的不育性，但是产生它们的那一对植物，其不育性却并不高。从同一种蒴果中培育出来的杂种，它们的不育性程度有着固定的差异，而不合理的植物显然更是如此。最后，许多杂种开的花茂盛而持久，但是其他不育性较大的杂种则开花很少，而且是虚弱矮小的。各种二型性和三型性植物的不合理后代也有着完全一样的情况。

总之，不合理植物和杂种在性状及行为上都有着密切的同一性。可以毫不夸张地说，不合理植物就是杂种，不过这样的杂种是在同一物种范围内由某些类型的不适当结合产生出来的，而普通的杂种却是从所谓的不同物种之间的不适当结合中产生出来的。我们还看到，首次不合理的结合和不同物种的首次杂交，在各方面都有密切的相似性。或者用一个例子来说明会更清楚一些：我们假设一位植物学者发现三型性紫色千屈菜的长花柱类型有两个显著的变种（实际上也的确是有的），并且他决定用杂交来试验它们是否是不同的物种。那么他可能会发现，它们所产生的种子数量只有正常数量的 1/5，而且它们在上述其他各方面所表现出来的都好像是两个不同的物种。但是，为了肯定这个情况，他还应当把他所假设是杂种的种子培育成植株，那么他会发现幼苗矮得可怜，还极端不育，而且它们在其他各方面表现得和普通杂种一样。于是，他便会坚持，按照一般的标准，他已确实证明了这两个变种和世界上任何其他物种一样，是确实不同的物种。然后，他完全错了。

上述有关二型性和三型性植物的一些事实，其重要性在于：第一，它向我们表明，对首次杂交能育性和杂种能育性减弱所进行的生理测验，不是区别物种的可靠标准。第二，我们可以断定，存在着某一未知的纽带连接着不合理结合的不育性和它们的不合理后代的不育性，并且引导我们把这同样的观点引申到首次杂交和杂种上去。第三，我们发现，同一物种可能存在两个或三个类型，它们在与外界环境有关的构造及体质上并没有任何不同之处，但当它们以某些方式结合起来时，就是不育的，这一点在我看来似乎特别重要。因为我们必须记住，产生不育性的恰恰是类型相同的两个个体的雌雄生殖元素的特定结合，例如两个长花柱类型的雌雄生殖元素的结合；而另一方面，产生能育性的则是两个不同类型所固有的雌雄生殖元素的结合。因此，乍一看，这种情况和同一物种个体的普通结合以及不同物种的杂交情况刚好相反。然而是否真的如此是值得怀疑的。但是在这里，我不打算详细讨论这一含糊的问题。无论如何，从对二型性和三型性植物的考察分析中，我们大概可以推断，不同物种杂交的不育性及其杂种后代的不育性，完全取决于雌雄性生殖元素的性质，而与构造或一般体质的差异无关。根据对互交的分析，我们也可以得出同样的结论。在互交中，一个物种的雄性不能或是很难与第二个物种的雌体相结合，然而反过来进行杂交却是十分容易的。优秀的观察家格特纳也给出了同样的结论：物种杂交的不育性仅仅是缘于它们的生殖系统的差异。

## 变种杂交及其混种后代的能育性并非普遍

作为一个无可辩驳的论点，我们必须承认，物种和变种之间一定存在着某种本质上的区别。因为无论变种之间在外观上有多大差异，它们还是可以很容易地杂交，也能产生完全能育的后代。除去即将谈到的几个例外，我充分相信这就是规律。但是，围绕这个问题还有许多难点。因为，面对自然状态下产生的变种时，如果发现在两个向来被认为是变种的类型杂交中有任何程度的不育性，大多数自然学家便会立刻把它们列为某一物种。例如，被大多数植物学者认为是变种的蓝色和红色繁缕（pimpernel），据格特纳所说，在杂交中的不育性很高，因此他将它们列为无可置疑的物种。如果我们像这样循环辩论下去，就必然要承认自然状况下产生出来的一切变种都是可育的了。

现在我们回到家养状况下产生（或是假设产生）的一些变种，这里我们还有若干疑惑。例如，当我们提到某些南美的土著家狗不能和欧洲狗轻易交配时，在每个人心中都会有这样的解释（这大概也是一种正确的解释）：这些狗本来来源于不同的土著种。然而，外观上有着天壤之别的很多家养品种确实是完全能育的，比如鸽子以及甘蓝的许多品种。这是值得注意的事实，特别是当我们想到有如此大量的物种，虽然彼此极其相似，但杂交时却完全不育。然而，通过以下分析，便可知道家养变种的能育性并不那么出人意料。第一，可以观察到，两个物种之间的外在差异量并不是它们的相互不育性程度的可靠指标，所以对于变种，外在的差异也不是可靠指标。对于物种，其原因肯定完全在于它们的生殖系统。改变家养动物和栽培植物的生活环境，却很难引起相互不育的生殖系统的变化，所以我们有确切的依据承认帕拉斯所认为的与此相反的学说，即：家养环境一般可以消除不育的倾向。因此，物种在自然状态下杂交也许具有某种程度的不育性，但它们的家养后代在杂交时就会变为完全能育的。而关于植物，栽培并没有在不同物种之间造成不育的倾向，但在已提到的若干真实案例中，某些植物却受到了相反的影响，因为它们已变得自交不育，同时却仍旧保留着使其他物种受精和被其他物种授精的能力。如果帕拉斯通过长期连续的家养消除不育性的学说可以被接受（实际上，这几乎是难以被反驳的），那么，长期持续的同一生活环境同样能诱发不育性就是不怎么可能的了。尽管在某些情况下，具有特别体质的物种偶尔会因此而不育。于是，如我所愿，大家就能理解为什么家养动物不会产生彼此不育的变种、为什么植物中很少见到这样的情形了。

对我来说，目前这个问题的真正难点并不是为什么家养品种杂交时没有变得互相不育，而是为什么自然状况下变种经历了长久的变异而达到物种的等级时，不育性的发生就变得如此普遍。我们还远远不能确切地知道其真正原因；当明白我们对于生殖系统的正常或是异常作用是何等无知时，这就不足为奇了。但是我们能够想象，因为自然物种与无数的竞争者进行生存斗争，它们便长期暴露于比家养变种更为一致的生活环境下，因此二者不免产生大不相同的结果。因为我们知道，当野生的动物和植物离开自然环境，而实行圈养，它们就会变得不育，这是普遍的事实；并且一直生活在自然环境中的生物，其生殖机能对于非自然杂交的影响大概也是非常敏感的。另一方面，单从家养生物被驯化的事实来看，它们对生活环境的变化就不那么敏感，并且现在可以普遍抗抵生活环境的反复变化而不降低能育性。所以可以预测，家养生物所产生的品种如果与同样来源的其他变种进行杂交，也很少会在生殖机能上受到这一杂交行为的有害影响。

我不曾说过，同一物种的变种进行杂交似乎都是能育的。但是，下面我将简要地叙述几个事例，就是它们一定程度不育的证据。这一证据至少和我们相信大量物种都存在不育性的证据具有同等价值。这一证据也是从反对者那里得来的，他们在其他所有例子中都把能育性和不育性作为区别物种的可靠标准。长达几年的时间内，格特纳在他的花园内培育了一种矮型黄粒玉米，而在它的附近培育了一种高型红粒玉米。这两个品种虽然是雌雄异花的，但完全没有自然杂交。于是他用一种玉米的花粉对另一种玉米的 13 个花穗进行授精，但只有一个花穗结了 5 粒种子。因为这些植物是雌雄异花，所以在这种情况下，人工授精的操作并不会产生有害的影响。我相信，没人会怀疑这些玉米变种是属于不同物种的；更重要的是，这样培育出的杂种植物本身是完全能育的。所以，甚至连格特纳也不敢贸然断定这两个变种是不同的物种。

吉鲁·德·别沙连格（Girou de Buzareingues）曾对三个葫芦变种进行杂交，它们和玉米一样，都是雌雄异花。他声称，它们差异愈大，相互受精就越困难。这些试验的可靠性如何我不知道，但是萨格瑞特主要根据不育性试验的分类方法，把这些被试验的类型列为变种，而诺丹（Naudin）也得出了同样的结论。

下面的情形更值得注意，虽然初看起来似乎令人难以置信，但这是优秀的观察家和坚决的反对者格特纳在多年内对于毛蕊花属的 9 个物种进行无数试验的结果：黄色变种和白色变种的杂交，比同一物种同色变种的杂交产生的种子要少。他进而断定，当一个物种的黄色变种和白色变种与另一物种的黄色变种和白色变种杂交时，同色变种之间的杂交要比不同颜色变种之间的杂交产生更多的种子。斯科特先生也对毛蕊花属的物种和变种进行过实验：虽然未能证实格特纳关于不同物种杂交的结果，但他发现同一物种的异色变种比同色变种所产生的种子要少，其比例为 86：100。然而这些变种除了花的颜色以外并没有任何不同之处，有时由一个变种的种子还能培育出另一个变种。

科尔路特工作的准确性已被后来的每位观察者所证实。他曾证明一个值得注意的事实：普通烟草的一个特别变种，当它与相差很大的物种进行杂交时，比其他变种更加可育。他对被公认为是变种的五个烟草类型进行了试验，而且是非常严谨的互交试验，发现它们的杂种后代都是完全能育的。但是这五个变种中的一个与黏性烟草（Nicotiana glutinosa）进行杂交，不管前者是用作父本还是母本，它们所产生的杂种的不育性都要比其他四个变种与黏性烟草杂交时所产生杂种的不育性低。因此，这个变种的生殖系统，必然在一定程度上以某种方式发生了变异。

从这些事实来看，我们不能再坚持变种间的杂交必然是能育的观点。确定自然状态变种的不育性非常困难，因为一个假定的变种如果被证明有某种程度的不育性，它就几乎毫无例外地会被列为物种。人们通常只注意到家养变种的外在性状，而且家畜变种并不长期地处于一致的生活环境之下。根据上述几项考察，我们可以得出结论：杂交时的能育性并不能作为区别变种和物种之间的基本依据。杂交的物种，其普遍的不育性不能被看作是一种特别获得的禀赋，但可以被肯定地看作是随它们雌雄性生殖元素中一种未知性质的变化而发生的变化。

## 除能育性之外，杂种与混种的比较

物种杂交的后代和变种杂交的后代除了能育性以外，还可以从其他几个方面进行比较。格特纳曾渴望能在物种和变种之间划出一道明确的界限，然而在物种间杂种的后代和变种杂交的混种后代之间，却只能找到很少的、且在我看来不那么重要的差异。相反，它们在许多重要方面却极其亲密。

这里我简单地讨论一下这个问题。杂种与混种最重要的区别是，在第一代中，混种比杂种容易变异，但是格特纳却认为，经过长期培育的物种所产生的杂种，在第一代里通常是容易变异的；而我也曾亲眼见过这一类的例子。格特纳进而认为密切近似物种之间的杂种，比不同物种之间的杂种更易变异——这一点表明变异性的差异程度是逐渐消失的。众所周知，混种和较为能育的杂种各自繁殖几代之后，两者后代的变异性都是巨大的。但是，我们也能举出少数例子表明杂种和混种长久保持着一致的性状。然而，混种的连续后代中的变异性可能要比杂种大。

混种比杂种的变异性大似乎不足为奇，因为混种的双亲是变种，而且大多是家养生物的变种（自然变种很少用作实验）。这也就意味着变种的变异性是最近出现的，而由杂交行为产生的变异还会继续，并且增强。杂种在第一代的变异性跟后续世代的变异性相比是微小的，这个奇妙的事实是值得注意的，因为这与我提出的普通变异性的原因之一有关联。这个观点是，由于生殖系统对变化的生活环境极为敏感，所以在这种情况下，生殖系统就不能正常运用其固有机能而产生各方面都与双亲类型密切相似的后代。由于第一代杂种是从生殖系统未曾受过任何影响的物种产生的（经过长期培育的物种除外），所以它们不易变异。但是杂种本身的生殖系统已经受到了严重影响，所以它们的后代便会发生高度的变异。

回过头来继续比较混种和杂种：格特纳说，混种比杂种更易重现任一个亲本种类型的性状。但如果这是真的，肯定也不过是程度上的差异。此外，格特纳还特别强调，长久栽培的植物产生出来的杂种，比自然状态下的物种所产生出来的杂种更易返祖。这大概可以解释，为什么不同观察者所得到的结果大不相同：维丘拉曾对野生的杨树进行过试验，他对杂种是否可以重现双亲类型的性状表示怀疑；相反，诺丹却以强势的措辞坚称杂种的返祖几乎是一种普遍的倾向，而他主要是对栽培植物进行了实验。格特纳进而说道，任何两个密切相似的物种分别与第三个物种进行杂交，其杂种之间的差异很大；然而一个物种的两个差异很大的变种分别与另一物种进行杂交，其杂种之间的差异却并不大。但是据我所知，这个结论是建立在单个实验基础之上的，而且似乎与科尔路特多次实验的结果刚好相反。

这些就是格特纳所能指出的，杂种植物和混种植物之间不那么重要的差异。另一方面，杂种和混种，特别是近缘物种产生的杂种与它们各自亲本种相似的程度和性质，按照格特纳的说法，也是依照同样的规律。两个物种杂交时，有时其中一个物种能强有力地将自己的特点遗传给杂种。我相信植物的变种也是如此，而关于动物，肯定也是一个变种常常较另一变种具有优先遗传的能力。互交产生的杂种植物，彼此之间通常密切相似；从互交中产生出来的混种植物也是如此。无论杂种或是混种，如果在连续世代里反复跟任何一个纯种亲本进行杂交，都会使其重现该纯种亲本类型的性状。

　　这几点显然也能应用于动物。但是对于动物来说，上述问题会变得相当复杂，这一定程度上是因为次级性征的存在。特别是当物种或变种之间杂交，而某一性较另一性具有更加强烈的优先遗传本身特征的能力时，这个问题就更加复杂了。例如，我认为那些主张驴子比马更具有优势的遗传能力的学者是正确的，所以无论是骡子（mule）还是驴骡（hinny），都更像驴子而不是马。但是，公驴比母驴具有更强的优势的遗传能力，所以由公驴和母马产生的后代（即骡子）要比驴骡（即母驴和公马所产的后代）更像驴。

　　有的作者特别强调下列假设的事实：混种后代不具有中间性状，而只是与双亲的一方密切相似。然而这种情况有时也出现在杂种中，不过我承认这比在混种里的发生概率要小得多。看一下我所搜集的关于杂种动物和一个亲本密切相似的事实，它们的相似之处似乎主要局限于性质上近似畸形和突然出现的那些性状，比如白化病（albinism）、黑变病（melanism）、尾巴或犄角的缺陷、多指和多趾等。而它们与通过选择慢慢获得的性状无关。突然完全重现双亲任何一方性状的倾向，在混种中也远比在杂种中容易发生。因为混种通常是由突然产生且具有半畸形性状的变种传下来的，而杂种是由慢慢自然产生的物种传下来的。我完全赞同普罗斯珀·芦卡斯博士（Dr. Prosper Lucas）的观点，他整理分析了大量动物方面的事实后得出结论：不论双亲彼此的差异大小如何，就是说，无论是同一变种的个体结合，还是不同变种的个体结合，又或是不同物种的个体结合，子代类似亲代的规律都是一样的。

　　除了能育性和不育性的问题，物种杂交的后代和变种杂交的后代在所有方面似乎都普遍存在着密切的相似性。如果我们把物种看作是上帝特地创造出来的，而把变种看作是根据次级法则（Secondary laws）产生的，这种相似性便会成为一个令人惊讶的事实。但这和"物种与变种之间没有本质区别"的观点完全符合。

## 提要

能明确区分出来的不同物种之间的首次杂交以及它们的杂种经常存在不育性，但这并不十分普遍。不育性有各种不同的程度，而各个程度之间往往相差甚微，即使最谨慎的实验者，根据测试的结果也会在类型的区分上得出完全相反的结论。不育性在同一物种的不同个体中本身就容易变异，而且对适宜的和不适宜的生活环境十分敏感。不育性的程度并不严格遵循分类系统上的亲缘关系，但被一些奇妙而复杂的规律所支配着。在同样的两个物种的互交中，不育性一般不同，有时还可能相去甚远。在首次杂交以及由此产生出的杂种中，不育性的程度并非永远相同。

在树木的嫁接中，某一物种或变种嫁接在另一棵树上的能力，是伴随着营养系统上性质不明的差异而发生的；同样，在杂交中，一个物种和另一物种结合的难易程度是伴随着生殖系统里的未知差异而发生的。因此，再没有理由认为，物种被特别赋予不同程度的不育性，是为了防止物种在自然状况下的杂交和混淆；也没有理由认为，树木被特别赋予了不同却又有一定程度相似的嫁接障碍，是为了防止树木在森林中彼此接合。

第一次杂交和它的杂种后代的不育性不是通过自然选择而获得的。首次杂交时，不育性似乎取决于好几种情况，在一些例子中，则主要取决于胚胎的早期死亡。杂种的不育性显然是由于它们的整个体制被两个不同类型的组合所扰乱。这种不育性，和暴露在新的不自然的生活环境下的纯种物种通常发生的不育性，是密切近似的。能够解释后面一种情况的人便能解释杂种的不育性。另一种相似的现象能有力地支持这一观点：第一，生活环境的细小变化可以增加一切生物的活力和能育性；第二，暴露在稍有变化生活环境下的，或是已经变异的类型之间的杂交，将有利于后代的体型、活力和能育性。关于二型性和三型性植物不合理结合的不育性以及它们不合理后代的不育性所举出的事实，也许可以表明，可能有某种未知的纽带连接着首次杂交的不育性程度和它们后代的不育性程度。考虑到二型性的相关事实以及互交的结果，可以明确得出如下结论：杂交物种不育的主要原因仅仅是雌雄生殖元素的差异。但我们还不知道为什么不同物种杂交时，雌雄生殖元素会普遍发生程度不同的变异，从而引起它们的相互不育性；但是这一点似乎与物种长期暴露在几乎一致的生活环境下有着某种密切的联系。

任何两个物种杂交的困难以及它们杂种后代的不育性，即便起因不同，在大多数情况下也应当是一致的。这并不奇怪，因为两者都取决于杂交的物种之间的差异量。首次杂交的难易程度、由此产生的杂种的能育性，以及嫁接的能力，在一定程度上与被实验类型的分类系统的亲缘关系相一致，尽管嫁接的能力取决于各种不同的条件。但这也不奇怪，因为分类系统的亲缘关系包含了各种各样的相似性。

已确定的变种类型之间的首次杂交，可能因为相似而被认为是变种类型间的首次杂交，它们的混种后代通常都是能育的，但不一定像人们经常说的那样，是绝对能育的。如果我们还记得如何轻松地用循环法确认自然状态下的变种，如果我们还记得大多数变种在家养状况下仅根据对外在差异的选择而产生，并且它们并不曾经历长久一致的生活环境，那么变种几乎具有普遍而完善的能育性就不足为奇了。我们还应当特别记住，长期持续的驯养能弱化不育的倾向，所以这几乎不可能诱发不育性。除了能育性的问题，杂种和混种在其他各方面都有着十分密切而且普遍的相似性——在变异性方面、在连续杂交中彼此结合的能力方面，以及在遗传亲本种的性状方面，都是如此。最后，虽然我们还不清楚首次杂交和杂种不育性的真实原因，也不知道动物和植物离开它们所在的自然环境后会变得不育的原因，但本章所举出的事实对我来说，似乎与物种原本就是变种的观点并不矛盾。

## 第十章 论地址记录的不完整

现代生物的中间变种的缺失——灭绝的中间变种的性质及数量——从侵蚀程度和沉积速率来推算时间的进程——以年代来估计时间的历程——古生物化石标本的缺乏——地质层的间断——花岗岩地区的侵蚀——任何地质层中中间变种的缺乏——物种群的突然出现——物种群在已知的最底层化石层中的突然出现——宜居地球的早期生物。

在第六章中，我列举出了一些对本书观点的主要异议，其中的大多数我们已经讨论过了。但有一点还是一个大难题，即物种类型之间的界限分明，以及它们并没有与无数和自己相连接的过渡类型混淆在一起。为什么这些过渡类型并不广泛存在于明显极有利于它们存在的现今环境条件下，即存在于自然环境渐变的广阔而连续的地域之上？对此，我已做过解释。我曾尽力证明，每个物种的生存对现存其他生物类型的依赖多过对气候的依赖，因此对生物来说，占主导地位的生活环境并不会像温度或湿度那样不知不觉地逐渐消失。同样，我也曾尽力阐明，中间变种存在的数量比它们所连接的类型要少，所以它们在进一步的变异和改进中通常会遭到淘汰而灭绝。然而，无数中间类型在当下的自然界中不能随处可见的最主要原因还是在于自然选择。因为通过这一过程，新变种不断替代和排挤了它们的亲本类型。因为灭绝曾大规模地发生，那么按照比例，大规模的中间变种一定曾经是大规模存在的。但是为什么在各地质层（geological formation）和各地层（stratum）中并没有大量的这类中间变种呢？地质学确实没有提供任何这种细微渐变的生物链条，这大概也是反对自然选择学说的最突出、最有力的争议，但我相信地质记录的极度不完整性可以解释这一点。

首先应当牢记，根据自然选择学说，哪些中间类型是曾经存在过的。我发现，观察任何两个物种时，都会不由自主地联想到直接介于它们二者之间的那些类型。但这是完全错误的。通常，我们要寻找的是介于各个物种与它们共同却又未知的祖先之间的那些类型，而这个祖先一般在某些方面与变异了的后代又有所不同。举一个简单的例子：扇尾鸽（fantail pigeons）和球胸鸽（pouter pigeons）都起源于岩鸽（rock pigeon），如果我们掌握到所有曾经存在过的中间变种，就会在这两个品种和岩鸽之间各自建立起极其密切的一个系列，但并没有任何变种直接介于扇尾鸽和球胸鸽之间。也没有综合这两个品种的特征的变种，即不存在既具有稍微展开的尾羽又有稍微膨胀的嗉囊（crop）的变种。此外，这两个品种发生了巨大的变异，如果关于它们的起源我们没有任何基于史实的或是其他间接的证据，而只是靠它们与岩鸽构造的比较，便不可能确定它们是起源于岩鸽还是另一种相似的类型，比如欧鸽（C. oenas）。

自然的物种也是如此。如果观察到差异较大的类型，如马和貘（tapir），我们没有任何理由可以假设直接介于它们之间的过渡类型曾经存在过，但可以假定马和貘都与一个未知的共同祖先之间有中间类型存在。它们的共同祖先在整体构造上与马和貘具有一般相似性，但在某些个别构造上可能与它们存在较大的差异，这差异甚至比马与貘之间的差异还要大。因此，在所有的情况下，即便我们将祖先与它已变异的后代加以严格地比较，也不可能辨识出任何两个或两个以上物种的亲本类型，除非与之同时我们能掌握一条近乎完美的中间过渡类型的链条。

根据自然选择学说，两个现存类型中的一个来自另一个大概是可能的，比如马来貘，在这个例子中，应有直接的中间类型存在于二者之间。但是这样的例子意味着一个类型长时间保持不变，而它的后代却在这期间发生了大量的变异。然而在生物之间，子代与父母之间的竞争原则使这种情况极少发生。因为，在所有情况下，创新进步的生物类型都有排挤老旧而落后的类型的倾向。

根据自然选择学说，所有的现存物种与本属的亲本种都曾经有所联系，而它们之间的差异并不比现在我们看到的同一物种的自然变种和家养变种之间的差异大。这些目前已普遍绝灭的亲种，同样与更为古老的类型有所联系。如此类推，通常就可以追溯到每一个大纲的共同祖先。所以，在一切现存物种和已灭绝的物种之间的中间过渡类型数量，一定大得惊人。如果自然选择学说是正确的，那么无数的中间变种一定在地球上存在过。

## 从侵蚀程度和沉积速率推算时间的进程

除了我们没有发现的大量中间类型的化石遗骸之外，另一种反对意见认为，并没有充分的时间保障完成如此巨大的生物演变，因为所有变化产生的效果都是缓慢的。对我来说，很难让没有实践经验的地质学家明白那些能让他们对时间进程有所了解的事实。查尔斯·莱伊尔爵士的伟大著作《地质学原理》（Principles of Geology）被后世的历史学家认为在自然科学中掀起了一次革命。读过这本书却又不承认过去时代是如此久远的人，最好还是立刻把书合上，不要再看了。只是研究《地质学原理》或是阅读不同观察家关于各地质层的专著，以及注意每位作者怎样试图对各大小地层的时间历程提出不确切观点，还是不够的。只有通过了解发生地质作用的各项动力，并且研究地面被侵蚀了多深、沉积堆积了多厚，我们才能最好地理解过去的地质时间的一些概念。正如莱伊尔明确指出的，沉积层的广度和厚度就是侵蚀作用的结果，同时也是地壳其他地域被侵蚀的程度。所以人们应当亲自考察层层相叠的地层，仔细观看河流如何带走泥沙以及浪花如何侵蚀海边的悬崖（Sea-cliff），这样才能理解过去时代的久远性，这样的时间标志在我们的周围比比皆是。

我们可以沿着由不那么坚硬的岩石所形成的海岸漫步，并且注意观察陵削作用（degradation）的过程。在大多数情况中，到达海岸岩崖的海潮每天只有持续时间不长的两次，而且只有当波浪夹杂着细沙和小砾石的时候才能侵蚀海崖，因为有证据可以证明，清水对侵蚀岩石是没有任何效果的。最终，海岸边悬崖的基部被掘空，巨大的岩石碎块倾落下来，停留在岸边，一点点地被侵蚀，直到它们体积慢慢缩小到能够被波浪卷起来，才会很快地被磨碎成鹅卵石、细沙或沙泥。但我们常常看到沿着后退的海岸悬崖基部有许多圆形巨石，上面密布着各种海产生物，这说明它们很少受到海浪冲刷，而且很少被转动。此外，如果我们沿着任何正在遭受陵削作用的海岸走上几英里，就会发现当前正在被陵削的崖岸只不过是短短的一段，或只是环绕海角（promontory）的零星的存在。其他海岸悬崖的地表和植被的外貌特征表明，它们的基部已经被海水冲刷多年了。

然而近来我们从许多优秀的观察家——朱克斯（Jukes）、盖基（Geikie）、克罗尔（Croll）以及他们的前辈拉姆塞（Ramsay）的观察中得知，近地面的陵削作用和波浪的力量相比，前者是一种更为重要的动力。整个的陆地表面都暴露在空气以及溶解有碳酸的雨水的化学作用之下；在寒冷的地方，则暴露在霜冻的作用之下。逐渐分解的物质，即使是在平缓的斜面上也会被暴雨冲走；特别是在干燥的地方，超乎人们想象的是，这些物质甚至能被风刮走。紧接着，在河流搬运作用的过程中，急流使河道加深，并把这些物质的碎块磨得更细。下雨的时候，即便是在坡度平缓的地方，我们也能从缓坡流下来的泥水里看到大气陵削作用的效果。拉姆齐和惠特克（Whitaker）通过一个十分特别的观察经验指出，威尔顿（Wealden）地区悬崖峭壁的沿线，以及横穿英格兰、以前被当作古代海岸线的悬崖沿线，都不能这样形成。因为每一条海岸沿线都是由相同的地质层构成，而英格兰的海岸悬崖却是由各种不同的地质层交织而成。既然如此，我们就不得不承认，这些崖坡的起源，主要是因为沿线构成的岩石比周围的地表更能抵御大气的侵蚀作用。于是，周围地表逐渐向下陷，留下由较硬岩石构成的凸出沿线。根据我们的时间观念来看，没有什么能比用风化作用来推断时间历程的久远性更有说服力的了——它们的力量十分微弱，发生作用非常缓慢，但却慢慢产生了如此巨大的效应。

陆地是因为大气作用和海岸作用而逐渐被侵蚀，如果这样的观点给人留下了深刻的印象，那么要了解过去时间的久远性，一方面最好去考察广阔地域上被移走的众多岩石，而另一方面则要考察沉积层的厚度。我还记得自己看到火山岛时是多么震撼。火山岛被海浪冲蚀，四面被削成高达一两千英尺的直立峭壁，又因为液态的溶岩流（lava-streams）凝固成了较缓的斜坡，因此很明显，这些坚硬的岩层曾经在大海中绵延了很远。断层（faults）可以更加清晰地解释同样的事情，沿着那些巨大的裂缝，地层在一边向上隆起，在另一边则向下凹陷，它们的高度或是深度甚至可以达到数千英尺。因为自从地壳产生裂缝以来，地面的隆起无论是突然发生，还是如大多数地质学家所认为的，是由多次地壳运动而缓慢形成，其实都无太大差别。现在地表已经变得很平整，从外观已看不出这类巨大断层错位的任何痕迹。例如，克拉文断层（Craven fault）向上抬升达到 30 英里，沿着断层面，地层的垂直错位从 600 英尺到 3 000 英尺不等。拉姆塞教授曾发表过一篇关于安格尔西岛（Anglesea）地层向下凹陷达 2 300 英尺的报告。他告诉我，他确信在梅里奥尼思郡（Merionethshire）（英国威尔士原郡名）有一个凹陷达到了 12 000 英尺。然而在这些情况中，地表上已没有任何可以表明这种巨大运动的痕迹，裂缝两边的岩石也已经被夷为了平地。

另一方面，世界各处的沉积层都很厚。我曾在科迪勒拉山脉（Cordillera）测量过一片厚达一万英尺的砾岩。虽然砾岩的堆积速度要比沉积岩快，然而从构成砾岩的小砾石被磨成鹅卵石需要耗费很长的时间来看，一块砾岩的积成是非常缓慢的。拉姆塞教授给我提供了英国各地连续地质层的最大厚度，这些都是他实际测量的结果：

    古生代地层（不包括火成岩）    57 154 英尺
    中生代地层    13 190 英尺
    第三纪地层    2 240 英尺

加起来总共是 72 584 英尺，也就是说，差不多有 13.75 英里。有些地层在英格兰只是薄薄的一层，而在欧洲大陆却厚达数千英尺。此外，按照大部分地质学者的意见，在每一连续的地质层之间，还有很长的空白时期。所以英国高耸的沉积岩层给了我们一个关于它们堆积所花费时间的不尽确切的观点。仔细考虑这些不同的事实会给我们留下一个印象，那就是地质历史的久远我们是很难准备把握的，它如同"永恒"一样不可捉摸。

然而，这种印象并不完全正确。克罗尔先生在一篇有趣的论文里提道，我们所犯的错误并不在于"给予了地质时期的长度一个夸大的概念"，而在于以年为计时单位。当地质学家观察到这些巨大而复杂的现象，然后看到表示几百万年的这个数字时，因为二者给他留下了差距甚远的印象，他便立刻觉得这个数字太小了。至于大气的侵蚀作用，克罗尔先生根据河流每年冲刷掉的沉积物的数量占其流域面积的比值，得到以下结论：1 000 英尺的坚硬岩石逐渐分解，达到整个地区的平均海拔，需要 600 万年的时间。这样的结果似乎很惊人，一些考察结果让人怀疑这个数字太大了，即便是这个数字的 1/2 或是 1/4 都依旧让人惊讶。可是，只有少数人知道一百万的真正意义。克罗尔先生打了一个比喻：用一张 83 英尺 4 英寸长的细纸条，沿着一间大厅的墙壁拉直，在 1/10 英寸处作一个记号。1/10 英寸代表 100 年，整个纸条就代表 100 万年。但是必须牢记，上述的大厅中用毫无意义的纸条所代表的一百年，对本书却具有十分重要的意义。一些卓越的饲养者仅在各自的有生之年就大大地改变了某些高等动物，培育出了称得上新亚种的动物，而高等动物在繁殖自己的种类上远比大多数的低等动物慢。很少有人能够仔细研究一个品系超过半个世纪，所以一百年就代表着两位饲养者的连续工作。自然状态下的物种不可能像家养动物那样，在有计划的选择之下迅速变化。把自然状态下物种的改变与人类无意识的选择所产生的效果相比较也许更为公平。所谓无意识的选择，即只保存最有用或最美丽的动物，而无意于改变动物的品种。但即便是通过这种无意识的选择，动物品种也可能在两三个世纪间就发生显著的改变。

而物种的变化可能就要缓慢得多，并且，在同一地域只会有少数物种同时发生变化。这种缓慢性是因为同一地域的所有生物已经彼此很好地适应了对方，自然系统中已没有新物种的位置，除非很长一段时间之后发生了某种自然环境的改变，或迁入新的物种。此外，环境改变之后，某些生物适应新环境的变异或是个体之间的变异，通常也不会即刻发生。不幸的是，我们没有办法以年为单位来测定一个物种的改变到底需要多长时间，但是关于时间的问题以后肯定还会讨论到。

## 古生物化石标本的缺乏

现在让我们把注意力转向我们最丰富的地质博物馆，但那里的陈列品却相当贫乏。大家必须承认，我们搜集的标本是极不完全的。大家应该永远记住爱德华·福布斯这位伟大的古生物学家的话：大多物种的化石都是通过某一地点的少数甚或单个，甚至通常是破碎的标本被大家知道而被命名的。地球的表面只有一小部分被人们做过地质学上的发掘，而且没有一个地方发掘得十分细致——尽管欧洲每年都有重大的发现。而且完全柔软的生物是没办法保存下来的。落在海底的贝壳和骨骼如果没有沉积物的掩盖，就会腐朽消失。我们可能接受了一种严重错误的观点：差不多整个海底都有沉积物在堆积，并且堆积速度足以埋藏保存生物的遗骸。绝大部分的海洋都是亮蓝色，这说明了海水的纯净。很多有记录的情况中，一个地质层经过长期的时间间隔之后，被另一个后来出现的地质层整个掩盖住，而在沉积期间，下面的一层并未遭受任何破坏。这样的情况只有"海底通常长期保持不变"的观点才能解释。嵌于沙子或砾层中的遗骸，当岩床上升之后，通常会被渗入的溶有碳酸的雨水分解。生长于海岸边潮起潮退痕迹之间的各种动物，通常也很难被保存下来。比如，有几种藤壶亚科（无柄蔓足类的亚科）大量分布在世界各地海岸的岩石上，它们都是严格意义上的滨海生物。尽管已经知道藤壶属曾经存在于白垩纪（Chalk Period），但是除了西西里岛（Sicily）发现过一种生活在深海中的地中海的物种化石以外，在第三纪地质层里至今没再发现任何藤壶亚科的植物。最后，许多需要极长时间才能堆积起来的巨大沉积物中，却完全没有任何生物的遗骸，个中原因我们还并不了解。众多突出例子之一，便是由页岩和沙岩构成的复理石（Flysch）地质层，其厚度达数千英尺，有的竟达 6 000 英尺，从维也纳到瑞士至少绵延 300 英里。巨大岩层经过极其细致的考察之后，除了少数的植物遗骸外，人们并没有发现任何其他化石。

关于生活于中生代和古生代的陆栖生物，我们所搜集的证据十分有限，就无须多谈了。例如，除了莱伊尔爵士和道森博士（Dr. Dawson）在北美洲的石炭纪地层（carboniferous strata）中所发现过的一种陆生贝壳外，直到最近，在这两大段时代的地质层中，都还没有发现过其他陆生贝壳。不过现在在蓝色石灰岩（Lias）中已经发现了陆生贝壳。至于哺乳动物的遗骸，只要一看莱伊尔手册上的历史表就能得到真相，这比细读大篇文字更能理解被保存下来的哺乳动物化石是何等珍贵和稀少。只要记住第三纪哺乳动物的遗骸大多发现于洞穴或湖沼的沉积物中，而中生代或古生代的地质层中没有任何洞穴或真正湖泊的沉积地层，那么，它们的稀少就不足为奇了。

但是，地质记录的不完整主要还在于另外一个更重要的原因：若干地质层间存在长时期的间隔。这样的信条被许多地质学家以及像福布斯那样完全不相信物种变化的古生物学家所认同。当看到一些著作中有关地质层的图表或是实地考察时，我们就很难怀疑各地层的密切连续性。但是，根据默奇森爵士（Sir R. Murchison）关于俄罗斯的巨著，我们知道，那个国家重叠地质层的形成，彼此之间有着极长的时间间隙。北美洲及世界许多其他地方也是如此。即使是最有经验的地质学家，如果只把注意力局限在这块广大地域之上，那么他也绝不会想到当自己国家的地层还处于沉积阶段的空白时期时，大规模的沉积物已在世界其他地方堆积起来了，而且其中还含有新的特别的生物类型。如果在各个分离的地域内，我们对连续地质层之间不能建立起时间序列的话，那么我们就可以推论，在其他地方也不能形成这个序列。构成连续地质层的矿物成分经常发生巨大的变化，这一般意味着周围地域在地理上有巨大的变化，因此便产生了沉积物，这与在各连续地质层之间曾有过极长一段时间间隔的观点是一致的。

我想，我们能够理解为什么各区域的地质层必定是间断的了，即为什么各地质层之间不是紧密相连的。当我考察南美洲数百英里的海岸时，最让我惊讶的是，这些海岸在近期内升高了几百英尺，却没有任何近代的沉积物能有效地扩展开而不被侵蚀。整个西海岸都有特别的海产动物栖息，可那里的第三纪层的发展却很不完善，使得这些特别的海产动物不能连续长久地保存下来。只要稍加思考，我们就能根据海岸岩石的大量侵蚀以及随着河流流向大洋的泥沙，解释为什么沿着南美洲西部抬升的海岸虽然每年都有充足沉积物的供给，却没有保留下含有近代即第三纪遗迹的巨大地质层。毫无疑问，应当这样解释：一旦海岸和靠近海岸的沉积物被缓慢而逐渐抬升的陆地带到海浪冲刷作用的范围之内，就会不断地被侵蚀掉。

我想，我们也可以断定，沉积物必须堆积成极厚、极坚实或者极大的巨块，才能在最初抬升和后来水平面连续上下波动的期间，抵抗波浪的不断冲刷以及之后的大气陵削作用。这样厚实而巨大的沉积物可以通过两种方式形成：一种是在深海底部进行堆积，这种情况中，因为深海海底不像浅海那样栖息着众多变异的生物类型，所以当这样的大块沉积物抬升之后，其中的生物化石记录相对于地层堆积时期生存在它周围的生物而言是不完整的。另一种方法是在浅海海底的堆积，如果浅海海底持续缓慢地沉陷，沉积物的堆积就可以达到任何厚度和广度。在这种情况中，只要海底沉陷的速度与沉积物的供给速度大概平衡，海洋就会有利于多数物种以及变异生物类型的保存。这样，便形成了一个富含化石的地质层，而且在上升变为陆地后，它的厚度也足以抵抗众多强烈的侵蚀作用。

我确信，几乎所有拥有丰富化石的古代地质层，都是这样在海底沉陷期间形成的。自1845年发表了有关这个问题的看法以来，我就一直注意着地质学的进展。让我感到惊奇的是，一个又一个作者在讨论到各种巨大的地质层时，都得出了同样的结论，认为它们是在海底沉陷期间堆积起来的。我还想补充：南美洲西海岸唯一的第三纪地质层就是在海底沉陷期间堆积起来的，并由此变得很厚，足以抵抗住曾经承受过的陵削作用。尽管如此，这个地质层也很难持续到今后更久远的地质时代。

所有地质事实都明确表明，每个地域都曾经历了无数缓慢的上下震动，很明显，这类震动的影响范围是很广的。结果，凡是富含化石且广度和厚度都足以抵抗以后各种陵削作用的地质层，是在发生沉陷的特定地方形成的，即下沉期间沉积物的供给足以保持海水的深度，而且足以使遗骸在腐化之前就被埋藏和保存起来。而相反，在海底保持静止的期间，最适于生物生存的浅海部分就不能堆积起厚厚的沉积物。在交替上升期间，沉积的发生便更少，更确切地说，已经堆积起来的海床在抬升进入海岸作用的范围内之后，通常会受到破坏。

上述说明主要是针对海岸沉积物和近海岸沉积物而言。在广阔的浅海里，比如马来群岛（Malay Archipelago）的大部分海域，海水深度都在30~60英寻①之间，海底缓缓抬升时，就可以形成广阔的地质层，而且在此期间，受到的侵蚀不会十分严重。不过，地质层不会很厚，因为抬升运动使地质层的厚度小于它所在地方的海水深度；同时这些堆积物不会凝固得很坚硬，也不会有各种地质层覆盖在上面。因此，这种地质层在之后海底的上下震动期间，极易被大气陵削作用和海水作用侵蚀。然而，根据霍普金斯先生（Mr. Hopkins）的意见，如果地面的一部分在抬升之后没有受到侵蚀就沉陷，那么，在抬升运动中所形成的沉积物虽然不厚，但它可以得到之后形成的新堆积物的保护，继而得到长久的保存。

霍普金斯还表示，他相信水平面积广阔的沉积层很少会遭到完全的损毁。但是，除了少数地质学家相信现在的变质片岩（metamorphic schists）和深成岩（plutonic rocks）曾是构成地球的核心，几乎所有地质学家都认为深成岩外层的很大部分都已被侵蚀了。因为这类岩石在没有地层覆盖时是很难凝固结晶的。但是，如果变质作用发生于深海底部，岩石原来的保护地层就不会很厚。这样，如果承认片麻岩（gneiss）、云母片岩（micaschist）、花岗岩（granite）以及闪长岩（diorite）等曾经一度被覆盖着，那么

---

① 1英寻≈1.8288米。——编者注

对于现在世界各地这类岩石大面积裸露在外的现象，除了相信它们原有的覆盖层已被完全剥蚀，我们还能怎样解释呢？这些岩石的大面积存在都是毋庸置疑的：根据洪保德（Humboldt）的描述，巴赖姆（Parime）的花岗岩地区面积至少是瑞士的19倍。在亚马孙河南部，布埃（Boue）曾划出一块由花岗岩构成的区域，它的面积相当于西班牙、法国、意大利、德国的一部分以及英国诸岛的面积总合。这一区域还没有被仔细考察过，但旅行家们提出的一致证据都可表明，花岗岩分布地区的面积是很大的。例如，冯·埃什维格（Von Eschwege）曾详细绘制了这种岩石的分布图，它们从里约热内卢（Rio de Janeiro）延伸到内陆，直线距离长达260海里；我又朝另一方向行走了150英里，所看到的也全是花岗岩。从里约热内卢到拉普拉塔河河口的海岸线长达1 100海里，沿途我搜集到了大量标本，经鉴定，它们都属于花岗岩。在拉普拉塔河北岸的沿河内陆，我看到除了近代的第三纪地层外，只有一小部分是轻度的变质岩，这大概是之前覆盖这片花岗岩地区唯一剩下的部分。现在来看大家熟知的地区：美国和加拿大。根据罗杰斯教授（Prof. H. D. Rogers）的精美地图，我曾用剪下图纸称重的方法来估算各类岩石的面积，我发现变质岩（不完全变质岩除外）和花岗岩的比例是19：12.5，二者的面积之和超过了全部晚期的古生代地质层。在许多地方，如果把所有不整合覆盖在变质岩和花岗岩上的沉积层移去，这些沉积层并不能形成结晶花岗岩的原始覆盖物，因此，我们会发现，变质岩和花岗岩的实际范围比它们看起来的范围延伸得更远。所以，世界某些地方的整个地质层都可能完全被侵蚀掉，而没有留下丝毫痕迹。

　　这里还有一点需要稍加注意。在上升期间，陆地以及附近的浅海滩面积将会扩大，通常会形成新的生物活动场所。如前所述，新场所的一切环境条件都有利于新变种和新种的形成，但是这段时期的地质记录一般都是空白的。与之相反，在沉陷期间，生物分布的面积和生物数量都将减少（大陆海岸最初分裂为群岛的部分除外）。因此，在沉陷期间，虽然会发生生物的大量绝灭，但却能形成少数新变种或新物种；而在沉陷期间，也会堆积形成富含化石的沉积物。

## 任何地质层中众多中间变种的缺乏

根据上述考察可知，从整体来看，地质记载的确是极不完整的。但是，如果我们只将注意力局限在任何一个地质层上，就更难理解为什么一直生活在这个地质层中的近似物种之间，找不到与它们关系密切的过渡变种。在同一地质层的上部和下部，同一个物种会呈现出几个变种，这一情况是有记载的：特劳希勒德（Trautschold）曾列举的关菊石（Ammonites）的许多例子便是如此；又如希尔甘道夫（Hilgendorf）曾描述的奇异现象，即他在瑞士连续沉积的淡水地层中发现了多形扁卷螺（Planorbis multiformis）的十个级进的类型。虽然每一个地质层的沉积毫无疑问都需要极漫长的年代，但对于一直生活在那里的物种而言，关于"为什么在各个地质层中没有它们之间递进变化的一系列物种"这一疑问，可以有很多理由。对以下叙述的理由，我也不能有准确的评价。

虽然每一地质层都可能表示一个极其漫长的年代，但比起一个物种演变为另一物种所需要的时间，可能还是显得稍短。波隆和伍德沃德（Woodward）这两位古生物学家曾经断言，各地质层的平均年龄大约是物种平均年龄的 2~3 倍。我也意识到他们的意见是值得尊重的，但在我看来，似乎还有很多难以克服的困难阻碍着我们对这种意见做出恰当的评论。当我们看到一个物种首次在某一地质层的中间位置出现时，就会很轻率地推论它以前不曾出现在其他地方。还有，当我们看到一个物种消失于某一沉积层最底部之前，也会同样轻率地假想这个物种在那时就已灭绝。我们忘记了欧洲的面积与世界其他地方相比是何等渺小，而整个欧洲同一地质层的几个阶段也并非完全密切相关。

我们完全可以推测，因为气候以及其他因素的变化，所有种类的海洋动物都曾经历过大规模的迁徙。当我们看到一个物种首次出现在某一地质层时，这个物种可能就是在那个时候首次迁徙到这一区域的。例如，众所周知，很多物种在北美洲古生代地层中出现的时间，比在欧洲同样地层出现的时间要早。显然，这是因为物种从美洲海洋迁移到欧洲的海洋是需要时间的。在考察世界各地近期的沉积物时，少数至今依然存在的某些物种在沉积物中普通存在，但在周围邻近的海域中却已灭绝；或者，正相反，某些物种现在在邻近的海域很繁盛，但在沉积物中却很稀少甚至完全没有。思考整个地质时期一部分的冰河时期（glacial epoch）内欧洲生物的实际迁移量，以及这个时期内海陆的升降变迁、气候的极端变化，和时间历程的悠久，对我们来说是再好不过的一课。然而值得怀疑的是，世界各地含有化石遗骸的沉积层是否曾经在整个冰期内一直在同一区域连续沉积？例如，处于海洋动物最繁盛的深度范围以内的密西西比河（Mississippi）口，它附近的沉积物大概不是在冰期整个期间内连续堆积起来的。因为我们知道，在这一期间，美洲其他地方曾发生过巨大的地理变迁。如果在冰河时期的某一段时期内，密西西比河口附近的浅水中沉积了这类地层，那么地层在上升的时候，由于物种的迁徙和地理变迁，生物的遗骸大概就会首次出现以及消失在不同的地层。在遥远的将来，如果哪位地质学家研究这类地层，大概会忍不住做出这样的结论：埋藏在那里的化石生物的平均存在时间要比冰期短，而实际却是远比冰期长，因为它们从冰期以前一直延续到现在。

  为了在同一地层的上部和下部得到两个物种之间的全部过渡类型，该地层必须长期持续不断地进行堆积，以使生物在这期间进行缓慢的变异过程。因此，这样的沉积层必然是很厚的，而且变异中的物种也必须始终生活在这同一区域中。但是我们已经知道，一个厚实且含有丰富化石的地质层，只有在沉陷期间才能堆积起来；并且，为了使海水深度接近一致，沉积物的供给量必须与沉陷量平衡，这样同种海洋生物才能在同一地方内持续生存。但是，这种沉陷运动有使沉积物来源地区淹没在水中的倾向，这样，在连续的沉陷运动期间，沉积物的供给便会减少。事实上，沉积物的供给和沉陷量之间的完全平衡，只是一种罕见的偶然情况。很多古生物学家都发现，在极厚的沉积层中，除了它们的顶部和底部范围附近，其余部分通常是没有生物遗骸的。

  每一个单独地层的堆积都和任何地方的完整地质层相似，一般都是间断的。当看到（事实上也常常看到）一个地质层由完全不同的矿物层构成时，我们就有理由推测沉积过程或多或少是间断过的。即便我们对某一个地质层进行了极精密的考察，也无法得知这个地质层的沉积所耗费的时间长短。很多事例都表明，厚度仅为几英尺的岩层，却代表着其他地方需要很长久的一段时间才能堆积而成的厚达数千英尺的地层。忽略这一事实的人们甚至会怀疑，这样薄的地质层会代表长久的时间历程。一个地质层的底部抬升之后，被侵蚀，然后沉没，再被同一地质层的上部岩层覆盖，这样的例子有很多。这些都表明，地层的堆积期间存在容易被忽视的长久间隔时期。在另外一些情况中，大树的化石依然像在生长中一样直立着，这清楚地表明，在沉积过程中有很多长时间的间隔以及水平面的升降变化。如果没有这些被保存下来的树木，估计没人会想到这些。莱伊尔爵士和道森博士曾在加拿大新斯科舍省（Nova Scotia）发现了厚达 1 400 英尺的石炭纪地层，其中含有古代树根的层次彼此相叠，至少有 68 个不同的层面。因此，如果在一个地质层的底部、中部和顶部出现同一个物种，可能是因为在整个地层沉积期间，这个物种并非存在于同一地点，而是在同一个地质时期内，它曾经多次绝迹而后又重现。因此，如果这个物种在任何一个地质层的沉积期间内发生了明显的变异，这一地质层的某一部分不会包含所有理论上一定存在的有细微变化的过渡类型，而会包含有突然变异的类型，尽管它们可能只是轻微的变异。

  最重要的是，要记住，博物学家并没有区分物种和变种的黄金法则，他们承认各物种间都有细微的差异，但是当遇到两个类型之间有稍大一些的差异，且没有亲密的中间过渡类型连接它们时，博物学家就会把这两个类型列为物种。按照上述理由，要在任何一个地层的断面看到这样的连接，对我们来说希望并不大。假设 B 和 C 是两个物种，而 A 是在下面较古老地层中发现的第三个物种；在这种情况下，即使 A 是准确介于 B、C 之间的类型，但如果没有过渡变种将它与 B、C 二者或其中之一连接起来，人们就会简单地将 A 列为第三个不同的物种。同样，我们不能忘记，如之前所说，A 还可能是 B、C 真正的原始祖先，在各方面的性状也不一定要严格介于二者之间。所以，我们可能从同一个地质层的底部和顶部找到亲种和它若干变异的后代，不过如果我们无法同时得到无数的过渡类型，就辨识不出它们的血缘关系，从而把它们列为不同的物种。

众所周知，许多古生物学者都是根据十分细微的差异来区分他们发现的物种。如果这些标本来自同一个地质层的不同层位，他们便会毫不犹豫地把它们列为不同物种。某些有经验的贝类学家现在已把多比内（D'Orbigny）和许多被其他学者划分得过细的物种降格为变种。根据这种观点，我们就能找到物种演变的理论证据。再看第三纪末期的沉积物，大多数博物学家都相信那里所含有的许多贝壳与现今生存的物种是相同的；但一些优秀的博物学者，如阿加西（Agassiz）和皮克特（Pictet），却认为第三纪的所有物种和现今存在的物种都明显不同，尽管它们之间十分相似。所以，除非我们相信这二位著名的博物学家是被自己的想象带入了歧途，以及第三纪后期的物种的确与它们现今生存的后代并没有任何不同；或者，除非我们与大多数博物学家的意见相反，承认这些第三纪物种的确与近代的物种完全不同，我们才能在这里找到所需要的物种频繁出现细微变异的证据。如果我们观察一个稍长的间隔时期，即观察同一个巨大地质层中的不同连续的层位，我们就会看到其中埋藏的化石——虽然人们普遍认为它们是不同的物种，但其彼此之间的关系跟相隔更远的地质层中的物种相比要密切得多。所以，这里我们又得到了一个渐进演化理论所需要的物种演变的确切证据；但是关于这个问题，我将在下章再进行讨论。

关于繁殖快且迁徙频率低的动植物，就像之前提到的那样，我们有理由推测，它们的变种最初通常发生在部分地区，除非它们达到了一定程度的完全变异，否则这种局部地区的变种是不能大范围分布进而排挤掉自己的亲本类型的。按照这种观点，要想在任何地方的一个地质层中发现两个类型之间一切早期过渡类型的概率是很小的，因为连续的变异是被假定为地方性的、只局限于某一地点。大多数海洋生物的分布范围都很广，并且如我们所见，植物中分布范围最广的物种最常呈现变种。所以，关于贝类以及其他海洋生物，那些分布范围最广、远远超出已知的欧洲地质层界限的，通常最先产生变种，继而形成新的物种。因此，我们在某一个地质层中找到过渡类型演变痕迹的机会又大大减少了。

最近，福尔克纳博士（Dr. Falconer）进行的一项更为重要的研究得到了同样的结果：各物种进行变异所经历的时期如果用年代计算是很长久的，但与它们没有任何变异的时期相比，可能还是比较短暂的。

不能忘记的是，现今即使有物种优质的样本，我们也很难用中间变种把两个类型连接起来。要想证明它们同属一个物种，除非从各地采集到大量标本。但是在化石物种的采集上很少有人能做到这点。在未来某一时期，地质学家是否能够证明我们不同品种的牛、羊、马和狗都来源于共同祖先，或是几个原始祖先？又或者，栖息在北美海滨的某些贝壳，它们被某些贝类学家认为和欧洲的代表种不同，因此被列为物种，但它们究竟是同一物种的变种，还是所谓的不同物种呢？在看过这些问题之后，我们可能已经觉察到通过大量优质的中间类型的化石连接两个物种是不大可能的。对于这些问题，未来的地质学家只有发现大量中间过渡类型的化石之后，才能得到结果，但这种成功的可能性是十分渺茫的。

相信物种不变异的学者们反复强调地质学没有提供任何连接的中间过渡类型。在下一章我们就会发现这样的主张是完全错误的。正如卢布克爵士所说，"每一物种都是其亲缘类型间的连接类型"。如果一个属内有20个现存的以及绝迹的物种，假设它们中的4/5都早已毁灭，那么没有人会怀疑剩余物种之间的差异将会变得更明显。如果这个属的两个极端类型偶然地毁灭了，那么这个属和其他近缘属之间的差异将会更大。地质学研究所没有发现的是，以前曾经存在过无数中间递变的过渡类型，它们就像现存的变种一样有细微的变异，并且几乎可以将所有现存的和已灭绝的物种连接在一起。虽然要做到这样是完全没有希望的，但作为反对我观点的一个最重大异议，这一点却被反复提到。

不妨用一个假想的例证将上述地质记录不完全的各种原因做个小结。马来群岛的面积大致相当于欧洲的面积，即从北角（North Cape）到地中海（Mediterranean），以及从英国到俄罗斯的范围。除了美国的地质层之外，马来群岛的面积与世界上所有精确调查过的地质层的面积总和相等。我完全同意戈德温·奥斯汀先生（Godwin Austen）的看法，他认为马来群岛的无数大岛屿被广阔的浅海隔开的现状，大概可以代表远古时期欧洲地层沉积的状况。马来群岛是生物资源最丰富的区域之一，然而，如果把曾经生活在那里的所有物种都搜集起来，就会发现若要让其代表世界自然历史，它们还非常不完善。

但是我们有各种理由相信，在我们假设的马来群岛沉积地层中，陆栖生物的保存一定是极不完全的。严格意义上的滨海动物或是生活在海底裸露岩石上的动物，被埋藏在地层中的也不会很多；而且那些埋藏在砾石和沙子中的生物也不会保存得很长久。在海底没有沉积物堆积或堆积速度不足以保护生物体不腐坏的地方，生物的遗骸也无法保存下来。

与过去中生代的地层相似，马来群岛上富含各类化石，其厚度足以延续到很久以后的地质层，它们一般只能在沉陷期间形成。在地面下沉的各个时期，彼此之间都会有相当长时间的间隔，在这些间隔的时期内，地面或是保持静止，或是继续向上抬升。在上升的时候，靠近海岸峭壁含有化石的地质层不断受到海岸作用的破坏，被侵蚀的速度和堆积速度大致相等，就跟现在我们在南美海岸上所见的情形一样。在抬升期间，即使在群岛间的广阔浅海中，沉积层也很难堆积得很厚，从而很难被后来的沉积物覆盖和保护，因此也就没有机会被保存到久远的未来。在沉陷期间，可能会有大量的生物灭绝；而在抬升期间，可能出现大量的生物变异，但是这个时候的地质记录就更不完整了。

值得怀疑，群岛的全部或是部分地区的沉陷，以及与此同时发生的沉积经历的漫长年代，是否会超过同一物种类型的平均生存时间。但这两个过程在时间上的配合，对任意两个及以上物种之间的所有过渡类型的保存却是不可缺少的。如果这些过渡类型没有被全部保存下来，那么残存的过渡变种就只会被人们看作是许多新的近缘物种。每一个漫长的沉陷时期还可能被水平面的震动所打断，同时在这样漫长的时期，轻微的气候变化也可能会发生。在这样的情况下，群岛的生物就会迁徙，进而在任何一个地质层里都无法保存有关它们变异的详细记录。

马来群岛的多数海洋生物，现在都已超越了群岛的界限，分布到了数千英里以外的地方。以此类推，我们可以相信，最常产生变种的主要是这些分布广泛的物种其中的一部分。最初，这类变种是局限于一个地方的，但是当得到某种决定性的优势或是进行进一步变异和改进时，它们就会慢慢扩散开来，并排挤掉亲本类型。当这些变种重回故乡时，因为它们与亲本类型的状态已有不同（虽然程度也许极其轻微），还因为它们和其亲本类型被发现埋藏于同一地质层稍稍不同的亚层中，所以，按照众多古生物学家所遵循的原则，这些变种就会被列为新的不同物种。

如果上述说法具有一定程度的真实性，我们就没办法期望在地质层中找到无数差别甚小的过渡类型。而这些类型按照我们的学说，能够把这一群中的过去和现在的所有物种连接在一条长而分支的生物链条中。我们只能希望找到少数几个链条，然而我们确实找到了——链条中物种间的彼此关系有的密切，有的疏远。而这些链条中物种间的关系即便曾经极为密切，如果被发现于同一地质层的不同层位，也会被许多古生物学家列为不同的物种。

我不能说假话，如果不是在每一地质层的顶部和底部所生存的物种之间缺少大量过渡类型的连锁，以至于对我的学说构成严重的威胁，我也不会想到在保存得最好的地质断面中化石记录是如此贫乏。

## 整群近似物种的突然出现

一些古生物学家，如阿加西、皮克特和塞奇威克（Sedgwick）曾把某些地质层中突然出现整群物种的情况，看作是对"物种能够变异"这一观点的致命一击。如果同属或同科的大量物种真的会同时出现，这种事实对以自然选择为依据的进化论的确是致命的。因为依据自然选择，所有起源于同一祖先的一群物种，它们的演化一定是一个极其缓慢的过程，并且这些祖先一定在它们变异的后代出现之前的遥远时期就已经存在了。但是，我们往往把地质记录的完整性估计得过高，并且常常因为某一阶段并没有发现某一属或是某一科的物种，就错误地推断它们不曾存在于那一特定的阶段。在所有的情形下，肯定性的古生物证据是可以被完全信赖的；而否定性的证据，如经验所屡屡指出的，是没有价值的。我们常常忘记，整个世界与已被考察过的地质层的面积相比，是如此广阔；我们还会忘记，在物种群入侵欧洲和美国的群岛以前，它们可能已存在于其他地方很长时间，并已慢慢繁衍起来了；我们也没有考虑到，在许多情况下，连续地质层之间所经过的间隔时间，要比各个地质层堆积起来所需要的时间更长久。这些间隔已经足够物种从某一个亲本类型繁衍生息了，而这些物种成群地出现在后来生成的地质层中，就好像是突然被创造出来的一样。

这里，我要复述一下前面的内容：一种生物要适应某种新的特别的生活方式，例如适应空中飞翔，可能需要一段连续而漫长的时期。因此，它们的过渡类型常常会在某一区域内留存很久；但是这种适应一旦成功，并且少数物种由于这种适应而比其他物种获得了更大的生存优势，那么许多新的变异类型就会在短时间内产生并迅速传播，遍布全世界。皮克特教授在对本书做出的出色评论里就提到了早期过渡类型，并以鸟类为证指出，他不能看出对于假想的原始鸟类，其前肢的连续变异对它们有什么利益。但是看一看南冰洋（Southern Ocean）的企鹅，它们的前肢不正处于"既不是真的手臂，也不是真的翅膀"这种中间状态吗？然而这种鸟类在生活斗争中成功地占据了自己的地盘，它们不仅数量众多，还有很多不同种类。我并不认为这就是鸟类翅膀的演变所经历的真实过渡阶段。但是，不难相信，翅膀的演变很可能有利于企鹅的变异后代，使它们从最初只能像大头鸭那样在海面上拍打翅膀，到最终能够离开海面在空中滑翔。

我现在举几个例子来证明前面的论述。在皮克特关于古生物学的伟大著作中，从第一版（出版于1844—1846年）到第二版（1853—1857年）之间的短短几年内，几个动物群的开始出现和最后消失的结论就有了较大的变更；第三版大概还有更大的改变。我要再提到一个大家熟知的事实：几年前发表的一些地质学论文中，都认为哺乳动物是在第三纪早期突然出现的。而现在已知的富含哺乳动物化石的沉积物之一，就属于中生代中期；并且在靠近这一个基层初期的新红砂岩中也发现了真的哺乳动物。居维叶一直认为，在任何地方的第三纪层中都不会出现猴子的化石；但是，目前印度、南美洲和欧洲已在更古老的第三纪的中新世阶段（miocene stage）中发现了它们的绝灭种。如果没有在美国的新红砂岩中发现偶然保存下来的足迹，有谁能够想象那时代至少有 30 种不同的鸟形动物曾经存在过，且有的还体形巨大呢？不过在这些岩层中并没有发现这些动物的遗骸。不久以前，一些古生物学家主张整个鸟纲是在始新世时期（eocene period）突然出现的。但根据欧文教授权威性的意见，我们可以知道，在上部的绿砂岩（greensand）沉积期间就确实有一种鸟类存在了。最近，在索伦霍芬（Solenhofen）的鲕状岩（oolitic slates）中发现了始祖鸟（Archeopteryx），这是一种奇怪的鸟，它们有蜥蜴一样的长尾巴，尾巴上的每节都有一对羽毛，而翅膀上还长着两个可以活动的爪子。任何近代的发现都无法比始祖鸟更有力地表明，我们对以前世界上生物的了解是如此之少。

我再举一个亲眼所见的曾让我震惊的例子。我在一篇论无柄蔓足类化石的报告里曾提到：根据现存和灭绝的第三纪物种的大量数目，根据栖息于全世界、从北极到赤道、从高潮线到 50 英寻之间各种不同深度数目繁多的各种生物，根据最古老的第三纪地层中保存的标本的完整状态，还根据标本［甚至一个壳瓣（valve）的碎片］能被轻易辨识，我曾推论，如果中生代就已经存在无柄蔓足类，那么它们肯定能被保存下来并被发现。但因为这个时代的一些岩层中并没有发现过一个无柄蔓足类的物种，所以我断言这一大物种群是在第三纪初期突然发展起来的。对我来说，这是一个尖锐的问题，因为当时我想，这又增加了一个大型物种群突然出现的事例。但是当我的著作快要出版时，一位经验丰富的古生物学家波斯开先生（M. Bosquet）寄给我一张无柄蔓足类的完整标本图，这是他亲手从比利时的白垩纪地层中采集到的。似乎为了使这样的场面更加激动人心，这种无柄蔓足类属于一个极其普通、体形很大且普遍存在的一属，即藤壶属。这一属中还没有一个物种的化石在第三纪地层中被发现过。最近，伍德沃德又在白垩层的上部发现了无柄蔓足类另一个亚科的四甲藤壶（Pyrgoma）。因此，我们现在已有丰富的证据来证明这群动物曾存在于中生代。

有关整群物种突然出现的情况，古生物学家常常提到硬骨鱼类（teleostean fishes）。阿加西说，它们最早出现于白垩纪下部。硬骨鱼类包含现存的大部分鱼类。但是，有些侏罗纪（Jurassic）和三叠纪（Triassic）的类型现在也普遍被认为是硬骨鱼类。甚至一些古生代的类型也被一位权威学家分在这一类中。如果硬骨鱼类真的是在白垩层初期的北半球突然出现，那的确是值得高度注意的事实。但是，这并不会造成无法解决的难题，除非有人能证明在白垩纪初期硬骨鱼类也在世界其他地方突然同时出现。目前，在赤道以南并没有发现过任何鱼类化石，对此就不必多说了；而且在读过皮克特的古生物学之后，便可以知道，在欧洲的几个地质层中也只发现了很少的几种硬骨鱼化石。现在有少数鱼科是分布在有限的范围内。硬骨鱼类以前大概也分布在有限的范围内，只是当它们在某一个海域里繁衍壮大之后，才广泛地扩散到各个海域。同时，我们也没有任何权利假设地球上的海洋过去与现在一样，从南到北都是连通的。即使在当下，如果马来群岛变为陆地，印度洋的热带区域就将形成一个全封闭的巨大海盆；在这里，任何大群的海洋动物都可以繁衍生息，它们最初局限在这一区域，直到一部分物种变得能够适应较冷的气候，它们就能绕过非洲或是澳洲的南端，到达更远的海洋。

因为这些考察，因为我们对欧洲和美国以外地方的地质知识的缺乏，还因为近十年来的发现所引发的古生物学知识的革命，我认为，要对全世界生物类型的演替问题妄下论断，似乎太轻率了。这就如同一个博物学家在澳洲的一片荒野待了五分钟，就打算讨论那里的生物数量和分布范围一样。

近缘物种群在已知的最古老含化石地层中的突然出现

还有一个更加棘手的类似难题，就是动物界几大门类的物种在已知最古老化石岩层中的突然出现。之前的大多数讨论使我相信，同群的一切现存物种都来源于同一原始祖先，这也同样适用于最早出现的已知物种。例如，一切寒武纪（Cambrian）的和志留纪（Silurian）的三叶虫类（trilobites）无疑都来源于某种甲壳类动物，这种甲壳类一定在寒武纪之前的久远时代就已存在了，而且可能和一切已知动物都大不相同。一些最古老的动物，如鹦鹉螺（Nautilus）、海豆芽（Lingula）等，和现代物种并没有多大差异。按照我们的学说，这些古老的物种不能被认为是其后出现的同类物种的原始祖先，因为它们没有任何的中间性状特征。

所以，如果我的学说正确，那么远在寒武纪最底部沉积以前，地球就一定会经历一个长久的时期，这个时期大概有寒武纪到现在的整个时期这样长久，或许还要更长。在这样长久的时期内，生物必然已经遍布世界。这里，我们又遇到了一个强有力的异议。因为地球适应生物居住的状态所经历的时间是否已经足够长久，似乎值得怀疑。汤普森爵士（Sir. W. Thompson）总结道，地壳的凝固时间不会少于 2 000 万年，也不会长于 4 万亿年，可能在 9 800 万年到 2 万亿年之间。这么长的时间范围也说明了这些数据很不可靠，而且今后还可能有其他因素介入这一问题中。克罗尔先生估计从寒武纪至今大约有 6 000 万年，但是根据自冰河时期以来生物变化很小的事实，与寒武纪以来生物确确实实发生过的各种巨大变化相比，6 000 万年似乎太短。而之前的一亿四千万年对于寒武纪中已存在的各种生物的发展也是不够的。然而，如汤普森爵士认为的，在极久远的时代，世界所处的自然环境的变化可能比现在更加激烈而迅速，而这类变化则驱使当时的生物以相应的速度发生变化。

至于为什么在我们假设的寒武纪以前的这段时期没有发现富含化石的沉积物，我还无法给出令人满意的答复。直到最近，以默奇森爵士为首的几位优秀的地质学家，仍不相信我们在志留纪最底部看到的生物遗骸是生命的第一束曙光。其他一些能力很强的审判者，如莱伊尔和福布斯，也对此结论存有异议。不能忘记的是，我们确切了解的不过是这个世界的一小部分。不久以前，巴兰德（M. Barrande）在志留纪之下又发现了另外一个更深的地层，这一地层里包含有大量特别的物种。现在希克斯先生（Mr. Hicks）又在南威尔士（South Wales）寒武纪晚期的地层以下，发现了富含三叶虫以及各种软体动物和环虫动物的岩层。甚至在某些最低等的无生代岩层（azoic rock）中，也有磷质结核（phosphatic nodules）和沥青物质存在，从而暗示了在这个时期也可能存在生命。加拿大的劳伦系岩石层（Laurentian）中存在有始生虫（Eozoon），这是大家都承认的。加拿大的志留纪之下有三大系列的地层，在最下面的地层中也曾发现过始生虫。洛根爵士（Sir W. Logan）认为："这三大系列地层的总厚度可能远远超过从古生代的基部到现在的所有岩石的厚度之和。这样，我们就被带到了一个古老的时代，以至于有人会把巴兰德所谓的原始动物群的出现看作是比较近代的事情。"始生虫是所有动物纲内最低级的，但在它所属的这一纲中，它又是最高级的。它曾以无法估计的数量存在过，正如道森博士所说，它一定以其他的微生物为食，而这些微生物也一定是大量存在的。因此，我写于1859年的关于生物远在寒武纪以前就已存在的推理，和后来洛根爵士所说的几乎相同，现在也已被证明是正确的了。尽管如此，要解释寒武纪之下为什么没有富含化石的巨大地层叠积，依旧很困难。我们不可能说那些最古老的岩层已经由于侵蚀作用而完全消失，也不可能说岩层中的化石由于变质作用而全部消失。因为如果真是这样，我们就会在出现于它们之后的地质层中发现一些出现局部变异的细小化石残余。但是，地层越古老就越容易遭受侵蚀作用和变质作用，这样的观点并不能得到俄罗斯和北美洲广阔的志留纪沉积物的记录的支持。

现在还无法解释这种情形，因而这也就成了反对本书所持观点的有力证据。为了表示这个问题在今天可以得到解释，我提出了以下假说：从欧洲和美国的若干地质层中生物遗骸的性质来看，它们似乎不是深海生物；而从构成地质层的厚达数英里的沉积物，我们可以推断产生沉积物的大岛或大陆一直处于欧洲和北美洲的现存大陆附近。这种观点后来得到了阿加西及其他人的支持。但是我们还不了解在若干连续地质层的间隔期间内情况究竟如何——欧洲和美国在这段时期内究竟是干燥的陆地，还是没有沉积物沉积的近陆浅海底，抑或是广阔而深不可测的海底，我们都不得而知。

看看现在的海洋，它的面积约为陆地的三倍，其中还散布着许多岛屿。但我们知道，除了新西兰，几乎没有一个真正的海岛（如果新西兰可以称得上是真正的海岛）存在一点点古生代或中生代地质层的残余物。因此我们可以推论，在古生代和中生代期间，海洋范围内并不存在大陆和大陆岛屿。因为，如果它们曾经存在，那么由于侵蚀和崩裂的沉积物堆积，它们就会形成古生代层和中生代地层。而在漫长的时间里，一定会发生水平面的上下震动，那么这些底层中至少也会有一部分隆起。如果我们从这些事实推论任何事情，那么就能得到"现在海洋的范围自有记录的最远古时代以来，就曾是海洋"的结论；另一方面我们也可以得到"现今大陆存在的区域，自古以来也是陆地，而且从寒武纪以来一定经历了水平面的巨大震动"的结论。在我关于珊瑚礁一书中所附的彩色地图，让我得出这样的结论：各大海洋目前仍是沉陷的主要区域，各大群岛依然是水平面震动的区域，而大陆是抬升区域。然而我们没有任何理由认为世界从一开始就是这样，而且一直是这样。大陆的形成可能是多次水平面的震动中因为抬升力量占优势所致；但这些优势运动发生的地域难道没有随着时间的流逝而变化吗？也许远在寒武纪以前的某个时期，大陆曾出现在现今海洋的位置；而现今大陆所在的地方，当时也许是清澈广阔的海洋。我们不能认为如果太平洋海底现在变为一片陆地，它们的状态就是可辨识的，即使那里堆积有比寒武纪层更古老的沉积层。因为这些地层可能会沉陷到接近地球中心数英里的地方，而由于上面来自海水的巨大压力，其受到的变质作用可能远大于接近地球表面的地层。世界上某些地方，如南美洲大面积裸露的变质岩，一定曾经历过高温高压的作用。我总觉得对这些地区似乎需要给予特别的解释。我们也许可以相信，在这些广阔的地方，我们能看到许多远在寒武纪以前的地质层经历了完全变质及侵蚀作用之后的状况。

本章所讨论的几个难点分别是：虽然我们在地质层中发现了许多介于现今生存的物种和曾经存在的物种之间的过渡类型，但我们并没有见到把它们紧密连接在一起的无数细微变异的过渡类型；欧洲的地质层中，有若干成群的物种突然出现；就目前所知，在寒武纪地层以下几乎没有富含化石的地质层。毫无疑问，所有上述难点无疑都是极其严肃的。最优秀的古生物学家，如居维叶、阿加西斯、巴兰得、皮克特、福尔克纳、福布斯等，以及所有最伟大的地质家，如莱伊尔、默奇森、塞奇威克等，都曾经反复而强烈地维护物种不变的观点。但是现在，莱伊尔爵士以他权威学者的身份转而支持相反的观点，而很多地质学家和古生物学家对于曾经的信念也大大动摇。而那些相信地质记录在各方面都十分完整的人，无疑还会坚决反对这一学说。至于我自己，按照莱伊尔的比喻，则把地质记录看作一部保存不完整且是用不断变化的方言写成的世界历史。这部历史书我们只拥有最后一卷，而且所讲的也只有两三个国家。即使这一卷，也只是在这里或那里保存了几篇零星的章节，而每页只有寥寥几行文字。这些不断变化的方言的每个字，在连续的各章中又有些许不同，这些字可能代表埋藏在连续地质层中、被错认为突然出现的各种生物类型。按照这样的观点，上面所提到的难题就可以变得容易许多，甚至消失。

# 第十一章 生物在地址上的演替

关于新物种缓慢相继出现——生物变异的速率各异——物种一旦灭绝就不能再现——当出现与消失时，物种群与单个物种一样需遵守普遍的规律——灭绝——地球上生物的生活方式的改变具有同步性——濒临灭绝的物种之间及与现在物种间的密切关系——古代物种种类的发展状态——相同区域内相同物种种类的相互更替——上一章节与本章节的概略。

现在让我们一起来想想，几种关于生物在地质上的演变事实和规律究竟是和生物不变的普遍观点一致，还是与生物通过变异和自然选择而逐渐发生改变的看法相同呢？

新物种无论是在陆地还是在水里，都是以一种较缓慢的速率一个接一个地出现。莱伊尔早已指出，在第三纪的几个时期里，关于这方面的证据是不可能被推翻的。并且，每年新物种的产生都有助于填补各时期中物种消失的空白，从而使现存物种和已消亡的物种维持在一种平衡的状态。这些新型物种有的是第一次出现在本地，有的据我们所知则是在地球表面。第二纪地质层断裂的情况较多，但正如波隆所说，在每个时期的地质层中，许多生物的出现与消失都不具有同步性。

非同属、非同类的物种发生变异的速率与程度是有所区别的，例如，在古老的第三纪地质层中，一些现存的同类仍可能在中期里众多的灭绝种类中被发现。并且福尔科纳就这相同的事实也已提供了一个引人关注的例子，即现存的鳄鱼和许多消失的哺乳动物，与在喜马拉雅山的沉积物中出现的爬行动物存在着极大的联系。志留纪的海豆芽属物种与现存的该属种类相比差异较少，但与此相反，大多数其他志留纪的软体动物与所有甲壳类动物的改变程度却不是那样微小。与水生生物相比，陆生生物变异的速率更快，这个不争的事实早已在瑞士得到证实。我们有一定的理由相信，大量的高等生物发生变异的速率高于低等生物，虽然我们也承认这其中会存在一些例外。正如皮克特所指出的，生物变异的数量在每个所谓连续的地质层中是各有不同的。生物已经历了一定程度上的改变。当一种生物从地球表面消失，我们毫不怀疑将会有相同的物种再现。而布朗德先生所谓的"殖民群"则是对后者规律的一个最有力且最显著的反驳，这个观点在较古老的地质中期曾维持了一段时间。但是，这个例子也只是生物从偏远区域里的暂时迁移现象而已，换句话讲，莱伊尔的解释看起来更令人满意。

这几种事实都与我们的常说相同，常说里不涉及生物进化恒定不变的法则，我们不支持"一个区域所有生物突然变异、同时变异或变异的程度完全相同"的观点。生物变异的进程是以较慢的步伐进行的，普遍来讲，在同一时期只会影响一些物种，每一物种的变异与其他所有物种的变异具有独立性。这类变异或个体差异是否会通过自然选择或多或少地逐步积累起来，从而引起或多或少的稳定变异，取决于许许多多的因素，如，对变异有利的自然条件、自由交配、地区性渐变的地理条件、新入侵物种的进入以及其他生物与不同物种间竞争的性质。因此，我们毫不惊奇：一种生物会比其他生物保持完全相同类型的时间更长；或者可以这样说，即使这种物种发生改变，它做出的改变也只是在较小的程度上。我们在偏远地方的现存生物中也发现了相类似的关系，例如在欧洲大陆，马德拉的陆生贝类与甲壳类昆虫要比与它们最近的外来种类有相当多的不同之处；而恰恰相反，水生贝类与鸟类则没有较大差异。根据前章阐述，高等生物与它们有机和无机的生存条件之间包含有非常复杂的关系，我们也许就能明白高等和陆生生物变异会以一种相对明显的速度快于低等动物和水生生物。根据物种间的竞争法则与生物间为生存而奋力抗争的重要性，我们也能够理解，当任何区域的众多生物面临变异或进化时，不能在一定程度上发生变异或进化的物种将易于遭遇灭绝的厄运。所以，如果对物种研究的时间足够长，我们就能理解所有在同一区域的物种最终都要选择变异的原因，因为如果它们不这样做就会面临灭绝。

在足够长且相等的时期内，同属物种改变的平均数量有可能近似相同。但是因为年代悠久和含有丰富化石的地质层的形成是由大量沉积区域里的沉淀物所决定的，所以我们的地质层几乎都是在长期而又不规则的间隔时期里积累起来的。这最终造成了深埋于连续地质层中的化石种类发生改变的数量不尽相同。依据这个观点，每一个地质层的形成并非是全新完整创造的标志，而仅仅是在缓慢改变戏剧中上演的一出偶然的戏而已。

我们现在能彻底底明白，为什么一个物种一旦消失，即使它再次碰到相同的有机或无机的生活环境时，也很难再现了。因为虽然一个物种的后代可能适应另一物种的生活环境，逐步产生占领的欲望，最终取代原来的物种（毋庸置疑，这种例子发生的次数是数之不尽的），但这两个物种无论是新的还是原来的类型都不会完完全全相同，因为两者几乎都从它们各自的祖先那儿遗传到了各异的特征。并且，早已不同的物种也持有各自不一样的行为方式。举一个例子，如果我们所有的扇尾鸽都已灭绝，饲养者有可能培育出与现在几乎没有任何区别的新的扇尾鸽；但假设原有的岩鸽也一样灭绝了，我们也就有足够的理由相信，在自然条件下原有物种会普遍被它们已进化的后代取代而逐渐灭亡。我们十分相信，与现存鸽相同的扇尾鸽，能在任何其他品种的鸽甚至于在任何其他已经完全建立好的家养鸽中得到繁殖，因为不断的变异几乎会导致生物在一定程度上有所不同，新形成的物种又很可能会从它们的祖先遗传到某些不一样的特征。

物种群，即属与科的构成，无论快或慢、程度大或小，在出现与消失的问题上与单个物种一样遵从相同的普遍规律。一个物种群体一旦消失就很难再现，也就是说，只要它们延续它们的存在，就具有持续性。我开始意识到在这条法则中存有一些显而易见的例外，但数量却是惊人地少，少得连一直强烈反对这些观点的福布斯、皮科特与伍沃得都承认了这个事实；并且，这条法则也与我们的学说极为一致，因为相同群体的所有物种不管持续了多长时间，都是从其他物种改变而来，源于同一祖先。以海豆芽属物种为例，从志留纪时代到现在，必定有一条连续的世代顺序链，把处于各个时期内不断出现的该海豆芽属物种连接起来。

我们早已在前章中看到，整个物种群有时会出现有误的情况，比如它们会突然壮大。我试图为这个事实提供一个合理的解释。如果这是真的，那么它对于我已持有的观点无疑是致命的。但这些事例必然特别罕见，而普遍的规律则是：物种数量逐渐增长；接着，物种群体的数量达到它们应有的极限；随后，物种群体数目迟早有一天会逐步下降。如果用一条粗细不同的垂直的线来表示同一属内的物种数量，或是同一科内属的数量，伴随着连续地质层的形成，我们发现物种的数量会不断增多。有时这条线的下端起始处会给人一种错觉，即出现平切且尖细的点；这条线不断向上变粗，并常常在一段长度中保持相等的粗度；而最终，在更为上级的地质层中变得更细，这时就标志着物种最后的灭绝。一个物群数目逐渐增加的规律适应于我们的自然选择学说，因为同属物种与同科内的属会以一种极其缓慢、渐进的速度增长。变异的进程和近缘物种的产生是相当缓慢而逐步的过程——就像一棵大树的分枝一样，从单个分枝逐渐发展到庞大的树枝体系。一个物种刚开始产生两到三个变种，这些变种不断产生新的物种，新物种又以相对缓慢的步伐产生其他变种与物种等。

## 灭 绝

直到现在，我们仅仅是随便地讲到了物种与物种群的消失。根据自然选择学说，原有物种与新进化的物种间有一种极为密切的联系。人们已经普遍放弃了旧的观点，即连续的灾难早已将地球上所有的生物扼杀；就连埃利得博蒙特、莫奇逊与巴朗德也不例外，他们也同时放弃了前面旧的观点，而他们平时的观念肯定会自然而然地导致他们做出这样的结论。相反，根据我们对第三纪地质层的研究，我们绝不怀疑，物种与物群一个接一个地逐步消失，最初在一个地方，尔后在另一个地方……最终这种现象遍及整个世界。但在一些少数事例中，如由于地峡的断裂，大量新物种闯入相临海域，或者陆地最终深陷，物种灭绝的过程就会相当迅猛。而有些单个物种或整个物群却会延续不相等的时间。

所以，在任何单个物种或任何单个属的物种里，似乎并没有恒定不变的规律可以决定它们所延续的时间长度。我们有充分的理由相信，一个物群的灭绝要比它们的产生经历一个更缓慢的过程。如果我们像前面所提到的，用一条垂直的线来表示物种的出现与消失，那么代表物种灭绝过程的线上端逐步变细的速度，要比代表物种最终出现和物种数目在初期增加的线下端变细的速度慢许多。但是在一些事例中，整个物群的灭绝是极其突然的，如在第二纪末期的菊石。

有时候，物种的灭绝也曾被置于莫名的神秘面纱中。有的研究者也做出了假设：既然生物个体都有一定的生命长度，那么，物种的存在也一样会有一定的限度。我想，没有人能比我对自己所在的物种灭绝研究领域更感到好奇。当我在拉普拉塔发现马牙、乳齿象、大懒兽与箭齿兽的遗骸竟然埋藏在一起，这些生物又仍与现存贝类和其他灭绝怪兽在最近的地层时期共存时，我惊奇万分。因为自从西班牙人将马引入到南美洲，这种马就变成了整个地方的野种马，并且以不等的速率不断繁殖增长。我试着问自己，如今究竟是什么使原有品种的马在如此明显有利于其生长的条件下走入灭绝的深渊。但是，我的疑惑是毫无根据的。没过多久，欧文教授就觉察到这种马牙虽与现存的马牙极为相像，却归属于一种已灭绝的物种。假设这种马仍旧存在，可能也没有博物学家会对这种罕见的情况持有最起码的好奇心，因为，在所有地方、所有的纲中，都会有这样稀少的物种存在。如果我们询问自己：为什么会存有这样极少的物种？我们的回答是，物种会在生存条件中遇到一些不利的因素，但具体是什么样的不利因素，我们无从知晓。假设马化石作为一种罕见的物种依然存在，那么从它与所有其他哺乳动物甚至是极缓慢发展起来的象类来类推：按照南美洲家种马移入的历史，我们可以确定，马在更为有利的条件下会踏遍整个大陆。但我们也不能因此就说是什么样的不利条件阻碍了马应有的繁殖、是一种或几种因素抑制、在马一生的什么时期抑制、抑制的效果达到了怎样的程度，这些都不得而知。如果恶劣的条件不断持续，不管速度怎样缓慢，我们常人也不一定能意识到这些都会越来越不利于物种的生存。唯一一点我们可以肯定的是，化石马会变得越来越少，直至灭亡。灭绝马的生存位置会被胜利的竞争者占取。我们很难记得，每一种生物的繁殖都会受到我们未被察觉且怀有敌意物群的介入，这些相同的未被注意到的群体数量庞大得足以引起另一物种变得稀少，最终导致它们的灭绝。这种现象很难解释。我经常会听到有人对大型的兽类，如乳齿和更原始的恐龙灭绝感到异常惊奇，似乎身体强壮就能在生存斗争中赢得成功。相反，体形越是庞大的物种，如欧文教授所指，越是会因为更多的食物需求而更快灭绝。在人类栖于印度与非洲前，一些因素就抑制了数量不断增长的现存大象。一位卓越的鉴定学家福尔科纳博士认为，主要是昆虫的不断侵袭削弱了非洲象的战斗力，从而抑制了它们的繁衍。这也是布鲁奇在阿比西尼亚对非洲象的研究中得到的结论。在南美洲的一些地方，我们可以确定的是，一些昆虫和吸血蝙蝠决定了更多外来四足动物的存在与否。

在最新的第三纪地质层中，我们看到了许多罕见物种灭绝的例子，与此同时，我们知道由于人类活动的影响，无论是地方型还是全球型，物种的灭绝过程都是这样。我在1845年所发表的内容，即承认物种在没有灭绝时会普遍地变得稀少，早已重复了很多次。我们不会对物种变得稀缺感到惊奇，反而对物种的灭绝大惊失色；这就好比承认一个人生病是死亡的预兆一样，我们对疾病毫不惊奇，但当这个病人一旦死亡，我们又会大吃一惊，并怀疑这个人并非死于疾病，而是死于某种暴行。

自然选择学说是建立在一定信念的基础上的，这种信念就是，每一个新变种最终都是以某种优势超越了自己的竞争对手而逐渐产生并延续。物种由于处于劣势而导致灭绝，它们几乎不可避免地遵循着这条法则。以我们的家养物种为例,当一个新的轻度进化的变种产生,起初它会取代进化较少的亲缘变种;当它再一次进化时,就像我们的短角牛,会被运到远近各不相同的地方,并在其他地方占据其他物种类型的位置。所以,这些新物种的出现与原有物种的消失,无论是自然繁衍的还是人工培育的,都是紧紧牵连在一起的。但这并不是无一例外,在强盛庞大的物群中,新的特殊的物种在特定时期产生的数量,有可能高于原有特殊物种灭绝的数量;然而,我们也明白,至少在稍稍往后的地质层时期中,物种并没有明显继续增长。仔细深究这一时期,我们相信,新物种的出现可能导致大量原有相同物种的灭绝。

正如前面众多例子解释的那样,从普遍意义上讲,物种间的竞争在诸多方面都是极为相似的。因此,大多数进化或变异的物种后代都会引起原有同类物种的灭绝。并且,假设大量新物种一旦从任何一个物种发展而来,亲缘物种与同属物种都非常有可能趋于灭绝。所以说,我相信,大量的新物种后代,即新属物种,将排挤原属物种,而它们都是归于相同的科。但是,我们也经常会遇到这样的情况:某一物群的新物种占据了另一不同物群物种所处的位置,最后引起后者的灭绝。如果许多亲缘物种从胜利的入侵者进化而来,这些物种就会让出它们原有的"宝座"。并且,往往正是这些亲缘物种会由于继承了共有的劣势而遭遇不测。但屈于其他变异或进化的物种,不管是同纲还是异纲,其中的一些失利者通常可能存在很长时间,因为它们有可能从原来已适应的环境中过渡到了一种特殊的生存条件中;或者,它们移居到了一个偏远的场所而逃离了激烈的竞争。例如,第二纪地质层的大量贝属。一些三角蛤属仍在澳大利亚海洋里幸存着;一些庞大而几乎绝迹的光鲜鱼群还生活在我们的淡水水域里。因此,正如我们看到的那样,一个物群最后的灭绝往往比它的产生更加缓慢。

### 生物改变的方式

我们肯定记得前面已讲述到的内容,即连续地层间可能有足够长的时间间隔，在这些间隔时间里可能存在更慢速的灭绝。而且，由于突然的移居或一贯迅猛的增长，一个新物群的许多物种占据了一个地区，大量原有的物种将会随之消失；而伴随着相应的增长速度，被迫放弃它们位置的这些物种一般也会由于遗传到相同共有的不利条件而受到排挤。

　　由此而言，根据我的观点，单个物种与整个物群里物种灭绝的方式与自然选择学完全相符。我们不必对生物灭绝震惊不已，如果我们一定要对此感到惊奇，那就是我们任凭自己一时之想，自以为理解了决定每个物种存在的许多复杂的制约因素。假如我们暂时忘记了每个物种都会趋于无尺度地繁殖增长，并且某种控制因素也时常在起作用，那么我们就永远不能领悟到整个自然生物圈的神秘之处。不论在以后的什么时候，当我们能准确无误地说出为什么这个物种比另一物种多，或为什么是这个物种而不是另一个能被移植到某一特定地方时，才能正当地对我们为什么不能对任何特殊物种或物群的灭绝做出合理解释而感到惊奇。

## 地球上生物演变几乎具有同步性

　　全球生物类型的演替几乎是同时发生的事实，比任何三生代的发现都更引人注目。在气候差别极明显的地方，像北美洲、南美洲赤道区、火地岛、好望角及印度半岛，我们连一块白垩纪矿物的碎片都没能发现，却能在这些偏远的地区辨认出我们的欧洲白垩纪岩层。这是因为，在这些极度偏远的地方，特定地质层埋藏的生物遗骸代表着与这些白岩层明显的相似性，而这并非是遇到了相同物种——在某些情况下，一个物种不可能完全相同，但却有可能是同科、同属或同属区域的物种。有时，它们纯粹像肤浅的雕塑品一样，只是在一些微不足道的地方持有一些相同的特征罢了。此外，没有在欧洲白垩纪被发现、反而在高低不平的地质层里被发现的物种类型，居然会出现在世界偏远地方的纲物种中。几位研究学者在一些连续的古生代地层中（如俄国、西欧及北美洲）观察到，物种类型间有一种相似的平行性。根据莱伊尔所言，在欧洲与北美洲堆积起来的地质层也是这种相似平行的情况。即使我们不把"旧世界"与"新世界"里的少数化石物种纳入这种情况，在古生代与第三纪里，连续物种类型普遍平行仍是显而易见的，所以，几种地质层就很容易被联系起来。

但是，这些发现都与世界上的水生生物相关。对于偏远地区的陆生生物与淡水中的物种，我们现在并没有足够的证据去判断它们究竟是不是以相似的平行方式发生着演变。我们可能会怀疑它们是否会有这种平行性的演变，所以，我们不妨来假设，如果我们把大懒兽、磨齿兽、长头驼与箭齿兽从拉普拉塔带到欧洲，在没有任何地质层位置的相关信息的情况下，可能没有人会怀疑它们会与现生的海贝类共存。但正是这些兽类、乳齿象类与马在一起生存过，我们至少就可以推知：它们在最近的第三纪中的一个时期存在过。当我们提到世界上的水生物是同时演变时，并不一定是说，这个表述中的"同时"就肯定是指同年、同地甚至严格意义上的同地质层。因为如果将现存于欧洲的水生动物和这些在更新世（若以年为时间单位来衡量，当然是一个遥远的年代，包括了整个冰河时期）的水生动物，与现存于南美洲或澳大利亚的物种相比较，恐怕连最精明的博物学家也不能说出究竟是现存的欧洲生物还是更新世欧洲生物与南半球生物最为相似。因此，几位最有权威的研究学家认为，与现存的欧洲生物相比，现存的美国物种与生活在第三纪晚期的某个欧洲物种关系更为密切。如果这种情况属实，从北美洲海岸上堆积起来的富含化石的地质层在将来的某个时期明显会与较古老的欧洲地质层归为同类。尽管如此，展望遥远的未来，毫无疑问，所有的地层（即上新世、更新世、真正的欧洲、南北美洲及澳大利亚地层）都含有非常相似的化石遗骸，却没包括这些仅在较古老下级地层发现的物种类型。从地质学的意义上讲，它们将被列入相同时期的地层中。

从广泛意义上讲，生物类型在全世界的许多遥远地方都是同时发生演变的，这个事实曾使德·维纳义和达尔夏克等受人敬佩的观察学家们异常兴奋。在参照了生活在欧洲不同地方的古生代生物类型的平行理论后，他们再次表示，如果我们对这特别的物种顺序怀有好奇心，不妨把我们的注意力转向北美洲，因为在那里可以发现一系列相似的现象。之后，我们就一定会知道，这些所有物种的变异的灭绝，再到新物种的产生，都不仅仅是海上气流的改变或其他方面或多或少暂时的原因，而是取决于控制整个动物王国的普遍规律。对于这个事实，巴兰得也持有自己有说服力的解释。的确，在全世界极不相同的气候条件下，把气流、气候改变或其他客观条件作为如此大量生物类型变异的原因，其实是徒劳无意义的。如巴兰得所指出的那样，我们必须努力探寻到某些特殊的法则。当我们面对生物的现有分布情况，且发现不同地方的客观条件与生物的天性间关系是多么微不足道时，我们对上述的看法就会更加清晰明了。

世界上生物类型平行更迭的重大事实，在自然选择学说中都可以得到有力的解释。新物种之所以能够形成，大多是由于它们拥有某种优于原有特种类型的有利条件。这些占主导地位的或在本土优越于其他物种的类型，发展起了大量新的变种或初期物种。在这个层面我们有不同的证据可以证明，比如，有统治特权的植物就最为常见、最为广泛，往往也会繁衍出数量最多的新变种类型。拥有支配大权且变更、分布较广的物种就会侵入到其他物种的领域，这样它们就必将有最好的机会普及得更广泛，从而在新的领域产生其他新变种与新物种。物种普及的过程通常是非常缓慢的，这取决于诸多的因素，如气候与地质层的改变、特殊事件、新物种对不同气候环境的适应能力——虽然这是它们必须要学会战胜的。占优势的物种类型最后常常会成功地传播到各地，最终在这些地方普遍盛行。关于它们的普及速度，不同陆地的陆栖生物要比相连海域的海生生物慢一些。因此，我们可能会发现，海生生物平行演变的程度，会比陆生生物平行演变的程度严格许多。

由此而言，就如我的观点，相同物种在全世界广泛意义上的平行，极符合"新物种是由优势物种大量传播且变异而来"的理论。以这种方式产生的新物种，自身就带有一定的优势。由于比以前占有优势地位的亲种和其他物种拥有了某些更为有利的自身条件，它们就会再一次向各地传播、变异，进而产生相比以往更新的物种类型。那些战败及给新的成功者让出位置的原有物种，通常都是因为被遗传了某些劣势。由于新进化的物群在全世界广泛传播，原有物群就会从世界上消失。所以，全国各地物种类型的演变，从它们最初出现到最终消亡，一般都是同时发生的。

关于这个话题，还有另外一点需要重视。我有理由相信，大多数富含化石的地质层都是在地层下陷时期堆积而来的；那段无化石的较长空白时间间隔，可能出现在海底不变或上升的时期，还有可能是沉积物下降速度不够快的时期和保存生物遗骸的时期。在这段极长的时间间隔空白中，我认为，每个地区的生物都经历了不计其数的变异与灭绝；同时，也会有许多世界各地地质层移动改变的现象存在。因此，我们有理由相信，这些相似的地质层运动影响了大部分地区，在世界上其他相同的地区，真正同一时期的地质层才有可能在无限宽广的空间里堆积起来；但是我们也不能凭此就认为一定是这个原因，即广阔地区就一定受到了相同的地层运动的影响。有另外一种情况，当两种地质层在相近却不一定相同的时期里的两个地区堆积起来时，依照前几个段落阐述的缘由，我们就一定能在这两个地层中发现生物类型相同的演变迹象。然而，由于物种在一个地区与另一地区里进行变异、灭绝与移居所花的时间稍有不同，所以它们也就不可能是完完全全一致的。

我怀疑这些情况也会在欧洲出现。普雷斯特维奇先生在他有名的英法两国始新世地质层研究报告中曾指出，两国连续时期有大致相同的普遍平行地层出现，但是，当他将英国和法国的某些地质层作比较时，虽然发现两种地层的同属物种的数目都惊人地一致，可物种本身的某一方式却各异，这就很难解释两个地区物种的相似性——除非，有一个地峡隔开两片海，使不同的动物群可以同时生活在这两片海中。莱伊尔在第三纪晚期地质层中也进行了相似的观察。布朗德同样表明，引人注目的普遍平行情况也存在于波希米亚与斯堪的纳维亚志留纪的连续地质层中。尽管如此，他还是找到了大量物种间的不同之处。如果这些区域的地质层不是在绝对相同的时期堆积的，一个地区地层的形成通常与一个地区的空白间断相似；另一个假设是，两个地区的物种在几种地质层的堆积与地层间的较长时间间隔中，会持续缓慢地改变，在这样的情况中，两个地区的地质层会以生物类型的普遍演变列出相同的顺序，这个顺序将有误地表现出极度平等的现象。无论如何，绝不可能在两个地区看似相同的阶段出现绝对相同的物种。

## 绝灭物种间及其与现在类型间的密切关系

现在我们来仔细分析灭绝物种与现存物种间的相互密切关系。所有的物种都已被划分到一些总的大纲里，这个事实可在物种遗传学中得到快速的解释。根据普遍的规律，即，越是古老的物种类型，就越会和现存物种不同。但，正像巴克兰德很久以前说的那样，灭绝物种都可分类到现存群，或分类到绝灭物群与现存物群之间。这样，灭绝的物种就会有助于填补现存属、科、目三者之间的间隔。这种情况的确是存在的，但正是这个观点曾受到忽视甚至是否认，因此，我们最好举出几个例子来解释一下这个问题。如果我们仅仅把注意力投入到同纲里的现存物种与绝灭物种的世代顺序系列中，还不如将这两个物种归入一个总的生物体系里妥当。在欧文教授的著述中，我们常常会遇到归纳型的表述，它是应用于灭绝动物中的；而在阿加西斯的著述中，则是用预示型或综合型的表达。实际上，这些术语都暗指中间或连接的生物环节。另一位著名的古生物学家戈德里以最吸人眼球的方式指出，在阿提卡发现的许多哺乳类动物化石是归类于现存属的。库维曾把反刍类动物与厚皮类动物列入哺乳动物的不同目中。然而，从许多挖掘出的化石中，欧文教授不得不改变了整个原有的分类，而把某些厚皮类动物与某些反刍类动物划分到同一亚目里。例如，他根据物种间的等级层次，消除了猪与骆驼的相对较长的间隔。现在的蹄类动物或蹄类四足动物被划分到了双趾类或单趾类中。可是，南美洲的长头驼在一定程度上将这两种总的分类联系了起来。再没有人会否认三趾马是现存马与较古老蹄类动物的中间物种类型。杰尔韦教授命名的南美洲印齿兽是最特殊的环节种类，它不能归属于任何现存目中。海牛是哺乳类动物中非常特别的物群，现存的儒艮与拉海牛甚至在最原始时期就完全没有后肢。但根据弗劳尔教授的观点，灭绝的哈海牛有骨质化的大腿骨，这些大腿骨很明显与骨盆内的髋臼的关节相连。这样，哈海牛与普通的蹄中足类动物就有某些相似的地方，而鲸类与所有其他哺乳类动物则截然不同。然而，博物学家将第三纪的械齿鲸与鲛齿鲸分为一目，连赫西里教授也毫不怀疑它们是鲸类——正是由于它们与食肉类动物的组合构成了连接性的环节类型。

博物学家甚至还表示，鸟类与爬行动物间的宽阔时间间隔以最意想不到的方式相连——一方面是通过鸵鸟与已灭绝的始祖鸟，另一方面是通过与恐龙类的细颈龙。还有，恐龙类物群也包含了所有庞大的陆栖爬行类动物。再来看看无脊椎动物，最具权威的布朗德断言，虽然古生代生物可以归类于现存物群，但古老时期的物群并不像它们现在这样，彼此会有好多明显的分隔与差异。

一些学术家反对将任何灭绝的物种或物群作为现存物种或物群的中间类型。就这点而言，如果绝灭的物种类型直接成了两个现存物种类型或两个物群里所有特征的中间环节类型，上面的反驳就可能是有根据的。然而，在一个自然界的分类体中，许多化石物种必然会介于现有物种与一些现存属的绝灭属之间，甚至会介于不同科的属之间。特别常见的例子就是差异较大的物群，如鱼类与爬行类动物。现在假设通过大量的不同特征能够区分它们，我们就会发现古生代物种在很多特征上存在的差异较小，所以，曾经的两个物群会比它们现在更为相似。

人们普遍认为，越是古老的物种类型，与现在物群的差异就越大。不可否认，这种观点会在已经历地质层运动的物群中受到限制；现在也很难能够证实这个主张的真实性，因为一种现存的动物，如南美肺鱼，有时会与完全不同的物群有直接密切的关系。但是，如果将较古老的爬行类动物、两栖类动物，较原始的鱼类、头足类动物，与始新世的哺乳类动物和最新的同纲物种相比，我们必然又会承认这个观点是正确的。

现在我们需要来分析一下这几种事实与结论。由于这个问题略有几分复杂，我建议读者最好翻到第四章的图解表。我们假设，标有斜体数字的字母代表属；虚线代表每个属中的不同物种。这个图解表也许太过于简单，因为涉及的属与物种的数目较少，但这并不影响我们对这个问题进行探索——水平达标的连续的地质层，在最上面的这些水平线下面，我们可认为所有的物种类型已经灭绝。让我们仔细分析，三个现存属 $a^{14}$、$q^{14}$、$p^{14}$，三个组成一个小科。$b^{14}$ 与 $f^{14}$ 是极相似的一个科或亚科；$o^{14}$、$e^{14}$、$m^{14}$ 是构成的第三个科。这三科一起又与许多灭绝属（即位于后代的亲本类型），以及在性状上有分歧的几条线构成一个纲，因为所有物种都会从它们的古老祖先那里继承共有的物质。我们在前章的图解中可以知道，根据物种不断趋向于不同特征的理论，任何物种类型离现在越近，通常它们与祖先的差异就越大。以此，我们可以理解，为什么大多数古代化石类物种与现存类型区别最大。然而，我们一定不会认为物种特征上的分歧是必须延续的，这也仅仅取决于一个物种的后代在自然界组成中的不同位置。所以，就像我们在志留纪的一些类型中所看见的例子一样，一个物种极有可能在变化较小的生存条件中持续变异的程度不大，并在较长时期内保持相同的普通特征。这一点，图解表中的 $f^{14}$ 有相关的阐述。所有的物种类型不论是已灭绝的，还是现存的，都是从（A）（前面有所标注）的这一目中延传下来的。这个目不断受到灭绝与性状分歧的影响，因而分成了几个亚科或科，某些物种已经在不同的时期灭绝，另一些则延续到了现在。

　　通过图解，我们可以看到，假设众多灭绝类型都真的是埋藏于连续地层中，这些物种类型就会在物种类型系列以下的几处被发现，那么，最上面那条线上的三个现存的科，其相互之间的差别就将会更小一些。举一个例子，假如 $a^1$、$a^5$、$a^{10}$、$f^8$、$m^3$、$m^6$ 这几个属被发现了，这三科就会非常相似，以至于它们不得不以近似相同的方式组合成一个巨大的科，就如一些反刍动物与某些厚皮类动物一样。但是，灭绝属与三科组成的现存属非常相似，这使反对中间类型的人得到了合理的解释，因为该灭绝的属只是许多截然不同的物种经过漫长而迂回的过程发展起来的罢了。如果大量的灭绝类型将在一条水平线（即某一地质层）被发现，而这一地层下没有任何类型被发现，那么，就只有两科（左边的 $a^{14}$ 等属与 $b^{14}$ 等属）必将构成共有的一科。所以在这里，就有两科被保存下来，而这两科间的差异就要比没被发现化石类的物种少得多。这也再一次表明，由 $a^{14}$ 到 $m^{14}$ 等八个属在最高水平线上组成的这三科之间，会存有六个重要的共同特征。于是，在第六条水平线时期的三科间的差别必将会变得更小，因为它们在遗传早期从各自共有祖先继承的相异程度本来就较小。因此，我们可以得出结论：古老属与灭绝属在性状上通常或多或少地位于变异后代或与其相似的物种之间。

在自然界中，生物更替的过程要比图解中所呈现出的复杂许多，自然界中物群的数量更为庞大，它们经历的时间长度极不相等，进行变异的程度也不尽相同。由于我们只掌握了一部分地层严重断裂的记录，除了少数情况之外，我们无权期望能去填补自然体系中的巨大间隔，更别提去连接异科或异目了。而我们有权期望的就是，这些在被人尽知的地质层时期中经受了较多变异的物群，在更古老的地层会有一些轻微的相似之处，这样，较古老物种在一些方面的改善程度就不比同物群内的现存物种大，这与我们的著名古生物学家所举出的证据中的例子是一致的。由此而言，根据遗传变异理论，灭绝物种间的密切关系及灭绝物种类型与现存特种类型的密切关系，就得到了相对令人满意的解释，而这些问题用任何其他的观点都根本无法解释清楚。

根据上面的相同理论，显而易见，在特种演变史上的任何一个重大时期，动物属在一般改善上会介于该时期之前和之后的动物属之间。如此说来，在图解中，生活在第六个地质层时期的物种，不仅是第五地质层时期物种经过变异的后代，还是在第七个地质层中经过更多变异物种的祖先。所以，它们在改善上必然是介于前期与后期类型之间。但是，我们也必须承认一些原有物种的整个灭绝，承认新物种类型从一个地方到另一个地方的移居，更要承认在连续地层间很长一段时间的间隔空白里存有大量的变异。如果我们承认了这些，每个地层时期的动物属在改善方面无疑是介于前期与后期动物群之间的。我觉得有必要举一个例子来证明一下。当泥盆纪体系第一次被发现时，古生物学家就立即确定泥盆纪化石物种的性状是介于前期石炭纪与后期志留纪特种体系之间。但由于连续地质层间所流逝的时间是不相等的，所以每个动物群就不一定是中间物种类型。

每个时期的动物群作为一个整体，在性状上几乎都是介于前期与后期动物群之间，对于这一事实，人们并无绝对意义上的反驳，因为某些动物属是这些法则中的例外，比如柱牙象与象类。当福尔科纳博士将其分成两个特种系列时——第一次按照它们相互的亲缘关系，第二次根据它们存在的时期——却与中间特种类型的观点不一致。所以，极端物种在改善上既不一定是最古老的物种，也不一定就是最近的物种，而持有中间性状的更不一定是这些中期阶段的物种类型。然而，我们不妨暂时假设，在这样或那样的事例中，物种第一次出现和消失的记录是完整的（当然这个情况并不会真的发生），我们就没有理由相信连续产生的物种类型一定会经历相对应的时间长度。特别是在不同地区的陆栖物种。在偶然的情况下，一个非常古老的物种类型有可能比别处的后期物种类型持续更长的时间。我们将用以小见大的方法来理解上面的观点。如果家鸽被列入连续的亲缘中，这样划分的物种就与该物种所归属的纲极不相等，甚至有时还会比消失纲的数量少，因为亲本的岩鸽至今仍然存在，许多由岩鸽与信鸽变异而来的物种也逐渐灭绝了。鸽子的重要性状在于喙的长短和类型。

另外还有一种与此相关的看法。埋藏在中期地质层里的生物遗骸在性状上具有一定的中间性质，这的确属实。所有的古生物学家都一致主张，两个遥远的地质层和两个连续的地质层间的化石相比，相隔遥远地层间含有的化石情况更为相似。同样，皮科特提供了一个非常有名的例子，即白垩纪一些阶段里的生物遗骸具有普遍的相似性，尽管这些物种是在各个不同的时期。根据物种的普遍性，这个事实似乎支持了皮科特教授持有的物种永恒不变的信念。无论是谁，只要他熟知现存物种在整个世界的分布，就自然不会试图去解释在紧密连续地质层中不同物种的相似性，因为他知道，古老地区的客观自然条件曾几乎保持在相同的状态中。我们一定不能忘记，物种类型（至少海生生物是这样），几乎都是在全世界同时发生生物演变的，这些变化皆是在极不相同的气候与条件中产生。假若我们认真思考一下气候在更新世时期的惊人变化，包括在整个冰河时代的巨大气候差异，我们就会认识到海生生物受到的影响是多么微小。

虽然连续地质层中的化石遗骸被列入不同的物种，但它们在连续地层中却表现出了许多相似的特征，这对于遗骸学的重大意义是相当明显的。由于每个堆积的地质层都有过中断，连续地层中也曾有过长期的空白间隔，所以，我们就不能期望在任何一个或两个地质层形成的初期或末期，发现所有的中间物种类型。而关于这一点，我在前章中也有所提及。不过，我们一定会在地质间隔（以年为时间单位来计算很长，但以地质期计算，时间就不算长了）之后，找到一些研究学家所谓的代表物种类型。总体而言，正如我们有权利期望的那样，我们找到了证据来证实物种曾发生过缓慢且不易让人察觉的变异。

## 关于古老类型与现存物种类型进化状态之间的对比分析

我们在前面的第四章已看到，在生物发展成熟后，衡量它们进化是否完全和等级高低的最好基准，就是穴位变异与器官专一化的程度；还有，对于每个生物来说，器官的专一化就是一种优势。这样，自然选择就会趋向于将每个生物的组织变得更为专一化与完全化。从这种意义上出发，也就会促使更高等的生物产生。但并不是所有的情况都是这样。有时，自然选择会让许多生物保存简单的、无进化的物种构造，以适应简单的生活环境；有时甚至不得不使生物组织退化或更为简单化，而这些保留下来的退化生物将更好地适应它们各自不同的生活。另外，自然界存在较为普遍的进化方式，即，新物种将比自己的祖先更胜一筹，因为它们不得不以激烈的竞争方式在生存斗争中战胜自己的对手。我们因而可以得出：在近似相同的气候条件下，始新世的生物将与现存生物陷入竞争中，前者很有可能战败，最后被后者消灭，就像第二纪的生物将被始新世生物消灭，古生物又将被第二纪生物取代一样。所以，根据生物在生存斗争中的基础胜利测试法与生物器官专一化的标准，现代生物在自然选择学上会比古生代生物占据更高的地位。然而，这个观点真的是正确的吗？大量古生物学家将给出非常肯定的回答，虽然我们也很难找到有利的证据加以证实，但这个回答看起来的确被认为是真实的。

要对前段所述的观点进行反驳似乎是没有任何根据的，但某些腕足动物在经历了一个极遥远的地质时期后，其变异的程度却不是很大。还有，一些陆生类淡水贝类和它们第一次出现的时候就十分相似。正如卡彭特博士所言，我们很难解释为什么有孔虫甚至到劳伦纪时期也没有在生物组织发生进化——这是由于一些生物器官必须被保留下来以适应简单的生活条件，所以，还有什么生物构造能比低级体制的原生动物更好地适应这种目的呢？倘若将生物组织的进化作为一种必需的先决因素，上述的反对事例对我原来持有的观点无疑是致命的。同样，我们以上面的有孔虫为例，如果它被证明在劳伦纪时代首次出现过，或上述的腕足动物出现在了威尔士地质层时期，这对于我的观点也是很不利的，因为在这种情况下，没有足够的时间使这些生物进化到它们从前的标准。而生物一旦升级到一个特定的状态，它们就没有进化的必要了，其原因在于，按照自然选择常说，继续进一步的进化与变异的程度必定是相当少的——虽然它们在每个连续时期里的确也在不断进化，以适应变小的生活条件，从而维持自己在自然界中的地位。前面的反驳其实取决于我们是否真的知道世界的年龄有多大、是否知晓生物类型第一次出现在什么时期……这些问题很有可能会受到质疑。

生物组织在整体上是否有所进化的问题的确非常复杂。而有关地质的记录，任何时期都不完整，我们无法回顾历史以确定无疑地弄清楚在已知的世界历史里，生物组织是否进行了很大程度的进化。甚至是在现在，仔细观察同纲物种后，博物学家也不能确定到底哪一种生物类型应该被列为最高等的生物。光鳞鱼是介于软骨鱼与硬骨鱼间的中间物种类型，后者至今在数量上占据大部分优势，但以前的软骨鱼与光鳞鱼则是单独存在的。在这种情况下，因为选择的标准不一样，有的人就认为鱼类是进化了的，而有的人就认为它们是退化了。我们虽努力将大量高等生物中的不同类型进行比较，但这似乎是没有希望的。就好比，有谁能够确定墨鱼是比蜜蜂高等一些还是低等一些呢？伟大的冯·贝尔认为："蜜蜂虽然是另一个物种类型，但要比鱼的构造更高等。"在复杂的生存斗争中，甲壳类动物在自己的纲中算不上是高等的生物，却可能打败最高等的软体类动物中的头足类动物，这是很可信的。如果以最准确的斗争法则来加以推断，这样的甲壳类动物虽没有高度进化过，却可能在大量无脊椎动物中占据十分高的地位。除了不容易决定哪一种生物类型在器官上进化得最多以外，我们不应该仅仅去比较任意两个时期内某一纲最高等的生物——即使我们确定这可能是打破生物平衡最重要的一个因素——但我们更应该比较两个时期内所有无论高等还是低等的生物。在一个古老的时代，最高等和最低等的拟软体动物（如头足类动物与腕足动物）在数量上都曾不断增多，但现在这两个物群的数量却都在大幅度减少；同时，其他在生物构造上属于中间类型的物种数量又在快速上升。因而，一些博物学家认为，软体类动物在以前要比在现在进化更多。不过，另一个具有说服力的事实阐述了一个相反的观点。仔细分析腕足类动物和我们现存的头足类动物大量减少的事实，虽然下降的数量不多，但与古老的代表物种相比，它们拥有更高等的生物构造。与此同时，我们也应该将全世界上任意两个时期里的高等及低等纲内相关的部分生物作比较。例如，假设现存有五万种脊椎动物，并且知道以往某一时期里仅存有一万种脊椎动物，我们就一定能看到最高等纲里的这些动物在数量上的猛增程度，这就意味着它们在构造上以明显的进化速度，大量取代了世界上的低等物种类型。这时我们可以看到，在极度复杂的关系中，以绝对的公平以及连续时期里已知动物群的构造标准来对生物进行比较，是多么不容易的一件事。

通过仔细研究某一现存动物群和植物，我们将更清楚地看到上段所述的困难之处。根据一些特殊的例子，如欧洲生物现已普及到新西兰，且占领了本地动植物的地位，我们就一定会相信，假设英国所有的动植物自由地生活在新西兰，随着时光的流逝，英国大量的物种就将在一段时期内全部变得本土化，消灭大多数的本地物种。另一方面，从南半球的单一物种几乎没有在欧洲的任一地方变为野生物种的事实中，我们很可能会怀疑，如果新西兰的生物真的自由生活在英国，其中的大量生物是否将取代英国动植物所一直占领的位置。基于这个观点，大部分英国生物要比新西兰的生物更为高等。即使最有能力的博物学家，也不能从两地物种的研究中预知这个结果。

阿加西斯等几位非常著名的研究学家认为，古老的动物在一定程度上与现存物种类型的同纲动物的胚胎有密切联系；连续地质层中的灭绝物种也与现存物种类型的胚胎变化有极度的平行性。这个观点与我们的学说极为符合。在以后的章节里，我会试着给大家介绍成熟的物种与其胚胎的许多不同之处，因为物种在早期不会附带有变异，而是在今后相应的阶段继承祖先的某些特征。同时，在这个过程中，胚胎在最开始的时候几乎没有任何改变，随着过程的不断进行，连续后代的胚胎与成熟个体的差异就越来越大，最后，发展后的胚胎就像一种被自然保存下来的图片一样。图片中包含有最初时期变异的较小的物种，这的确是事实。但我们却不能找到相关的证据。让我们看一个例子：如果已知最古老的哺乳类动物、爬行类动物和鱼类，都严格归属于它们各自相应的纲（虽然某些旧物种间的差异比同物群里现存的典型物种类型间的差异微小），我们就无法寻找到与脊椎动物有相同胚胎特征的动物，除非我们在威尔士的最低端发现了富含化石地质层。然而，这一发现的概率是微乎其微的。

## 相同区域里同一物种类型在第三纪晚期进行的演化情况

许多年前，克里夫特先生就指出，从澳大利亚洞穴里挖掘出的哺乳类动物化石，与澳大利亚大陆的现存有袋动物非常相似。同样的现象显然也曾在南美洲存在，就算没有受过教化的人也知道，巨大的盔甲兽与在拉普拉塔发现的犰狳有相似的地方。欧文教授曾异常激动地表示，大多数埋于拉普拉塔的哺乳类动物化石都与南美洲的相关物种类型有着密切的联系。在古洛森与洛德从巴西山洞里采集的大量骨骼化石中，我们可以更清楚地看到这种关系。我对这些事实的印象非常深刻，以至于在1839年和1845年，我强烈支持"物种演化的规律"，支持"灭绝物种与现存物种间在相同大陆的惊人关系"。其后，欧文教授将这种相同的规律应用于"旧世界里的哺乳类动物"中。在他对新西兰已灭绝的巨大鸟类的复位中，我们仍可以看到这条相同规律。另外，在巴西山洞的鸟类中，情况也是一样的。伍德沃德先生曾说过，这种相同的规律同样适用于海生贝类，但由于大多数软体动物的分布都相对广泛，因此，在它们中就不能很好地体现出来。不过，我们可以提供其他例子加以说明，如在马德拉灭绝的陆生贝类与现存的陆生贝类，以及在里海中灭绝的咸水贝类与现存的咸水贝类。

如今，这一引人注目的规律，即同地同一物种演化，本质上意味着什么呢？无论哪一个人，倘若他在比较澳大利亚与南美洲一些地方的气候后，一方面，自认为不同的客观条件是导致两个大陆物种存有差异的原因；而另一方面，以为相同的客观条件是引起第三纪晚期大陆物种统一相似的因素，那么，这个人就太过于盲目自信了。所以，我们不能假设有袋动物仅仅产自澳大利亚，而贫齿目动物和其他美洲物种就只是产自南美洲——这个世界上并没有永恒不变的定律。我在上面的内容中也间接提到，以往陆栖哺乳类动物在美洲的分布规律与现在不同。从前北美洲的物种具有现在南美洲物种的大部分特征；相比现在，南美洲的物种在以前比北美洲的物种更加相似。从福尔科纳与克特利的发现中，我们也能知道，北印度以往的哺乳类动物，要比美洲现在的哺乳类彼此之间的关系更为密切。与之相同的是，海生动物的分布也可以说明这一相同的事实。

后代变异的理论经历过长期的考验，但并不是恒定不变的。同区域内相同物种的演化将立即被提到。因为世界上每一个地方的物种都明显有存留在原地的倾向，虽然它们在一定程度上会进行变化，但在连续的时期，它们还是会有极其密切的关系。如果一个大陆的物种与另一个大陆的物种差异相当大，那其变异的后代在相似方式与程度方面也仍会有很大的不同。相反，在非常长久的间隔中，地质层的巨大变化与物种的大量迁移发生后，较弱势的物种就会受到更有优势的物种的排挤。由此说来，在生物分布上，永远不会有恒定的规律。

可能会有人以诙谐的语气问我：是否可以假设大地獭属和其他曾在南

美洲生存的相似大怪兽留下过退化的后代，如大懒兽、犰狳，以及蚁兽？一时之间，我们还不能做出这样的假设。因为体形巨大的动物已经全部灭绝，因而没有遗留下任何后代。但在巴西山洞里，许多灭绝的物种在体形与其他特征上都和南美洲现存物种非常相像，而且这些化石中的某些物种还可能是现存物种的真正祖先。

我们一定不能根据我们的后代变异遗传理念，推断所有物种都是某一物种的后代。因此，假设一个地质层中发现了六个属，每一个属里有八个物种，而一个连续地质层中就会有其他六个相同的代表属，每一个又会有许多相同的物种，那么，我们可能就会得出：在通常情况下，每个较古老属中只有一个物种保留下了变异后代，这些后代组成了包含有几个物种的新属；每个旧属的其他七个物种则已灭绝，没有留下任何后代。也许下面的例子将更为常见。这六个较古老的属以两个或三个物种的方式单独存在，它们将可能全部是新属的祖先，而剩下的其他物种和旧属将全部灭绝。一些衰落的目，如南美洲的贫齿类动物，其属与物种在数量上都在减少，但还是有少量的属和物种仍然遗留下了已变异的嫡系后代物种。

## 前章以及本章总结

我以前竭力指出过，地质记录是极不完整的，仅仅有一小部分的地质被仔细地探寻过，也只有某些地纲的生物在博物馆内得到了大量的保存。与单一地质层时期物种的数量相比，储存于我们博物馆中的样品与物种也根本不值一提。由于地层下陷是堆积起来的地层富含多样化石的必要条件，而且厚厚的地层足以使其比未来溶解的地层持续更长时间，我们大多数的连续地层就存有许多巨大的时间间隔。可能就是在这些地层下陷的时期，更多的物种灭绝；在地层上升时期，有更多的物种发生了变异，且保存的地质记录也最不完整。每个单一地质层也并不是连续不断地堆积。与具体的物种延续的平均时间相比，地层持续的时间可能更短暂。在任意一个地方和任一地层，物种移居对于第一次出现的新物种发挥着重大作用。差异最大并产生了新物种的物种，其普及的范围也会比较广。当最初的变种成为本地物种以后，每个物种必定会经过许多过渡的时期，并可能在这段时期发生变异。虽然以年为时间单位来衡量它会很长，但是与每个物种保持不变的时间相比，这段时间是相当短的。我希望，这些普遍存在的理由在一定程度上可以帮助我们解释，为什么我们不能找到生命永无终止的物种，以它最适合物种逐步发展的步伐，将所有灭绝和现存的物种共同连接起来（尽管我们的确找到了许多中间类型的物种）。除非整个生物链受到了较完整的保存，两个物种的中间环节类型才很可能被找到，不然，这些环节物种就会被列入新的不同物种中。关于这一点我们必须谨记，因为我们没有明确的标准来分辨哪一个是物种、哪一个是变种。

如果一个人反对地质记录不完整的事实，那他肯定会对整个学说进行反驳，因为他可能会问：在相同的巨大地层的连续时期里，将相似或代表物种连接起来的无数过渡中间类型到底在哪里？然而，这种询问是没有意义的。大概，他也不相信，在我们连续的地层中曾出现巨大的时间间隔。他还可能忽视，当任何大部分地区的地质层（如欧洲地层）发生地质运动时，这些世界上的部分地理运动发挥了多么重要的作用。他可能还会说（虽然很明显是错误的），这是由于整个物群的突然涌现造成的。甚至，他可能会问，在威尔士体系地层没有堆积形成之前，本应该长期存在的这些不计其数的生物遗骸，现在究竟到哪里去了？但至少我们现在知道了，一种动物在那时确实存在过。不过，我只能以假设的方式来回答他的最后一个问题。倘若海洋现在延伸的地方是它曾在大多数时期延伸而来的，那么我们现在不断变化的陆地占据的地方，便是从威尔士体系地层发展而来的。在这个时期前的很长一段时间，世界体现了最初众多不同的层面。我们知晓的最早由地层构成的更古老的陆地在经过地质变化后，只有一些残余的东西被遗留到了现在，或者直到现在仍被埋藏在海洋的底层。

除了这些疑惑之外，其他在古生物学上的重要事实，与后代通过变化、自然选择而产生的变异理论是极其一致的。这样我们就能够明白：为什么新物种的演变经历了缓慢、循序渐进的过程；为什么异纲里的物种并不一定是同时、同速、同程度地发生变异。不过，从长远来看，所有物种都经历了一定的变异。旧物种的灭绝几乎不可避免地会带动大的物种的产生。我们也能更清楚地理解，为什么一个物种一旦消失，就再不会重现。物群的大量繁殖是非常缓慢的，并且会经历不相等的时期，因为变异的进程取决于许多关系。繁盛且占优势的物群内的优势物种趋于留下许多变异物种后代，以构成新的亚群和物群。这些一旦形成，不是那么繁盛的物群里的物种由于从它们共同的祖先继承了一些劣势，就会有一种全部灭绝的倾向，这样，显然就不会在地球表面遗留下任何变异后代。然而，有时，整个物群里物种的最终灭绝却会经历一个缓慢的过程，其原因在于极少数的物种后代得以幸存下来并在受到保护、被隔离的环境中不断延续。同样的道理，当一个物体全部消失，它就永不会重新出现，因为连接它们的生物链已经断开了。

我们会明白，为什么普及范围广泛且受到大量物种排斥的优势物种趋于和各自相似的而并非是变异的后代物种一起统治世界。在生存斗争中，它们也通常会成功地取代一些低等物群。

我们可以明白，为什么所有的生物类型，无论是古老的还是近期的，共同组成了少数的大纲。我们也能理解，由于物种性状有不断发生分歧的趋向，越古老的生物类型通常与现存类型间的差异越大；我们还能明白，为什么古老的灭绝物种类型常常会将现存物种类型间的间隙填补起来，有时甚至会让曾被归为不同物群的两个物群合成一个——更为常见的情况是，让两个物群的关系更密切。一个物种类型越古老，它们现有的不同物群所占据的中间地位的程度就越高。因为越是古老的物种类型，在性状发生极大变化后，它们与共同祖先越会存有更密切的关系、更相似的性状。几乎没有灭绝的物种类型是介于现存物种类型之间的；而只是在漫长迂回的进程中，借助于其他灭绝的不同物种类型成了现存物种间的中间类型。我们会明白，为什么紧密相连的地层中的生物遗骸在性状上非常相似。这是由于它们世代的生物演变顺序将它们紧紧相接。甚至我们还会理解，为什么处于地质中层的遗骸在性状方面会居于中间位置。

在世界生物更替的历史长流中，每个连续时期内的生物都在激烈的生存斗争中战胜了各自的祖先。到目前为止，它们不但处于更高级的地位，而且其器官的构造常常逐渐变得更加专一，这些现象可用许多古生物学家的普通观点来解释，即：就整体而言，生物的器官组织都已进化。灭绝的古老动物与同纲的现存动物的胚胎有一定相似之处，这个惊人的事实从我们的学说中也可获得简单的解释。在地质层晚期，相同区域内、持有相同构造形式的物种演变，按照生物遗传理论，都不再像以往那样披着一层神秘的面纱，而是已被人们揭开，得到了人们的理解。

　　那么，假设地质记录如许多人相信的那样完整——至少这些记录不会被证明更完整——那么对自然选择学的主要反驳就会大量减少，或者还可能消失。而另一方面，正如我的观点，所有古生物学的主要规律会清楚地说明，物种都是由世世代代的普通生物演化而来的——新的、已变异的生物类型取代了旧物种，这也是物种变异与适者生存法则所导致的结果。

# 第十二章 生物的地理分布

不同的客观自然条件不能对现有的地理分布做出合理的解释——阻碍物对生物普及的重要性——同一陆生生物间的密切关系——生物起源的中心——气候变迁、陆地升降及生物偶然的传播方式——冰河时期里生物的传播——南北极冰河时代的更替

当谈到生物在地球表面上的分布时，第一个令我们感到惊奇的就是，气候与其他客观自然条件都不能对不同地区生物间的相似性或差异性做出完全合理的解释。后来，几乎每个研究过这个问题的学者都得出了这个结论。单单就美洲的相关例子就几乎足以证明其真实性，因为如果我们不把北极与北温带地区列入考虑范围，关于地理分布最重要的分界之一就在于："新世界"与"旧世界"之间的差别。研究过"新旧世界"的所有学者对这个观点也一致同意。然而，假设从中心地区到南极旅行，穿过广阔的美洲大陆，我们就会遇到各种各样的自然地理条件，如潮湿的地域、干旱贫瘠的沙漠、巍峨高耸的群山、辽阔的大草原、繁密的森林、沼泽地、湖泊及江海，几乎都面对着各自不同的气候。只要是在"旧世界"里能找得到的气候或自然条件，就一定会在"新世界"里有所发现，至少，有一种自然条件与同一物种普遍需要的条件是极为相似的。无疑，在"旧世界"里，被提及的小地区比"新世界"内任何一个地区都要热一些，但这些地方与

周边地区的生物群之间没有什么差别,因为一个物群仅会局限于一个略微特殊的小区域的现象是不经常发生的。虽然"新世界"与"旧世界"的气候及地理条件都普遍相同,但它们的现存生物间的差异却非常大。

我们假设将南半球上纬度位于25°与35°之间的,且在澳洲、南非与南非以南之间的广阔土地进行比较,就会发现这些土地的各个气候与客观的自然条件都极为相似。然而,这三个动植物群之间的差异却比任何地方都要大。或者,我们也可以将生活在南纬35°与25°之间的南美洲生物进行对比。正是在这纬度相隔10°的空间里,两地的生物遭遇了截然不同的自然条件,可是它们彼此之间的关系却比处于极为相似气候下的澳洲与非洲的生物关系更加密切。类似这样的事实也可在海生生物里发现。

基于我们普遍的观点,第二个令我们感到惊奇的事实是:任何一种障碍物或对生物自由迁徙的阻碍,都与不同地区间生物的差异有紧密、重要的关系。除了在北方的部分地区(那里的土地几乎是相连的,并且处于稍显不同的气候中)外,我们都可以在"新旧世界"里几乎所有的陆栖生物中看出这一点。北温带的生物可能像现在的北极生物一样自由迁徙过,而且在位于同一纬度的澳洲、非洲及南美洲生物持有的巨大差异中,我们也可看到与上面相类似的事实,因为这些地方在很大程度上几乎是完全隔离的。同样,每个大陆中也是这样相同的情况。这是由于在潮湿、连绵不绝的群山、辽阔无垠的沙漠,还有浩瀚的江海的相对面,我们发现了不同的生物。由于这些相连的群峰、沙漠等不如分隔大陆的海洋那样无法逾越,也不可能延续那样长的时期,因此,相同大陆上生物改变的程度就要比这些不同大陆上生物改变的程度小得多。

我们在海洋里也可发现相同的规律。南美洲东岸的海生生物间迥然不同,只有极少数的贝类、甲壳类、棘皮类动物有一些共同的地方。然而,京特博士最近表示,巴拿马地峡相对两侧大约30%的鱼类是相同的。这个事实已让许多博物学家相信,这些地峡以前是辽阔的远洋。在美洲海岸以西,这片无限延伸的海洋却没有一个可供迁徙生物停歇的岛屿。讲到这里,我们就知道,海洋是另一种障碍。当跨越了这片海洋,我们就会在太平洋的东岛遇到另一个完全不同的动物群。所以，在相应的气候条件下，有三种海生物群就会以较接近且相互平行的方式，在东端与南端的地方传播开去。可是，由于一些难以对付的阻碍分隔了这些物群，所以，不论是在陆地上还是在辽阔的海洋，它们几乎都会呈现出完全不同的现象。相反，假设从太平洋热带地区的东岛不断向西推进，并没有遇到任何难以逾越的障碍，而且我们还有数不清的岛屿或海岸供迁徙生物停歇，直到它们游完半个地球，到达非洲海岸。在穿越的广阔空间里，我们更没有遇到任何已命名好的不同海生物群。虽然只有一些极少量的海生动物与美洲东西岸及太平洋东岛的上面提及的三种近似相同的物群有共同之处，不过，从太平洋到印度洋，却有许多贝类在子午线完全相对的太平洋东岛与美洲东岸持有共同的特征。

　　令我们感到惊奇的第三件重大的事实，我们在前面其实曾提到过，那就是，物种本身虽存在不同的差异，但同一大陆或同一海洋的生物都有密切的关系。这是最为广泛的普遍规律，并且每个大陆上都会存有符合相关规律的无数事例。比如，某一博物学家从北极到南极旅行观察时，他对不同而又相似的连续物群不断更替感到非常惊奇。他听见近似却显然不同的鸟类唱歌时发出了相同的声音；他看到这些鸟类所筑的巢也很相似，但不是绝对的相同；他也发现，这些鸟产出的蛋颜色非常相近。在靠近麦哲伦海峡的诸多平原，存有美洲驼属的一种鸵鸟，而在靠近拉普拉塔平原以北的平原，生活着另一种同属物种，但这两地的物种并不像真正的鸵鸟那样在同一纬度的非洲和澳洲生存定居。在拉普拉塔的这些平原中，我们看到了刺豚鼠与绒鼠，这两种动物几乎都如野兔和家兔一样有相同的习性，应该归属于啮齿类的同一纲中，但它们呈现的明显是一种美洲生物的构造类型。当我们攀登到潮湿的科迪勒拉山时，发现了一种高山的绒鼠物种类型；然而当我们观察水域里的生物时，除了南美洲的海鼠、水豚以及南美洲的啮齿物种外，并没有发现海狸或麝鼠。我们可以找到其他的许多例子，如，假设我们观察与美洲海岸相距很远的诸多岛屿，不管它们在地质构造上有多么大的差异，即使也有可能全是特殊的物种，但居于岛屿上的生物在本质上还是归属于美洲物种。让我们回想一下早已逝去的年代，正如在上章中讲述到的，我们发现这些美洲物种类型是在美洲大陆与美洲海洋里逐渐盛行起来的。我们看到，这些事实在空间与时间经历的整个过程中，将大陆与海洋紧密地有机相连，而这与客观的自然条件没有关联。博物学家肯定会迷惑地追问：这种有机的连接纽带究竟是一些什么东西呢？

很显然，这种连接纽带就是生物遗传。就像我们肯定知晓的那样，光是遗传这种单一的原因，就会产生彼此近似相同的物种或者是极度相似的变种。不同区域生物的差异，大部分可能是由变异和自然选择导致的，也有可能是不同的客观自然条件这一次要因素引起的。生物间差异的程度取决于许多方面，如：更具优势的物种在非常遥远的时期里，从一个地区迁到另一个地区时受到的有影响力的阻碍有多少；原来迁入者的习性与数量及对经过不同变异物种的保存情况。生物在生存斗争中的关系正如我常常提到的，是最重要的关系。所以，障碍物对生物的迁徙有非常重要的影响，就像时间对生物在自然选择下的缓慢变异过程发挥的重要作用。广泛传播的物种拥有丰富多样的物种类型，它们在自己大面积占领的土地上已成功击败许多竞争者，之后再传播到新领域时，就一定会取得最好的机会去夺取新的地位。在占领后的新领域中，它们会面临新的自然条件，通常会经历进一步的变异和进化，这样，它们将变得更加成功，进而产生新的变异后代群体。基于生物变异的这个遗传理论，我们就会明白某些属里的一些物种乃至整个属、整个科为何会局限在同一地区。实际上这些都是很常见的、人皆尽知的现象。

正如上章所提到的，我们没有证据证明生物进化中存在着任何必然的规律。由于每个物种的变种都持有本身独一无二的性质，且仅当它使每个物种在复杂的生存斗争中受益时，这种性质才为自然选择所利用，所以，不同物种间的大量变异不会呈现出统一的特质。如果众多物种在原有领域间彼此经历了长期的竞争，最后终将以群体为单位迁入另一个新的被分隔的地方，那么它们就极不容易进行变异。因为无论是迁徙还是隔离，对于它们自身都不会产生任何影响。只有在生物彼此间拥有了新的关系，并且这些生物与周边客观自然条件的联系不那么密切时，迁徙与隔离这两个因素才会对生物发挥作用。就像我们在上一章中所见到的那样，有些物种类型自非常遥远的地质时期以来，就一直保持着几乎相同的性状。虽然某些物种在广阔的空间里进行过迁徙，但却没有较大程度的变异，有的甚至根本没有进行过变异。

根据上述几点，我们显然可以知道，一些同属而又在世界最偏远地方的物种最初都是从同一物种发展起来的，就如它们是同一祖先的后代一般。在整个地质时期，这些物种几乎没有经历变异，所以我们就很容易相信它们都是从同一地区迁徙而来的，因为伴随着古老时期里发生的大面积地质运动与气候变迁，几乎任何一种生物都可能在这种情况下进行迁徙。而恰恰相反，其他许多事实让我们有理由相信，同属物种在相对较近的时期有存在过的痕迹。当然，对于这一点，我们很难做出解释。另外，我们还可以很明显地知道，现存于偏远、隔离地区的同一物种的类型，一定是源于其祖先第一次产生的地方。因为正像我们之前提到过的，"极度相似的生物个体是由截然不同的祖先遗传而来"的这种观点，将难以使人信服。

## 生物起源于单一地方的中心观点

现在我们来仔细分析一下以前引起博物学家们众议的问题，即物种是起源于地球表面上的某个地方还是多个地方。很明显，我们很难理解同一物种是怎样从某一个地方迁徙到另一些与之相隔离的地方。尽管如此，大多数人还是赞同"每个物种最初都是由单一地区繁衍起来的"这一简单观点。对这种观点持排斥态度的人们，往往也会排斥生物世世代代演变并随后迁徙的真实原因。所以，他们只能以神奇的事件来对此加以回答。大家普遍承认，在大多数情况下，一个物种生存的地方是不断相接的。当一种植物或动物生存于彼此相隔极远的地方，或生活于一个生物以迁徙方式很难跨越的隔离之地，这一定是令人吃惊的例外。也许，陆生哺乳类动物不容易横渡浩瀚的海洋而迁徙的事实，比任何其他生物都明显得多。同时，我们也没有找到世界上同一哺乳类动物存于相距很远的各种地方却难以得到解释的例子。而对于英国与欧洲部分地方分布有同一四足动物的情况，也没有任何一个地质学家觉得是难以说明的，因为这两个地方曾经一定相连过。然而，如果同一物种真的可以在不同的地方繁殖，那为什么我们不能在欧洲、澳洲或南美洲等地方找到一种相同的哺乳类动物呢？这是因为，其三地的生存条件都极其相似，所以大量的欧洲动植物早已移居于美洲与澳洲；一些土著植物在南北半球相对偏远的地方也几乎是类似的情况。根据我们的观点，对于上述问题，我们的回答是：这些哺乳类动物根本就不能迁徙；相反，一些植物还会利用不同的传播方式迁徙跨越广阔且已断裂的地方。各种各样的障碍物只有在大多数物种起源于一面而并不能迁徙到另一相对面时，才会发挥其重大、显著的作用。某些少数科、许多亚科、大量属与大部分属内物种，都会被局限于单一地区而生存。一些博物学家已经发现，大多数自然或这些彼此拥有极其相似物种的属，通常来说都会在同一地方受到生存的许多限制；如果不是这样的话，它们就会有一个广阔相连的生存领域了。倘若我们将一系列物种等级降一级，即降到同一物种的个体，若它们最初没有局限在某一地区，而是由常见的法则对其发挥作用，那就是一件异常奇怪的情况了！

　　由此而言，正如我与许多其他博物学家所坚持的观点，每个物种曾仅仅起源于一个地区，随后在过去与现在条件的允许下，以自己迁徙与生存的能力不断由第一个起源地迁移离开，这种情况才是最有可能发生的。无疑，至今仍有许多问题摆在我们面前，例如我们不能解释同一物种是怎样从一个地方迁徙到另一个地方的。但是，在近期地质时期发生的地质运动与气候变化，必定导致许多物种曾生存的相连地方变得不再相连了。这样，我们就不得不考虑物种连续分布的例外是否非常多、其性质是否非常严重，以至于使我们必须放弃"每个物种起源于一个地方，随后，又以其能力不断进行了迁徙"的这种最可能被众人普遍接受的看法。讨论同一物种生存于偏远且隔离的地方的所有例外情况，未免使人感到厌烦。我也不会暂时就假设任一解释能够符合所有的情况。在思考了一些初步的观点后，首先，我将讨论少数最引人注目的纲，即存于偏远山顶与南北地区的同一物种；其次，将讨论淡水物种的广泛分布；最后，讨论出现在诸多岛屿与其相邻最近的大陆上的同一陆生物种——虽然它们被数百海里的迁徙海洋分隔。假如生存在地球表面偏远且被隔离的地方的物种可以用来解释每个物种单一起源的普通观点，再想到我们对以往地质运动及生物不同的偶然传播方式的一星半点的了解，那么，在我看来，物种单一起源的观点似乎是最令人信服的。

当我们讨论这个问题时，我们同时还要思考另一个对于我们同等重要的问题，即：根据我们的观点，从共同祖先遗传下来的同一属内的某些物种，是否曾从一个地方向另一个地方进行迁移，是否又伴随着迁徙而产生了变异。即使一个地区的大多数物种与另一个地区的物种极其相似但仍存有差异，也能证明物种从一个地区向另一地区的迁徙可能在以前的某一时期出现过。这样一来，我们普遍的观点就可以进一步得到巩固，因为这个解释很明显建立在物种变异学说的基础之上。例如，相距几百英里的大陆上隆起形成的火岛，随着时光的推移，就极有可能接收一些迁徙物种及其后代。虽然这些移入者会发生变异，但它们仍会由于继承了那座岛上的物种的遗传特性而极为相似。关于这种性质的例子是常见的，而且我们在此后的章节中也将发现，物种独立创造学说是无法解释这种情况的。一个地区与另一地区物种相似的观点，与华莱士先生的观点并没有多大不同。他认为，"每个物种和预先存有的极为相似的物种在空间与时间上都是同时出现的"。现在，众所周知，他将这种同时性归因于物种变异。

与物种起源于单一还是多个地方的观点相似而又有所不同的另一个问题是：所有同一物种的个体究竟是由一对配偶还是由单个雌雄同体的个体发展而来？或者像一些研究学者认为的那样，是从许多同时出现的生物个体遗传而来？对于无法杂交的生物，如果这种情况真的存在，那么每个物种必定都是持续变异的变种的后代。虽然它们也会相互取代对方，但一定会与其他同一物种的个体或变种进行交配。所以，在每个物种连续变异的时期，所有同一类型的个体都是从单一的双亲遗传而来。然而，在大多数情况下，由于所有生物都会两两相交或偶然杂交，因而同一地区与同一物种的个体就会因为杂交而保持大概的一致性。同时，许多个体也将继续变异；更重要的是，每个时期内个体的变异总量并不是由单一亲体完全决定。在这里，为了解释清楚我所说的，我有必要举例来加以阐述。如：英国的竞赛马与其他所有品种的马都有区别，但它们的差异与优势并不是取决于任何一对配偶，而是取决于人们世世代代对马的许多个体所进行的长久不断的精心挑选与训练。

上面有三种事实我认为是"物种起源于一个地方"的中心观点最不容易解释的问题。在探讨这些问题之前，我必须先简单谈谈生物传播的方式。

## 传播方式

莱伊尔爵士和其他研究学者对物种传播方式这个问题早已进行了合理的解释。现在，我只是就一些重要的事实做简单的总结。气候变迁对生物的迁徙一定产生了有力的影响。某个地区，现在的气候条件不能让一些生物进行迁徙；而在以前的气候不断改变时，反倒可能提供了生物迁徙的畅通之道。然而，我现在不得不具体讨论一下这个问题所涉及的其他问题。陆地的升降一定曾经也发挥了巨大的作用，如某一狭长的海峡现将两个水生动物群分隔。但当海水将这个海峡淹没的时候，或者，假设它以前被淹没过，那么这两个动物群现在就会合二为一，或者它们以前可能合并过。现在海洋无限延伸的地方，在以前的某个时期可能是陆地将诸多岛屿甚至是大陆连接在一起的地方。这样，就可以允许陆生生物由一个地方移向另一个地方。所有的地质学家都相信，陆地曾在现在物种期间发生巨大的变化。埃沃得·福布斯认为，大西洋所有的岛屿在近期曾将欧洲和非洲相连，就像欧洲与美洲连接的情况一样。其他研究学者曾假设，某一大陆以前不但将生物在每个海洋中可通的桥梁相连，而且还几乎将各个海岛连接起来。如果福布斯的论点值得相信，那我们都必须承认，几乎没有单一的岛屿在近期曾与某一大陆相连过。这个观点也就会解释同一物种传播到最偏远地方的问题，随后就会克服许多的难题。然而，就我竭尽全力所做出的判断，我不承认这么多的地质变迁会在现存物种所在期间发生。我认为，我们有足够证据证明水平陆地与海平面的巨大波动，但这些证据并不能使大陆与大陆、大陆与海岛在近期或其他时期相连接。我会大胆承认，以前存在的许多岛屿虽然现在已沉没于海底，但它们以前却可能是供大量动植物迁徙的停歇之所。在盛产珊瑚的许多海洋里，这样下陷的多数岛屿上，现在还有环形珊瑚与环形礁作为标志。不管什么时候，但总有一天，我们会完全承认，每个物种都是源于一个出生地。随着时间的推进，当我们确切地明白生物传播的方式时，我们就可以毫无顾虑地推测陆地曾经的延伸范围。但是，我还是相信，在近期内，现在相对隔离的大多数大陆在以前一直相连，或者几乎是持续相连在一起，甚至还与众多存有的海岛连接过。我们可以举出几个生物散布的例子来，如：每个大陆相对面的水生动物群间存在的极大差异；某些大陆乃至海洋中第三纪生物与现存生物间的密切关系；居于岛屿的与距其最近的大陆哺乳类动物之间，其相似程度是由中间海洋的深度所决定的（我们在以后的内容中还会见到）；等等。以上这些与其他诸如此类的事实，都与福布斯与其追随者所坚信的近期存在的地质演变的观点完全不同。同样，海岛生物的特性与生物分布的相对比例的看法，也与相信许多大陆曾彼此相连的看法不相符。在全球范围内，这种岛屿上的火山也不支持"它们是由诸多大陆的遗留物组成"的观点。如果它们以前真的以大陆山脉形成的方式存在过，至少，也应该如其他山脉和一些岛屿一样，曾是由花岗岩、变形的片岩及含有化石的其他岩石组成，而并非是由火山残留的物体堆积构成。

现在，我们将对所谓的"生物偶然的传播方式"，（更准确地说，应该叫作"生物偶然的分布"）作一些说明。在这里，我会着重用植物来进行相关的阐述。在植物学研究中，这种或另一种植物通常会被指出是不能适应广泛传播的方式的，然而，对于它们穿越海洋的多多少少存有的传播工具，我们几乎无从知晓。直到在贝克莱先生的帮助下，我才能试着对这个问题进行一些研究。我们甚至无法知道，植物的种子在海水对其有利的条件下究竟能传播多远。令我感到吃惊的是：当我将 87 粒种子浸没在海水 28 天后，有 64 粒发芽了；而且，其中一些竟然在 137 天的海水中得以幸存。当我将 9 种豆科类植物拿来做实验时，除了唯一的例外，剩下的都对盐水有很强的抵抗力；而相反的例子是，同一目中的 7 个物种，如田基麻科与花葱科，在被盐水沉浸后，无一幸免。为了方便研究，我主要将一些小型的无荚种子或水果用来做实验，在浸泡一些天后，不管是否被盐水腐蚀，它们都没有漂浮过浩瀚无际的海洋。后来，我尝试将一些较之以往更大的水果与有荚的种子等用作实验的材料，其中的一些种子在盐水水面上浮了很长一段时间。众所周知，湿木材与干木材在水中受到的浮力是极不相同的，这使我恍然大悟。洪水通常会汇入海洋，在这个过程中，带荚种子或水果的干燥树枝就会随同洪水一起冲进海洋。因此，我使 94 种附带有成熟种子的植物茎或枝条干燥，并将其置入海水中。将其干燥前，大多数都会快速下沉，仅有一些湿的茎或枝条漂浮了较短时间；而随之干燥后，它们漂浮了更长一段时间。例如，成熟的榛子被放入海水中会立即下沉，但被干燥后，它居然可以在海水中浮 90 天——最后，这个榛子发芽了。某一带有成熟果实的芦笋植物通常漂浮的时间仅为 23 天，但当其被干燥后，就能漂浮 85 天，最后，它的种子也会发芽。又如，一些苦爹菜的成熟种子漂浮 2 天就会下沉，而干燥后，就能漂浮 90 天以上，最后也一样会发芽。总而言之，在 94 种被干燥的植物中，有 18 种植物漂浮的时间超过了 28 天，而且其中的一些漂浮的时间还更加长久。因此，根据上面的实验，73.56% 的种子在海水中浸泡 28 天后还能发芽，19.14% 带有成熟果实的不同物种（并非前面实验中的所有的同一物种）被干燥后能够漂浮 28 天以上。虽然这些情况是少量的，但我们还是可以推断，任何地方的种子有 14% 在 28 天的漂浮过程中将会受到海洋水流的侵袭。不过，它们还是可以保持发芽的能力。在约翰斯顿的《自然地理地图集》中，某些太平洋的平均水流速度竟达到了每昼夜 33 英里，一些甚至达到了每昼夜 60 英里。如果种子以前者水流的平均速度随水流动，那么 14% 的植物种子会运行 924 英里，从它原来的生存地方漂浮进入另一个地方。然而，当其被干燥后，再加上被某内陆的强风吹到一个有利的地方，它就会发芽。

后来，马腾斯也在我前面的实验基础上尝试做了一些相似的实验。不可否认的是，他的实验是以一种更完善的方式进行的，因为他将种子放入了一个盒子，然后将盒子置入真正的海洋中，这样就避免了潮湿和接触空气。结果，它们就像严格意义上的漂浮植物般在海洋里游行。他用98类种子来做实验，其中的大多数都与我所用作实验的材料不同，但有一点是相同的，那就是：他也选取了许多大型植物的果实与种子，且这些植物都生活于离海洋很近的地方。这样做就有利于增强它们在平均漂浮时间中对盐水作用的普遍抵抗力。相反，他没有像以往那样将带有果实的植物与枝条干燥；虽然正如我们所见到的，以往的方法将使其中一些植物或枝条漂浮的时间长一些。根据上述实验得出的结果是，有接近18%的不同种子都漂浮了42天且最后具有发芽能力。但是，在我们进行的实验中，我也并不怀疑，接触到海浪的植物会比这些免于剧烈波动的植物漂浮的时间更短。因而，相信"10%的植物种子在经过干燥后能够漂浮于900英里宽的海面进而发芽"的观点，会更为妥当。更为有趣的事实是：较大型的果实通常会比较小型的果实漂浮更长时间。根据安德康多尔的观点，附有大型种子或果实的植物分布时，其范围经常会受到一定限制，所以就不容易通过其他的方式进行物种的传播。

在偶然的情况之下，种子有时会通过其他的方式进行传播。例如，漂浮的木材会随着海水到达大多数岛屿，有时甚至会到最宽海洋的中部海岛；位于太平洋珊瑚岛的本地植物，往往会借助石头作为自身的传播工具，而很少会依靠漂浮的树根。现在，这些石头已成为了一种珍贵的物品。我发现，泥土将树根与不规则小石头间的间隙填充得很完整，这样就不会有泥土在最长时间的生物传播中被海水冲脱掉。有一小部分泥土紧紧填塞在橡树的根部长达50年之久。在这些泥土中，有3种双子叶植物种子发芽了。对于这个观察，我敢肯定它确实是真实的。我还可以再一次指出，当鸟类的遗骸漂浮于海洋，有时它们会免于被立即吞食。许多不同植物的种子在漂浮的鸟类遗骸的嗉囊中，会长期维持种子自身的生命力。例如，家豌豆与野豌豆种子沉浸在海水中仅几天时间，就会丧失其生命力；但令我感到惊奇的是，当一些种子被吞入鸽子的嗉囊中，再把这些鸽子置入人工海水30天后……最终，这些种子居然几乎都能发芽。

现有的鸟类都能成功成为种子传播的最有效的群体。我可以列出许多事实来进一步说明，各种各样的鸟是怎样经常被某些强风吹过海洋而到达一些广阔之地的。我们可以保守地假定，在这样的条件下，鸟类的飞行速度通常会达到每小时35英里。对此，一些研究学者曾给出了更大胆的估测。我从没有见到营养价值高的植物的种子会借助鸟肠排出，可是我见过果实内的某些种子会通过火鸡的消化器官而完好地被排泄出，尔后又继续进行传播。在两个月内，我在自己花院里小鸟的排泄物中挑选了12种不同的种子。这些种子似乎都较为完整，当用其中的一些做实验时，它们都发芽了。我认为，随后的事实更为重要。那就是，鸟类的嗉囊不会分泌胃液。据我在实验中所知，它至少不会损坏种子的发芽能力。在某一种鸟发现食物并将其吞下后，所有的谷物在12小时甚至18小时内是不会被排出鸟类的嗉囊的。在这段时间中，鸟可能很容易被吹到500英里远的地方，当鹰寻找到这些劳累的鸟类时，鸟被撕裂的嗉囊中的物体就可能极容易分散到各处。一些鹰或猫头鹰会匆忙吞咽下自己的整个猎物。在12小时到20小时的间隔后，这些鹰就会吐出许多食物小丸。从动物园的实验中，我知道，这些小丸里含有具备发芽能力的种子。另外，一些燕麦、小麦、小米、加那利草、车轴草以及甜菜的种子，在被捕鸟类的胃中停留了12~21小时后，仍具有发芽能力；有两粒不同的甜菜种子甚至在鸟的胃中停留了62小时后还能发芽。我也发现，许多陆生与水生植物的种子会被淡水鱼吞食，接着，这些鱼通常又会被某些鸟当作食物，这样，种子就会从一个地方传播到另一个地方。我强行将许多不同的种子置于死鱼的胃中，又将鱼放入以鱼为食的鹰、鹳、鹈鹕等鸟的胃中。经过数小时的间隔后，有的鸟由于排斥这些种子而吐出了食物小丸，有的鸟吞食种子后则将其排出体外。其结果是，其中的一部分种子仍保持着发芽的能力，不过另一些种子则在这个过程中失去了发芽的能力。

有时候，蝗虫会随风到达一个很遥远的海岛。我就曾在离非洲海岸370英里远的地方捕捉到一只。我还曾听说有些人在更远的地方捉到了这些蝗虫。在1844年12月，罗夫牧师曾告知莱伊尔爵士，大群蝗虫造访了马德拉岛。蝗虫不计其数，它们密密麻麻的现象就像最严重的暴风雪中纷纷飘扬的雪花，一直向天空上方延伸，以至于要用望远镜才能看到它们上升的高度。在两三天里，它们渐渐盘旋开来，形成了一个直径至少有五六英里长的巨大椭圆。到了晚上，它们构成的椭圆形蝗虫阵就完完全全将许多较高的树掩盖住了。然后，它们就像刚开始出现时那样在海上消失了，从那以后，它们就再也没有去过那座岛屿。至今，部分纳塔尔的农民虽然没有足够的证据，但他们相信大量飞行的蝗虫当时到达纳塔尔地区曾排出过粪便，而一些种子就是通过这些粪便出现在了他们的牧场。韦尔先生在相信这个情况后，曾寄了一封信给我，信里附有一小包粪便。借助于显微镜，我从粪便中提取到几粒种子，并培植出7种草类植物，它们都归于两属内的两个物种之中。因此，就像到访马德拉岛的大群蝗虫，它们很容易成为一类生物的传播方式，将几种植物引入到另一个远离大陆的岛屿。

虽然鸟喙与鸟爪常常是很干净的，但有时还是会黏附有一些土。例如，在一只鹧鸪爪上沾有的泥土中，我取出了61格令[①]重的泥土，从另一只的爪上我取下了22格令重的泥土。我在这些泥土里发现了如野豌豆般大的石子。另一个更为有趣的事是：我的一个朋友寄给我一只鸟鹬的腿，在其胫部就附有一小块9格令重的干泥土，里面含有小灯芯草的种子，并且这些种子经培植后都能发芽、开花。居于布莱顿的斯惠可兰先生在他人生晚期的40年中，一直密切关注候鸟。他告诉我，当鹟鸰第一次即将到达英国海岸、未着陆时，他曾将它们射下来。有好几次，他都在鸟的爪子上发现了几块泥土。还有很多的事实都能证明，泥土中常常会含有各种各样的种子。例如，牛顿教授曾寄给我一条因受伤而不能飞翔的红足山鹬的腿，上面附有一小团重达6.5格令的干泥土。这团干泥土已受到长达3年的保存。当

---

① 1格令 $\approx 6.48 \times 10^{-5}$ 千克。

我将其打碎，加入水，将其置于钟形的玻璃罩内培育后，有不少于82种植物在里面渐渐生长起来。这里面含有12种单子叶植物，如常见的燕麦和至少一种草类植物等；除了这些，通过对一些嫩叶和起码3种不同物种的判断，还存有70种双子叶植物。面对这些事实，我们还会相信常年随海风飞越过广阔无边的海洋或常年迁徙的鸟类（如鹌鹑）将一些黏附在鸟爪或鸟喙上的泥土中的种子进行传播的情况，只是纯属偶然吗？关于这个问题，我们此后还会再一次深入探讨。

众所周知，有时候冰山会带着泥土、石块、枯树枝、骸骨与某一陆栖鸟类的巢一起运动。正如莱伊尔所言，毫无疑问，它们会偶然地将一些种子从北极的一个地区传播到南极的另一地区。在冰河时代，甚至会将种子由现在温带的部分地区传播到另一地区。亚速尔的大量植物与欧洲植物的相似性，要比靠内陆更近的大西洋其他岛上的植物的相似性更大；如沃特森先生所指，如果从纬度这一点来比较，我们会发现亚速尔的植物持有更大程度上的北方特征。据此，我怀疑，在冰川时期，其中的部分海岛存储了一些冰川带来的种子。于是，我拜托莱伊尔爵士写信给哈通先生，以询问一下他是否曾在这些岛屿上见过漂浮的巨石。随后，他回信道，他的确发现过大量花岗石与其他石头的碎石块儿，而这些石头以往并不属于该群岛。由此，我们可大胆推断，冰山以前将一些岩石带到了这些位于海洋中央的岛的海岸上；同时，它还把一些有北方特征的植物种子也一并捎了过去。当考虑到这些传播方式与其他一些日后肯定将会被人们发现的传播方式，在一年又一年乃至上万年的岁月中一直对生物产生着重大的影响时，我想，如果大多数植物不是以上述方式进行广泛传播，那将是一件极为不可思议的事。有时这些传播方式被称为"偶然"，然而，这种说法并不十分准确。因为无论是洋流的产生还是普通的强风风向，都不是偶尔发生的。我们应该观察到，任何一种传播方式将种子带到非常遥远的地方都很少能成功，其原因是，种子在长时间的海水的作用下会失去自身的生命力，并且也不能长期存留在鸟类的肠道中，随同鸟类一起漂洋过海。不过，上述的这些传播方式足以使这一些种子飞越过几百英里宽的汪洋；或从一个海岛到达另一个海岛；抑或是由遥远的诸多大陆到达与其相邻的岛屿，但是却不能从一个大陆到另一个相隔遥远的大陆上去。某些偏远大陆的植物尽管也不会通过这些方式彼此相混合，但还是会与现在一样保持着自身不同的特征。因为海流有一定的流动方向，所以我们知道，海流不可能将这些种子从北美洲带到英国，但的确有可能将它们由西印度带到英国的西海岸。在这个传播过程中，就算种子受到盐水长期的浸泡并没有失去生命力，它也不一定能抵抗恶劣的气候。几乎每年都会有一两种陆栖鸟类随洋流越过整片大西洋，然后从北美洲抵达英格兰和英格兰海岸。只有一种传播方式，即黏附在鸟爪或鸟喙上的泥土，可以携带着种子进行传播。可是，这种情况并不十分常见。即使这样的情况真的发生了，被传播的种子落到有利的土壤中进而不断发育成成熟个体的概率也是非常渺茫的。但据我们所知，生物种类复杂的海岛，如大不列颠岛，在近期的几个世纪中，还是未能在偶然的传播方式下接受一些来自欧洲或任何其他大陆的迁徙者。而一个生物种类相对简单且距内陆更遥远的岛屿，也不会以这样的相同方式吸收一些移居者。对此，我们有十足的把握相信，成百类种子或动物传播到某一海岛时，即使岛上的生物种类比英国的还要简单，能最终适应这片新领土的生物，恐怕也不会超过一种。在漫长的地质时期里，岛屿渐渐隆起，而在这之前，占据岛屿的生物其实并没有多少。因此，对于这种偶然的传播方式，我们在没有根据的情况下是不可以轻易加以反驳的。在光秃秃的岛上，几乎没有有害的昆虫或鸟类会生活在那里，那么，显然所有的种子几乎都有机会到达那里，而且在适应了气候的情况下，是可以发芽并生长的。

## 生物在冰河时代里的传播方式

被成百万英里宽的低地分隔的各个山顶上，生活着众多完全一致的动植物。然而，在这些低地里是不可能有生物存在的痕迹的。我们至今也没有发现生物可能从一个地方迁徙到另一地方的事实，所以，相同物种生活在某些偏远地方的事例就变得格外引人注目。事实上，看到这么多属于同一物种的植物存于阿尔卑斯山和比利牛斯的冰雪地区以及欧洲北部地区，的确是极不寻常的事。更令人感到惊奇的是，美国的怀特山上的植物与拉布拉多的植物是完全一样的。正如阿沙格雷所言，欧洲积雪最厚的山顶上的一些植物几乎相像到了极点。甚至在年代极遥远的1747年，这些事实也曾使葛美伦发表了自己的看法：这些完全一样的物种必定起源于不同的地方。假如不是阿加西斯与其他研究学者提醒我们注意冰河时代的鲜明事实，我们很可能早就相信了葛美伦的观点。我们有许多不同的值得信赖的证据，无论是有机的还是无机的，如在近期地质时期，欧洲中部与美洲北部遭受到了北极型气候。被火焚烧的房屋废墟并不能解释其神秘的迹象。与此相反，存于苏格兰与威尔士诸多山脉侧面的划痕、被摩擦过的表面，以及位于高山上的巨石，却能较清楚地说明那个时期的山谷在以前被无数冰河填充过的事实。欧洲气候变化的程度极大，以至于古老冰川遗留在意大利北部的冰碛现已被一些蔓生植物和玉米覆盖。纵观美国的大部分地区，漂浮的巨石与留有划痕的石头都能表明，更古老的冰川时期的确存在过。

就像爱沃德·福布斯解释的那样，以往冰川气候条件对生物在欧洲的分布产生了重大的影响，并且，还持续不断地对后代生物发挥着作用。但我们会更容易随着气候的变迁做出一些假设。如，一个古老冰河时期渐渐出现，后来又如它以前出现的那样逐渐消失了。在冰河时期到来与离开的整个过程中，随着寒冷气候的降临，北极型生物会因变得更适于各个南极地区，进而取代原来生活于温带地区的生物的地位。同时，除了会遇到许多障碍物阻止了前行的道路而导致它们猝死的情况外，后者会向更遥远的南极迁徙。而这些山脉将慢慢被冰雪覆盖，使原来高山的生物向平原撤退。一旦山上的寒冷气候达到极点，北极型动植物就会遍布在与阿尔卑斯山以及比利牛斯山南部一样远的欧洲中部地区；有时甚至还会延伸到西班牙。同样，现在美国的一些温带地区也出现了北极型动植物。这些美国温带地区的生物和欧洲生物几乎是一样的，因为不管我们假设现有的环拱形地方的生物向南迁徙到任何地方，它们都与全球生物拥有一致的相似性。

当气候逐渐变得温暖起来，北极型生物将向北撤离，伴随着它们撤退的步伐，会有更多温带地区的生物到来。而随着积雪从山脚慢慢融解，北极型生物将回到山底已解冻的畅通无阻的地面，就像它们刚开始离开那样，渐渐向山顶迁移。当积雪进一步消失，气候变得越来越温和时，它们的同类也会追随着向北行进的旅程。所以，当气温完全回升到原来位置的时候，原来一起生活在欧洲和美洲北部低地的同一物种，将再一次回到"新世界"与"旧世界"的北极地区。另外，有的生物也会重新回到彼此相去甚远且被隔离的山顶。

这样我们就能明白，许多相隔非常遥远的地方（如美国与欧洲山上）的植物为什么会如此相同；同时，我们也能理解，每个高山上的植物为什么会与居于正北方或近似正北方的北极型植物有相当紧密的联系——因为生物在寒冷气候出现时的第一次迁移，与气温回升时的再次迁移，都是向正南方和正北方进行的。如沃特森先生所说的英格兰高山植物，与雷蒙德所指的比利牛斯山的高山植物，都与斯堪的纳维亚北部地区的植物极其相似。还有，美国与拉布拉多的高山植物间、西伯利亚与俄国北极区的高山植物间，也是类似的情况。这些观点都是基于较古老冰川时期中已发生的确定事实，在我看来，它们对欧洲和美洲的高山北极型生物的现有分布可以做出非常令人满意的解释，以至于即使我们在其他地区相距遥远的山顶上找到了同一物种，在没有其他的有利证据时，也可以认为是由于以前较寒冷的气候允许相同物种越过起隔离作用的低地，而最终使它们进行了迁徙。可是因为现在的气候又变得相对暖和起来，这些同一物种就难以存在了。

由于北极型生物都是伴随着气候的变迁而向南、尔后又向北进行迁徙的，因此在漫长的迁移过程中，它们就不会受到温度剧烈变化的影响。同时，还由于它们都以群体为单位来迁徙，所以，彼此间的密切关系也不会有较大的改变。根据这本书中反复讲述的理论，这些生物就不容易发生较大程度的变异。然而，在气温回升时，高山生物最初在山脚，随后由于回到山顶而相互隔离，这样情况就会稍微有所不同。因为，即使这些物种也拥有各种可能性（如与古老的高山物种相混合），一切同一物种也不可能全部生活在相去甚远的山顶并一直在那里长存。在冰河时期到来之前，高山物种只能存在于山顶上；而在最寒冷的冰河时期里，高山物种又会暂时被驱逐到大多数平原；随后，它们也可能面临与以前稍显不同的气候的影响，导致彼此的关系受到一定的破坏；其后，可能因此而容易进行变异。事实上，它们的确是变异的物种。因为，倘若我们将欧洲几大山脉现有的高山动植物与另一地的动植物进行比较，虽然许多物种会保持完全相同的特征，但有些物种的确是以变种的形式存在。有些是最令人怀疑的代表物种或亚物种；另一些已成了极度相似却仍有不同的物种，组成了代表这些高山本身特性的物种。

从前面的解释中我做出了假设，即在我们假想的冰河时代的初期，在北极附近地区的北极型生物与现存的生物完全一致。但是，我们必须假设世界的众多亚北极及少数温带生物都是相同的，这是因为至今存于北美洲与欧洲较低山坡与平原的某些物种是相同的。我们也会问，在真正的洋酒时期出现时，我会以什么样的方式对全球亚北极型生物与温带生物的相同程度做出一定的解释。现在"旧世界"与"新世界"的亚北极生物与温带北部生物仍然被整个大西洋分隔。在冰河时代里，相比现在，这两个时期的生物生活于更远的南方，相互之间一定是被更宽阔的海洋彻底隔开。因此，很多人肯定会问，以前的相同物种是怎样到达这两个大陆的。我相信，在冰河时期出现之前，我们可以在自然气候中找到满意的答案。在更久远的上新世时期，世界上大多数生物几乎都是与现在的生物一模一样，并且我们有充分的理由相信以往的气候比现在更温暖。所以，我们可以假定，生活在北纬60°以下区域的现代生物，在上新世时期曾生活在北极圈附近（北纬60°~67°）甚至更远的地方。那时，现有的北极型生物存于北极更近的陆地上。现在，如果我们仔细看看地球在北极圈以下的区域，会发现相连的陆地几乎都是从欧洲北部穿过西伯利亚、再延伸到美洲的东部的。相连的环拱形大陆会允许生物在更有利的气候条件下进行自由迁徙，这就为"旧世界"与"新世界"的亚北极生物和温带生物在较早冰河时期的相似性这一假设做出了有力的解释。

从以前间接提到的原因中，我们相信诸多大陆虽经历过上下的波动，但仍会长时间将自己维持在彼此相同的位置。对此，我表示强烈的支持，并且也试着推测出，在某些更早且更温和的时期（如较早的上新世），大量同一动植物都是存在于几乎完全相连的环形大陆上。在冰河时代出现前的很长时间里，随着气候变得越来越寒冷，这些处于"旧世界"与"新世界"里的动植物就慢慢开始向南迁移。正如我的观点，我们现在可以看到它们大多数的物种后代都是变异的状态，特别是其中一些生活在欧洲与美洲中部地区的生物。根据这个观点，我们可以明白北美洲与欧洲的生物为什么会很少有相同的地方。假设我们将这两地的遥远距离以及它们被整个大西洋隔离的程度列入考虑范围，两地间生物存有的情况的确是极为引人注目的事情。而且，我们也会更清楚地知道几位观察家们所描述的第一个事实，即：欧洲与美洲的生物彼此之间在第三纪晚期比在现代所持有的关系更加密切。这是因为在第三纪晚期比较温暖的时候，"旧世界"与"新世界"的一些北方地区几乎是被陆地紧紧连接，构成了两个地方生物能够进行迁徙的桥梁。随着时间的流逝，气候变得寒冷，两地的生物就不能通过了。

在气候逐渐由温暖转向寒冷的上新世时期，"新世界"与"旧世界"里持有共性的物种迁徙到南极圈后，彼此间变得完全隔离了。就更多的温带生物而言，这种隔离肯定在很早以前就发生过。随着动植物不断向南方迁移，它们就将与某一大地区的美洲本地生物相互混合，从而与其进行生存斗争。在其他"旧世界"的较大地区也是如此。因而我们可以知道，有许多有利的条件促进了生物较大程度的变异。相比于高山生物，这种变异的程度就要大得多，因为这些存于某些高山以及欧洲和美洲的北极大陆的生物，是在较远的时期被隔离开来的。

所以，我们还可以明白，当我们现在将"新世界"与"旧世界"里生活在某些温带地区的现存生物拿来进行比较时，就会发现相似物种是极少数的。尽管阿沙格雷近期已指出，相比我们以往假设的例子，相似的植物其实更多；可是，我们的确发现许多物种类型在每一个大纲里所被划分的等级存在很多的分歧。一些博物学家将其中某些分为地理类型的物种，而将其他的列为不同的物种；相反，所有的博物学家都一致将极度相似或有代表性的物种类型分为完全不同的物种。

其实，正如陆地上一样，水中也是类似的状况。在上新世甚至更遥远一点的时期，水生动物群沿着极圈内相连的海岸向南逐渐迁徙，这与陆生生物向南迁徙的事实几乎是一致的。按照生物变异的学说，上述水生动物的迁移可以对许多几乎相同的物种类型竟生活在完全隔开的海域做出解释。这样我们就能够明白，为什么在北美洲温带区的东西两岸，一些现存与灭绝的第三纪物种类型间会有非常相似的特征。在达纳的著名作品中，还有一些更惊人的关于许多极为相似的甲壳类动物的事实，如一些居于地中海的鱼和其他水生动物，与日本海的虽很相似，但这两个地方其实现已完全被整个宽阔的大陆与无限的海洋分隔。

根据生物的创造学说，不管是现在还是以前生活于某些海洋与大陆的生物之间的密切关系都是毫无根据的，如北美洲东岸与西岸的物种，或地中海与日本海的物种，以及北美洲与欧洲温带大陆的物种。我们不能认为，伴随着地区间几乎相同的自然条件，这些物种就是相同的。其原因是，将南美洲的部分地区与南非或澳洲某地区进行比较，我们就会看到，虽然这些地方所有的自然条件都接近一致，但各地的生物事实上是完全不一样的。

## 南北冰河时期的轮流演变

现在，让我们回过头来看看更迫切需要解决的问题。我相信，福布斯的观点可以运用到广泛的方面。在欧洲，从不列颠西海岸到乌拉尔山脉，再往南直到比利牛斯山，我们都能发现最简单的证据。如果从被冰冻过的哺乳类动物与高山植物的特征上来推测，我们可以看到，西伯利亚的生物也受到了类似的影响。据胡克博士所言，在黎巴嫩，持久不断的降雪曾覆盖了整个山腰。由于积雪不断堆积，最后产生的冰川延伸到了谷底深 4 000 英尺的地方。近期，同一观察学家也在北非的阿特斯山脉较低的地方发现了巨大的冰碛。顺着喜马拉雅山与其相距 900 英尺的地方，我们也找到了冰川以前向低处下滑留下的痕迹。胡克博士还在锡金看到了玉米一直生长在许多古老的巨大的冰碛上。在亚洲大陆以南的赤道相反的一侧，从哈斯特与赫克托博士的著名研究中，我们可以知道，新西兰巨大的冰碛也曾向低处下滑过。另外，胡克博士在这片岛普遍被分隔的山脉中所发现的同一植物，也证明了以往存有寒冷时期的相同事实。从与克拉克牧师交谈的内容中我得知，以前冰川在澳洲东南角山脉的活动痕迹看起来的确存在。

仔细来分析一下美洲：在北美洲东侧以南至北纬 36°~37°之地，发现了含有冰的碎石块。同时，在现在气候与之极为不同的北美洲西侧太平洋海岸以南至北纬 46°处，也发现了这样的情况。在落基山上，我们也注意到了一些漂浮的巨石。在几乎接近赤道以下的南美洲的科迪勒拉山上，冰川曾一直向下运动直到它们现有的位置。在智利的中部地区，由一大堆岩屑形成的巨石横越过保地罗山谷——毋庸置疑，这曾形成了巨大的冰碛。福布斯告诉我，在南纬 13°~30°且高度为 12 000 英尺的科迪勒拉山的部分不同的地方，他找到了有很深刮痕的石头，这些石头与他在挪威熟知的石头及大量含有深度刮痕石子的岩屑相像。沿着科迪勒拉山的整个山脉来看，在山的更高处，真正的冰川至今尚未出现，从南纬 41°直到最南端大陆以南的两侧，我们找到了冰川以前活动的最为明显的证据，即难以计数的巨石是从很遥远的起源地迁移而来的。

基于以下事实——首先，冰期作用影响了南北两个半球；其次，从地质学的意义上讲来，两个半球上的冰期都产生于近期，然后从大量冰川发挥的作用中可推测，冰川活动在南北半球持续了很长一段时间；最后，冰川在近代沿着整个科迪勒拉山脉下滑到低处——在一段时期内，我曾禁不住得出这样的结论：全球的温度在冰川时期都曾同时降低。然而，在现在一系列的著名研究报告中，卡罗尔先生已试图表明，冰川气候条件是不同物理原因导致的结果。其具体的原因是，地球轨道运行的离心率增加。所有这些原因都将产生相同的结果。但是，最重要的原因则是离心率对洋流产生的间接影响。根据卡罗尔所说，冰川时期通常是每隔 10 000 年或 15 000 年循环一次。如莱伊尔爵士的观点，在这些漫长的时间间隔后，这种寒冷会极度剧烈，它是由某些偶发事件所带来的一定作用导致的，而最重要的事件就是陆地与海洋的相对位置。卡罗尔先生确信，最后一次重大的冰川时期出现在 240 000 年左右，并经过了为期 160 000 年的气候较轻微的更替。就更多的古冰川时期而言，某些地理学家相信，基于一些直接的证据，冰川时期在中新世与始新世肯定出现过，更不用说在这之前更古老的时期了。但是，从卡罗尔先生的表述中我们明白，现在对于我们最重要的就是，不管北半球是否度过了一个严寒期，南半球的温度是的确有所上升的，这就使得冬季更加温暖，这主要是洋流原来方向的改变引起的。洋流的改变会作用于北半球，致使北半球也经历一个冰川时期。这个结论对生物的地理分布作出的解释是具有说服力的。因而我强烈支持它，不过我还是要先讲述一些需要解释的事实。

胡克博士已表明，除了许多极为相像的物种，在南美洲的火地岛有四五十种开花植物成了大部分地区缺乏的植物。虽然一些地区在相隔甚远的南北两个相反半球，但这些地区的开花植物与北美洲以及欧洲植物有密切的关系。在美洲赤道地区的高山上，有归于欧洲属的奇特物种出现。在巴西的奥更山上，加得纳尔找到了一些为数不多的欧洲温带属、南极型属与安第斯山属，而它们根本不会在低处的热带地区生存。

在非洲，某些具有欧洲特征的物种类型与少数好望角的代表植物共同出现在了阿比西尼亚山脉。我们在好望角的众多山脉也分别找到了肯定不是人为引进的稀少欧洲型物种和欧洲的代表物种，不过在非洲的某些热带地区却还没有发现它们存在的足迹。胡克博士近期表示，几内亚湾的费尔南多波岛的较高地区及与其相邻的喀麦隆山生活的一些植物，不仅与阿比西尼亚山的植物有紧密的联系，同时与欧洲的温带植物也是如此。我从胡克博士那儿听说，罗夫牧师曾在佛得角群岛的山脉中找到了这些相同的温带植物。同一温带物种类型遍布于赤道地区，它们穿过整个非洲大陆后抵达佛得角群岛。在植物分布的记录中，这是最令人震惊的事之一。

在喜马拉雅山、印度半岛上被隔离的山上及爪哇岛的圆锥形火山上都有许多植物出现，它们要么完全相同，要么是彼此间的代表物种——但又同时是欧洲的代表植物的情况，却没有出现在低地的热带地区。在从爪哇高山上收集的各属植物的名单中我们发现，名单列出的植物竟与在欧洲丘陵上收集而来的植物相似。更令人惊奇的是，一直在罗洲的众多山顶生长的某些植物，居然代表了澳洲的某些奇特植物类型。我听胡克博士说，其中的这些澳洲植物沿着马六甲半岛高山不断传播普及，这使得它们有些稀稀散散地分布在印度，有些则分布到了日本。

米勒博士在澳洲南方的山上发现了一些欧洲物种；在低地还找到了另一些没有被人类引进的物种。胡克博士告诉我，在澳洲发现的欧洲属可罗列成为一张很长的名单。可是，在澳洲与欧洲的热带地区却不能发现这些物种的踪迹。在胡克博士优秀的名为"新西兰植物导论"的一书中，我们也可以找到关于这个广阔岛上的植物相似且引人注目的事实。由此，我们可以得出：生长于热带地区更高山上的和南北半球中部平原的某些植物，有的是相同的物种，有的是同一物种的变种。但是，我们观察发现，这些物种并非是真正的北极型物种，因为，正如沃特森先生所说，"随着植物从南北两极地区向赤道地区撤退，高山植物的北极型特征确实会变得越来越少"。许多生活在完全隔开的相同地区的同属植物，除了完全相同和极为相似的类型以外，现在都不能在中部热带的低地中找到了。

上面的简单评论仅仅是关于植物的，而涉及陆生动物的类似情况却相对较少。在海生生物中也同样存在着这样的情况。例如，引用拥有最高权威的达纳教授的话来说，"新西兰的甲壳类动物本应该与不列颠的甲壳类保持紧密的关系，然而恰恰相反的是，前者竟与全球任何其他地方的甲壳类动物关系更为密切，这的确是令人惊奇的事"。同样，理查森爵士也谈到了北方的鱼曾在新西兰与塔斯马尼亚岛等地海岸再次出现。胡克博士告诉过我，在中间热带海洋没能被发现的25种海藻，却共存于新西兰与欧洲。

基于上述的一些事实——出现在高地的温带生物越过了整个赤道附近的非洲，又取道印度半岛直达锡兰与马来群岛——我确定在以前的某一时期，冰期最严重的地区（如一些大陆的低地），一定都被处于赤道区以下的大量温带生物占据过。在这个时期，赤道附近海平面的气候极有可能与同一纬度下6 000英尺高的地区的气候相等，乃至更冷一些。在这最冷的时候，就如胡克博士所说的在喜马拉雅山高 4 000~5 000 英尺的低坡上繁荣的植物一样，赤道区的低地一定被混生的热带植物和温带植物覆盖着，不过温带类大概具有更大的优势。而且，在几内亚湾的费尔南多波多山的群岛上，曼先生找到了最初出现在 5 000 英尺左右高的地区的欧洲温带植物。而在巴拿马仅有 2 000 英尺高的众多山脉，西曼博士找到了与墨西哥的植物相像的植物，这些热带区与温带区的植物以一种和谐的方式生活在一起。

现在让我们来看看卡罗尔先生的结论是否合理。当北半球经历重大冰川时期的严寒时，南半球实际上更加温暖。这就对南北两半球及高山上热带地区某些不同温带植物的明显无根据的分布做出了更清楚的解释。冰川时期，如果以年为时间单位来计算，必然是一段很长的时间。当我们回想起某些迁移的动植物曾经仅在几个世纪就传播到了非常广袤无垠的地方，就可以知道，冰期的这段时间是足够使任何生物进行迁徙的。随着气候变得越来越寒冷，我们明白，北极型生物会入侵到温带地区。从这些事实中，我们可以毫不怀疑，一些生命力更强、更具有优势，且早已广泛传播的生物，一定曾侵入到过赤道的低地中。其中的一些生物也同时迁徙到了南半球的热带与亚热带地区，因为南半球气候在这个时期会更温暖。当冰川时期接近尾声，南北两个半球的温度逐渐恢复到原来的位置，这时生长在赤道区的低地的北方温带生物，不是被驱逐到自己原来的家园，就是会全部死亡，导致从南半球回归的赤道生物类型取代了它们的位置。可是，某些南方的温带生物几乎都会攀登任一相连的高地；如果高地足够长，它们就会像欧洲山脉上的北极型生物一样长久地幸存下来。即使这些生物不能很好地适应那儿的气候，它们也还是不会灭亡，因为纵使温度发生变化，其变化的速度也是非常缓慢的；并且，毫无疑问，植物本来就具有一定的环境适应能力，所以它们必定会将各种各样抵御严寒酷暑的与生俱来的能力遗传给它们的后代。

在世界万事万物通常的演变过程中，当南半球经受一个极酷难耐的冰川时期，北半球则会更加温暖。这时，南部的温带生物就会入侵赤道附近的某些低地。以前遗留在诸多高山的北方生物现在就将向山上迁移，并与南方生物相混合。当气候变暖，这些南方的物种类型就会撤退到原来生活的家园，同时，一些少数物种会选择继续留在高山。在南方的生物撤离的途中，它们会携带一些从山脉要塞迁移下来的北温带生物向南行进。这样，按道理说来，南北带地区与中间热带地区的一些少量物种本应该一模一样；然而，由于这些物种在高山或南北半球相反的另一侧不得不与许多新的类型相竞争，而经历了略微不同的客观自然条件，所以它们就极其容易产生变异，导致它们如今是以变种或代表物种的形式存在，这都是真实的情况。我们也一定要记住，冰川时期在南北两个半球都曾出现过，正因为这样，我们才能以相同的理论解释，在同一完全隔离的地方为什么会有许多截然不同的物种，甚至我们至今在中间热带地区也找不到同属内的物种。

　　根据胡克与康德多尔对美洲和澳洲的观察，更多完全相同或轻度变异的物种会从北向南进行迁移；相反，从南向北迁移的物种却相对较少。这真是一件引人注意的事。然而，我们还是在婆罗山与阿比西尼亚山看到了一些南方的物种类型。因此，我怀疑，多数物种由北到南迁移的原因是基于下面的三点：北方更宽广的土地；北方类型在本土更繁盛的数目；在自然选择与生存竞争作用下，物种相比于南方类型就会进化得更完全，或具有更强的斗争能力。所以，在南北冰川时期交替时，这两类物种就得在赤道地区彼此混合，而北方类型会更有力量，以至于可以保存山上的位置，尔后又与南方类型一起向南迁移。但这些南方类型却不能以相同的方式与北方类型相抗衡。现在，我在相似的情况中看到，大量的欧洲生物将拉普拉塔及新西兰的大面积地区覆盖了，而且在澳洲也是一样，只是覆盖的程度较小一些。不仅如此，这些欧洲生物还打败了本土类型。与此相反，很易粘上某些种子的大量动物的皮、毛和其他物质，在较近的两三个世纪和最近的五十年分别被从拉普拉塔与澳洲引入到了欧洲，但被驯化的南方类型在南半球任一地区的数量都是少之又少的。可是，印度尼尔盖利山的生物却是一个例外，因为听胡克博士说，那里的澳洲类型传播与驯化的速度都相当快。在近期重大冰期出现之前，毫无疑问，热带高山一定拥有繁盛的高山物种类型，而由于另一源自北半球更广阔地区的类型更具能力，所以这些高山类型几乎在任何地方都将给前面更有优势的物种让位。许多岛上的本土生物与入侵者近似相等或者数量超过一些，其原因是后者被本土生物驯化了，最终走向灭绝之路的第一个阶段。高山是地面的岛屿，高山上的生物曾向北半球上面积更广地区里的生物交出自己的位置，就像每个地方真正的岛上生物在以前与现在一直屈于北方入侵者，且将会不断向人类活动驯养的大陆型生物交出自己的领地一样。

这些相同的理论可应用于南北温带区和热带高山的陆生动物与海生生物的分布中。在冰川时期最严重的时候，以前洋流的方向与现在是大不一样的，一些温带生物就可能到达赤道，其中的一些生物还可能借助更寒冷的洋流立即向南迁移。其余的就会在较冰冷的深海中一直生存下来，直到南半球再经历一次冰川气候，允许它们进一步的迁徙。按照福布斯的观点，这与相距遥远的北极型生物至今还生活在北温带海洋较深地区的情况几乎一致。

我现在还不能假定，至今仍生活在普遍分隔的南北半球与中间高山的完全相同、相似物种，其分布以及相互间的密切关系所涉及的相关问题都能在上述观点中得到解答。生物迁徙的路线现在还不能确定。我们更不能解释：为什么进行迁徙的生物是这一种而非另外一种；为什么某一物种可进行变异，从而产生新的类型，而其他的物种就只能保持原状。直到我能够解释为什么某一物种而非另一类会由于人类活动在异地被驯化、为什么某一物种在其家乡分布的范围会比另一类物种大两三倍且繁殖的数目也是这样，一切的问题才能迎刃而解。

还有各种不同的问题等着我去解决。以胡克博士所指为例，在相距遥远的克尔格伦岛、新西兰及弗纪亚等地仍出现了相同的植物，但如莱伊尔表示的，可能是冰川作用影响着这些植物的分布。还有一个更引人注目的情况：南半球上相距很远的地方存有的物种虽然不同，但它们却是同一属物种，并极度局限于南半球。其中的某些物种间的差异极大，使得我们根本不能推测自从近期的冰川时期出现后，它们会有足够的时间完成它们的迁移，尔后又令其发生一定的变异。这些事实似乎又能说明，同属的不同物种以射线的方式向四面八方进行迁移。我认为，北半球和南半球都曾有过一段较温暖的时期，在最近的冰川时期来临之前，至今被冰覆盖的南极陆地曾为非常奇特且相对隔离的植物提供了生存条件。由此，我怀疑这些植物在近期冰川时期灭绝前，一些类型早已通过偶然的传播方式，或借助现已下沉的岛屿，广泛地分布到了南半球的各个地方。因此，美洲、非洲及新西兰三地的南岸可能早已星星点点地存有某些生物的同一类型。

　　莱伊尔先生曾在一篇有名的文章中推测，其表述与我的几乎是相同的，即全球气候变化影响了生物的地理分布。现在，我们也看到了卡罗尔先生的结论：某一半球的连续冰川时期，会同时伴随另一半球经历更温暖的时期，且许多物种缓慢变异的情况也是在这时一并发生的。这就充分解释了相同和相似的生物类型在全球各地分布的大量事实。灵动的水有时由北向南流动，有时又由南向北流动，不管是哪一种流动方向，最终都会汇入赤道地区。然而，拥有生命力的洋流由北向南的流向冲力不仅会比另一方向更强大，最后还会更自由地向南方扩散开来。当海流将其携带的飘浮生物留在海洋表面时，一旦海流上升到最高的位置，这些生物也会相应地达到更高的点，这样，海流就会顺着徐徐上升的方向将生物由北极低地送到赤道地区的高山上。因此，就如最原始的人类一样，各种各样的生物被驱逐到每个大陆险要的高山并幸存了下来。对于我们的影响之处在于，这将作为证明原始人类在周围低地生存过的重要记录。

# 第十三章 生物的地理分布（续前）

淡水生物的分布——众多海岛上的生物——两栖类动物与陆生动物的稀缺——海岛生物和与其相距最近的大陆上生物之间的关系——生物从最近起源处迁徙和相继进行的变异——前章与本章的总结。

## 淡水生物的分布

由于湖泊与河流系统被陆地这种障碍隔开，所以，我们可能会认为淡水生物不会在同一地区广泛分布开来，再加上海洋又明显是生物难以克服的障碍，因此，大家认为这些生物更加不可能普及延伸到更远的地方。然而，真实的情况却与此相悖。不仅许多不同纲的淡水生物能分布较广，就连许多相似物种也能以鲜为人知的方式遍布全球。当我第一次在巴西的淡水中采集生物时，面对淡水昆虫、贝类等与不列颠生物的相似性，以及周围陆生生物与不列颠生物的互异性，我惊奇不已。

我认为，淡水生物广泛分布的能力在大多数情况下可以被解释为：它们以某种非常有利的方式，慢慢适应了各自的地盘从某一个池塘向另一个池塘、从某一河流向另一河流的短途且频繁的迁移。所以，这种能力使生物较容易地进行大面积的分布也几乎是一种必然的结果。对此，我们可以举出少量的例子来。其中最容易解释的就是鱼类分布的问题。以前，我一直相信同一淡水物种永远不会存于两个彼此相距很远的大陆。可是，京特博士近期指出，塔斯马尼亚岛、新西兰、福克兰等岛及南美洲大陆都有南乳鱼出现过。这确实是一个极好的例子，因为它能够证明，这种生物在以前温暖的时期就曾以南极中心地区为出发点，向附近的各地分布。然而，由于这个属的物种能以某一不为人知的方式越过广阔的海洋——例如，有一个物种共存于相距大约230英里的新西兰及其属下的奥克兰岛——所以，从某一程度上说来，京特博士的例子就没有那样令人吃惊了。在同一大陆，淡水鱼的广泛分布通常会呈现变幻莫测的现象，这是因为生活在两个相连河流体系中的物种有些可能相同，而有些则可能是完全互异。

有时，淡水生物的分布也极有可能是通过所谓的偶然方式进行迁移，活着的鱼常常会随着旋风被吹落到一些遥远的地方。众所周知，鱼体内的卵在离开水后仍能长时间保持其生命力。然而，它们广泛分布的主要原因是陆地升降变迁，导致了河流之间彼此的流动。而在陆地静止不变的时候，就是由于洪水时期的到来，这种类似的情况也会经常发生。在早期，高山两侧河流间之所以会存有很大的差异，其原因就是连绵不绝的高山完全阻碍了两侧河流的汇合。从这个事实中，我们也可以得出与上面相同的结论。某些淡水鱼属于非常古老的类型，在这种情况下，当重大地质运动发生时，它们将会有充足的时间和多样的方式进行更广泛的迁移。而且，京特博士近期经过仔细考虑后推测，鱼都有长时间维持相同类型的耐力。咸水鱼在经过精心处理后，能够逐渐适应淡水的生活环境。另外，根据瓦伦西奈的观点，很少会有单一生物群体仅仅受限于淡水中。所以，一些淡水群体中的海生物种就极有可能沿着海岸迁移到很遥远的大陆。

一些淡水贝类物种分布范围较广，相似物种也会在全球盛行。按照我们的理论，它们都是同一祖先的后代，并且也一定是起源于同一个地方。起初，我对于它们的这种分布方式感到疑惑不已，因为它们体内的卵很难随鸟一同迁移。而且，卵与成熟的个体一样，一旦遇到海水就会马上死亡。我甚至还不能明白，已被驯化的某些物种是怎么迅速地布满同一地方的。

不过，我观察的两个事实（当然许多人一定也将发现）将对这个难题做出一定的解释。当一些鸭突然从一个铺满浮萍的池塘中冒出来时，我曾再次见到这些浮萍黏附在了鸭脚上。于是，我将一个水族玻璃槽里的一些浮萍放入另一个玻璃槽中，没想到，我无意中也将某些淡水贝类带了过来，这使我茅塞顿开。然而，另一个事实会更有效。我将一只鸭脚悬挂在一个水族玻璃槽内时，许多淡水贝类的卵都正在孵化。我发现一些极其微小且刚刚孵化出来的淡水贝在鸭脚上蠕动，它们在鸭脚上紧紧地黏附着，以至于即使将鸭脚取出水面，也不会与其分离。但等它们再生长一段时日，就会自行落入水中。这些刚刚孵出的软体动物尽管带有水的天性，不过，在潮湿的空气中，也可黏附于鸭脚上生存12~20小时。在这段时间里，一只鸭或鹭至少能飞翔七八百英里。假如该鸭或鹭顺风越过海洋到达一些海岛或其他偏远的地方，就必然会落至池塘或小河中。查尔斯先生告诉我，他曾捕捉了一只龙虱，上面牢牢地粘着一只曲螺（一种类似帽贝的淡水贝类）。他还看到同科里的水甲虫及细纹龙虱飞落到了"贝格尔号"船上。那时，这艘船正处于相距最近大陆四十五英里的地方，由此我们可猜想，在顺势强风的条件下，它们到底能飞到多远的地方？对此我相信，任何人都不能做出估测。

就植物而言，我们早已知道，许多淡水物种乃至沼泽物种在各个大陆与最遥远的海岛都有很广泛的散布范围。据埃尔弗·德康多尔所指，在那些庞大群体中的陆生植物里，似乎只有极少数的水生生物是因为后者本身带有水的天性，才会马上占据广泛的分布地区的。我认为这种有利的传播方式可以解释这个事实。其实，我也曾提到一些泥土会因某些偶然因素黏附在鸟类的脚上和喙上。某些涉水鸟常常会在池塘的泥泞边缘游荡，如果它们突然飞走，脚上就可能粘有少量的泥土。这个目内的鸟类会比其他目内的鸟更喜欢漫步于池塘边缘，偶尔也会在最偏远且贫瘠的辽阔海岛上出没。由于它们不可能降落在海面，所以，脚上的泥土都不会被海水洗掉。一旦它们到达陆地，就一定会飞到常去的淡水处。我认为，植物学家们并未意识到含有某些种子的泥土是怎样发生变化的。我曾试着取来少量泥土做一些实验。在这里，我仅仅描述一下其中最显著的一个。在2月份，我在池塘的三个不同的地方取了三汤匙泥土。这些泥土干燥后，仅重6.75盎司[①]。我将其放在我的书房里，用东西将其密封了六个月；先拔出每一个长出的植物，再对其进行计数；统计出的植物种类共为537种。可是，供这么多植物生长的泥土体积总共却只有一个早餐杯那样大！基于这些事实，我认为，如果水鸟没有将某些淡水植物的种子带到寸草不生的池塘和溪流，那将会是一件没有根据的事了。水鸟的这种传播工具也可能对某些体形更小的淡水动物的卵发挥传递的作用。

其他不为人知的传播工具可能也早已发挥了部分作用。我已指出，虽然鱼会对咽下的一些种子产生某种排斥效果，但还是会吞食某些种子，甚至连小鱼也会吞下大的种子，如黄睡莲和眼子菜的种子。一个世纪紧接着一个世纪过去了，鹭与其他鸟类逐渐在白天贪婪地吞食鱼类，然后飞到另一些水域或顺风吹过海洋。我们知道，当这些鸟类在几个小时内产生了排斥反应，就会立即以食物小丸或粪便的形式将其排出体内。而在排泄物中的这类种子依旧保持着本身的发芽能力。当看到了这些漂亮睡莲的较大种子，记起埃尔弗·德康多尔对于这类植物所发布的观点时，我想，这些植物的传播方式依然难以解释。不过，奥杜邦提到，他在一只鹭的胃里找到了大型南方睡莲（根据胡克博士所讲，可能是莲属植物）的种子。这种鸟必定常常在胃里盛满睡莲种子飞到某些遥远的池塘，接着，饱尝了一顿丰盛的鱼餐。类似的情况使我相信，这些鸟类最初排斥某些种子，尔后吐出了食物小丸。在合适的环境下，小丸里的种子就得以发芽。

仔细考虑这些方式时，我们不应该忘记，当某一池塘或河流最初形成的时候——如在一个渐渐凸起的小岛上，起初小岛上几乎是一片不毛之地，某一单个种子或卵能有一个好的机会成功地进行分布。虽然在同一池塘的生物之间常常也会存在着生存斗争，但生物的数量却是很少的。即使在生物种类丰富的池塘，其数量也要比同一大陆同一地区的物种数量少得多，

---

[①] 1盎司≈28.35克——编者注

且生存竞争也没有陆地生物间那样激烈。因而，某一非本土水域的入侵者就要比同等情况下的陆生入侵者赢得更好的机会去占据新的领域。另外，我们也应该记住，许多淡水生物在大自然的等级分类中都处于较低的位置。我们有理由相信，这样的低等生物在发生变异时，其速度会比高等生物更缓慢，致使水生物种迁移的时间更为充足。同样，我们还不能忘记，许多淡水生物类型曾有可能分布在大量相连的广阔地区，最终，又可能在某些中间区域灭绝。不过，广泛分布的淡水植物和较低等的动物是保持了相同的类型还是发生了一定的变异，明显取决于一些将种子与卵挟带着广泛传播的动物，特别是一些具有较强飞翔能力、能从这片水域飞到另一片水域的淡水鸟类。

## 海岛生物

以前，我提出过我的观点，即，不管是同一物种的所有个体，还是相似物种的所有个体，都是从某一地区迁移而来的。虽然它们现已居于大多数遥远的地方，但终究还是起源于单一的地方——它们的祖先最初的生源地。为此，我挑选了三种事实来证明生物分布最不容易解决的难题。现在，我们仅对最后一种进行分析。我已给出的理由表明，我确实不相信在现存物种所在的时期，陆地曾向各个方向延伸的面积非常广阔，以至于几个海洋的大多数岛屿上都生存有现在的陆生生物。虽然这个观点可以解决许多难题，但它与所有岛上生物分布的事实并不一致。在紧接着探讨的内容中，我将不会仅仅局限于解决生物分布的相关问题，还会考虑一些其他基于独立创造论与生物后代遗传变异学说正确与否的情况。

栖息于海岛的各个种类的物种数量，要比相等大陆面积的这些物种少很多。埃尔弗·德康多尔承认，这种观点适用于植物；另外，沃拉斯顿也承认，在昆虫方面也是同样的情况。例如，新西兰的山脉高耸，地形分布变化多端，其延伸的长度超过了 780 英里，与它相去甚远的奥克兰、坎贝尔及查塔姆等岛仅有 960 种开花植物。假如我们将这并不惊人的数字与澳洲西部或好望角同等面积上的物种数量相比较，我们肯定会承认，是某些不同的客观自然原因导致了物种数量间存有这么大的不同。甚至在地形一致的剑桥郡就有847种植物，就连安格尔小岛也有764种。但由于一些引进的植物被包含在了这些数字中，所以，从其他方面来说，这种比较也不一定完全公平。我们有证据证明，阿森松的贫瘠岛屿上最初形成的开花植物最多才超过了6种，而这片岛的许多物种也被驯化了，就如新西兰及所有其他已被命名的岛屿一样。我们有理由相信，圣海伦那岛上被驯化的动植物几乎灭绝了大多数的本地生物。如果有人承认每个相去甚远的物种都可以用创造学说来解释，那他就会承认大量能最好适应环境的动植物并不是起源于海岛，而是借助人类偶然的力量被带到了岛上。由此说来，大自然发挥的作用就远不如人类充分、完备。

虽然海岛物种的数量很少，但地方性的种类占的比例却常常非常大。例如，如果我们将大量马德拉岛特有的陆生贝类，或大陆或加拉帕戈斯群岛特有的鸟类，与任一大陆的物种相比较，再将岛屿与大陆的占地面积相比较后，就会发现上述的情况是真实的。地理论上来看，如早已解释的那样，物种会偶然到达一个新的偏远的地区，经过长期的时间间隔后，它们必然会与新的相邻物种进行生存竞争，最终，就极有变异的倾向，而且还会产生变异后代的物群。但是，我们绝不能因为一个岛上同纲内所有的物种几乎都是奇特的就妄下断论，认为其他纲的一切物种或同纲的另一部分的物种都是如此。这种物种间的差异似乎一方面是取决于没有变异过的物种以群体为单位的形式进行的迁徙，使得它们彼此的关系没有受到太多的干扰；另一方面则是取决于没有变异的物种从发源地频繁地到访，逐渐与该海岛类型进行了交配。我们应该记住，以这种交配方式产生的后代一定会获得更强的生命力，所以，偶然的物种交配可能产生比我们期望中更多的有效生物类型。对此，我将举例加以说明。例如，加拉帕戈斯群岛上有26种陆生鸟，其中的21种或23种鸟是该岛所特有的。与此相反的是，其中的11种海生鸟里仅仅有2种为该岛特有。那么，海生鸟类到这些群岛比陆生鸟类更加容易、更加频繁的情况也就非常明显了。另外，百慕大群岛与北美洲的距离,和加拉帕戈斯群岛与南美洲大陆的距离基本上是相等的,且百慕大群岛还有一种极其特殊的土壤,但该岛却没有一种地方性的陆生鸟。根据琼斯先生对百慕大群岛上鸟类的惊人计数,我们可以知道,大量的北美洲鸟类偶尔或经常到访该岛。如哈考特先生告诉我的一样,几乎每一年都会有许多欧洲和非洲鸟类被吹落到马德拉群岛。如今,这片岛屿已有99种鸟类,而且每一种(虽然与欧洲类型有密切关系)都是特殊的。里面的其他三四种只能局限于该岛与加那利岛。所以,百慕大与马德拉群岛存有的鸟类都是来自相邻的大陆,经过长期的生存斗争,它们能够协调地生活在一起。当它们在自己新的家园中定居下来,每一种鸟都会保持自己特定的位置与习性。尔后,即使它们会变异,其程度也是很低的。任何物种变异的趋向都会来自发源地。马德拉岛上的特有陆生贝类数不胜数,但该岛海岸附近却没有一种海生贝类。尽管我们现在仍不知道海生贝类是怎么传播的,不过,我们还是可以看到,其卵或幼体可能会黏附于海草或涉水鸟的脚上,从而可以随同这些传播工具一起穿过三四英里的辽阔海洋——相比于陆生贝类,海生贝类越洋传播就要容易得多。如今马德拉岛不同目内的昆虫也几乎是类似的情况。

有时候,海岛上的某一整纲的动物都会相对稀缺,它们的位置也会被其他纲的动物占取。这样,加拉帕戈斯群岛的爬行类动物与新西兰的巨型无翅膀的鸟类,就会取代岛上的哺乳类动物。虽然新西兰早就被大家称为一个海岛,但从某种程度上来看,我们也在怀疑是否应该将它如此分类。其原因是,其面积不仅非常大,而且还被澳洲和极深的海洋分隔。而且,克拉克牧师近来指出,从新西兰的地理分布特征与高山的延伸方向来判断,这座岛与新喀里多尼亚岛一样,应该是附属于澳洲。再来看看植物,胡克博士曾表明,不同目的物种以前在加拉帕戈斯群岛上的分布比例和现在有很大的区别。在通常情况下,我们将用岛屿上的不同客观自然条件来解释这些问题,这样的解释是不容置疑的。物种迁徙能力的高低似乎与生存条件的性质一样重要。

在海岛生物方面,还有许多细小而又值得注意的事实。例如,在某些没有单一哺乳类动物的岛屿，有一些植物长有好看的钩形种子。这些钩作为使种子能挂在四足动物皮毛上的一种有效传播途径，其中的关系是再明显不过的了。然而，一种钩形的种子也可能通过其他的方式被带到某一个岛上去，随后这种逐渐变异的植物就会形成一种该岛的地方性的物种，可它们仍会带有这样的钩的性状，从而以后就成了种子上毫无用处的多余部分，就像许多海岛生物鞘翅下还有凸起的翅膀一样。还有，岛上常常会有同目的乔木或灌木，而在其他地方仅仅生长有草本物种。正如埃尔弗·德康多尔所说，不管是什么原因引起的，现在的乔木通常会局限于一个地方生存。因此，这些乔木就不太可能到达一些相距遥远的海岛；一种草本植物就没有机会与生长于一个大陆上的已完全发育的乔木成功竞争。所以，草本植物一旦在某一岛屿定居下来，为了赢得超过其他草本植物的优势，它们就会选择长得越来越高，最后高出其他草木植物。在这种情况下，自然选择倾向于提高这种植物的竞争能力，不管它属于哪一个目，都会使其首次蜕变成一种灌木，然后才让它发展为一种乔木。

## 海岛上两栖类动物与陆栖哺乳类动物的稀缺情况

在海岛上的整目或动物的稀缺方面，文森特先生在很久以前就指出，蛙、蟾蜍及蝾螈等两栖动物，从来没有在遍布于海洋中的许多岛屿上被找到过。我曾竭尽全力去证明这个观点，除了新西兰、新喀里多尼亚群岛、安达曼群岛（可能还有所罗门及塞舌尔群岛）以外，最终发现这个观点在其他地方的确是可以得到证实的。但是，以前我也曾提到过新西兰和新喀里多尼亚群岛究竟是否应被划分到海岛中这一问题；而且，对于安达曼、所罗门及塞舌尔等岛是不是应被划分为海岛的问题，就更是疑问重重了。在许多真正的海岛上，蛙、蟾蜍及蝾螈等两栖类动物的稀缺情况，是不能用各个岛上不同的客观自然条件来解释的。事实上，这些岛屿似乎非常适合这些动物生活，因为蛙曾被引入到马德拉、亚速尔及毛里求斯，它们繁殖过度，从而造成了很多不必要的麻烦。不过，由于这些动物（至今只知道印度有一个物种是例外)和它们产下的卵一旦接触到海水就会立即死亡,所以它们很难越过海洋进行迁徙。据此,我们可以明白为什么它们不能在真正的海岛上生存。然而,在创造学说的基础上,它们为什么没有被创造于那些海岛,就不易解释清楚了。

哺乳类动物还提供了另一个与此类似的情况。我从前搜寻过最老的航海记录,但还是没有找到一个令人信服的例子来证明一种陆栖哺乳类动物(不包括当地人的家养动物)生活在距离某一大陆或大型陆岛大约300英里的海岛上。即使许多岛屿距离大陆没有那样遥远,它们也同样处于贫瘠的状态。而在福克兰群岛生活的狐狸却是一个极大的例外。不过,这个群岛并不能被作为一个海岛来看待,因为它处于与大陆相连的海岸上,与这个大陆相距280英里左右。另外,冰川以前把巨石挟带到了岛的西海岸,可能也同时将狐狸一并带到了那里,这种情况也时常发生在北极地区。我们不能说小岛就不能给小的哺乳类动物提供最起码的生活条件,因为在世界许多地方的与大陆连接的小岛上,都出现了小型的哺乳类动物。我们也没有找到一个不能让我们更小的四足动物得到驯化并产生许多种类的、不能叫出名字的岛屿。根据创造学说的普遍观点,我们也不能说没有时间去创造哺乳类动物。许多火岛是非常古老的,它们经历的惊人变化与形成的第三纪地质层都足以证明这一点。因此,也就会有足够的时间来创造其他纲的特有物种。众所周知,新物种的哺乳类动物在大陆上出现与消失的速度,比其他的较低等动物要快很多。虽然陆栖哺乳类动物并没有出现在海岛上,但具有飞翔能力的哺乳类动物却的确在各个岛屿上出现过。新西兰存在两种蝙蝠,这在世界的其他任何地方都不可能找到。诺福克岛、维提群岛、小笠原群岛、加罗林群岛、马利亚纳群岛以及毛里求斯岛都有自己特有的蝙蝠。人们可能因此会问,为什么假定的创造力量能够在彼此孤立的诸多群岛上产生出这么多种类的蝙蝠,却不能创造出其他的哺乳类动物呢?如果按照我们的观点,这个问题就不难回答了。因为陆栖哺乳类动物不能越过大片的汪洋而进行迁移,但是蝙蝠却能飞过海洋。人们曾经不仅看见蝙蝠在白天慢慢地飞翔在大西洋的上方,还看到两个北美洲的物种定期或偶尔到访与大陆相距600英里远的百慕大群岛。我听说，汤姆斯先生曾专门研究过这一蝙蝠科，他发现，许多物种都广泛分布在许多地方，如诸多大陆以及彼此相距较远的群岛。所以，我们仅能假设这种到处飞翔的物种在其新占据的家园中都发生了变异，以巩固其自身的新地位。我们现在可以理解：为什么海岛上会出现一些该岛所特有的蝙蝠，还有，为什么海岛上所有其他的陆栖哺乳类动物会有稀缺的情况。

还有另一个令人感兴趣的关系，即，分隔相邻岛屿与其最近大陆的海水深度，与各自的哺乳类动物间的相似程度有一些关联。伍德斯尔·埃尔先生对这个问题有一些较为显著的观察；接着，又在华莱士先生对马来群岛的卓越研究中得到了大大的补充。马来群岛中间隔着一片广阔的深海，这使得被分隔两地的哺乳类动物群有极大的差异。在每一侧的海岛都有一片浅浅的海滩，这些岛上要么生活着完全相同的四足动物，要么生活着非常相似的四足动物。就这个问题，我还没有时间环游整个世界去追查更多的事例。不过，根据我目前已去过的地方，这种关系是正确无误的。比如，一条浅浅的海峡将不列颠与欧洲隔开后，两地的哺乳类动物是完全相同的。靠近澳洲海岸的各个岛屿也是同样的情况。而相反的是，印度群岛位于一片深深下沉的海滩上，在大约1 000英寻深的地方，我们找到了美洲类型；不过，归属于这个物种乃至这个属的生物都大不一样。因为一切种类的动物经历变异的程度，一部分取决于流逝的时间；另一部分是，由浅浅的海峡分隔出来的岛屿或大陆，相比于由更深海峡隔开的群岛，要更容易在近期内连接在一起。从这个事实中，我们就能明白，分隔哺乳动物群的海的深度与两地间各自的哺乳动物的相似程度，究竟存有怎样的一种关系。但是，独立创造学说并不能对这种关系作出任何解释。

上面是关于海岛生物的一些阐述，即：物种的数量极少，但某地的特有物种类型占有的比例却相当大；某一物群里的成员而并非是同纲内的其他物群的成员发生过变异；某一整目跟两栖类动物及陆栖类哺乳动物一样稀缺，可还是出现了具有飞行能力的蝙蝠；某一目中的植物所占的比例单一——如草本植物类型发展成了乔木等。对于我来说，相信生物偶然的传播方式要比相信所有的海岛与最近大陆能够相连更有效，与上述的事实也更为符合。这不但是因为根据后者的观点，不同纲的物种是可能共同迁徙的，还因为物种间是以群体为单位迁入另一地方的。所以，它们彼此间的关系就不可能受到太大的干扰。最后，它们要么都保持原来的性状，要么就以同一种方式一起变异。

我不否认还有许多重大的难题等着我们去进一步理解，特别是，生物到底是通过怎样的方式到达了现在的家园？然而，其他群岛曾有可能作为生物迁移的停歇地，可现在那里却没有一点儿原来岛的残留物存在，对于这一点，我们一定不能忽视。我将详细地说明一个很难解释的情况。几乎所有的海岛，即使是最遥远、最小型的海岛上都生活着某些陆生贝类，而且通常都是一些地方性的物种。不过，有时候也会有一些其他地方的物种，古尔德博士以前就举出过关于太平洋生物的受人关注的例子。现在大家都知道，陆生贝类在海水中极容易失去生命力，至少我曾用它们的卵做过实验——我将卵浸没在海水中后，这些卵无一幸存下来。当然，一定有某些鲜为人知而又偶然的有效传播方式存在。刚孵化出来的幼体有时会在地面黏附于鸟类的脚上，以被鸟携带的这种方式进行迁移，这使我受到启发。我记得当陆生贝类休眠时，贝嘴上会有一层膈膜粘住漂浮木材的缝隙，这可以让贝类与木材一起越过不太宽的海湾。我发现，一些处于休眠状态的物种会对海水有抵抗能力，所以，就算将其在海水中泡上7天，它们也会完好如初。一种贝类，如罗马蜗牛，在同样的情况下，当它再次休眠时，被置入海水20天后，它还是能完好地进行恢复。在这段时间中，这种贝类有可能被海流以平均速度吹到660英里外的地方。由于这种罗马蜗牛本身有一层厚厚的石灰质厣片，所以我将这种厣片去除了。当它再次形成另一层新膜时，我重新将它沉于海水中。没想到14天后，它又一次恢复并蠕动着离开了。奥甲必登男爵也曾做过类似的实验，他将归属于10个物种的100种陆生贝类放入戳有多个小孔的盒子里，又将盒子一并沉浸至海水里两个星期。在100个贝类中，有27个得到了恢复。由此看来，厣片的存在起到了非常重要的作用。在12个有这样厣片的圆口螺中，有11个复活了。

大家必须注意，我用于实验的罗马蜗牛对海水有很好的抵抗力，而奥甲必登男爵的其他4个物种的54个螺，却没有一个能够存活下来。但是，陆生类不可能仅以这样的方式迁移，因为它还可以通过鸟类的爪取得更有利的传播方式。

## 海岛生物和与其相距最近的大陆上生物之间的关系

对于我们来说，最值得注意的重要事实就是，栖息于海岛和与其相距最近的大陆的物种，有着相似而并不真正相同的亲缘关系。对此，有数不尽的例子可以证实这类问题。例如，在位于赤道地区且与南美洲海岸相距五六百英里的加拉帕戈斯群岛，几乎每一类陆生生物与水生生物都附有美洲大陆不可磨灭的印记。岛上生活着26种陆生鸟类，其中的21~23种鸟类都是不同的物种，并被普遍认为是起源于该岛。然而，岛上大多数鸟类与美洲鸟的亲缘关系，在某些方面是显而易见的，如它们的习性、姿态与唱歌的音调。正如胡克博士在他关于该岛的著名《植物志》中所说，其他动物与占了该岛很大比例的植物也是类似的情况。仔细观察这些栖于太平洋火岛上的生物，虽然博物学家站在距离大陆几百英里远的火岛上，却感到自己仿佛置身于美洲大陆。他为什么会产生这样的感觉？为什么这些本应该起源于加拉帕戈斯群岛而不是任何其他地方的物种，和美洲生物的亲缘关系竟会有如此明显的印记？关于生活条件，海岛的地质性质、海岛的高度、气候以及几个纲里密切相关的生物所占有的比例，这里与南美洲海岸都极不相似——事实上在很多方面甚至存在相当大的差异。而恰恰相反，在加拉帕戈斯群岛与佛得角群岛，火山土壤的性质、海岛的气候、海岛的高度以及海岛的面积在很大程度上都是相似的。但是，各自海岛上的生物之间却有明显的区别。而佛得角群岛上的生物与非洲生物有一定的关系，就像加拉帕戈斯群岛与美洲岛的生物关系一样。根据独立创造论的普遍观点，这些事实是不会得到任何有力的解释的。而不同的是，根据我们的观点，很明显，加拉帕戈斯群岛很可能接受了从美洲迁徙来的生物；佛得角群岛接受了非洲的生物。不管这些生物是借助于偶然的迁徙方式，还是依靠以前相连大陆（虽然我并不相信）产生的，最终，它们都很容易发生变异——生物遗传变异学揭示出了其发源地的秘密。

我们还可以列出许多类似的事实。的确，这是一条几乎普遍通用的规律，既可应用于最近大陆上的生物，也可应用于最近的大型海岛生物。虽然会出现少数的例外，但大多数事实还是可以得到解释的。如我们在胡克博士的研究报告中所知的那样，尽管克尔格伦岛离美洲要比离非洲远得多，但该岛的植物不仅与美洲的植物有一定的关系，而且关系非常密切。不过，倘若我们认为，该岛植物存在的主要原因是借助了海洋之力，使漂浮的冰川携带了含有种子的泥土和石块，那么前面的例外就可以得到令人较为满意的回答了。新西兰特有的植物与澳洲及最近大陆的植物的关系，比其他地区植物间的关系更加密切。关于这点，我们是可以预计得到的。不过，新西兰特有的植物与南美洲的植物明显相似。尽管南美洲是第二个离它最近的大陆，但彼此相距还是这样遥远，所以，这个事实也就成了一个例外。但是，这个难题也可得到解释，只要我们认为：在最后一个冰川时期出现之前的一个较温暖的第三纪时期，新西兰、南美洲与其他南方大陆的部分生物都是在那时来自近似中部而又相去甚远的南极各岛，并且这些岛都覆盖有繁茂的植物。还有另一个更值得注意的情况是，澳洲西南角的植物群与好望角的植物群之间的亲缘关系并没有那样密切，在胡克博士的帮助下，我对此加以了确认。这种亲缘关系的理论仅限于植物。毫无疑问，我们相信，总有一天，我们可以对它做出合理的解释。

有时候，对海岛生物与最近大陆生物间的关系起决定作用的相同规律，也可能在小范围的同一群岛中发挥作用，只是这种方式会更加令人感兴趣。下面即将讲述的事实就是非常奇妙的。加拉帕戈斯群岛的各个相互孤立的海岛上，生活着许多不同的物种，不过，这些物种彼此的亲缘关系要比它们与美洲大陆或世界上任何其他地方的物种所持有的关系密切得多。也许我们对这种情况早就预计到了，因为这些孤立的海岛相隔是如此之近，因而它们必然会接受同一发源地及相互迁移进来的生物。不过，在同一地质性质、同一海岛高度及气候条件下，许多迁入者怎么会在彼此能够眺望的海岛上发生不同程度（尽管只是较小程度）的变异呢？长久以来，这对于我来说都是一个重大的难题，其主要根源来自根深蒂固的错误思想——认为一个地方的自然条件是最重要的一点。但恰恰相反，我们绝不能反对其他物种间不得不进行的竞争，而某一物种间的竞争对手的性质至少也是物种取得成功竞争的重要因素。仔细观察栖息在加拉帕戈斯群岛和世界上其他地方的物种，我们一定会发现，几个海岛上的物种间存有极大的差异。倘若海岛上的生物是通过某些偶然方式传播而来——例如，一种植物的种子曾被带到某一海岛，同时，另一种植物的种子也到了另一个海岛上——虽然所有的种子都是起源于同一发源地，但前面讲到，其实不同海岛上的物种都是在我们的预测范围之内的。所以，一个生物最初迁徙到了某些海岛，之后又从该岛传播到了另一个海岛，它们就一定会在不同的众多海岛中面临各种各样的条件。其原因是，它们必然会与一套不同的生物体系发生竞争。比如，一种植物会寻找一个自己认为最佳的生活环境，由于这个新的领域早已被来自各个海岛的不同物群占据了，所以，它必将会遇到不同的敌对者并进行生存斗争。在这个时候，如果这个物种产生了变异，自然选择就可能对这些不同海岛上的变种极其有利。然而，某些物种也有可能继续传播且一直保持相同的特征，就如我们看到一些在某一大陆广泛传播而仍旧维持着相同特征的物种。

在加拉帕戈斯群岛等一些类似情况中，存在着真正令人感到惊奇的事实，即每一类新的物种在任一海岛上形成以后，都不会迅速地传播到其他海岛。不过，尽管这些海岛彼此相隔并不是很远，甚至可以隔海相望，却都被深深的海湾分隔。由于在大多数情况下海湾的宽度比不列颠海峡大，因而，我们没有理由来推测，这些海岛在以前的任一时期彼此相连过。再加上海水流动的速度非常快，可以横越过这些海岛，而且海风又不是经常出现，因此，海岛间隔离的真实宽度要比地图上标注的数字大很多。尽管如此，一些物种，不论是在世界上其他地方找到的还是仅仅局限于群岛的，都共存于几个海岛上。根据这些物种现有的分布，我们可以推知它们曾从某一海岛传播到其他海岛。然而，我们经常会持有一种错误的观点，认为极其相似的物种在自由迁入时会侵占其他物种早已占据的领域。不容置疑，假如某一物种有胜于另一物种的任何一种优势，在短时间内，前者就将全部或部分取代后者。但是如果这两个物种都能很好地适应于各自的位置，它们就可能长期继续在相互隔离的海岛上维持自己的生活地位。我们已经熟知，许多经人类活动驯化的物种会以惊人的速度穿过广阔的地区进行传播；我们可以大胆推测，大多数物种都是采取这种方式来传播的。不过，我们应该记住，物种在新地方一经驯化后，通常并不会与最原始的物种有十分密切的关系，而是会成为不同的类型，最后发展成一个庞大的群体。如埃尔弗·德康多尔就表明，被驯化过的物种会归于不同的属。在加拉帕戈斯群岛，即使许多鸟类能很好地适应从一个海岛飞到另一海岛的生活，但在不同岛屿生活的它们也会有一定的差异。所以说，那里会有三种非常相似的效舌鸫，而每一种都局限于自己的岛屿生活。现在我们来假设一下，查塔姆岛的效舌鸫被海风吹到了查尔斯岛上，而该岛上一直就生活着特有的效舌鸫，那为什么被吹来的效舌鸫还能够在岛上成功定居呢？在这里，我们可以保守地加以估计，查尔斯岛自有的物种数目已达到了极限，所以就不能供养每年诞生的更多的卵与幼鸟。我们还可以推测，就像查塔姆岛特有的效舌鸫一样，查尔斯岛上特有的效舌鸫对本岛也有较强的适应能力。莱伊尔爵士与沃拉斯顿先生曾告诉我一个关于此问题的不寻常的事实。马德拉群岛与圣港的相连小岛拥有许多不同而又是陆生贝类的代表物种，其中的一些生活在石头的裂缝中。尽管大量的石头每年都会由圣港迁移到马德拉群岛，但许多圣港的物种并没有因此而迁入马德拉群岛。不管怎么样，欧洲的陆生贝类曾迁入到这两个岛，这就表明：这种欧洲陆生贝类一定有某一胜于本地贝类的优势。基于这些方面的考虑，我认为，我们不必惊叹于本地物种栖息于加拉帕戈斯群岛的某些岛屿时竟没有全部从一个岛传播到另一岛。同时，在同一大陆且在近似相同的自然条件下，生物的"抢先占据"对抑制来自不同地区物种的混合可能发挥着重要的作用。因而，在澳洲的东南角与西南角，其自然条件不但接近相同，而且还被大陆连接着。

但是，两处大量的哺乳类动物、鸟类及植物却不尽相同。根据贝茨先生的观点，栖息于浩大、广阔、连绵不断的亚马孙河谷的蝴蝶与其他动物也是这样的情况。

支配海岛生物普遍特征的同一法则，就是迁居的生物到达新领域的相继变异的法则，可以在整个大自然中广泛使用。我们在每一个山峰、每一个湖泊与每一个沼泽里，都能看见此规律产生的影响。在高山物种方面，除了目前的同一物种在冰川时期得到了广泛传播，剩下的都与高山附近的低地物种有着一定关联。南美洲的高峰蜂鸟、高山啮齿类以及高山植物等，都属于真正的美洲类型。很明显，逐渐隆起的高山必然会有附近低地的物种迁入。除了目前因为传播非常便利而能在全球大部分地区盛行繁衍的同一类型以外，湖泊与沼泽里的生物也可利用上述法则来解释。同样，我们也可以看到，同一法则对美洲和欧洲洞穴里大多数眼盲动物的特征也发挥了一定作用。我相信，其他类似的事实也可证明这一法则是正确的。例如，不管在相距多遥远的两个地区，一旦出现了许多极其相似的物种或具有代表性的物种，这两地就会存有一些完全相同的物种；无论这些极相似的物种出现在哪里，都势必会涉及许多类型的分类问题。一些博物家将它们列为不同物种的行列，其余的博物学家又将其分为纯粹的变种。这些在分类上让人怀疑的类型，也给我们揭示了生物在变异过程中所经历的各个时期。

无论是现在还是在某一过去时期，一些物种的迁徙能力及迁徙程度，与出现在遥远地方的物种间的非常相似的关系，都可以用另一种更为常见的方式来阐述。古尔德先生在很久以前曾对我说过，倘若有些鸟属分布于世界各地，那其中的许多物种也一定会是这样的情况。虽然很难找到证据来加以证明，但我并不怀疑这条法则的真实性。在哺乳类动物中，我们可以很明显地看到，该法则适用于蝙蝠、猫科及犬科中，只是应用的程度没有蝙蝠那样广泛罢了；而且，蝴蝶与甲虫也是如此；另外，在大多数淡水生物中也存有此法则。这是因为，不同纲里的许多属广泛分布于全球，其中的许多物种也就会分布在不同且广泛的领域。然而，这并不意味着所有的物种一定会有广泛的平均分布范围，因为分布范围大部分取决于物种变异程度的大小。例如，如果同一物种的两个变种栖息在美洲与欧洲，这两个变种就会散布得相当广泛。不过，假如该变种再进一步变异，这两个变种必将被划分为不同的物种，它们各自的分布范围一定会大大减少。这更不意味着具有越过障碍物的能力且分布广泛的物种（如某些拥有很强飞行能力的鸟类）一定会具有广泛的分布面积。其原因是，我们永远不应该忘记，物种的广泛分布并不仅仅暗示着生物拥有越过障碍物的能力，还隐含着另一种更为重要的能力，即生物与外来迁入者进行生存斗争的能力。所有同一属的物种，虽分布在世界上相距遥远的各个地方，但它们还是同一祖先的后代，基于这一观点，我相信，我们一定会找到其中至少一部分散布得十分广泛的物种。

我们应该时刻谨记，一切纲里的许多属都是来自古老的起源地。在这样的情况下，物种必将有足够的时间进行传播与变异。由于地质学的相关证据，我们有理由相信，每一大纲的低等生物进化速度比高等生物慢一些，之后，低等生物就会有更好的机会获得广泛的分布范围，并保持同一物种的性状。这个事实，以及大多数低等生物的种子与卵因其微小的形状而更适合远距离传播的事实，能够解释一个很久以前就被观察到的规律，这也是埃尔弗·德康多尔近期讨论过的，即：任何一个物群内的生物等级越低，该生物分布的范围就越广泛。

刚刚讨论过的各种各样的关系：低等生物比较高等的生物分布范围更广泛；某些分布广泛的属内物种，其自身的分布也是非常普遍的；高山生物、湖泊及沼泽里的生物，与附近低地和平地的生物有一定的关系；海岛生物与距离最近的大陆的这些生物间存有值得令人注意的关系；海岛生物之间的较近的亲缘关系等。如果按照每个物种独立创造的普遍观点，上述的种种关系是无法得到合理解释的。与此相反，倘若我们承认迁入者是来自最近或最容易迁出的物种发源地，且生物最后适应了自身新的生活环境，那么上述的问题就不难得到解决了。

## 上一章与本章小结

  我不遗余力地在这两章中指出,假若我们大胆承认,对于近来确实发生过的气候变化、地面的升降以及其他可能发生过的变化所产生的一切后果,我们都浑然不知;如果我们记住,我们对许多偶然且神奇的传播方式是多么无知;如果我们还能记得很重要的一点,即一个物种最初生活在相连的广阔地区,随后又在中间的一片土地逐渐灭绝的频率是多么高……那么最后我们就会很容易相信,不管是哪个地方,同一物种的所有个体都来自共有的祖先。经过从各方面进行的全方位的考虑,特别是各种障碍物的重要性与亚属、属及科的相似分布,我们得出了许多博物学家所得出的结论,即"物种起源于单个地方的中心"。

  基于我们的学说,同一属的不同物种都是从某一起源地传播而来。假若我们像以前一样承认我们对生物缺乏了解,并且记得某些生物类型变异的速度相当缓慢,从而有大量的时间进行迁徙,那么关于这一学说的许多难题就没那么难以克服了。不过在这种情况下,要解决的难题依然还有很多,例如"同一物种的所有个体传播"的现象。

  在举例说明气候变化对生物分布所产生的后果时,我尝试着解释最近的一次冰川时期对某一地区发挥了多么重大的作用,它甚至还影响了赤道地区。只有在南北极冰川时期交替时,另一半球上的生物才能得以彼此混合,而其中的一些生物被遗留在了世界各地的山顶上。为了说明生物偶然传播方式的多样化,我要简单讨论一下淡水生物的传播方式。

  如果我们承认同一物种的所有个体与同属的一些物种都是来自某一起源地,那么,一切关于生物地理分布的重大主要事实,就可以用物种迁移的原理、迁移后的变异与新类型的增加来合理解释。这样,我们就能够理解,无论是陆地上的还是水里的障碍物,都对生物有一定的重要性。这些障碍物不仅使动植物隔离,还明显地组成了一些动植物的区域。我们还能够明白:为什么亲缘物种集中居住在一块儿;为什么在不同的纬度,例如生活在南美洲诸多平原、高山、森林、沼泽以及沙漠的生物间,会以如此神秘的方式相关联，同时也与以前生活在同一大陆的灭绝生物有一定的关联。我们必须一直记住：生物与生物间的相互关系是最重要的，记住了这一点，我们就能知道，为什么几乎处于相同自然条件下的两个地区常常会生活着完全不同的生物类型——因为这要根据迁入者进入某一地区的时间长度，还要根据迁移的性质，这两者决定了使某一类型而并非是另一类型迁入，从而使迁入生物在数量上或多或少地有所不同；迁入新地区的生物彼此之间以及与当地生物出现的多多少少的直接竞争，还有根据迁入者能够产生变异的速度，这几点就会使两个或更多地区（纵使这些地区都有各自不同的自然条件）的生物拥有截然不同的生活条件。由于这些情况，自然中就存有了无穷无尽的有机作用与一系列的有机反应。最终，我们一定会发现，有些生物变异的程度很大，而有些生物变异的程度却相当微小，有些繁盛地发展壮大起来，而有些生物却是微乎其微，几乎到了稀缺的地步。关于这些，我们确实可以在全球的几大地质区域里找到相应的事实。

根据这些相同的原理我们可以知道：为什么海岛上生活的生物数量很少，而其中的一些海岛或海岛的特殊物种却占有很大的比例；为什么在生物迁移方式的关系中，同一物群的生物竟然会全是海岛的特有物种，而另一物群即便是归于同一纲的物种，也与世界某一相连地域的所有物种一模一样。我们也可以理解，为什么整个物群的生物（如两栖动物与陆栖哺乳类动物）在某些海岛是极其稀缺的；同时明白，为什么大多数相互隔离的海岛会拥有飞翔的哺乳类动物——蝙蝠等各自特有的物种。我们还可以明白，为什么在海岛上处于多多少少变异条件下的哺乳类动物的出现，与这些海岛和大陆间海的深度有一定的关系。我们可以清楚地看到，某一群岛的所有生物，尽管在某些小岛上相差很大，但各个生物间的关系不仅非常密切，还与最近大陆的生物或来自其他发源地的生物有一定的联系，只是没有前者那样密切罢了。另外，我们更能明白，假如两个地区存在极其相似的物种或代表物种，无论这两地的距离有多远，我们还是常常会找到一些完全相同的物种。

如爱沃德·福布斯经常坚持的观点，控制生物的规律在整个时间与空间上有不明显的相似性。支配以前连续类型的法则与控制现在不同地区的差异的法则也是近似相同的。在许多事实中，我们也可以看到这一情况。每一个物种和各个物种的分布在时间上都是连续的，因为有关这一法则的明显例外是少之又少的，以至于我们确实可以将这些例外归因于至今还没有在中间地层找到的某一物种。但我们不会找到了，因为它是位于某一地质层的上、下位置，在空间上也是如此。某一物种或物群生活的区域是相连的，这是一条必然的普遍存在的法则。虽然还是存有许多的例外，但就如我努力说明的那样，这些例外都可以用以下三点来解释：其一，生物以前迁徙面临的条件；其二，借助于偶然迁徙的方式；其三，已灭绝物种在中间地区留下的痕迹。不管是在时间还是空间上，物群都常常会带有一些如纹路和颜色等方面的微小特征。就如观察世界上相去甚远的区域，我们在漫长的连续时期中发现，某些纲里的物种之间的差异极其微小，而另一纲或同纲里不同类物种之间的差异却相当明显。在时间与空间上，每个纲里的低等成员往往比高等成员变异的程度小，不过，这两种情况只是例外。然而根据我们的观点，这些关系在时间与空间方面都是容易为人所理解的，其原因是，我们观察的近缘生物类型不管是在连续的时期里发生变异，还是在迁徙到相距遥远的地方后才进行变异，这两种情况不但与生物世世代代变化的普遍纽带有很大联系，而且还符合生物变异的法则；而这些变异也都是通过自然选择这一方式逐渐日积月累起来的。

## 第十四章
## 生物间的亲缘关系：形态学、胚胎学和器官退化

附属于物群的物群的分类——自然体系——生物变异学说中解释的分类法则与分类难题——变种的分类——通常应用于分类的生物后代——同功或适应的性状——通常的、复杂的与具有辐射特征的亲缘关系——灭绝分隔了物群并给物群的分类下了明确的定义——关于同纲成员间与同一物种里各个个体间的形态学——按照变异并不是发生于早期而是从之后的相应时期遗传下来的解释，胚胎学及法则——原始解释中的退化器官——总结

### 生物的分类

在世界历史最遥远的时期，生物相互之间的相似程度有所下降，物群以下还可以被分出物群。生物的分类不像星座中的星星分布得那样随心所欲。假如一个物群只能适应于陆地的生活，另一个只能在水里生存，一个物群仅能以食为生，另一个只能以植物为食。等等，那么物群的分类就失去了原本应有的重要性。然而，即使同一亚群的共有成员间也有各种各样的习性。在本书的第二章与第四章中，根据生物变异与自然选择学，我努力说明，在每个地方，广泛分布的、扩散的、常见的物种往往是这些占优

势的物种，它们归于每一纲的较大属，且变异的程度最大。这样，变种或初期的物种就产生了，最终不断转变成新的不同的物种。根据生物遗传学，这些转变而来的物种将倾向于产生其他新的且占主导地位的物种。其结果是，现在庞大及常常包括许多优势的物群，又将趋于继续增加并分布到较广泛的地方。我尝试着进一步指出，每个物种的变异后代不断试着在自然圈中占据尽可能多的和不一样的位置，其后，他们在特征上也会趋向于发生分歧。这一结论可在下面的观察中得到证实，如在任何一个小的地区内种类丰富的类型间的激烈竞争，还有物种被驯化的事实。

我也曾努力表示，数量逐渐增多、性状不断改变的类型常常会有取代改变较少、进化较少的类型的固定倾向。我希望读者能够翻到我以前解释过这几种情况的图表。我们将看到一种不可避免的结果：源自于同一祖先的变异后代将分成物群下的物群。在图表中，我们还可以看到，最高线上的每个字母代表包含着多个物种的属；沿着这条较高线上的整个属共同形成了一个纲，这是因为，一切属都是同一古老祖先的后代，因而，又必然继承到了共有的特征。但是，根据同一理论，左边的三个属有许多共同之处，所以构成了一个亚科，这个亚科与包含右边的邻近两个属是有所不同的，但它们都曾在第五阶段从同一祖先那儿发生了性状上的差异。同样，这五个属也有许多共同点，虽然共同的地方不及亚科里的属之间的共同点多，但还是一起形成了一个科，它不同于更右边包含三个属的另一个科，这两个科在更早的时期就已经在性状上有所不同了。所有的这些属都是自(A) 遗传下来，组成了一个目，不同于从 (I) 遗传而来的属。因此，许多从同一祖先遗传下来的物种组成了属；属又形成了亚科，亚科又构成了科，科最后又形成了归属于同一大纲的目。生物在自然中可以分为物群下的物群这一重大事实，是不足以使我们感到惊奇的，因为这是我们所熟知的情况。根据我们的判断，可对这个事实作以下的解释。毫无疑问，生物如所有其他的物体一样，可以用多样的方式来加以分类，如要么以单一的性状进行人为的划分，要么以多个性状来进行更加自然的分类。例如，我们知道，一些矿物质与基本元素物质都可以用上述的方法进行分类。不容置疑，在这种情况下，生物连续的系谱不仅没有发挥作用，而且至今也还没有找出物群分类的根由。然而，对于生物来说，这就大不相同了。以上给出的观点适用于物群下的物群进行的这一自然分类，因为到目前为止，还没有人尝试以其他的缘由来对此做出解释。

恰如我们看到的，博物学家努力以所谓的"自然体系"来安排每个纲里的物种、属以及科。不过，对生物采用的这种体系又意味着什么呢？一些研究学者仅仅把它看作是一种方案：将这些最相似的生物划分在一起，而把差异最大的物种相互分开；抑或是，把它看作是最简单、最普遍陈述的人为方式：以一句话代表生物的共性。例如，以一句话来代表所有哺乳类动物的特征，用另一句类似的话来代表所有食肉兽的特征，然后仅仅补充一句话来总体描述每一种狗的特征。不得不承认，这套体系的灵活性与实用性是无可争辩的。不过，许多博物学家认为，这样的体系还是可以具有更大的意义。他们一致相信，该体系透露了创造者的计划。我认为，除非这个计划详细说出了时间或空间的顺序，又或者两者的顺序，再就是创造者计划的其他意义，不然对我们就是一文不值的。如林奈最有名的一句表述：并非是特征构成了属，而是属给予了生物特征。他的话似乎在暗指我们对生物的分类包含有比相似性更深远的联系。我相信这是真实的。并且，我认为，这种关系是生物异常相似的原因。虽然此关系有不同程度的变化，但我们的分类已将它部分地揭露了出来。

现在，让我们来考虑一下分类所遵循的法则，以及基于上面几种观点所遇到的各种难题。这几种观点如下：分类不是作为某一不为人知的创造计划，而仅仅是一种普遍陈述的方案，将彼此最为相似的类型共同分为一类。也许以前就有人认为（古代人就这样认为了），决定生物生活习性的构造部分与每种生物在自然界中普遍所处的地位，是分类的极其重要的标准。但这是最为荒谬的观点。我想，没有人会认为，老鼠与駒鼱、儒艮与鲸各自间的永久相似具有任何的重要性。虽然这些相似性与整个生物界的生命紧密相连，但仅仅被列作了"适应或同功特征"，有关这些相似的问题，我们将在以后重新进行探讨。我们甚至可以将此看作是一条常见的法则，即任一生物组织的部分器官与生物特殊习性的关系越小，对分类也就越重要。例如，欧文教授在提及儒艮时就曾指出，"生殖器官与动物的习性及食性关系最小，我一直认为它最能表明动物间真正的亲缘关系。在这些器官发生变化时，我们不可能仅把生物的适应特征误认为是关键的特征"。在植物方面，最值得注意的就是，决定植物的营养与生命的器官对分类毫无意义；与此相反，产生种子与胚珠的生殖器官才是最重要的。同样，我们以前讨论的某些形态特征在功能上没有什么重要性，然而在分类方面却是至关重要的一点，这取决于其性状在许多亲缘物群中极其稳定的特点，其稳定性又主要取决于任何轻微的变异是否被自然选择保存并积累。不过，自然选择只会对生物有意义的特征发挥功效。

在某一器官的单纯生理上的重要性方面，我们可以举出一些事实加以证明。我们有各种理由来假设，相似物群里的同一器官几乎都具有相同的生理价值，其分类也是千差万别。如果博物学家长期观察任一物群，他们一定就会被这个事实震惊，而且，这几乎是每一位研究者在各自的研究报告中充分承认了的。这时，我们仅引用最高权威者罗伯特·布朗的话就足够了。他在讲到龙眼科的某些器官在属内的重要性时提到，"正如所有器官一样，不仅在龙眼科，据我所知，就算在每一个自然科里，它们的意义都是不同的。在某些情况下，似乎完全失去了任何价值"。罗伯特·布朗在他的另一篇报告中也曾提到牛栓藤科属，"其差异在于是一个还是更多的子房、胚乳的有无以及花瓣是叠瓦状还是镊合状等特征。其任何一种特征的重要性常常都会多于属的重要性。尽管这些特征加起来也不足以将兰斯梯斯属从牛栓藤属中分隔"。在这里，我们可以在昆虫类中选取一个例子：如韦斯沃特所说，在膜翅目的一个大的支群里，触角是构造中最稳定的，但在另一个支群内却有很大的不同，而且其差异仅有相当次要的价值。可是，没有人会说触角在同一目中的这两个支群会具有不相等的生理重要性。在同一物群中，同等重要的器官对生物分类的重要性是不同的。关于此类的例子是数不胜数的。

另外，没有人会认为残留或退化的器官具有生理或生命的极大的重要性。然而，这种状态的器官往往会对分类有着很高的价值。无人会反驳：年轻反刍动物的上颌上已退化的牙齿与某些腿部残留的骨骼，在提示反刍动物与厚皮动物的密切亲缘关系方面，会发挥重要的作用。罗伯特·布朗强烈支持一种事实，即，禾本科植物残留的小花位置对分类颇具价值。

在大家看来，被认为对生理微不足道的部分，在整个物群的定义层面上很有用处。例如，根据欧文教授的观点，从鼻腔到口之间敞开的通道的有无，是准确判断鱼类与爬行动物的唯一特征，还有其他的：如有袋动物下颌角的变化、昆虫翅膀刍皮的方式、某一藻类的单一颜色、禾本草科植物花上部分的柔毛、脊椎动物上像毛或羽毛等真皮遮盖物的性质。假如鸭嘴兽身上有羽毛，那博物学家将认为，其外部的细微特征对确定这一特殊生物与鸟类亲缘的远近程度有很大的帮助。

细微特征对于分类的重要性主要取决于它们与许多其他具有或多或少重要性的性状之间的关系。在自然发展的过程中，各种特征的集合所具备的价值是相当明显的。所以，就如以前经常说到的，一个物种与其亲缘物种的一些性状上差异，无论是具有生理重要性，还是具有普遍的优势，都不能让我们怀疑物种应有的类别，所以，我们也经常会发现，基于任一特征的分类不管是多么重要，往往都不会成功，这是因为生物机体上的部分都会改变。性状集合的重要性能解释那句格言：特征不能表示，然而属却能显示某些特征。这句格言似乎是鉴定许多相似细微之处的标准，而正是由于太过细微才难以下定义。某些归属于金虎科的植物长有完全的花或退化了的花。关于后者，如朱西厄所说，"适宜于该物种、该属、该科以及该纲的大量特征都没有消失，这样，对于我们的分类无疑是种笑话"。在斯克巴属长于法国的几年内，仅有这些退化的花在构造的许多最重要方面与该目的特有类型有相当惊人的差异。但如朱西厄说的那样，理查以其颇具洞察力的眼睛发现，该属仍应保存于金虎尾科。这个情况很好地诠释了我们分类的精神。

事实上，博物学家们进行分类研究时，对于定义某一物群或划拨任一特殊物种所用的性状，并不会考虑其生理价值。如果他们发现几乎一致与大量类型共有但与其他类型不同的性状，就会将其作为一种价值极高的性状来加以使用；如果他们发现这一性状与一些较少类型共有，就会将其作为一种具有次要价值的性状来加以使用。这一观点已被某些博物学家认同，而且优秀的植物学家奥·圣·提雷尔更是明确承认了此观点。倘若一些细微的性状经常一起被发现，即使在它们之间尚未发现明显的关系纽带，也会有特殊的价值。正如在大多数的动物群里，心脏、呼吸器官及生殖器官等重要器官几乎是一致的。在分类方面，它们被认为是非常有用的，不过，在某些物群中，即便是所有这些对生命最重要的器官提供有部分性状，也只具有相当次要的价值。因此弗里茨米勒近期提出，同一物群里的甲壳纲中的海萤属长有心脏，而亲缘关系极为密切的贝水蚤属与金星虫属居然没有心脏这一器官；海萤的某一物种有很发达的鳃，而另一物种却缺乏鳃。

我们可以知道，为什么来自胚胎的性状与成体的性状都同样重要，这是因为自然分类的过程包括了生物发展中的一切时期。然而，根据普遍的观点，就绝对无法弄清楚为什么胚胎构造会比成体构造更重要，其原因在于后者在自然组成中单独发挥了全部的作用。但是爱德华兹与阿加西斯这些伟大的博物学家们着重强调，胚胎学上的性状是所有性状中最重要的，而这种观点也常常被承认是正确的。无论如何，胚胎性状的重要性时常被夸大了，因为它其实并非包括幼体的适应性状。为了指明这一点，在借助这些单项性状的条件下，弗里茨·米勒对甲壳类这一大纲进行了排列，不过，他最后还是没有证明这是一个自然的排列。但是，毫无疑问，除了幼体性状外，胚胎性状对分类具有最高的价值，这不仅对于动物的分类是适用的，对于植物的分类更是如此。所以，区分各种显花植物主要是根据胚胎的差异——子叶的数量与位置、胚芽与胚根的生长方式。我们很快就会明白，为何这些性状在分类方面会含有如此之高的价值——因为自然体系是根据系谱来进行排列的。

我们的分类常常会很明显地受到一系列亲缘关系的影响。没有什么事会比确定所有鸟类共有的大量性状更容易。不过，到目前为止，这样的认定对于甲壳类却是不可能的，其原因是，一些甲壳类处于两极端系列，这样就没有一种共有的性状。而两极端的物种会与其他物种明显相似，这些物种又与另外的物种相似，若一直如此向前推进，我们会认为，这些两极端物种肯定是属于甲壳类这一纲，而不是其他关节纲了。

地理分布通常会运用于分类中（虽然这并不十分符合逻辑），尤其是在大量亲缘关系密切类型的物群中。邓明克认为，这一举措对于某一鸟类物群很有用，有时甚至是必然的。而一些昆虫学家与植物学家也遵从这一观点。

最后，关于不同物群的对比价值，如目、亚目、科、亚科及属，至少在目前看来是随心所欲来判定的。某些最著名的植物学家，如本瑟姆先生还有其他人，都强烈支持它们的随心性价值。举一些植物与昆虫的例子：一个物群最初被有实践经验的博物学家们列为单个属，接着，又被提升为一个亚科或科。而博物学家以上对分类所做的改变，并不是因为在进一步的研究中发现了在开始被忽略的重要构造差异，而是因为略微不同但又大量相似的物种相继被发现了。

假若我的看法没有错得太过于离谱，上面所有的分类法则、依据与难题，都可以从"自然体系基于后代变异"的观点中得到解释；博物学家认为，表示任意两个或多个物种间真正亲缘关系的诸多性状，都是从同一祖先遗传而来的。一切真正的分类都是依靠系谱来进行的；同一系谱即博物学家们无意中发现的隐藏纽带，而不是一些不为人知的创造计划，也不是普遍假设的阐述，仅仅将更相似的物种归入一类，又将较为不同的物种彼此分开。

然而，我一定要更充分地解释清楚我所要表达的意思。我相信，每个纲里物群排列都有适当的从属地位和相互关系，必须严格遵照系谱，才能达到自然的目的。但是，几个分支或物群中大量的差异，虽然在同一血缘程度上与其共同的祖先相似，但这个差异可能会很大，因为它们经历的变异程度有所不同，这个差异量就会在被列入各属、科、分支或目中凸显出来。倘若读者想完全明白我所讲的内容，最好就带着这些问题去参照第四章的图解表。字母 A 到 L 表示存于志留纪时期且是从更早的类型遗传下来的相似属。在 A、F 和 I 这三个属中都有一个物种遗留下了变异的后代并延续到现在，以在最顶部水平线上的 15 个属（$a^{14}$ 到 $z^{14}$）为代表。现在所有这些从单一物种留下的变异后代，都以同等程度的血缘关系与后代相连，我们可以将它们比喻成所谓的第 100 代的堂兄姐妹。不过，它们之间都有很大的差异，且彼此相差的程度也各不相同。从 A 遗传下来的类型现已分解成两个或三个科，由此组成了一个不同的目；由 I 遗传下来的类型同样分成两个科。由 A 遗传下来的现存物种不但不能被列入祖属 A 的同一属中，而且就连从 I 遗传下来的物种也不能被列入祖属 A 的同一属中。但是，假设现存属 $f^{14}$ 已发生过轻微的变异，那么它将归入祖属 F，就像少数现存的生物仍可以归属于志留纪一样。所以，以同一血缘程度相连的生物，其差异对比值也会有极大的区别。尽管如此，不论是现在，还是在后代演替的各个连续时期，生物的系谱排列都将是极为正确的。一切来自 A 的变异后代都将会继承其共有祖先的性质，就如 I 的所有后代一样；在每一连续时期，后代的每一从属的分支也是这样的情况。不过，如果我们假定源自 A 或 I 的后代曾发生过较大程度的变异，以至于失去了本身家系的一切痕迹，那么它们在自然体系中的地位也就将不复存在——一些少数现存的生物就出现过类似的现象。F 属的所有后代若沿着整个系统线仅发生了极少的变化，那么，它们就会组成一个属。不过，尽管该属非常孤立，但仍旧会拥有自己适宜的中间位置。多个物群若用这里的平面图来表示，就实在太过于简单了。不同分支应向四面八方分散出去。倘若各物群的所有名词皆简单写在一个线条的系列中，那么这种表示仍然会少了几分自然在里面。大家都有所了解，根本就不可能在一个系列、一个平面上来表示我们在大自然发现的同一物群里生物间的亲缘关系。因此，如一个家谱，自然体系是按照系谱来加以排列的。然而，各个物群所经历变异的程度就不得不列入所谓的不同属、亚科、科、部、目及纲中。

　　以语言的例子来解释一下这种分类的观点是有意义的。倘若我们拥有一个完整的人类家谱，按照人种进行家谱的排列是对整个世界现在所运用的各种各样的语言的最好分类。如果一切消失的语言、一切中间的及逐渐改变的方法都包含在内，这样的一种排列将是唯一可能的分类。不过，某些古老的语言也有可能发生较微小的变化，从而产生了少数新的语言；同样，其他的语言也有可能在同宗各族的传播、隔离以及文化状态等方面发生较大改变，因而形成了许多新的方言与语言。同一语系各种语言之间差异的不同程度，势必会导致群下有群的类似现象。但是，更合适乃至唯一可能的排列方式仍将是系谱的排列，它将体现真正的自然性质，因为它根据最密切的亲缘关系将灭绝的或是近代的所有语言联系到了一起，而且，也说明了每一种语言的分支与起源。

　　为了确定上面的观点，让我们来看看某些变种的分类。据我们所知或我们相信的那样，它们这些变种都是由同一物种遗传而来。这些变种的群在物种之下又有各个亚变种，在每个亚变种下还有变种。以家鸽为例，它就有其他不同程度的差异。变种与物种的分类几乎是依照了同一法则。一些学者坚持，变种的分类必须以自然体系为根据，而非人为体系。例如，我们受到提示，虽然凤梨最重要的部分偶然出现了几乎相同的情况，但却不能仅仅因为其果实就将凤梨的两个变种归为一类。没有人会把瑞典芜菁与普通的芜菁归为一类，尽管其可食用的茎与厚大的茎极为相同。凡是最稳定的部分就该应用于变种的分类中。正如伟大的农学家马歇尔曾说过，角对牛的分类就很有用，因为角不会像牛的体形或身体的颜色等那么容易改变。相反，羊角就大不如牛角管用了，因为它不像前者那样具有稳定的特点。在变种分类方面，我们领悟到，倘若我们有一套真正的系谱，系谱的分类方式将受众人青睐，而在某些情况下也的确如此，这是因为我们确定，不管是否有或多或少的变异存在，生物遗传原理都是将相似最多的类型一直联系在一起。例如，翻飞鸽的某些亚变种喙长这一重要性状虽有一定的不同，但是由于这些亚变种都有翻飞的共同习性，它们还是共属一类。不过，该短面品种还是几乎或者完全失去了这一习性。尽管如此，我们并没有太过于关注这个问题，还是把这些翻飞鸽列入了同一物群，这是由于它们的血缘相近且在其他方面相似。

　　事实上，对于自然状态下的物种，每位博物学家以血缘来分类，因为他们将两性纳入了最低的物种中。每一位博物学家都清楚，两性有时在最重要的性状中的差异是多么大。几乎没有一个事实能够显示某些蔓足动物的成年雄体与雌体之间存有共同之处。可即使是这样，还是没有人想着去将它们两两分隔开来。例如，尚兰、蝇兰及花须兰等兰花植物类型，过去曾被划分为三个不同的属，但有的时候却生长于同一植物，因而它们很快就被大家认为是变种。此时，我可以指出，它们其实是同一物种的雄性、雌性与雌雄同体类型。博物学家将同一物种的不同时期的幼体都包括在该物种中，就如斯登特鲁所谓的更替世代，不管它们之间以及与成体之间存有多大的差异，就只有在学术意义上才能被认为是同一个体。他将畸形与变异归为一类，这不是因为它们都与亲本类型有部分相似的地方，而是由于它们是由同一亲本类型遗传下来的。

尽管雄体、雌体及幼体不时会极为不同，但血缘不仅能普遍应用于同一物种里个体的分类，还能应用于经历了一定变异的物种的分类中。物种构成属，属构成更高的物群，一切又都归属于所谓的自然体系，这样的分类难道没有无意识地应用于血缘这一相同的基本原理吗？由于没有遗留下的手写系谱，我们就不得不根据所有物种的相似点去追寻血缘的相同之处。因此，我们挑选了这些近期内最不可能发生变异的性状。根据这个观点，残留器官与机体的其他部分同样有用，有时甚至更为实用。我们不介意一种性状是多么微小，例如，颚角的变化、昆虫翅膀的折叠方式、生物的表皮是否长有羽毛等，如果不同的物种基本上都是刚刚所述的情况，尤其是这些持有不同生活习性的物种，那么这些微小性状就具有很高的价值，因为我们解释如此多的类型各自拥有这么多不同的习性，仅是以它们是从共有祖先遗传而来为根据的。就构造这一点来看，我们有可能做出错误的判断，不过，若以一些性状来看，就可以避免了。倘若这些性状都非常微小，但只要共同存于不同习性的一大群生物中，基于生物的遗传学说，我们就可以确信这些性状都曾遗传于同一祖先；我们还会知道，各种性状的集合对分类具有特殊的价值。

我们更会理解，为何某一个物种或是某一个物群，就算在许多最重要的性状方面也会与各自的亲缘物种不同，而我们还是有把握将其分类。只要性状的数量足够多且能提示出隐藏的血缘的相同点，无论这些性状多么细小，我们都可以大胆地对它们进行分类，而且我们常常也是这样做的。假设两个类型没有任一共有的特性，然而，如果这两个极端类型因中间物群这一纽带共同相连，那么我们就可以马上推测出它们在血缘上的共同之处，尔后将其一起归入同一纲中。因为我们发现了在生理上具有高度重要性的器官——在差异最大的生存条件下用来保存生命的器官往往是最具稳定性的。因此，我们赋予其特殊的价值。但是，假如这些器官属于另一物群或另一物群的部里，一旦被发现有极大的差异，我们立即就会认为该器官对分类的价值不如以前大。如今，我们会看到，为什么胚胎的性状对于分类有如此高的重要性了。有时候，地理分布也适用于划分大属，因为一切同属物种，即使生活在任何不同且相互隔离的地方，也极有可能是同一祖先的后代。

## 同功相似

基于上述的观点，我们可以理解，为什么在真正的亲缘关系与同功或适应的相似性之间会存有非常重要的差异了。拉马克是第一个注意到这个问题的，随后，马克里等人也对此问题加以了关注。儒艮与鲸之间，以及哺乳类动物与鱼类间，在体型与鳍状前肢上的相似是同功的。归属于不同纲的老鼠与鼩鼱这两者间的相似，以及密代脱所坚持的老鼠与澳洲小型有袋动物间的相似，也是同样的情况。我认为，最后面的相似可以用下面的例子来解释，那就是：灌木丛和草丛适应于相似的积极活动，以共同躲避各自的敌人。

在昆虫中有不计其数的相似例子。林奈曾被表面现象所误导，将同翅类昆虫分到蛾类中。甚至在家养变种中，我们也可以看到类似的现象，例如：进化过的中国猪与普通猪虽都是从不同的物种遗传而来，但在体型上却极度相似；普通芜菁的茎跟与其非常不同的瑞典芜菁的厚大茎具有一定的相似性。与一些研究者讲述的截然不同的动物间的同功性相比，猎犬与赛马彼此间的相似点就不足为奇了。

只有当各种性状显示出生物的血缘时，性状才会对分类有真正的重要性。根据这个观点，我们就能很清楚地明白，为什么对某一生物有利的最重要的同功或适应的性状会被分类学家认为几乎是毫无价值的。因为两个血缘相对疏远的动物可以逐渐适应于相似的生活条件，所以可以呈现出密切的外部相似特点。不过，这种相似性并不会揭示出这两种动物的真正血缘关系，相反，会将其隐藏起来。所以，我们同样可以理解这种明显的矛盾情况。当一个物群与另一物群相比较时，极度相似的性状就会表现出同功效应，但是，当同一物群里的各个成员间对比时，非常相似的性状反而能显示出真正的亲缘关系。如，当鲸与鱼相比时，它们的体型与鳍状前肢就仅仅是同功的，因为这两个纲都适应于在水中游动；然而，当鲸科里的各个成员间彼此相比时，该体型与鳍状前肢的性状就显示了真正的亲缘关系。其原因是，这些机体部分在整科中都是非常相似的，因而我们就不会怀疑它们是由同一祖先遗传下来的。鱼类也是这样的情况。

为适应同一功能，极其不同的生物在单一部分或器官方面都是惊人地相似，对此，我们可以举出数不胜数的例子。如，狗与塔斯马尼亚狼或袋狼密切相似的颌就是一个较好的事例。尽管这些动物在自然体系中是完全分隔的，但是颌的这类相似性是局限于普通的外部，如犬齿突出而尖锐的臼齿，由于其齿确实有很大的差异，这样，该狗在上颌的每一边就会有4颗前臼牙，还有2颗臼牙。然而，袋狼长有3颗前臼牙与4颗臼牙。而且，这两种动物的这些臼牙在相应的形状大小与结构方面也有较大的不同。成齿系是从截然不同的乳齿系成长起来的。当然，每一个人都可以否认，经过连续不断变异的自然选择，上述的每一种情况下的牙齿，都会适应于撕裂肉食的这一行为。但是，假如我们承认这一点会出现在某一事例中，就难以理解为什么有人会否认另一例子中出现的情况。具有较高权威的弗劳尔教授也与我得出了这一相同的结论，对此，我非常高兴。

在前一章中，我们已给出一些如下的特殊事例，即具有发电器官的完全不同的鱼类与带有发光器官的截然不同的昆虫、长有黏盘花粉团的兰科植物与萝藦科，这些都可归于同功相似的同一项目中。不过，这些事例太过于奇特，因此被作为我们学说的难题与异议。在所有这样的情况之下，我们可以发现，器官成长与发育的基本差异，普遍说来，在成年构造中也是类似的。所获得的结果是一样的，所运用的方式看上去虽是完全相同，其实质却存在着差异。以前隐藏于同功变异下的原理，常常会对以下的这些情况产生效应，如：虽然同纲内成员间的亲缘关系相当疏远，但由于它们继承了太多的共有性质，会在相似的刺激因素下以类似的方式进行变异。这明显是借助了自然选择的力量，才使它们具有了彼此异常相似的部分或器官，而与同一祖先的直接遗传并没有关系。

　　由于连续的较小程度的变异，各纲的物种通常会生活在几乎相似的条件下，例如，生活于土地、空气与水这三种相似的大环境中。所以，我们可以理解，为何无数的相似性有时竟会出现在各纲的亚群中。某一博物学家被这种自然的相似性触动，随意提高或降低了一些纲内的物群价值，就极容易将该相似性扩充到更广泛的范围，这样，7种、5种、4种甚至是3种分类方式就可能出现了。

　　另一类令人好奇的情况是，生物外部的密切相似性并非取决于对相似生活习性的适应，而是为了寻求自身保护的目的获得的。我间接提到的是贝茨先生最初描述的某些蝶类模拟与其十分不同的物种的惊人方式。例如，这位优秀的观察者指出，南美洲的一些地区挤满了成群的透翅蝶，在该蝶群中往往也混杂有另一种异脉粉蝶。由于后者与透翅蝶在颜色深浅与条纹甚至在翅膀形状等方面都极为相似，所以，就连这位富有敏锐眼光、高度警惕，且有11年采集标本经验的观察者贝茨先生，也不断地遭受欺骗。当我们将抓获的某些模拟者与被模拟进行相比较时，发现它们在本身的基本构造上非常不同。并且，它们不仅归属于不同的属，还常常归于不同的科。倘若这种模拟仅仅出现于一两个事例中，那我们可以称之为是一种特殊的偶然。然而，假若我们继续追源某一异脉粉蝶模拟透翅蝶的地方，就可以发现，另一模拟与被模拟的物种都会归于其相同的两属，且两者相似的密切程度相等。加起来，列举的属总共不超过 10 个，其中还包括模拟了其他蝶类的物种。通常，模拟者与被模拟者都生活在同一地区。我们从未发现某一模拟与被模拟的类型生活在相隔甚远的地方。这些模拟者几乎都是一些极其罕见的昆虫，而每一情况下的被模拟者都是成群出现的。在同一地区，即在异脉粉蝶的某一物种密切模拟某一透翅蝶的地方，有时会存有其他模拟同一透翅蝶的鳞翅目昆虫。因此，处于同一地方、蝶类三属内的物种乃至某一蛾都会与归于第四属的蝶类异常相似。应值得我们特别注意的是，众多模拟异脉粉蝶的类型还有被模拟的类型，根据等级的系列来看，仅仅是同一物种的变种，而其余的无疑就是不同的物种了。然而，也许有人会问，为什么某些类型是作为被模拟者，另一些又是模拟者呢？对于这个问题，贝茨先生给出了令人满意的答案。他指出，被模拟的类型保持了它所归属物群的平常外部特征；而恰恰相反，模拟者会改变本身的外部特征。因此，它们与各自最近的亲缘者很不一样。

　　随后，我们就不得不询问，究竟是什么样的原因让某些蝶类与蛾类如此频繁地采用了另一相当不同类型的外表？还有，令博物学家们困惑不堪的是，为什么"大自然"会使出这些骗人的计谋？毫无疑问，贝茨先生郑重地做出了真正的解释。被模拟者常常是数量庞大，它们必定能习惯性地逃出较严重程度的毁灭的绝境，否则，它们不会以如此庞大的群体生存到现在。我们收集到的大量证据也表明，它们并不是一些食昆虫动物与鸟类爱吃的猎物。与此相反，生活在同一地区的模拟类型不仅是相对稀少的属，而且要归于罕见的物群。所以，它们势必会习惯遭遇到的某些危险。否则，根据所有蝶类的产卵量，它们在三四个世代内就会成群地繁殖于整个地区。现在，如果这些受到迫害且稀少的物群内的某一成员得到了一种外形，该外形与受到很好保护的物种的外形竟如此相像，以至于使颇具经验的昆虫也不断受到蒙骗，那么它就能常常躲过一些食肉动物与昆虫类，因此才能逃脱死亡的命运。据说，贝茨先生确实曾亲眼看见了一些模拟者变得与被模拟者如此相似的过程，因为他发现，某一异脉粉蝶类型因模拟了许多其他蝶类，都发生了极端的变异。在某一地区出现了几个变种，其中仅有一个变种在某一程度上与该地区的同一透翅蝶相似。而在另一地区却出现了两三个变种，其中的一个变种比剩余的更加常见，并且密切模拟了另一透翅蝶类型。根据自然的这些事实，贝茨先生得出结论：异脉粉蝶最初发生了变异。当该变种偶然在某一程度相似于任何一种生活在同一地区的普通蝴蝶，这一变种由于与另一繁盛且较少遭受迫害的物种相似，就会有更好的机会免遭食肉鸟类与昆虫的捕食，所以它们常常就会被保存下来。"相似程度不那么高的物种将会一代接一代地减少，只有其他的一些相似度高的物种被遗留了下来，从而去繁殖本身的种类。"因此，自然选择给了我们一个很合理的解释。

同样，华莱士与特里门先生也描述了几个同样惊人的事实，即马来群岛与美洲的鳞翅目模拟了某些其他的昆虫。华莱士先生还发现，鸟类也同样如此，不过，我们还尚未发现关大型四足动物的情况。昆虫间模拟的频率比其他动物更高，这大概是由前者体形较小所造成的。除了某些种类的确长有蜇刺，其他昆虫都不能保护自己。虽然它们曾作为被模拟者，但却从未听说这个种类还模拟过其他昆虫的相关例子。不具飞翔能力的昆虫不容易逃脱以该昆虫为食的体形大的动物。因此，以比喻来加以说明，就如大多数弱小的生物一样，它们不得不借助欺骗与掩饰的方式来保护自己。

我们应该发现，模拟的过程绝不可能出现在颜色差异极大的类型中，而往往是从彼此略微相似的物种开始的。如果最密切的相似是有益的，就容易被生物用上述欺骗与掩饰的方式来加以利用。倘若这些被模拟的类型随后会因为任一因素而进行了变异，模拟类型也将沿着同一轨迹相应改变。所以几乎能够变异到任何程度，最终，它将获得与该科内其他成员完全不相同的外形或颜色。但是，对于这一点，还存有一些难题，因为我们有必要做出假设，在某些情况中，归于几个不同物群的古老成员在改变到现在的程度之前，会偶然地在足够的程度上相似于另一受到保护物群内的某一成员，以赢得一定的保护，这就提供了其后最完全相似的基础。

## 生物相连的亲缘关系

由于较大的属内有主导地位的物种的变异后代趋于继承某些优势，这让它们的物群变大，并让各自的祖先处于某种显著的地位。所以，它们一定会广泛分布，占据自然界中越来越多的位置。这些每一纲里更大、更优越的物群就会继续增多，结果，它们排挤了许多更小、更弱的物群。因此，我们就可以解释下面的这个事实：一切生物，无论是现存的，还是已经灭绝了的，都包括在一些大的目之下或仍归属于更弱小的某些纲中。关于这点，我们可以借助一个显著的事实：虽然更高级的物群数目是那么稀少，但它们在全世界的分布却是那么广泛，就连澳洲的发现也未曾在一个新纲里增加一只昆虫。我从胡克博士那里得到信息，即使在植物界中，也仅仅增加了两三个小型的科。

在《生物在地质中的更替》的篇章里，我已竭力表明，在漫长连续的变异过程中，每个物群都会在性状上逐渐产生分歧。基于这个理论，那么愈发古老的生物类型常常是怎样表现出两个现存物群间拥有一定中间性质的性状的呢？这是由于，一些少数的旧类型或中间类型，早已将一些性质遗传给了其现今的仅有较小程度变异的后代，构成了我们所谓的中间物种或畸变物种。任一类型发生异常的部分越多，已灭绝和完全消失的连接类型的数目就越庞大。而且，我们有一定的证据可以证明，畸变物群曾严重地遭遇了灭绝的命运，因为它们几乎总是为数不多的代表物种，这样，即使这些物种真的出现了，彼此相隔的距离也极为遥远，这就再一次意味着灭绝。以鸭嘴兽与肺鱼属为例，如果它们是被12个物种代表，而不是被现在的单个物种或两三个物种所代表的话，那么它们的数量也不会这样非比寻常地稀少了。我认为，我们可由下述情况作为根据来解释这个事实，即将这些畸变物群看作被更成功的竞争者打败的类型。而在某些有利的条件下，其中的一些成员继续存留了下来。

沃特豪斯先生曾表示，当动物的某一物群内的一个成员对某一相当不同的物群显示出一种亲缘关系时，在大多数情况下，这种关系并非是特殊的，而是普遍存在的。由此而言，根据沃特豪斯的观点，在所有啮齿类中，绒鼠与有袋类的亲缘关系最密切，不过，绒鼠与该目连接的各个方面，其关系却是一般的，并不与任一有袋物种特别相近。由于这些亲缘关系所涉及的方面被认为是真实的，而不仅是适应的，所以根据我们的观点，它们一定是由共同的祖先遗传而来的。因此，我们必须假定：一方面，一切啮齿类，包括绒鼠在内，都是从某一古老的有袋类分支出来的，因而自然会或多或少具有一切现存有袋动物里的中间性状；另一方面，啮齿类与有袋类都是由同一祖先分支出来的，所以两个物群会向不同的方向进行较大程度的变异。按照这两者中的任一观点，我们必须做出一个假设，即在遗传学上，该绒鼠曾比其他啮齿类保存了其古老祖先更多的性状。这样，该绒鼠并不是与现存的任一有袋类有密切的关系，只是因为它们曾经部分地保留了共同祖先的性状，或是某一物群的早期成员的性状，才会和一切有袋类持有某种间接的关联。另外，沃特豪斯先生还曾指明，在一切有袋类中，袋熊不仅与任意一个物种最为相似，而且与整个啮齿目也是如此。然而，在这种情况中，我们会非常怀疑，这种相似性是否仅仅是同功的，因为袋熊早已变得适应了像这些啮齿类的某些习性。年长的德康多尔也曾对与植物各科间的亲缘关系相关的一般性质有过基本相似的观察。

  由共同的祖先发展而来的物种在性状上会逐渐增加各分支，而且它们通过遗传会保留某些共有的性状。根据这个原理，我们可以理解，同科或更高级的物群内的所有成员会被一些错综复杂且具有辐射性的亲缘关系共同连接起来，其原因在于，某一整科里的同一祖先由于灭绝的关系，现在分裂成了不同的物群或亚群，随后将一些以不同方式进行不同程度的变异，将本身的性状遗传给了所有的物种。最后，它们将通过不同长度的亲缘关系迂回线彼此相连（正如我们在常常提及的图解中所看到的那样），尔后又会跃过许多不同的祖先而攀升。即使借助系谱树，也很难显示出任何古老贵族家庭中亲属间的血缘关系；而倘若没有该系谱树，我们则更是几乎不可能做到。这样，我们就可以明白，为什么博物学家们即便能发觉同一庞大的自然纲内的许多现存与灭绝成员间的不同亲缘关系，只要没有图解的帮助，也是不容易描述清楚这些血缘关系的。

如我们在第四章曾看到的，灭绝对每个纲里的一些物群间隔的定义与扩展发挥了重要作用。因此，我们可以对整纲彼此间存有的明显分界加以解释。例如，鸟类都是来自所有其他的脊椎动物。根据这一思想，许多古老的生物类型已全部消失。通过这些消失的类型，鸟类早期的祖先与那时其他方面区别较小的脊椎动物两两相连起来，但是以前把鱼类与两栖动物连接起来的类型，其灭绝的数量就相对较少。在某些整纲里，如甲壳纲，其灭绝量又更少一些，因为即使是分歧最大的生物类型，也仍被长长的且仅有部分断裂的亲缘关系纽带连接。灭绝只能确定物群间的分界，但它绝对不可能制造物群，这是因为假如曾经生活在地球上的每个类型都全部突然重现，尽管这根本不可能对每个物群给出分界的定义，但对其给出自然的分类或起码的某一自然的排列，却是极有可能的。对于这一点，当回过头来仔细参照图解，我们就将明白。字母 A 到 L 代表了 11 个志留纪的属，其中的一些属曾产生了某些变异后代的庞大物群，而每个分支与亚分支中各个中间类型依然存活。不过，该中间类型的数量比现存变种间的中间类型少得多。在这样的情况下，要给出一个分界来将几个物群里的一些成员与它们更直接的祖先各后代加以区分，是根本不可能的。但是，图解中的排列仍将是完好的、自然的，因为根据遗传的原则，由 A 遗传下来的一切类型都将持有共有的性质，这就仿佛是树上的某个分支或另一个分支一样，虽然两者实际上都在一棵树的分叉上，但我们还是可能分辨它们。正如我所指出的那样，我们不能给几个物群划清界限，但是我们可以做到的是，挑选出一些种类或是类型来代表每个物群的大多数性状，而不管这些物群是大型的还是小型的，这样都会让我们对物群间差异的价值有一个大概的看法与把握。倘若我们能够成功地收集到生活在整个时间与空间的任一纲的一切类型，那我们就不得不这样去做了。当然，我们将永远不会成功地做到上述的如此完整的收集。不管怎么样，在某一纲下，我们正在朝这个美好的愿望迈进。爱德华兹近期在一篇优秀的报告中坚持，无论我们能否划分或确定这些类型所归属的物群，该模式都具有高度的重要性。

最终，我们会看到，自然选择是从生存斗争产生，并且几乎不可避免地会导致任一亲本物种后代的灭绝与性状上的分歧。更重要的是，自然选择解释了一切生物间亲缘关系所涉及的重大、普遍而常见的特征，即物群下还有物群的从属关系。我们运用血缘的标准来划分同一物种下两性间的个体与一切年龄大小的个体，虽然它们可能仅持有极少数共同的性状。我们还应使用该血缘对公认的变种进行分类，不管这些变种可能与其祖先有多大的差异。这种血缘的标准是被隐藏的联系纽带，也正是博物学家们在自然系统这一术语下所追寻的。只要该自然系统是完整的，它的排列就是系统性的，其中的差异程度就会用属、科、目等术语表示出来。根据这一原理，我能够明白一些问题，如：为什么我们不得不将这一原理应用于生物的分类中；为什么某些相似性的价值远远高于其他的相似性；为什么我们会运用某些退化了的且毫无益处的器官，或在生理上重要性极小的器官来对生物进行分类；为什么在寻找某一物群与另一物群间的关系时，我们会对同功的或适应性的性状存在异议，但又会在同一物群中利用这些相同的性状；等等。我们也可以更清楚地看到：为什么一切现存的或灭绝的类型都集合在一些庞大的纲中；为什么每个纲里的一些成员，会通过大多数复杂且具辐射性的亲缘关系相互连在一起。也许我们将永远不会解开任一纲里成员间缠绕不清的亲缘关系网，不过，当我们的这些观点中有一个相对明确的方向，也不去信奉某一不为人知的"创造计划"，那么我们就一定有希望获得一些进展，虽然这种进展的速度很缓慢。

赫克尔教授近期在他的《普通形态学》及其他作品中，以渊博的知识和较强的能力来探讨自己的"系统发生论"，或是一切生物的血缘线。在描绘的这几个系统里，他主要相信一些胚胎性状，以及不同类型最初曾出现在地质层中的连续时期。这样，他勇敢地对分类迈出了第一大步；同时也告诉我们，在未来的日子中我们应该怎样去对待分类这一问题。

## 形态学

  我们看到，不管同纲内的成员间有什么样的生活习性，彼此在机制的普遍构造方面都是相似的。这种相似性通常被由"构造一致"等术语所表示，或者说是该纲里不同物种的一些部分或器官是同源的。整个主题都包含在了形态学的一般术语中，这是自然历史发展中最有趣的部分，也几乎可以说是自然历史的真正灵魂。人类具有抓握功能的双手、鼹鼠具有挖掘作用的前肢、马的腿、海豚的鳍、蝙蝠的翅膀等，这些都是以同一方式构成的，都包括了相似的骨骼，都处于同一相对的位置，除了这些，还有什么比以上所述的更令人惊奇不已的呢？不管前者多么惊人，现在我们要举出一个没有那样引人注目的例子，即袋鼠能很好地适应其在开阔平原上跳跃的后肢；善于攀爬且以叶为食的考拉熊同样能很好地适应其抓握树枝的后肢。生活在地面上且能捕抓昆虫和树根的袋狸的后肢，一些其他有袋类的后肢，也都是以同一特殊的方式构成的，即其第二、第三个极修长的趾骨都在同一皮内。因此，它们看起来都是由两只爪子组成的单趾。尽管这些构成方式是相似的，但显然这几种动物的后肢适用于不尽相同目的的范围是我们能够设想到的。对于这种情况，我们有更值得注意的事实来加以说明，那就是负子鼠，它们与一些澳洲亲戚的生活习性几乎是一样的；并且，它们的脚也是普通的构造。这些阐述都来自弗劳尔教授，他还得出了以下结论，即"我们可能将其称为方式的一致性，不过，该现象还是不能给出更完善与合理的解释"。接着，他补充道："然而，这难道不是有力地提醒着我们，生物是从同一祖先遗传下来，尔后才存在真正的亲缘关系吗？"

  圣·提雷尔坚决支持"同源部分的相对位置或相连性具有高度重要性"这一观点。虽然它们可能在类型与大小方面带有某种程度的差异，但却是由同一恒定不变的顺序连接起来的。例如，我们就从未发现有人的肱骨与前臂内（或大腿骨与小腿骨）两两互换位置，因而，这些相同的器官也可应用于截然不同的各类动物的同源骨骼。我们在昆虫类的口器的构造上也发现了该相同法则。天蛾长有极长的螺旋形喙，蜜蜂或臭虫长有奇异而折叠的喙，以及甲虫硕大的颚，还有什么能比这些事实更与众不同的呢？不过，所有这些用于各不相同目的的器官都是由无限变异的上唇、下颌及两对小颚构成的。该相同的法则掌控着甲壳类的口器与肢等构造。并且，植物体的花，其构造也是遵循着该法则。

倘若我们只抱着为了寻求便利或只是热衷于最后的原因的心态，去试图解释同纲成员中的这种相似性，那将是最令人绝望的事了。欧文教授就在他最有趣的《四肢的性质》这一著作中，明确承认了这种尝试所带来的严重后果。根据每种生物是独立创造的普遍观点，我们只能说，情况的确是这样——造物主高兴把每一大纲的所有动植物以一致的设计理念构造出来。不过，这并非是一个富有科学性的解释。

但若依照自然选择使生物产生连续且略微变异的原理，上述的解释在很大程度上就会变得十分简单了，那就是：每一变种都是朝着某一有利的方面形成变异类型，不过，这也往往会影响到相连的机体的其他部分。这种性质的变异将很少或根本不会改变原有方式或调换生物部分组织的倾向。而肢骨却可能变短、变平整，同时，还会被包裹在厚厚的膜中，用来作为鳍，或者可能将有一只有蹼的手使它所有的骨骼（或是某些骨骼）增长到任一程度；还有，随着连接骨骼的薄膜不断增加，最后它就变成了翅膀。但是，一切的这些变异都不会趋向于改变骨架或机体某些部分的相关连接。如果我们假设一切哺乳类动物、鸟类及爬行动物的早期祖先（也可能被称为原形）是根据现存的一般方式而构成的，不管它们将用于何种目的，我们还是可以立即认识到，在整纲中，肢的同源构造具有明确的重要意义。昆虫类的口器也是如此。我们曾经仅假设它们共有的祖先持有一个上唇、下颌与两对小颚，这些部分大概在各个形状上都太过于简单了，所以，自然选择才可以解释昆虫类的口器在构造与功能这两方面所存有的极大差异。尽管是这样，我们还是能够设想到，某一器官的一般构造可能会变得极度模糊不清，以至于最后完全消失，如，由于器官的缩小或其他部分的混合以及其余部分的重复或增加，我们知道这些变异是在我们能够想象得到的范围之内的。关于大型已灭绝的海蜥蜴上的桨状物与某些有吸附能力的甲壳类的口器，它们的一般构造方式似乎已经因部分的变化而模糊不清。

另外，还有一个由我们这个问题演变出来的同样令人惊奇的相关问题，那就是：系列同源（或是说同一个体）中不同部分或器官的比较。并且，该同一部分或器官并非来自同纲内的不同成员。大多数生理学家都相信，骨与一定数量的椎骨的重要部分是同源的，即数量与相关连接是彼此相符的。例如，所有高级脊椎动物纲的前后肢很明显是同源的。而甲壳类极其复杂的颚与腿也是如此。众所周知，花的相应位置的花萼、花瓣、雌蕊、雄蕊及与其密切相关的构造，根据它们是由螺旋形排列的变态叶组成的观点，都是可以得到解释的。在各种畸形植物中，我们常常可以找到直接的证据来证明某一器官有可能转变成另一种器官；而且，我们确实也能够看见，在花发育的以及甲壳类与许多其他动物成长的早期或胚胎时期，它们的器官在成熟期会变得完全不同，然而，在最初的时期它们却是十分相像的。

根据创造论的普遍观点，系列同源的情况是多么难以解释啊！为什么脑髓会被封进一个由数目这样多的、形状这样奇怪的、显然代表脊椎的骨片组成的盒子里呢？正如欧文教授指出的，哺乳类分娩时从柔软易分离的骨片中获得的益处绝不能用来解释鸟类与爬行动物在头颅方面的相同构造。为什么相似的骨骼会形成蝙蝠的翅膀和腿，并用于截然不同的目的——飞行与行走呢？为什么某一甲壳类最初长有由许多部分形成的且相当复杂的口器，而最后其腿的数量又会更少呢？为什么每种花的花萼、花瓣、雌蕊及雄蕊虽适应了各种各样的目的，但还是由同一方式构成的呢？

按照自然选择学说，在一定程度上，我们是可以回答上述一系列问题的。某些动物的身体最初是怎样被分成一系列部分，或者它们是怎样分裂成左右两侧并持有相对应的器官呢？在这里，其实我们不必考虑这些问题，因为它们几乎已超越了我们所研究的领域。但是，某些系列构造是细胞通过分裂而增殖的结果，从而才导致由这些细胞发育出来的各部分的增殖，这是可能发生的。为了达到我们的目的，我们记住下面的事实就足够了，即正如欧文所说：无限重复的相同部分或器官，是一切低级或专一化程度较小的类型所共有的特征。因此，脊椎动物不为人知的祖先就有可能长有许多脊椎；关节动物的未察觉到的祖先可能有许多关节；开花植物的未知祖先就有可能长有许多由一片或多片螺旋形叠成的叶子。我们以前就知道，经过多次重复的部分，无论是在数量上还是在形状上，都极其容易变异。最近，已经在数量上不计其数、在形状上完全不同的这些部分，自然而然地会提供适用于非常不同目的的材料；但是，它们还是会通过遗传的力量，普遍保留其原始的或主要相似的明显痕迹，它们将会更大程度地保存这种相似性，因为变异为它们今后能通过自然选择而发生的变异提供了基础，并且在最初的阶段就会有相似的趋势。这样的部分，不论是否会进行多少的变异，除非它们共有的来源已变得全部模糊不清了，不然，它们都是属于系列同源的。

在软体动物大纲里，尽管不同物种的该部分显示他们是同源的，但是仅有一些是属于系列同源。例如，石鳖的壳瓣可表明它是系列同源的，换句话来说，我们几乎不能指出，同一个体的某一部分与其中一部分是同源的。并且，我们明白这个事实，其原因是，在软体动物乃至该纲最低级的成员中，就像我们在动植物界的其他大纲中所见的那样，我们还尚未发现任何一部分有如此无穷的重复性。

但是，正如兰开斯托最近在最著名的报告中极力指出的一样，相比形态学最初所呈现的方面，这其实是一门复杂得多的学科。对于被博物学家们列入同源的某些纲，他描述出了其中重要的差异。由于不同动物彼此相似的构造皆源于相同血缘的同一祖先，尔后才发生了变异，因而，兰开斯托建议将该构造称为同源的构造；再加上这些相似构造是不能这样来加以解释的，所以，他将其叫作同形构造。例如，他相信，鸟类与哺乳类动物的心脏是整体同源的，即它们的心脏是由同一祖先那里遗传下来的。不过，这两纲的心脏的四个腔却是同形的，即四个腔是独立发育起来的。兰开斯托先生还举出了生物体左右两侧部分的密切相似性，以及同一个体动物的连续关节的相似性。在这里，我们将这些部分普遍称为同形构造，也就是说，该部分与来源于同一祖先的不同物种的血缘没有任何关系。同形构造与我曾分类（虽然分类方式不完整）出的同功变异或同功相似是一致的，它们的形成部分可归因于不同的器官或同一器官的不同部分曾以同功的方式进行过变异；另外，也可能是由于相同的一般目的，或功能相似的变异，它们才得以保存了下来。对此，许多例子已被举出。

博物学家们经常提到，头颅是由变形的脊椎形成的；螃蟹的颚是由变形的腿构成的；花儿的雄蕊与雌蕊是由变形的叶子组成的。但是，正如赫胥黎教授所指，在大多数情况下，上述提及的头颅与脊椎、颚与腿等，更准确说来，并不是从另一些现有的构造变形而来的，而是从一些共有的更简单的基本构造变化而来的。然而，大多数博物学家只是在形态学的意义上运用了这样的语言，但他们肯定不是指，生物漫长的演变过程中任一种类的原始器官（如在某一情况下的脊椎、在另一情况下的腿）实际上都被转变成了头颅或颚。然而，这种转变的事实非常令人信服，博物学家们都明确了这种现象的重要性。根据我们所坚持的观点，此语言的使用可能是精确的；更重要的是，下面即将描述的奇特事实也会因此而得到部分的解释。例如，倘若螃蟹的颚确实是从真正极其简单的腿变形而来，那么该蟹已保存的那些难以计数的性状，就很有可能都是通过遗传的力量而存留下来的。

## 发育与胚胎学

胚胎学是整个博物学中最重要的学科之一。每个人都已熟知，昆虫类的变态通常会受到一些时期的突然影响，但事实上，该转化经过了无数逐步而又隐蔽的过程。正如卢布克爵士曾指出的那样，一定量的蜉蝣昆虫，在其发育的过程中，进行了20次以上的蜕皮，并且，每次蜕皮都经历了多次的变化。在这样的情况下，我们看到，变态是以一种原始且逐步的方式发挥作用的。许多昆虫类，尤其是某些甲壳类，向我们展示它们在发育过程中表现出了多么奇妙的构造变化。然而，这样的构造变化已到了它们的顶点，也就是所谓的一些低级动物更替的世世代代。例如，生长有水螅的纤细分支珊瑚状动物黏附在海底岩石上。最初，它们发芽，接着又横向分裂，最后产生了庞大的浮水水母群。这些水母群又会产生卵，再由卵产出游水的微生物。它们附于岩石，逐步发育成分支珊瑚状动物，并以此方式无穷无尽地循环下去，这的确是一个惊人的事实。世代更替与普通变态过程是基本相同的观点，这些已经在华格勒的发现中得到了有力的巩固。他发现，一种飞虫，即瘿蚊的幼体或蛆，会通过无性生殖产生其他的幼体，最终，该幼体发育为成熟的雄体与雌体后，又会以卵的这一普通方式繁殖。

  当华格勒不寻常的发现第一次被公布出来时，有人问我，对于该幼体曾获得过无性生殖能力的情况，怎么可能会有一个合理的解释呢？只要这种情况是独一无二的，那么就不会有任何一个回答。然而，格里木曾指明，另一种飞虫，即摇蚊，几乎也是以卵这种相同的方式进行繁殖的。他相信，在该纲中，这样的情况也时常发生。格里木进一步表示，拥有无性繁殖能力的并不是摇蚊的幼体，而是其蛹。这种情况在某一程度上将瘿蚊与甲壳虫的单性生殖联系了起来。无性生殖这一术语暗示着，甲壳虫的成熟雌体自身有能力产生有生殖力的卵，而不必与雄体亲自交配。我们现在知道，某些归于几个纲内的动物，在某一很早的年龄阶段就带有一般的生殖能力。我们只需要以渐进的步伐将无性生殖向前推到越来越早的阶段（摇蚊显示出的就刚好是中间阶段，即蛹的阶段），就能大概解释瘿蚊的这一奇妙现象了。

  我们已经阐述过，同一个体的不同部分在早期的胚胎阶段是极为相似的，而在我们的成体阶段，它们则会变得迥然不同，并被用于完全不同的目的。我们还提到过，同一纲中最不相同的物种的胚胎一般都非常相似，不过，它们一旦完全发育，其相异的程度就会很大。对于后者的事实，没有能比冯·贝尔的阐述提供更好证据的了。他指出，"哺乳类、鸟类、蜥蜴及蛇类，可能还有龟鳖类的胚胎，在各自早期阶段，彼此几乎是一模一样的——整个的以及它们各部分的发育方式都是这样的情况。它们极为相似，我们常常只能借助于胚胎大小来区分这些胚胎。当我将两种小胚胎置于酒精中，且忘记了贴上各自名字的标签，此时，我根本不能说出它们究竟是属于哪一纲。它们有可能是蜥蜴类、小型鸟类或是非常年幼的哺乳类，因为这些动物的头与躯干的形成方式是极为相似的。不过，这些胚胎还是缺少四肢。但是，即使四肢存于其发育的最早时期，我们也不会得到任何有用的信息，原因在于，与人类的手脚一样，蜥蜴类的脚、哺乳类动物的脚及鸟类的翅膀与脚，都是从相同的一般类型发展而来的"。大多数甲壳类动物的幼体在发育的相应阶段，彼此都密切相似，但是它们的成体却完全不相同，而数不胜数的其他动物也是如此。胚胎相似这一法则的痕迹有时会持续到非常晚的阶段。因而，同一属与近似属的鸟类，往往在它们未发育完全的羽毛方面是相似的，这就像我们看到的鸫类物群的幼体长有斑点羽毛一样。在猫类中，大多数成年物种都长有条纹或斑点。例如，在狮子与美洲狮的幼崽中，条纹与斑点的性状我们也能很明确地辨别出来。有时，我们在植物的同一种类里也会看到相似的现象，虽然该现象是极为罕见的。比如，荆豆或金雀花的初叶与假叶金合欢属的初叶都是羽状或分裂状的。

同纲里完全不同的动物胚胎彼此间相似的构造特征，常常与其生存条件并没有直接的关系。例如，我们不能确定在脊椎动物的胚胎中，鳃裂附近的环状动脉与以下相似的生活条件相关，即孕育在母体子宫内的年幼哺乳类动物、鸟类孵于鸟巢的蛋以及蛙类在水里产生的卵所处的生活环境。我们没有更多的理由相信这样的关系，我们也同样不相信人类的骨骼、蝙蝠的翅膀及海豚的鳍与生活条件有一定的关联。所有的人也都不会假设，狮子的幼崽身上的条纹或黑鸟身上的斑点对于这些动物有任意一种用处。

然而，在胚胎发育的整个过程中的某个时期中，凡是活动的动物，就不得不自己觅食，这时，情况就大不一样。活动的时期可能出现在生命更早或更晚的阶段，但是，不管这个阶段是什么时期来临，该幼体对自身生活条件的适应还是会与成年动物一样，是完整且美好的。关于该方式是如何发挥作用的这一点，卢布克爵士近期已做出了阐述，即某些昆虫类的幼体在完全不同的目里持有的密切相似性，与其他昆虫类的幼体在同一目里的差异，都是依照它们的生活习性来加以区别的。由于这类的适应，有时亲缘动物的幼体的相似就会大大地被隐藏起来，这又尤其表现在不同发育阶段中所出现的分工上。其原因是，同一幼体在某一时期不得不自己觅食，而在另一个时期，它们又必须寻找固定的居所。在某些情况中，亲缘物种或物群的幼体间存有的差异要比成体多。不过，在大多数条件下，虽然这些幼体是活动的，但仍会或多或少地遵循同一胚胎相似的法则。对此，蔓足类动物就是一个很好的例子。甚至连著名的居维叶也未曾确定藤壶是一种甲壳类动物；但是，只要看看它的幼体，我们其实就能准确无误地判断它是甲壳类动物。而蔓足类动物的主要差异也是这样的，尽管在外部性状上有柄与无柄的蔓足类动物十分不同，但其幼体在各个发育阶段的差异却不太大，因而我们很难辨别开来。

胚胎在发育过程中，其机体通常会有所提升。虽然我意识到，根本不可能清楚地确定高级或低级的机体到底意味着什么，但我还是用了这般表述。然而，我想，对于"蝴蝶比毛虫更高级"的观点，任何人都不可能进行反驳。但是，在某些情况下，大量发育成熟的动物在等级方面必定会比其幼体低一些，就像某些寄生甲壳类动物一样。再来谈谈蔓足类动物。在最初的阶段，该幼体长有三对运动器官，一只结构并不复杂的单眼及一个吻状的嘴，凭借这张嘴，它们能吞下很多食物，其结果是它们的体形增长得很快；在第二阶段，即蝴蝶的蛹期阶段，该幼体长有六对构造上吸引人眼球并可用于游泳的腿、一对大大的复眼和一对极其复杂的触角。不过，它们的功能就是为了通过其异常发达的感觉器官来寻找食物，通过它们游泳的活跃能力抵达一个适宜的生存地方；接着，黏附在上面进行自身最后的变态。这个过程一旦完成，它们就会为了生活而稳定下来：其腿转变成抓握器官，并重新获得构造完好的嘴，不过却不再有触角了。同时，其两只眼睛现已再次转变成为微小的、单一的、简单的眼点。在这最后一次完成的阶段中，蔓足类动物在构造方面可能被认为比幼体阶段更高级或更低级。但是，某些属的幼体逐渐发育成持有普通构造的雌雄同体或是我所命名的补雄体。幼体在补雄体的发育中一定会有所退化，因为该雄体只是一个短期存活的囊，除了生殖器官外，它并没有嘴、胃以及其他重要的器官。

看到胚胎与成体之间在结构上的区别太过繁杂，我们会迷惑，进而将这种区别看作是生长的必然事件。不过，我们对此还没有太多的证据。例如，当任一部分变得显而易见时，为什么蝙蝠的翅膀或海豚的鳍不能以适当的比例呈现出自己构造的所有部分？一些动物的整个物群与其他物群的某些成员也是如此。还有，胚胎在任何时期都与成体差异较小。因此，欧文指出，"乌贼并没有进行变态；在胚胎的各个部分发育完全之前，头足类动物的性状就已经可见了"。陆生贝类与淡水甲壳类动物在出生时就带有本身固有的性状，同时，该两大纲中的海生成员也经过了大量且常常是重大的变化。但蜘蛛并没有经过变态的过程。大多数昆虫类的幼体都会度过一个蠕虫的阶段，无论它们是通过活动的方式以适应各种各样的习性，还是因其被置于适宜的养料或双亲的喂养中而保持了不活动的状态。然而，在某些少数情况中（如蚜虫），如果我们看到赫胥黎教授所作的关于蚜虫发育过程中的有名绘图，那么我们就几乎看不见任何蠕虫状阶段的痕迹了。

偶尔，仅仅是较早的发育阶段中没有显露出这种痕迹。参照米勒以前值得注意的发现，某些虾状甲壳类动物（与对虾属相似）起初出现的无节幼体，在经过了两个或更多的水蚤期后，紧接着又经过了糠虾期，最终，它们获得了现在成熟的机体构造。如今，在该甲壳类动物所归属的整个大的软甲目中，还未曾发现任何其他成员最初是由无节幼体进一步发育来的，尽管许多是以水蚤的形式出现的。不过，米勒还是特别指定了一些理由来解释自己的观点，即，如果发育阶段中没有任何抑制因素，所有的这些甲壳类动物都一定要以无节幼体的形式出现才对。

其次，我们该怎样运用形态学来解释以下的一些事实呢？即：胚胎与成体间为什么会持有普遍但又非常一般的差异？同一个体胚胎中不同的部分为什么最终会变得如此不同且作用于各种各样的目的，而在成长的早期又是相似的？同一纲里差异最大的物种的胚胎或细体，为什么会存有不变的相似性？不管是处于生命胚胎期还是生命更晚的时期，为什么胚胎在卵或子宫里经常会保留一些没有益处的构造？另外，不得不自给自足的幼体在完全适应了周边环境后，最后，其中的一些幼体在大部分构造方面，为什么又会比以后本身将会发育得成熟的动物更高级一些呢？我认为，关于这一切事实的答案，都存于以下的解释中。

人们普遍相信，轻微变异或个体差异必然皆会出现在同等早的时期，这大概是由于畸形在非常早的时期影响了胚胎发育所造成的。在这一点上，几乎没有任何证据来加以证明。不过，我们却可以用现有的知识以另一方式来证实。这是因为，众所周知，羊、马和观赏性动物的饲养者在这些动物出生不久时，也不能准确指出它们的优点与缺点。还有，在自己的孩子身上，我们会更明显地看到这一情况，如我们不能预测一个孩子将来是高还是矮，不能预测他们未来的精确特征。问题不是在于每个变异发生在生命的哪一个时期，而是变异的效果在哪一个时期能够表现出来。我相信，变异的原因也可能出现在生殖作用前，常常是在亲体的一方或双亲中发挥效应的。应该注意的是，只要非常幼小的动物是待在母体的子宫或卵中，或者只要它能够吸收到母体的营养、能受到母体的保护，那么这一动物大多数性状的获得不管是在生命的早期还是晚期，就都不重要。例如，一只以自己身上弯度很大的钩形喙来捕食的鸟，只要能靠双亲喂养，那它无论是否会在幼年时期获得这一钩形喙的性状，就都体现不出什么重要性了。

在第一章中，我已指出，亲体变异不管最初出现在什么样的龄期，其后代变异也会有再次出现在与亲体相对应的时段的倾向。而某些变异只会出现在相应的龄期。例如，在幼虫、茧与成体状态中的蚕蛾所持有的特点，还有完全发育的牛角所带有的一些特性等。然而，据我们获得的所有信息，变异最初可能会出现在生命更早或更晚的时期；同样，也可能会趋于再现于后代与亲体相应的龄期。当然，我并没有暗指这种情况是永恒不变的。我可以列举出一些例外情况，从这个表述最广泛的意义上来讲，这些变异在子代出现的龄期要早于亲代。

上述的两个原理其实也就是说，较小程度的变异往往在不特别早的生命时期中出现，并在不早的相应时期被遗传给了后代。我认为，该原理解释了上述胚胎学的所有特定的主要事实。不过，我们首先来看一些关于家养变种的同功事例。一些曾谈论过狗类的研究者认为，虽然猎犬与逗牛狗非常不同，但它们的确是亲缘关系密切的变种，皆是同一野生品种的后代。因此，看见它们的幼犬间竟有如此大的差异时，我感到很惊奇。饲养者告诉我，这些幼犬彼此的差异程度与双亲间的差异程度是一样的。通过肉眼加以判断，这好像是真的。通过衡量老龄狗与其6天大的幼犬，我发现，这些幼犬几乎没有获得比例差异的全部数量。另外，有人还告诉我，拉车马和赛马基本是在家养条件下的选择中完全形成的，因此，它们间的差异与完全成长的动物间是一样的。但是，若将母马、3天大的小赛马以及重型拉车马仔细比较，我发现情况绝不是仅限于此。

根据我们所获得的有结论性的证据：鸽的品种都是由单一的野生物种遗传下来的，我对孵化出的雏鸽进行了12小时的比较。在凸胸鸽、扇尾鸽、侏儒鸽、巴巴鸽、眼睑鸽、龙鸽、信鸽以及翻飞鸽等野生亲体中，我仔细测量了它们喙的宽度、鼻孔长度、眼睑长度、脚的大小和腿的长度等方面的比例。现在，其中的这些鸟类一旦发育成熟，它们在喙长、喙的形状及其他性状上的差异便极不寻常，这使它们在自然状态下必然会被列为不同的属。然而，若将上述的几类品种的雏鸟排成一列，尽管其中的大多数都可被辨别出来，但是在上面所明确讲出的比例差异方面，就比完全成长的鸟类少了很多。某些不同的性状特点，如嘴宽，在雏鸟中就几乎不能被发觉。不过，这一法则却有一个明显例外，因为短脸翻飞鸽的雏鸽与成鸟阶段的比例几乎是相同的，而与野生岩鸽及其他品种的雏鸽就有一定的差异了。

这些事实都可以用上述的两个原理来解释。饲养者在狗、马、鸽等动物快要成熟的时候选取它们来进行繁殖。他们不会在意所期望出现的特征是发生在生命的早期还是晚期，只要完全长成的动物本身持有这些特征就可以了。刚才给出的事例，特别是鸽类的情况，都显示，通过人工选择积累的性状差异会对这些品种给予某种价值，不过，这些性状差异往往不会出现在非常早的生命阶段，而是在相应的且不是很早的时期遗传给自己的后代。但是，短面翻飞鸽在12个小时大时就持有了本身特有的性状，这一情况证明普遍的法则并非如此，因为性状差异必定曾出现在比平常更早的时期。假若不是这样的话，这些差异肯定以前就在更早的而不是相应的龄期受到了遗传。

现在，让我们将这两个原理应用于自然状态下的物种。首先，我们选取了一群鸟类，它们是由某一古老的类型遗传而来，也可能是为了适应不同习性在自然的作用下变异来的。接着，由于轻微的连续变异发生在一些物种的并不是很早的龄期，同时，这些变异在相应的龄期得到了遗传，因此，幼鸟也会发生变异，但变异的程度是很小的，彼此间的相似性也仍会比成鸟更加密切——就如我们见到的，鸽的各个品种都一样。我们可能会把此观点延伸到截然不同的构造和整纲中。例如，曾被遥远祖先用作腿的前肢，在变异的漫长过程中，就可能变成了：被某一后代用作手、被另一后代用作桨状物、被其他后代又用作翅膀。然而，根据上述的两种原则，该前肢在这些类型中将不会有太大的变异，尽管每个类型的前肢在成体阶段的差异并不小。无论对器官的长期不断使用还是停止使用会对任一物种的肢体或其他部分的变异产生怎样的影响，只有（或是主要）或是仅仅当该物种快发育成熟、不得不使用全部的力量去自谋生计时，才会对它产生影响。以这种方式发挥的作用将在相应的接近成熟的龄期被遗传给它的后代。因此，通过各部分器官的连续使用或不用的影响，该幼鸟将不会变异，或者说，其变异程度是极小的。

对于某些动物，连续不断的变异可能已发生在生命很早的时期，或各个阶段变异遗传的龄期可能要比它们首次出现的龄期早一些。正如我们看到的短面翻飞鸽，不论是上面情况的哪一种，该幼体或胚胎都将密切相似于成熟的亲本类型。这一法则适用于某一整个物群或仅仅是一些亚群的发育中，如乌贼、陆生贝类、淡水甲壳类动物、蜘蛛以及昆虫类大纲的一些成员。这样的物群中的幼体没有经过任何变态的根本原因，我们可以在下列情况中找到一定的解释，即：该幼体必须在很早的龄期给自己提供食物，或者，它们遵照着自己双亲的同一习性。这是因为在此种情况下，以本身双亲的同一方式进行的变异，对于它们的生存是非常重要的。许多陆栖动物和淡水动物不会进行任何的变态，而同一物群的海生动物成员却会经过不同的变形，对于这一事实，弗雷兹表示：某一动物不是在海里，而是在陆地上或是淡水中生活的，这种缓慢的转变与适应过程将因它们没有任一幼体阶段而被大大简单化；因为在这样焕然一新的生活条件与变化极大的生活习性中，要寻求一个很好的地方来适于幼体阶段与成虫阶段，而且这一地方还没有被其他生物普遍占领或者完全占领，是不可能发生的。在这样的情况下，自然选择会使生物在越来越早的龄期逐渐获得有利的成体结构，最终，生物曾经过一切变态的痕迹也将消失不见。

就另一面而言，某一动物的幼体遵循着这些略微不同的亲代类型的生活习性，因而在构造上会有轻微的差异；或者说，某一幼体早已不同于自己的亲体，并仍将进一步发生变异。假若这两种方式都是有益的，那么，根据生物在相应龄期遗传的原理，自然选择将可能使该幼体与幼虫变得越来越不相同，直到我们可以想象得出的任一地步。幼虫间的差异也可能与其发育的连续阶段变得相关联；因此，第一阶段的幼虫就可能变得与第二阶段的幼虫很不相同，而许多动物也是如此。另外，成体还可能适应于一些地方或习性，它们的运动器官或感觉器官等将没有用处。在这种情况下，变态就退化了。

根据上面刚刚探讨的事实，因为幼体的变化与生活习性的改变相一致，相应龄期里的遗传共同进行，我们就可以明白，为什么动物可能在经过发育的各阶段后变得完全不同于其成体祖先最初的状态。现在，我们大多数最优秀的权威学者相信，昆虫类各种各样的幼虫阶段与蛹期曾是由于这种适应产生，而不是从某一古老类型中遗传来的。芫菁属（Sitaris）是一种经过某些不同寻常的发育阶段的甲虫，这样令人吃惊的事例将对这种奇异的情况做出一定的解释。据法布尔的描述，起初该虫的幼虫类型是一种活动的、微小的昆虫，它长有6条腿、2根长长的触角与4只眼睛。这些幼虫的孵化地是蜂巢。在春天，当雄蜂先于雌蜂出世时，幼虫就会跃到它们身上，然后在雌雄交配时又徐徐地爬到雌蜂身上。一旦雌蜂的卵产于存储蜂蜜的巢室上面，芫菁属的幼虫便把这些卵吞食掉。后来，这些幼虫经历了一次彻底改变：它们的眼睛消失了，它们的腿与触角退化了，并以蜜为食。

其结果是，它们现在与昆虫的普通幼虫更加相似，最终，经过更进一步的蜕变，它们成了完美的甲虫。如果某一昆虫现在经历了像芜菁属的转变过程，变成了整个新昆虫纲内的祖先，那么该新纲的发育过程将会与现在昆虫的发育过程完全不同；而其最初的幼虫阶段，当然也不会代表任一成体类型与古老类型曾经的状态。

恰恰相反，许多动物的胚胎阶段或幼虫阶段却基本完整地向我们表明，整个物群的祖先所处的状态极可能是成体的状态。在甲壳类的大纲中，相异程度极大的类型，即有吸附性的寄生虫类、蔓足类、切甲类乃至软甲类，它们最初都是以无节幼体的幼虫方式出现的，因为这些幼虫在宽阔浩大的海洋里生活觅食且不能适应任一特殊的生活习性。根据米勒所列举的其他理由，在某一非常遥远的时期，相似于无节体的独立成体动物曾存在过，其后，还沿着一些不同的血缘线繁殖出了上述所谓的庞大甲壳类物群，这种情况是可能的。另外，根据我们对哺乳类、鸟类、鱼类及爬行类掌握的一些信息，这些动物可能是某一古老祖先的变异了的后代。那个古老的祖先由于适应水生生活的需要，所以在成体状态中长有鳃、一个鳔、四个鳍状肢与一条长长的尾巴。

一切曾生活过的生物，无论是灭绝了的还是近代的，都可列入一些大纲；并且，在我们的观点上，每个纲的一切生物都曾因细微的分级而共同相连。基于这两点，假若我们的收集趋近于完整，按系谱分类将是最好的、仅有的分类方式；而血缘就是博物学家们在自然系统这一术语下被隐藏的联系纽带。根据这一观点，我们就可以明白，在大多数博物学家眼中，为什么胚胎的构造在分类方面甚至比成体的构造更加重要。在两个或更多的动物群内，不管彼此在成体状态中的构造与习性有多么大的差异，只要经过了密切相似的胚胎阶段，我们基本上就能确定，它们都是同一亲本类型的后代，所以才会如此紧密地相连。因此，胚胎构造的共有特点揭示了血缘的共通之处；不过，胚胎发育中出现的差异却无法证实血缘的不同，因为两个物群的其中一个，其在发育阶段可能曾受到了抑制，或是由于适应于全新的生活习性而产生了非常大的变化，致使我们不能再分辨。甚至在某些物群中，其成体也曾变异到了一种极端的程度。所以，其原始的共有特征往往是通过幼虫的构造而显示出来。例如，我们看到，虽然蔓足类动物在外表上与贝类非常相似，但只要我们一参照它们的幼虫，就会马上知晓它们是属于甲壳类大纲。由于胚胎常常向我们显示该物群变异较小的古老祖先的大致明显的构造，所以我们可以明白，为什么在各自成体阶段中，古老类型、灭绝类型与同纲现存物种的胚胎常会如此相像。阿加西斯相信，这一情况将是自然的普遍法则。我们也希望该法则将来会被证实是正确的。然而，只有在以下两种情况中，这条法则才是真实的，即：该物群的祖先的成体状态，没有在很早的成长期因连续变异或因这种变异遗传早于它们最初出现的更早龄期，而被彻底毁灭。我们还不应该忘记，该法则可能是正确的，不过，由于地质记录并不足以推及以往的久远时代，所以就可能长时期或者永远无法得到证实。假若某一古老类型在幼虫状态中变得适应于某一特殊的生命线，那么上述的法则将不会真正对这些情况有利，因为这样的幼虫就再不会与成体状态中的古老类型相似。

因此，我认为，胚胎学上至关重要的主要事实都可以用下列变异的原理来解释。在某一古老祖先的不少后代中，其变异出现在并不是很早的生命时期，且在相应时期被遗传了下去。倘若我们将胚胎看作一幅画，尽管该画基本上是模糊不清的，但它却能体现出同一大纲里一切成员的祖先所具有的成体状态或幼体状态等形态，那我们对胚胎学的兴趣就会大大增加了。

## 残留、萎缩、发育中止的器官

处于这种特殊状态下的器官（或部分）都被打上了显而易见的烙印，它们是自然中人们极熟悉的甚至是普遍存在的。如果想要找出更高级动物的某一部分或其他部分丝毫没有残留状态，那是不可能的。例如，哺乳类动物的雄体带有残留的奶头；蛇类有一片残留的肺叶；鸟类的"拇翼"可以被准确地认为是残留的趾；某些物种的整个翅膀不适用于飞行，但仍残留至今。更令人吃惊的事实是，胎儿期的鲸明显有牙齿，而当它们一旦长大，牙齿就消失了；还有，未出生小牛上颌中的牙齿永远无法凸透牙龈。

　　残留器官以各种各样的方式鲜明地显示了其来源与意义。例如，归属于亲缘关系密切的物种或甚至是完全相同物种的甲虫，不是有完全型与完整的翅膀，就是仅带有残留的膜——该膜常常与翅膀稳固地连接在一起。在上面的这些情况中，毫无疑问，残留器官代表的是翅膀。有时，残留的器官也会维持自身的潜在能力：我们偶尔发现，雄性哺乳类动物的乳房也发育健康，因此能分泌奶汁；另外，黄牛属通常会有4个已发育的奶头与2个残留的奶头。不过，后者在我们的家养奶牛中有时会得到很好的发育，从而产生奶汁。就植物而言，花瓣有时候是属于残留的部分，但有时却又能在同一物种的个体中得到较好的发育。在雌雄异花的一些植物中，科尔鲁特发现，其雄花含有残留雌蕊的物种，与自然长有发育很好的雌蕊的雌雄同体物种相交配，残留雌蕊在杂种后代中的数量就大大增加了。这明显表明，残留的完整雌蕊在本质上极度相似。一种动物可能在某一完整状态中持有不同的部分，但是它们在某一种意义上却是残留的，因而它们没有任何价值。于是，正如刘易斯先生而言，同一蝾螈或水蝾螈的蝌蚪，"长有鳃，并穿梭于水中；不过，生活在高山上的山蝾螈却产生了完全发育的幼体，这一动物无法在水中生存。然而，假若我们剖开一个怀胎雌体，就会发现里面的蝌蚪长有精致的羽状鳃。当我们将其置入水中，它们就像水蝾螈的蝌蚪一样四处环游。很明显，这些机体不会与该动物将来的生活有关，也不会是对其胚胎状态的任意一种适应的表现，它仅仅是与祖先的适应有关系，是对它们祖先发育中某一阶段的重新演绎罢了"。

　　用于两种用途的某一器官，有可能因其中之一乃至更重要的用途而变得残留或完全萎缩，反而会对于另一用途维持有非常有效的特点。在植物中，雌蕊的用途是让花粉管伸至子房内的胚珠。该雌蕊的组合部分是被花柱支撑的柱头。不过，就聚合花科而言，雄性小花天生就不会授精，仅长有一个残留的雌蕊，因为它缺乏柱头；但是其花柱却保持着发育很好的状态，整个花柱还以不寻常的方式生长着绒毛，用来刷下周围相连的花粉囊中的花粉。还有一种器官可能会因为其特定的用途而残留，然后又会因为另一种不同的用途而有价值：某些鱼类的鳔对于它们漂浮的固有机能而言已是残迹了，但它却会逐渐转变成一个呼吸器或肺。另外，还有不少相似的例子也是这样的情况。

有用的器官不管发育得多么少，除非我们有理由认定它曾经充分地发育过，不然，就不应该将其以残留物来对待。这些有用的器官大概会处于一个初生的状态，并可能会有更进一步的发育过程。而恰恰相反，一些残留器官是十分无益的，如无法凸透出牙龈的牙齿；另一些几乎是没有用处的，像仅仅被用作风篷的鸵鸟的翅膀。由于在初生状态的器官以前本来发育得就不多，其用处甚至比现在更少，所以，它们以前不能借助变异与自然选择之力被存留下来。自然选择仅仅对有用的变异发挥效应，并将其保留。正是因为遗传的这一力量，生物的部分才得以被保留，并且还与以前的状态有一定的关联。但要区分残留与初生的器官常常是很难做到的，因为我们只是以类推来判断某一部分是否具有进一步的发育能力。而假若它的确有这种能力，我们会认为，它应该被称为初生器官。该状态的器官往往是相对较小的，其原因是生物身上带有的这种器官，常常会被拥有更完整状态的同一器官的成功者取代，结果，它们在很久以前就已灭绝了。企鹅的翅膀用作鳍时，具有很高的实用价值，尽管这因此而代表的是翅膀的初生状态，我还是不相信这是真的。我认为，它更有可能是一种减小的器官，是由于某一新功能变异而成的。相反，几维鸟的翅膀就毫无用处，是真正的残留器官。欧文将肺鱼构造简单的细丝状肢视为"器官的开端，因为该器官在脊椎动物里获得了完善功能的发育过程"；然而，根据昆特博士近期倡导的观点，这些肢却可能是残余的，其组成部分是坚固的鳍轴与横向的鳍条或侧肢。鸭嘴兽的乳腺与奶牛的乳房相比，前者可能被认为是初生状态的。某一蔓足类的卵带不再黏附于卵，并且发育得也很少，就是初生状态的鳃。

在发育的程度与其他方面，同一物群的个体的残留器官很容易产生差异。即使在亲缘关系密切的物种里，有时同一器官的差异程度也非常大。

对于后者的事实，同科雌性蛾的翅膀所处的状态就提供了一个很好的例子。残留器官有可能会完全萎缩，这也就意味着某些动物或植物的部分会全部缺失——尽管我们期望能根据类推找到它们，并且，有时在畸形个体中也的确能找到。举个例子：在大多数玄参科中，虽然第五根雄蕊已完全萎缩，但我们仍可推知，第五根雄蕊曾存在过，因为它的残留物可以在该科的许多物种里找到。这些残留物偶尔也会变得异常发达，如有时候见到的普通金鱼草。在探索同纲里不同成员的同源器官时，残留器官的发现是最为常见的；或者说，为了充分理解各器官间的相互联系，残留器官的发现其实是最有益处的。这一点在欧文的一些描绘中能得到很好的说明——如他指出的，马、公牛及犀牛等生物的腿的骨骼。

另一个重要的事实是，我们在胚胎中常常可以发现残留器官（如鲸与反刍动物上颌中的牙齿），不过，尔后它们就在这些动物中全部消失了。我相信，这也是一条普遍的法则——残留器官相比相邻器官，前者在胚胎中要比在成体中大一些。所以，在这个较早的龄期中残留的器官是较少的，我们甚至不能将其说成是任一程度的残留。因此，残留器官在成体中通常保留着本身的胚胎状态。

就某些残留器官而言，我提供了一些主要的事实。在回顾上述事实的过程中，不管是谁都一定会充满惊奇，因为相同的推理会告诉我们，大多数部分或器官都极度适用于某些用途；它也同样会清楚地向我们说明，这些残留或衰退的器官是不完整的并且是无用的。在博物学的著作中，残留器官的出现通常被说成是"对称的目的"或者"为了完成自然的计划"。然而，这当然不是合理的解释，而仅仅是对事实的再次阐述而已。而且，这与其本身根本不一致：如王蛇带有后肢与骨盆的遗迹，倘若这些骨骼的保留真的被认为是"为了完成自然的计划"，那么，正如卫斯曼教授所询问的那样，为什么其他的蛇没有保留该遗迹？为什么其他蛇甚至连这些相同的骨骼也没有呢？倘若卫星在椭圆轨道上围绕行星转动是为了达到"对称的目的"，是因为行星围绕太阳转，那么针对这一主张，天文学家又会有何联想呢？一位杰出的生理学者猜想，残留器官的出现是用来排泄过量的物质或对生物系统不利的物质。但是，我们能够假定，细小的乳头常常代表雄性花朵的雌蕊，并且仅仅是由细胞组织形成的——它可以发挥如此的作用吗？我们可以假定，其后会消失的残留的牙齿在移除磷酸钙这一重要的物质后，其牙齿还会对快速成长的胚胎小牛有利吗？当一个手指被截断，不再完整的指甲上显出残肢时，我立即相信，这些指甲残迹的发育是为了排除角质物，就如海牛的鳍上所残留的指甲曾进行的发育，都是一样的道理。

根据遗传与变异的观点，残留器官的起源问题是非常简单的。我们在很大程度上可能理解控制其不完全发育的法则。在我们的家养动物中，有大量关于残留器官的事例，如无尾品种的残尾、无耳绵羊的耳朵的残迹；更特别的是无角牛品种的微小下垂角的再现，以及花椰菜全花的状态，等等。我们通常会看到畸形动物中各个不同部分的残留物，但我怀疑这些事实能否指明处于自然状态中的残留器官的起源，并且能否进一步显示残迹出现的原因。因为各个证据的对比清楚地暗示，自然状态下的物种没有经过重大且减小的变化。不过，从对家养动物的研究中我们知道，器官的不使用会导致它们形状上的减小，这种结果也是遗传所造成的。

部分器官的不使用看起来可能是导致器官残留最主要的因素。最初，这种变化以缓慢的速度引起越来越少的部分的产生，直到最后这个部分变成了残迹。例如，栖息于黑洞里的动物的眼睛与生活于诸海岛的鸟的翅膀。这些鸟由于没有受到兽的追捕促使它们飞翔，最终也就失去了飞翔的能力。另外，在某些条件下是有用的器官，可能在其他条件下变得不利，如生活在光秃小岛的甲虫的翅膀。在这样的情况下，自然选择将促使其器官减小，直到该器官变成无害与残迹的器官为止。

构造与功能上的任一变化都会受到细微阶段的影响，而这依然没有超过自然选择的能力限度。因此，一种器官虽会通过改变生活习性而对某种目的变得无用或不利，但却可能借助变异从而被运用到另一目的中。同时，一种器官也可能为以前的某一功能而单独存在。最开始是借助自然选择之力而形成的器官一旦变得没有价值，就可能进行变异，因为它们今后的变异将不再会受到自然选择的控制。而这一切都与我们在自然状态下所看到的是完全一致的。而且，不管在生命的什么时期，不使用或选择而使器官减少这一变化都常常发生在生物变得成熟并能全部运用其活动力量的时候。相应龄期里的遗传原理会有一种趋向，让减少状态中的器官能在相同的成熟年龄中重现，但该原理几乎很难对胚胎中的器官产生影响。因此，我们能够理解，为什么残留器官在胚胎中会比相邻的器官更大一些。不过在成体中，前者就要小很多了。例如，倘若一种成体动物的趾由于某一习性改变的需要而在世世代代中被使用的次数越来越少；抑或是，一种器官或腺体在功能方面的使用频率也变得越来越低，那我们也许就可以推断，它们在这个动物的后代中也会逐渐减少。但是，在胚胎中却几乎会维持其原始的发育标准。

然而，仍有一些难题存在。例如，当一种器官不被使用时，就造成了其形状大大减小，之后，它又是怎样进一步减少，直到只留下最少的残迹呢？并且，它最后又是怎样完全消失的呢？凡是器官的功能消失后，即使不再加以使用，该器官也绝不可能产生更多的影响。就这一点，额外的解释是必需的，但我却不能列举。比如，假设能够证明机体每一部分都有倾向使器官缩减的变异程度大于器官增加的变异程度，那我们就也受到了抑制。这是因为倾向于减小器官的变异再也不会受到自然选择的控制了。我们在前一章里也曾解释过成长中的经济体系原理，参照这一原理，构成任一部分的物质如果对生物没有作用了，它就极有可能被节省起来，这大概对解释无用的部分残迹会有一定的帮助。然而，该原理似乎仅能受限于缩减过程中的较早阶段，因为我们没有办法假定代表着雄性花中的雌性花的雌蕊仅仅能构成细胞组织的细小乳头，会因为节约物质而进一步减少或者不复存在。

最后一点，残留器官无论以怎样的步骤使其退化到现在的无用状态，它都是生物曾经状态的真实记录；同时，它只是通过遗传力量存留而来的。根据系谱分类的观点，我们能够明白，当系统学家将生物划分到自然系统中的合适位置时，为什么他们常常会发现残留部分与具有高度生理重要性的部分同样有用，或者有时还更有价值一些。我们可以拿残留器官与一个单词中所含有的字母作比，虽然后者仍出现在拼写中，但它在该单词的发音方面却变得没有用处了——不过，它还是可以用作显示语源的线索。根据遗传与变异的观点，我们可以推断：残留的、不完整的、无用的状态的，或完全萎缩的存在的器官，对于以前的生物创造学说确实是一个特殊的难题；但相反，按照该书中所阐述的观点，不但不会出现前面的难题，甚至它还可以在我们的预测范围之内。

摘要

在本章中，我曾努力指出以下的情况，即：每一时期同类的所有生物都是以物群下有物群的方式进行排列分类；无论是现存的还是灭绝了的生物，都被复杂的、具有辐射性的及迂回的亲缘关系线连接到一些大纲中，这涉及关系的性质；博物学家们在他们的生物分类中遵循着某些法则，同时，也面临着一些难题；只要一些性状保持固定不变并且是普遍存在的，不管它们是具有高度的重要性还是具有最微不足道的用处，或者没有任何一点重要性，这些性状身上都一定承载着某些价值；同功与适应性状，跟真正亲缘关系所涉及的性状之间，在价值方面存有强烈的异议；还有其他一些这样的法则；等等。如果我们承认亲缘类型都源于同一祖先，它们因通过变异和自然选择而发生改变，最后引起灭绝与性状的分歧，那么我想，以上所阐述的就都是自然而然发生的情况了。当考虑到分类这一观点，应该记住的是，血缘这一主要因素已被普遍应用于不同性别、年龄、两性类型，以及被知晓的同一变种之间的共同分类，而我们并没有在意研究对象彼此间在构造上究竟有多么大的差异。假定我们将血缘这一条件——生物间相似的必知原因——进行扩充，那么，我们就会明白，自然系统对于分类到底意味着什么：它是按照系谱努力进行的排列，用变种、物种、属、科、目及纲等术语来代表有差异的各类分级。

基于同一血缘与变异的观点，无论我们是去观察同纲不同物种的同源器官所显示的相同方式及这些同源器官所应用的目的，还是观察每一个体动植物中的系列同源与横向同源，大多数形态学中的重大事实都是可以被我们理解的。

连续不断的轻微变异虽不是必须或常常发生在非常早的生命时期，但却在相应的时期受到了遗传。根据这一原理我们就能够理解胚胎学中的主要事实，即同源部分在个体胚胎上存有密切相似性。并且当它们发育成熟时，其构造与功能都会变得截然不同。相似而不相同的物种的同源部分或器官，尽管在成体状态中适应于尽可能不同的习性，但仍会持有一定的相似性。幼体是一些活动的胚胎，它们在生活习性上或多或少会有一定程度上的变异，而这些变异在某一相应的较早龄期得到了遗传。以这些相同的原理，应记住的是，器官一旦缩减，不管是由于不使用还是自然选择的因素，这一变化通常都是发生在生物不得不自食其力的生命时期。另外，若没忘记遗传的力量是多么强大，那么残留器官的出现甚至就是可以预测的。根据"自然排列必定是靠系谱"的观点，胚胎性状与残留器官对于生物分类的重要性就很容易理解了。

最后一点，本章中所牵涉的几类事实，我认为，都清楚地表示，遍布于地球的不胜枚举的物种、属与科等，尽管都各自归于其自身的纲或物群，但它们都是同一祖先的后代，且都在生物更替的进程中发生了变异。即使其他的事实与论据不支持这个观点，我还是会毫不迟疑地将其接受。

# 第十五章 综述和结论

对自然选择学说进行反驳的相关重述——重述支持自然选择学的一般条件与特殊条件——普遍相信物种永恒不变的原因——自然选择学究竟可以延伸到多远的领域——采用自然选择学对博物学的研究产生的影响——最后的小结

由于全书是一篇不断的论理,因此,将一些主要的事实与推论作一下简明的重述,想必能使读者更方便地进行阅读与理解本书的内容。

不少严厉的反驳可能会进一步针对以变异与自然选择为依据的遗传和变异学说,对此,我一点也不否认。我曾竭力使这些反驳充分发挥出它们的效力。起初,令人难以置信的观点是:那些更为复杂的器官和本能不是借助超越于甚至类似于人类理性的方式而进行自我完善的,而是借助许多轻微变异的不断积累来完成的。并且,这些变异对生物个体都是有利的。不过,这个看似难以克服的重大难题,事实上也并不是像我们想的那样不能攻克——只要我们承认以下的陈述,即:生存斗争导致了在构造与本能方面有利差异的保存,最后,在每个器官完善的状态中,都存在着对种类有利的各个阶段。我认为,以上这些陈述的真实性是不容置疑的。

毫无疑问,甚至连推测许多构造的完善是通过什么样的阶级也是极其困难的,特别是对那些已经大量灭绝的、断裂的、衰败的生物群来说,更加如此。不过，我们在自然中看到了如此多奇特的阶级，于是，在说明任一器官本能或是任一完全结构不能通过许多渐进步骤达到它们现在的状态的时候，我们应该保持高度的警惕性。必须承认，还有许多对自然选择学的特殊难题的相关情况，其中最惊人的一种是：同一蚁群的工蚁或不育雌蚁中所存在的两三个已确定的等级。不过，我已努力讲明了解决这些难题的方法。

关于物种第一次杂交后几乎普遍存在的不育性，与此形成鲜明对比的是变种杂交时几乎普遍存有的可育性。我必须提醒读者们参照第九章最末尾部分所提供的关于一些事实的重述。我个人认为，这些事实最后表明，这一不育性并不是生物本身特有的一种天赋，而是局限于杂交物种生殖系统的一些偶然差异所导致的结果，就跟两种不同的树不能嫁接在一起是同样的道理。在相同的两个物种相互杂交——一个物种最初用作父本，尔后又用作了母本——所带有的差异中，我们可以见证到此结论的正确与否。该相同的结论也可在考虑两个或三个形态植物的类推中明显得出，因为当这些类型非法相结合时，它们只会产出为数不多的种子或根本就没有产生出种子，所以其后代就会多多少少地变得不育。这些类型还归属于同一明确的物种内，除了在生殖器官与生殖功能上相同外，彼此在其他方面也都是存有差异的。

尽管很多研究学者们都普遍维护"杂交变种间与其杂交后代中具有可育性"这一观点，但在最高权威格特勒与科路特提供了一些事实后，这种观点并非被认为是十分正确的。大多数用作实验的变种都是在驯化条件下进行繁殖的。而所谓的驯化（我不仅仅指圈养）几乎都有一种使该不育性消除的倾向。从相似性上可判断，只要它们相杂交，就会对亲代类型产生影响，因此，我们不应该期望，当杂交时，驯化会引起其变异后代的不育性。显然，这种不育性的消除不仅与使我们的家养动物在各种各样条件下进行自由繁殖这一相同原因相符，还与它们所逐渐习惯的生活条件的频繁改变的原因一致。

两组相似的事实似乎阐明了物种最初杂交后具有的不育性以及杂种后

代的不育性。在一方面，我们有合理的理由去相信，生活条件的轻微变化给一切生物都增添了活力与可育能力。我们也知道，同一变种的不同个体间以及不同变种彼此的杂交会使其后代数量增加，当然，也会使后代的体型增大、活力四射。这主要归因于杂交类型已经历了略微不同的生活条件。我曾艰辛地做了一系列的研究并查明，假若同一变种的一切个体都在持续不断的几个世代中面临了同一生活条件，那么杂交所带来的益处常常就会被大大削减或全部消失。这只是该情况的一个方面。而在另一个方面，我们知道，曾长期生活在几乎相同条件中的物种，一旦在圈养中面临新的和重大变化的生活条件时，不管是灭绝了的物种还是幸存下来的物种，即使它们的生命是完全健康地被维持了下来，最终也都会是不育的。但我们驯化的生物已长期经历了起伏不定的生活条件，以上的情况就不会出现，或者出现的频率很低。我们发现，两个不同物种杂交而产生的杂种数量极少，这是因为物种在受孕不久或在非常早的龄期就已灭绝了。另外，即使这些物种能够存留下来，它们基本上也变得不育了。这是极有可能的，其原因是，杂交物种事实上已经经历了将两种不同机制相混合的这一变化重大的生活环境。如果一个人能以一种确切的方式来解释"一只大象或狐狸在其本土被圈养时，不具繁殖能力，而家养猪或狗即使在变化最大的条件中也能进行自由繁殖"等问题，那他也就有能力明确地回答下列问题，即：为什么两个不同物种以及其杂种后代通常都或多或少会不带有可育性，然而两个驯化变种一经杂交，它们的后代又是完全具有可育性的？

回顾地理分布时，遗传变异学所面临的问题是极其严肃的。同一物种的一切个体、同属的一切物种，甚至是较高级物群都是从共同的祖先遗传下来的。所以，不管它们会在世界多么遥远而又孤立的地方被发现，可以肯定的是，它们存于这些从某一地方迁移到另一地方的连续世代中。有时候，我们甚至不能揣测这到底受到了怎样的影响。然而，我们已有理由相信，某一物种曾长期保留了相同的特定类型，如果以年为时间单位来计算，将是一段漫长的时期，因此太多的重点就应落在同一物种偶然而又广泛的传播上。因为在这非常漫长的时期内，生物常常会寻求到好的机会，去通过许多方式大面积传播。中间地区的物种灭绝通常能用来解释断裂或受到干扰的生物分布。不可否认，我们至今对近期影响地球的不同气候与地质的变化还未彻底理解，甚至对这方面知识的了解还是缺乏的，而这样的变化往往为生物的迁移提供了便利。作为例子，我曾试图指出，冰川时期对世界上同一物种或相似物种的影响是多么巨大。即使在现在，我们也尚未深刻地知晓许多生物偶然进行传播的方式。同属的不同物种生活在彼此相隔极远且相对隔离的地区，这是由于变异进程必然是缓慢的，在这一段极悠长的岁月里，生物可能采用一切迁移方式进行传播。因此，我们对同属物种广泛传播的理解难度也就得到了一定的削减。

根据自然选择学，以前肯定存在过大量的中间类型，它们正如我们现存的变种一样，以阶级的形式将每个物群的所有物种共同相连。有人可能会心存疑惑：为什么在我们周围没有看见这些连接类型呢？为什么一切生物不是在一种纠缠不清的混乱状态中相互融合的呢？关于现存物种这个问题，应该记住的是，除了一些极少数情况外，我们没有权力去期望在它们中能发现直接相连的中间类型；中间类型仅仅在某一灭绝与受到排斥的类型中才能得以发现。即使是在开阔的地区——那里长期保持了连续的状态，那里的气候条件与其他的生活条件从受某一物种占据的地区逐渐不知不觉地变化到了另一密切近似物种所占据的地区——我们也还是没有权利去期盼能在某些中间地区找到中间变种。因为我们没有证据证明只有同属的一些物种曾经过了这类变化，而其他物种已完全灭绝了，因此没有遗留下任何变异后代。而在一些确实经过了变异的物种里，仅有一些物种同时同地进行了变异，并且一切变种所受到的影响是很缓慢的。同样，我也曾说过，起初可能存于中间地区的中间变种容易受到两侧相似类型的排挤，后者由于现存的数量更多，所以从长远的时间来看，中间变种就易被排挤，从而被迫走上灭绝之道。

一些观点主张，世界上现存物种与灭绝物种之间，以及每个连续时期内灭绝物种和较古老物种间，都有无穷无尽的连接类型灭绝的情况。若真是这样，那为什么每一地质层里都没含有这种中间类型呢？为什么在每次化石遗骸收集的过程中都没有确凿的证据来证明生物类型的阶级与突变呢？尽管我们进行的地质研究的确显示出以前存在不少的连接类型，这些连接类型使无数生物类型更加密切地连在了一起，但是，我们还是没有找到现存物种与以前物种间存有的无限细小的且是我们学说所需要的阶级。这也是强烈反对本学说的最明显的异议。另外，为什么相似物种的整个物群曾在连续地质阶段突然出现呢？尽管这常常并非是真实的现象。虽然我现在知道了地球上的生物出现在一段难以计量的遥远时期，其远远早于寒武纪累积起来的最底沉积层，但是，为什么我们在这个系统之下、在巨大的地层中，却没有找到寒武纪化石中祖先的遗骸呢？其原因是，根据本学说的观点，这样的地层必定是早在世界历史的古老且完全未知的时期里就已于某处开始沉积了。

倘若要回答这些问题与反驳，我只能做出假设，假定地质记录的不完整度远远超过了大多数地质学家所一贯相信的东西。与必然存在过的无数物种世世代代的无尽数量相比较，我们所有博物馆内保存的化石标本，其数量显然是不值一提的。任意两个或更多物种的亲本类型不可能在一切性状上都直接处于变异后代中间。像岩鸽在嗉囊与尾的性状上，就不会直接位于其后代凸胸鸽与扇尾鸽的性状中间，这其实是相似的情况。即使已做了非常全面的研究，我们也不应该将某一物种视为另一物种或另一变种的祖先，除非我们找到了大多数中间连接类型；可由于地质记录的不完善，我们根本无法期望找到如此繁多的连接类型。即便是两三个，甚至更多的连接类型真的被发现了，许多博物学家也会将其简单地列为现在数量很多的新物种。在不同地质的亚期找到的连接类型，虽然它们之间的差异是如此微小，但还是受到了博物学家们一致的对待——将其列为新物种。无数现存的确定类型大概都是一些变种，然而，谁又能预测，我们今后不会发现如此多的化石连接类型，以至于博物学家们都不能决定到底是不是应该把这些确定好的类型称为变种呢？毕竟我们只是对世界上的一小部分地区进行了地质探测，毕竟也仅仅是某些纲的生物以化石的形式被保存了下来。许多物种一旦形成就不会再经历任何进一步的变异，从而就会逐渐灭绝，当然也就不会留下任一变异后代。物种曾经变异的时期虽然以年来计算是很漫长的，但与它们维持同一类型的时间相比，却可能是短暂的。具有优势的物种与广泛分布的物种，其变异的频率是最高的，程度也是最大的，其变种最初通常是本地的，以上这两种因素导致了我们很不容易发现中间类型。只有当大量的本地变种进行变异与进化时，它们才会传播到其他偏远的地区；若它们曾发生过传播这一过程，就会在地质层中显现其生存过的痕迹。它们的出现就如其突然在那里被创造出来一样，因而，会被简单地划分到新物种这一类。大多数地层在其积累中都曾断裂过，所以，地层的延续时间就可能要比某些特定类型的平均延续时间短一些。在大多数情况下，连续地层彼此间也被极长的时间间隔这一空白所分隔，因为含有化石的地质层厚得足以抵挡未来地层的分解。普遍说来，该地层仅会在海平面下降时形成的大量沉积物中堆积起来。而在海平面升高与静止相互更替的时期内，地质记录往往是空白的。在后者的时期中，可能会在生物类型中存有更多的变异；不过，在前者的时期中，则可能伴随着更多的灭绝物种。

　　对于寒武纪地质层下富含化石地层的缺失，我只能再次回到第十章中所给出的假设——虽然我们的诸多大陆与海洋经过无数的时期后，其以前的位置与现在的相对位置近似，但我们仍没有证据证实这种情况通常都会如此而不会有改变的一天。因而，地质层沉积的时间也就比现在已知的埋藏在大洋底的任一已知地质层要早一些。有一点，即自从地球形成以来，其所经历的时间与我们猜想的生物变异数量并不搭调，这也正是威廉·汤普森爵士所主张的反对观点——也可能是迄今为止最为严厉的反驳。而我只能说，第一，我们的物种以年为单位是什么样的变异速率；第二，不少哲学家们至今还不愿意承认我们对宇宙构造和地球内部构造的了解根本不足以让我们有把握地推测地球过去所持续的时间。

　　地质记录是不完整的，大家都将承认这点；不过，这种不完整所达到的程度正是我们学说所需要的。然而，却几乎没有人愿意承认。只要我们观察的地质的时间间隔足够长，地质学就会清楚地表明，一切物种都曾经历过变异；其变异的方式对于我们的学说也是至关重要的，因为它们都曾以一种缓慢且渐进的方式进行变异。我们可以在以下事例中看到这种情况，即：连续地层含有的化石遗骸彼此间的关系，要比大面积分隔的地层中含有的化石彼此间的关系更加密切。

上述事实就是对极力反对本学说的几个主要意见与难题的小结，我已据我所知异议的答案与解释进行了简要的重述。但我仍感到这些难题许多年来还是太过于难解，这使我从未怀疑过它的困难的分量。让人特别注意的是，更重要的反驳与我们公认的所知甚少的问题有关，并且我们根本不知道对这些问题还缺乏什么样的了解。我们也不知道构造最简单、最完整的器官间所存有的一切可能的传统等级。我们更不能主观臆测，我们知晓了漫长岁月里的一切各种各样的生物分布，或者知晓地质记录究竟达到了怎样的不完整的程度。这几个反驳都很严厉，但在我的判断中，它们还绝不足以推翻最终的遗传变异学说。

现在，让我们回过头来探讨另一个争论。我们的驯养物种里的大多数变异，是由生活条件的变化所引起或激发的。不过，变异的方式非常隐秘，使我们误认为变异是自然而然产生的。支配着变异的复杂法则有很多，如相关的成长法则、补偿法则、器官不断被使用与废弃的法则以及周围条件产生的明显影响的法则等。虽然我们还很难查明家养生物曾发生变异的程度到底有多大，但我们可以大胆推测曾经的变异量是很多的；而且，变异也可长期遗传给后代。只要生活条件是一直不变的，我们就有理由相信，已经遗传给许多世代的某一种变异将可能继续遗传给无数的世世代代。除此之外，我们有证据证实，变异一旦对物种产生作用，就不会在长期的驯养条件下停止。我们确实也未曾发现它有停止的情况，因为就算在我们最原始的家养生物内，也会偶然出现一些新变种。

人类并不是真正导致生物变异的原因，人类只是无意间使生物接触到了新的生活条件，于是，自然对生物发挥的作用就引起了变异。然而，人类的确能够选择自然赋予生物的变异。这样，人类就能以心里渴望得到的方式将这些变异积累起来，使动植物适应各自的利益或喜好。也许，人类只是有条不紊或不经意地将对人最有用或最令人开心的个体保存下来，而根本没想有意去改变个体的种类。不过，通过连续世世代代的选择，尽管只有经过训练、有经验的人能考验分辨个体间微不足道的差异，但这些个体由于人类的选择必然会在很大程度上影响这个品种的性状。这种无意识的筛选是促使差异最大、最有用的家养品种形成的最大因素。而且，无论其中的许多个体是变种还是原始的不同物种，这个复杂难解的疑问表明，许多经人类选择产生的品种，在很大程度上都具有自然物种的性状。

在驯养条件下，选择的原理发挥了这样重大的力量，它就没有任何理由不会在自然条件下施展同样的力量。在有利的个体与品种经过不断重现的生活斗争而幸存的现象中，我们看到了选择方式所展现出的力量与前所未有的作用。一切生物都共同遵循着几何级数而迅猛增加，因此，生存斗争也是不可避免的。这一增加的极快速率，我们可根据许多动植物在连续不断的特殊季节以及其移入一些新领域的快速增长来加以计算。个体出生的数量要比预计存活下来的个体多。自然天平的略微失衡将决定哪些个体会存活、哪些个体又将死亡、哪些变种或物种的数量会增加或减少，从而引起物种最终的灭绝。由于同物种内的个体在所有方面都与彼此间的竞争最为接近，因而它们之间的斗争通常是最激烈的。在同物种的变种以及同属内的物种中，各自的竞争几乎也是同样激烈或者激烈程度是相近的。另外，即使在自然体系上相去甚远的生物间，其斗争也往往如此。在任何年龄或任一季节里，某些个体只要自身拥有哪怕是最微弱的优势，或有更好适应周边自然条件的能力，不管这种较好适应的程度有多么微小，从长期利益来看，它将扭转平衡，使生物受到成功的青睐。

对于雌雄异体动物而言，在大多数情况下，斗争往往是由于雄性为了争夺雌性。活力最为旺盛或那些在生存条件斗争中最成功的竞争者，往往会留下最多的后代。竞争的成功常常取决于雄性所持有的特殊武器、抵御敌对的方式及吸引异性的魅力，在以上这些决定因素中，即使是轻微的优势也会给它们带来胜利的曙光。

由于地质学清楚地表示，每个地方曾经经历了巨大的自然条件下的众多变化，所以，我们可期望发现，生物在自然条件下曾发生过变异，就如它们在驯养环境下进行了变异一样。只要在自然条件下有任一变异，倘若自然选择曾经没有发挥过任何作用，那就是一个很难解释的事实了。人们曾经常断言——虽然这并没有得到证实——自然条件下的变异量仅仅是局限于一定量的范围中。尽管人类只是作用于生物的外部性状，其结果也是反复无常的，但在短暂的时期内却可以通过积累自己家养生物中细微的个体差异这一方式，从而产生重大的结果。同时，每个人也承认，存有的自然变种间的明显差异值得在系统分类著作中记上浓墨重彩的一笔。对于个体与变种间的略微差异或是更多明确的标志的变种、亚种及物种，至今尚未有人做过任何清楚的描述。在受任一障碍物分割的孤立大陆、同一大陆的不同地方，还有远离海洋中心的众多岛屿上，所存在的类型是多么的繁多啊！而对这些类型的分类人们也还是争论不休。某些有经验的博物学家将它们分为变种，但另一些博物学家则把它们列为地理种或亚种，剩下的物种尽管亲缘关系密切，但还是被分为了不同的物种。

假若动植物的确发生了变异，不管其程度有多微小、其速度有多缓慢，其必定是对生物的某一方面有益。那为什么这些变异或者个体差异不会常常通过自然选择或"适者生存"的方式被保存起来呢？另外，如果人类尚且可以耐心积累起生物对其有益的变异，那在不断改变与复杂无比的生活条件下，对自然生物不利的变异为何不应增加且被保留或被选择积累起来呢？并且，在较长时期内，作用于整个体制、构造与每一生物习性的力量，即"优胜劣汰"，究竟受到了什么样的限制呢？而对于这种缓慢且灵活地让每一种类型适应生活中最复杂关系的力量，我没有发现任何的限制。如果只是就这一点来说，自然选择学似乎是最具有可信价值的。总之，我的确已尽我所能重述了受反对的难题以及存在的诸异议。现在，我们再来看看支持我们学说的某些特殊事实与论据。

物种仅仅是特征明显的、稳定的变种，并且每一个物种最初都是以变种的形式出现的。根据这一观点，我们就能够明白，为什么在人们普遍认为的、应该由创造这一特殊作用而产生的物种，与人们所公认的、曾由第二条法则所产生的变种之间没有存在任何分界线。同时，我们也能够理解，在一个地区内，曾产生了同属的许多物种，为什么至今这些物种还如此繁盛，为什么该相同物种会代表不少的变种。因为根据一般的规律，我们可估测，产生这些物种的活跃发源地现在仍发挥着作用。如果变种是初期物种，情况也是如此。而且，由数目较多的变种或初期物种构成的较大属内的物种，保留了变种的一定性状，其原因是，它们彼此间的差异量比较小属内的物种少一些。较大属里亲缘关系密切的物种，其分布明显具有一定的限制。在其亲缘关系中，它们是围绕着其他物群居于某些小的物群中，这两方面都与变种相似。根据物种独立创造论，这些关系是很奇怪的，但倘若认为每个物种最初是变种，此关系便是我们了然于胸的。

　　由于每个物种都有一种倾向沿几何级数而肆意过度繁殖，每个物种的变种后代都将通过在习性与构造方面尽可能多的变化而使自己的数量不断增加，从而能占据自然界中更多完全不同的领土；所以，自然选择就会有一种固定不变的趋势，使任一物种中性状差异最大的后代保留下来。所以，在漫长连续的生物变异过程中，同一物种内变种间性状的微小差异，会倾向于扩增为同属物种性状较大的差异。新的变种与进化的变种不可避免地将排斥较老的与进化较少的中间变种，最终促使其灭绝。这样，在很大程度上，物种就变成了被确定的各种各样的生物种类。归属于各纲内较大物群的优势物种，趋于产生更多新的和优越的类型。因而，每个大群都有变得更大的倾向。与此同时，在性状方面也会存有更多的分歧。然而，一切物群的数量不可能一直增加下去，因为地球上不能继续将它们全部容纳，所以，具有较少优势的物种定会被更具优势的物群打败。这种大群数量的断续增加与性状不断发生分歧的趋势，以及随之而来的更多不可避免的灭绝情况，可以用来解释为什么一切生物类型能以物群下有物群的方式排列，而只有一些大纲的类型可以从头到尾处于优势地位中。在所谓的自然系统下，一切生物分群的重大事实若套用创造学说，是完全难以理解的。

　　由于自然仅凭借对细微、连续、有利变异的积累发挥作用，因此，它不能产生巨大或突然的变化，而只能伴随小的、缓慢的步伐来发挥效应。

所以，"自然界没有飞跃"这一法则已被我们新增加的知识所证实，并与自然选择学相一致。我们可以看到，为什么在整个自然界中同一普遍的结果可由无数的各种各样的方式来获得？因为每一种特征一旦被得到就会长期遗传给后代。而已经以许多不同方式进行变异的构造也不得不适用于同一普遍的目的。总而言之，我们能够明白，自然界为什么对变异极为慷慨，相反，却对创新又特别吝啬。然而，如果一切物种真的都是被创造出来的，那为什么没有人能够解释这种情况所形成的自然界中的这一法则呢？

我认为，根据这一学说，许多其他的事实也就难以理解了。以下是一些奇怪的现象：与啄木鸟类型相似的一种鸟在地面捕食昆虫；生活于高地的鹅较少或根本无法游泳，却长着有蹼的脚；像鸫的鸟潜于水中并以食水昆虫为生；海燕具有适应于海雀生活的习性与构造；并且还有无穷无尽的其他事例可以证明这一点。不过，各个物种会不断力求使自己的数量增加，另外，选择常常容易使每种缓慢变异的后代适应自然界中任一没有被占据或没有被完全占据的地方。依照这一观点，上述的事实就不再令人感到惊奇了，甚至还是在预测范围之内的。

在某种程度上，我们能够理解，自然界为什么会洋溢着如此美妙的痕迹，这大部分要归因于自然选择。依我们的审美观，这种美并非普及于自然界。不过，只要任何人看到过一些毒蛇、鱼类、某些与人类脸庞歪曲相似的可怕蝙蝠，那他就会承认前者的美了。性选择赐予雄性最光艳亮丽的颜色、最高雅优美的姿态以及最与众不同的装饰。有时，不少鸟类、蝴蝶与其他动物的雌雄两性也获得了这样的恩赐。以鸟类为例，性选择让雄性鸟鸣叫出具有旋律性的音调，这不仅可以用来赢得雌性的芳心，还可以让我们领略音乐的魅力。花朵与果实由于鲜艳的花色与绿叶的相互点缀映衬，才变得更加光彩夺目。这样，花朵就容易被昆虫发现，并不断使昆虫回访以进行传粉，其种子也会被鸟类携带传播。至于某些颜色、声音以及形状等为什么会使人与低等动物的心情舒畅，即审美观在最简单的形态上最初是怎样获得的，我们的确一无所知，就像不明白某种气味与味道起初为什么会沁人心脾一样。

由于自然选择是通过竞争表现出来的，它让各个地方的生物相适应并进化，而这仅仅与共同生活在一起的生物有关。所以，尽管任一地方的物种，根据普遍观点，本应属本地所创造并能特别适应那个地方的条件，但却会被来自其他地方的驯化生物所打败，受到排挤。对于这一点，我们不应该感到惊奇不已。据我们所知，大自然的一切创造并非绝对完美，我们的眼睛也是如此，或许，其中的一些创造还与我们以往所一致认同的观点相悖，这也不足为奇。例如，蜂刺一旦用于抵抗敌手后，就会导致自身的死亡；如此众多雄蜂的产生，只是为了一次的交配，随后就被自己的不可生育的姐妹杀死；枞树对花粉惊人的浪费；蜂后对其具有可育性的姐妹有一种本能的憎恶；姬蜂在毛虫的体内觅食……还有其他此类的情况等，我们现在对此都没有必要再大吃一惊了。根据自然选择学，真正令人惊奇的是，我们未曾发现更多绝对完美的例子。

据我们所得出的判断，支配着变种产生的复杂、鲜为人知的法则，与支配各个物种的产生的法则是一致的。在这两种情况中，自然条件看起来曾产生了某一直接而又确定的影响，但是，我们却不能说明这种影响究竟有多大。因此，当变种进入任一新领域时，它们有时候就会获得那个地方物种所特有的某些性状。对于变种与物种而言，器官的使用与否似乎曾发挥了较大的作用，因为我们根本不能反对这个结论——只要我们看到以下的事实。例如，大头鸭持有的具飞行能力的翅膀，这与家鸭的情况是近似的；掘穴的栉鼠有时候是看不见东西的，而某些鼹鼠因眼睛被皮遮盖，所以习惯地看不见东西，美洲与欧洲黑洞里生活着的盲眼动物也是如此。变种与物种的相关变异似乎曾发挥了重要的作用。因此，当生物的某一部分曾发生过变异，其他部分也必然没有放弃过变异的机会。在变种与物种间，长久消失的性状偶尔会出现返祖的情况。若根据创造学说，有时出现在马属及其杂种里的一些物种肩部与腿部上的条纹将是多么令人费解啊！而相反，倘若我们相信这些物种都是从长有条纹的祖先那里遗传而来，就能简单地对以上的事实做出解释了，就像一些鸽的家养品种是由蓝色条纹的岩鸽产生的后代一样。

人们都普遍认为每个物种都曾是被独立创造出来的。若真的是如此，那特种的性状，即区分同属内各物种的性状，为何会比属内共同的性状有更多的变异呢？例如，同属内任一物种的花的颜色，在其他持有不同颜色的花朵中为什么要比在颜色完全相同的花朵中更容易发生变异？假如物种仅仅是特征突出的变种，其性状也极度稳定，我们就能够理解上述的事实了，因为自它们的性状从共同的祖先分支出来后已发生了变异，这是物种彼此间存有差异的根源。因此，与在漫长时期内没有得到遗传的性状相比，这些相同的性状就更可能发生变异。创造学无法解释生物的一种器官仅仅在属内的某一个物种身上以极少且不寻常的方式进行发育这一现象，所以，我们可顺理成章地加以推测到，对于这个物种来说，该器官是生物很重要的部分，但既然是这样的话，那为什么它却极容易变异呢？不过，根据我们的观点，我们可以预测，这些部分自从一些物种由共同的祖先分支下来后，就经过了大量的改变与变异，所以通常才仍会发生变异。然而，以最特殊的方式发育而成的一种器官，如蝙蝠的翅膀，假若它为许多次级类型所共有，即得到了长期的遗传，那么它也有可能不会比任一其他构造发生更多的变异。因为，在这样的情况下，该器官已由于自然选择所发挥的长期且连续的作用而变得稳定了。

再来谈谈本能。尽管一些本能是很奇妙的，但根据连续、微小、有利的变异的自然选择学，这些本能也并没有比生物肉体构造更难以解答。这样，我们就可以理解，为什么自然是通过渐进的步骤赋予了同纲里不同动物的一些本能了。我曾努力指出，级进原理在蜂群令人钦佩的建筑力中得到了多么明显的体现。毫无疑问，习性通常对变化着的本能产生了作用，不过，它并不是不可缺少的，就如我们看到的中性昆虫类。这些昆虫并没有遗留下任何后代来继承长期连续的习性所带来的作用。同属内的一切物种都是从同一祖先遗传而来，并获得了许多共同的特征。就凭这一观点，我们也就能理解为什么亲缘物种虽然在完全不同的生活条件下却还是遵循着近乎一致的本能。例如，南美洲热带与温带的鸫类与英国的鸫类相似，两者都会在各自所筑的巢中刷上一道泥浆。倘若我们认为本能实际上是通过自然选择而渐渐获得的，那么对于某些本能的不完美之处而给生物带来的一些错误，甚至不少本能令其他动物受难的现象，我们就没必要感到惊奇了。

如果物种只是特征突出的稳定变种，我们就会恍然大悟：在一定程度与各种性质上，就像大家所公认的变种的杂交后代一样，它们遵循着同一条复杂的法则，即通过连续杂交，彼此相混合，这些后代与其祖先有密切的相似性。假若物种曾是被独立创造出来的并且变种也曾是通过第二法则产生的，那么这些相似性将显得尤为奇怪。

如果我们承认，地质记录在极大程度上是不完整的，那么地质记录所提供的某些事实就能有力地支持遗传变异这一学说了。新物种曾在连续的间隔里以缓慢的步伐出现在历史的舞台上；而同等时间间隔内所产生的变异量，在不同的物群是完全不一样的。物种与整个物群的灭绝在生物不断更替的过程中发挥了如此显著的作用，这是遵循了自然选择的原理，因为新的、进化的类型显然会排斥旧的类型。而且普通世世代代的这一链条一旦断开，无论是单个物种还是物群，都不会再次出现了。与优势物种类型的逐步传播同步发生了的，是其后代缓慢的变异。在经过漫长的时间间隔后，这会引起生物类型的出现，就好像它们在整个生物交替的世界历史中都曾同时进行了变异一样。每一地质层的化石遗骸，其某一程度的中间性状都处于上下地层的化石中，这一事实可以简单地用它们在生物链上的中间位置来解释。一切灭绝的生物都能够与所有近期的生物被划分在一起，这一重大事实自然也符合现存生物与灭绝生物都是共同祖先的后代的原理。由于物种在遗传变异的漫长过程中常常会在其性状方面出现分歧，所以我们可以理解，为什么更多古老的类型或每个物群的早期祖先，会如此频繁地占据现存物群间的某些中间位置。从整体上来看，近期类型在大部分机制中常常会比古老的类型更高级一些。显然，它们必然是更高级的，其原因是，更多进化的类型后来曾在生存斗争中战胜了较古老的、进化较少的类型，结果，它们往往也会使自身的器官专门化于各种各样的功能。这不仅仅与无数生物仍保留着简单而又进化较少的构造以适应简单的生活条件是完全一样的，同时，还与某些类型由于在每个遗传阶段为更好地适应新的且倒退的生活习性而在其构造组织方面所出现的退化现象是完全相符的。最后，我们也可以解释长期连续生活在同一大陆上的亲缘类型，如澳洲的袋鼠、美洲的贫齿类以及其他类似这样的事例，因为同地区内现存与灭绝的生物都因被血缘紧紧地相连而显得极为相似。

接下来，我们来看看地理分布的问题。倘若我们承认，由于以前气候的改变、地理的变迁及许多偶然而又不被人知晓的传播方式，在漫长的生物变化时期，的确存有生物从世界的某一地向另一地的迁徙现象，那么，根据生物遗传变异的理论，我们也就可以理解大多数关于生物分布的重大的主要事实了。如，我们可以明白，在生物的整个空间分布及整个时间内，为什么会存在如此明显的分布与地质连续平等的情况。因为在这两种条件下，生物已被普通世代代的纽带相连，所以其变异方式也是相同的。而对于让每位旅游者吃惊的事实，即在同一大陆上差异最大的条件下，在酷热与严寒的气候中，不管是在高山与低地还是在沙漠与沼泽中，每个大纲内的大多数生物都是明显相似的，这要归因于它们都有着共同祖先，都是早期迁入者的后代。同时，根据原有的同一迁徙原理及大多数变异的事实，我们通过冰川事件，就能理解为什么生活在最遥远的高山与在南北温带地区的一些少数植物完全相同，而许多其他的植物也密切相似。并且，我们也能够理解，尽管南北温带地区被整个热带海洋隔开，但生活在里面的一些海洋生物仍保持着极其相似的特点。另外，虽然现在呈现出的自然环境可能与同一物种曾获得的条件极为相似，但当两地生物因彼此彻底分隔而变得完全不同时，对此，我们也自然不会感到奇怪，因为生物之间的关系是所有关系中最重要的，而两地也曾接受了来自某一地方或彼此相邻地方的不同时期、不同比例的迁入者。所以两个地区内变异的进程难免会有所不同。

按照生物迁徙以及随后发生变异的观点，我们可以明白为什么许多海岛上会仅仅生活着为数不多的物种，而其中的大部分又是特殊的或地方类型。我们也能清楚：为何归属于动物群内的物种，如蛙类与陆栖哺乳类，因不能渡过广阔的海洋而无法栖息于海岛之上；不同的，为什么能横渡海洋的新且特殊的物种，如蝙蝠，却常常能在与任何大陆相隔甚远的海岛上被发现。海岛上蝙蝠这一特殊物种的出现以及其他物种的缺失等此类事实，站在创造的独立作用的角度上，是完全难以被理解的。

在生物遗传变异学说中，只要任意两个地区中存在亲缘关系密切的物种或代表物种，这就意味着同一亲本类型曾栖息于这两地。我们也发现，不管亲缘关系密切的物种生活在哪两个地区，一些相同物种仍是两地所共有的。同时，无论众多极其相似而又不同的物种在哪里出现，归于同一物群内的不确定的类型及其变种也会出现在那里。每个地方的生物都与迁入者的最近起源地中的生物相似，这的确具有高度的普遍性。对于这一点，在加拉帕戈斯群岛、胡安斐尔南德斯群岛及美洲的其他岛屿上，几乎所有的动植物跟在与其相邻的美洲大陆、佛得角群岛以及非洲的其他岛屿与非洲大陆上的动植物之间，都可以看到这一明显的相似现象。必须承认，创造学根本无法解释上述的这些事实。

正如我们曾见到的，一切过去的与现存的生物都被排列到了一些大纲里，以物群下有物群的形式表现出来；并且，灭绝物群往往会介于近期物群之间。而这些事实都可以用自然选择学所涉及的灭绝的偶然性与性状上的分歧来解释。基于这些相同的原理，我们能够明白：为什么同一纲里的类型相互间的亲缘关系会如此复杂不堪，甚至是迂回曲折；为什么某些性状对于分类要比其他的性状更有价值，而某些适应的性状尽管对生物的重要性至上，却对分类几乎没有任何益处；相反，为什么一些由残留器官遗传的性状虽对生物没有任何用处，却又常常表现出极高的分类价值；为什么胚胎性状通常是一切性状中最有价值的一部分；等等。通过对比来区别适应的相似性，我们发现，一切生物之间的真正亲缘关系是以遗传或血缘系统为基准的。自然系统是一个系谱的排列，它将生物间的差异程度以变种、物种、属以及科等术语加以明显区分。不管最稳定的性状是什么样的，以及对生物的重要性有多么微小，我们都不得不据此来发现生物间的血缘线。

人类的手、蝙蝠的翅膀、海豚的鳍和马的腿都是由形状相同的骨骼构造形成的，长颈鹿与象的颈部是由数量相同的脊椎构成以及其他诸如此类的事实，即刻起，就可以用遗传所伴随着的缓慢、轻微且连续变异的原理来解释了。蝙蝠的翅膀、螃蟹的颚与腿、花朵的花瓣、雄蕊与雌蕊，尽管它们用于各种各样的目的，但其构造方式却是相同的。在很大程度上，以每个纲里早期祖先极度相似的部分或器官所发生的逐步变异的观点，是可以解释上面的情况的。连续变异并不是常常发生在较早的龄期，而是于生命不是很早的相应时期才能得到遗传。在这条原理之上，我们可以清楚地明白，为什么哺乳类、鸟类与爬行类的胚胎会如此相像，而与成体类型的差别却是如此明显。同样，对于能呼吸空气的哺乳类动物或长有鳃裂与环状动脉的鸟类，我们也不会再大为吃惊了，因为它们就像鱼一样，必须借助于发育完好的鳃呼吸溶解在水中的空气。

　　有时，在自然选择的影响下，生物停止使用的器官一旦遇到改变的习性或生活条件，就会变得无用而减小，在这一点上，我们就能够理解残留器官的含义了。只有当生物发育成熟而不得不将全部力量用于生存斗争时，器官的不利用与自然选择常常才会对第一种生物发挥作用。不过，在生物的早期生命中，它们所发挥的功效是很微弱的。所以，器官在其较早龄不会减小或变得退化。例如，小牛的牙齿是从有发育较好的牙齿的祖先那儿遗传下来的，然而，它却永远不会凸透小牛上颌的牙龈。我们相信，成熟动物的牙齿因不利用才变小，这主要是由于其舌、硬腭或嘴唇通过自然选择已变得适于吞食草类，所以，自然也就不需要再借助牙齿的力量了；不过，与此相反，小牛的牙齿并没有受到任何的影响，而且根据遗传发生在相应龄期的理论，其牙齿从遥远的时期遗传到现在。倘若认为每种生物与其所有的部分都是以特殊的方式被创造出来的，那么如胚胎时期小牛的牙齿或者许多甲虫的连接在翅鞘下的萎缩翅膀等被明显打上了无用标记的器官，根本就将无法解释。有人常常说，大自然通过残留器官、胚胎构造与同源构造来不遗余力地公开自己对生物的变异计划，结果，遗憾的是，我们太过于盲目而没有理解她的良苦用心。

我完全相信，物种在漫长的遗传过程中曾发生过改变，对此类的相关事实与所考虑的因素，我已做了重述。生物的演化主要受到了自然选择所带来的无数连续、轻微、有利变异的影响；其次是，借助了器官的使用与否的遗传作用这一重要的方式。还有不太重要的方式，那就是：过去的适应构造都受到了外部条件的直接影响以及现在我们了解尚少的自发变异的影响。对于自然选择以外的、也能引起生物构造稳定变化的自发变异所隐含的频率与价值，我以前似乎将其估计过低了。然后，我们的结论近期却受到了很多的曲解，说我仅仅是把物种变异归因于了自然选择。在这里，请允许我澄清一下，本作品的第一版本以及随后的几个版本中，我都曾在引言末尾最显眼的位置附有这样的一些文字："我相信，自然选择是变异的主要手段，但并非是绝无仅有的手段。"不过，我的努力还是没有一点用处，这也足以见证了不断误传的巨大力量，但幸运的是，科学史表明，该力量肯定不会长期延续下去。

难以想象错误的学说会与自然选择一样，对以上详细陈述的几大事实做出如此令人满意的解释。有人近来提出异议，称这种论理的方式缺乏一定的可靠性。不过，我想说的是，这一方式常常被一些最伟大的自然哲学家们所采用。波动学说就是以此方式而获得的，地球围绕其中心轴运转的观点到现在也很难受到任何直接的证据来支持。然而，如果说科学至今为止仍未对生命的本质或生命的起源这一难度更高的问题有所建树，那我想问：世界上谁能解释地心引力的本质呢？尽管莱布尼兹以前责怪牛顿"将神秘的物质与奇迹般的事物引入到了哲学中"，可是，现在又有哪一个人会去反对遵循引力这一未知因素而得出的结果呢？

我找不到好的理由来解释为什么本书中所提供的观点会使任何一个人的宗教情感受了震惊。不过，倘若我们没有忘记，即使是人类最伟大的发现——地心引力法则，也曾受到莱布尼兹的抨击，他以为"它颠覆了自然规律，于是也就推理地破坏了宗教"，那不论这样的意念所维持的时间是多么短暂，我们也都可以心满意足了。一位出名的作者兼牧师曾写信告诉我："我逐渐明白，相信神创造了一些原始类型，并且这些类型能够自然地发展成其他必需的类型，以及相信神拥有一种创造的新作用来填补由于其法则作用所引起的空白，这两点在神学概念上都一样宏伟。"

有人会问：为什么直到现在，几乎所有在世的最杰出的博物学家与地质学家都对物种的易变性持不信任的态度？我们不能妄下断言，说自然状态下的生物经过了任何变异；也不能证明生物在漫长的更替过程中所产生的变异量受到的限制的性质；更不能确定或描述出物种与性状突出的物种间的明显差异。显然，我们也不能认定，物种一经杂交就一定不具有可育性，而其变种就一定是可育的或者被认为该不育性是"创造"所给的一种特殊的天赋与标志。只要有人认为世界上生物演化的历史是短期存在的，这个人几乎就不可避免地会相信，物种都是易变的生物。而现在，尽管我们已经掌握了一些关于地质变化与生物演变的知识，但在尚未找到有利的证据之前，我们不能自恃聪明就假定地质记录是足够完整，只要物种一经历变异，就会给我们提供物种变异的明显证据。

然而，我们自然是愿意承认某一物种曾产生了其他不同的物种，其主要原因是，我们往往很慢才承认自己没有看到巨大变化的步骤。这里的困难与许多地质学家所面临的是一样的。例如，莱伊尔最初坚持，陆地上岩壁的形成与大峡谷的凹下，都是由于一些因素仍在发挥作用的结果。我们甚至不可能完全理解100万年这一术语的概念，所以，无穷无尽的、世世代代里积累起来的许多轻微变异究竟产生了什么样的全面影响，恐怕我们更是不能心领神会了。

尽管我完全相信本书在摘要部分所给的观点，但我绝不期望有经验的博物学家们都能信服，因为经过长年累月的研究，他们的大脑里肯定已经储存了大量的事实，可是，最终却得出了完全与我相反的观点。我们很容易凭着"创造计划""设计的统一性"等诸如此类的借口来掩盖自己的茫然无知，并且自以为当我们把某一事实简单地进行重述，就可以给出一个解释。任何人只要趋于仅仅过分强调难以解答的难题，而非对大量的事实提供合理的解释，那么，他必然就会反对本书的学说。在此，如果一些天生思维敏锐的博物学家已经开始对物种的不变性产生了质疑，我希望本书能够带给他一些启发与影响。不过，展望未来，我信心满满，希望今后年轻的博物学家们能够正视物种具有永恒特点的相关问题的两面性。不管谁相信物种是易变的，并能凭良心表达他的这一信念，那他就是做了一件有助于大众的事，因为只有通过这样的方式，压倒本学说的偏见才能被消除。

几位卓越的博物学家近期将他们的观点公布于众，他们相信，每个属中大量被公认的物种并不是真正的物种，而其他一些由上天独立创造出来的物种才是真正的物种。我认为，这个结论的得出是奇怪的。他们承认，大量类型直到现在仍被他们看作是经特殊方式创造的产物，并且，大多数博物学家也还是这样认为的，所以这些物种所持有真正物种的一切外部性状与特征。于是，他们认为这些类型曾是由变异产生而来，但却拒绝将这同一观点扩充到其他略微不同的类型中去——尽管这些博物学家没有说明哪一种是被创造出来的生物类型，哪一种又是由第二法则产生的类型。他们在一种事例中承认变异这一真实的原因，又在另一事例中任意地进行反驳，但却没有指出这两种情况的任何不同之处。总有那么一天，这将成为证明预想观点盲目性的一个奇怪的阐述。这些作者看起来对创造这种不可思议的作用并不比生物以普通方式出生感到更为惊讶。然而，他们确实相信在地球上生物演化历史的数不胜数的时期中，一些元素的原子由于控制作用而突然形成了活的组织吗？他们真的相信在每一个假设的创造的作用中，都会有某一个体或许多个体被产生了出来吗？他们也相信所有这些难以计数的各类动植物都是由卵、种子或完全成体创造出来的吗？他们是否也相信，哺乳类动物在创造时，都被刻上了母体子宫里营养的错误印记呢？毋庸置疑，倘若一些人相信表面现象，或相信仅有一些生物类型被创造，以及相信上天只创造某一类型，那他必定不能解答其中的这些相类似的问题。某些研究者认为，相信创造百万个生物其实与相信上帝创造某一生物是同样的简单的事。当然，我不应该相信每个大纲里的无数生物被创造时都带有从单一祖先那儿遗传而来的明显而不实的标记。

为了记录从前状态中的事物，我曾在前面的段落及其他地方都保留了一些句子。这些语句都暗示着，博物学家相信每个物种都是分别被创造出来的；并且，当本著作的第一版本发行时，这也是普遍存有的观点。以前，我也曾对许多博物学家谈及过进化论，但他们从未产生过一致的共鸣。一些博物学家可能确实相信了进化论，然而，他们不是选择沉默不语，就是选择模棱两可地表达自己的看法，使人完全无法理解他们的真实意图。而现在，一切都已彻底改变了。几乎所有的博物学家都承认伟大的进化论。但是，至今仍有人认为，物种是通过十分难以解释的方式而突然产生了新的且完全不同的类型。不过，正如我竭力指出的那样，事实上，我们有重要的证据可以反对生物重大而突然的变异的观点。根据科学的眼光以及为了更进一步的研究，相信新类型是由无法解释的形式突然发展起来的，与信奉诸如物种是由地球上的尘土创造而来的这一守旧观念是一样的，这两者本身都没有一点优势可言。

可能有人会问：我究竟要把物种变异的信念扩充到多远？而这个问题是难以回答的，原因在于我们认为"差异更多的类型曾受到了遗传因素支持"的许多论据，将变得更少，其说服力度也会减弱。不过，某些最重要的论据仍将被扩充至很远。整纲内的一切成员都被亲缘关系这一纽带共同连接在了一起，我们也可把它们按照物群之下还有物群的同一原理来分类。有时候，化石遗骸倾向于将现存目之间存有的十分宽阔的间隙填补起来。

残留状态下的器官明显地表明，某一早期祖先曾长有完全发育状态下的器官，而且，在一些情况下，这就暗含着，其生物后代发生了大量的变异。纵观整纲，它们的构造尽管是各式各样的，但都是以同一方式构成的，因而，非常早龄的胚胎彼此间几乎都是非常相像的。所以，我从不怀疑生物遗传变异的学说包含了同一大纲或生物界的一切成员。我相信，动物是仅由至多4个或5个祖先遗传而来的，而植物的祖先也与动物的祖先一样有相等或更少的数量。

通过类推，我们将进一步相信，一切动植物都是由某一个模式遗传下来的。但是，类推也可能是一个欺骗性的导向。尽管如此，一切生物确实是在某些方面有许多共同之处，它们的化学组成部分、其细胞的结构、生长的规律以及对受伤影响的易感性等。对于这一点，我们甚至在非常细小的事实中也可以发现，如相同的毒素常常会同样影响到植物与动物，或者瘿蜂分泌的毒素会导致野玫瑰以及橡树的畸形生长。大概除了一些极其低级的生物，对于所有生物而言，性生殖似乎在本质上都极其相似。另外，据我们目前所知，一切胚珠都是一样的。因而，我们可以判断，一切生物都起源于共同的地方。如果我们观察两个主要的分类，即动物界与植物界，就会发现某些低等类型是介于动植物性状之间，以至于许多博物学家曾疑惑该低等类型究竟应被归于哪一界。正如阿萨·格雷教授以前阐述的那样，"许多较低等的海藻的孢子与其他的生殖体，最初可能是以动物的性状存在，然后才是以确定的植物的性状存至今的"。因此，根据自然选择伴随的性状分歧原理，动植物都可能是由一些如此低等的中间类型发展起来的，这并非是什么令人难以置信的事。假若我们真的承认了这一点，同样，我们必定也会承认，曾生活于这个地球的一切生物，大概都是由某一最原始的类型繁衍而来的。不过，这一推论主要是建立在类比的基础上，所以，它能否被人接受就显得没那么重要了。像刘易斯先生所强调的，许多不同的类型都是在生命最初出现时发展起来的，这是可能的。倘若这种情况真是如此，我们就可以得出：仅仅是极少量的类型曾经没有遗留下任何变异的后代，因为正如我们近来指出的那样，对于每个大界中的成员（例如脊椎类动物或关节类动物等），我们有其在胚胎的、同源的及残留的构造方面相关的明显证据来证明，每个界的一切成员都是起源于单个祖先。

一旦人们接受了本书中所提的观点与华莱士先生的观点以及物种起源涉及的类似观点，我们就可以略微预见到，博物学中将掀起一场声势浩大的革命。系统学者仍将像以前一样地专注于自己的研究工作，不过，他们不再会被"这种或那种类型是否是真正的物种"这一模糊不清的疑问所纠缠。凭借经验之谈，我确认，仅这一点，就可以让他们获得如释重负的感觉。而关于"英国50种黑草莓是不是有益的物种"这一长期的争论也将停止。系统学家唯一必须做的就是（这并不是一件易事）：任一类型是否足以稳定，是否具有区别于其他类型的充足的差异以用来为其定义；如果真的可以定义，那这些差异是否重要到足以为一些类型配以一定明确的名字。

而且，后面这一考虑比当前所探寻的事物更加重要。因为其差异在任两个类型中不管有多微小，只要不被中间等级所掺杂，就会被大多数博物学家认为是足够将该两种类型提高到物种的等级中。

在不远的将来，我们必须承认，物种与性状突出的变种之间的唯一不同点是，后者至今被知晓或被相信是由中间等级连接的；而相反，物种则是以前以这样的方式连接过。所以，只要没有人对任两种类型间迄今为止还存在着中间等级这一考虑进行反驳，我们就必须更仔细地去权衡、更高地评判两种类型间真实的差异量。现在，普遍被认为只是变种的类型说不定今后就会被认为值得人们为其命一个确定的名字，这也是极有可能发生的。在这种情况下，科学与常见的语言将会相应地被加以运用。总之，我们一定要以一些博物学家对待属的同一方式去看待物种，因为他们承认，属，仅是为了方便而做了人为的组合。也许，这样的前景并不那样令人欣喜，但至少不会影响我们再去煞费苦心地探寻物种这一术语所表达的、没有被发现的也不可能被发现的本质与要素。

人们对博物学中其他更加常见的学科将大大产生兴趣。博物学家所使用的一些专业术语，如亲缘关系、生物间的联系、类型的一致性、父系、形态学、适应形状以及残留的与萎缩的器官等，都不再具有隐喻的色彩，而将被一些明确的含义所替代。当我们看待生物不再像一个原始人看待一艘船，认为那是完全超过了他们理解范围的事物时；当我们将自然界中的每一种生物都视为经历了悠长的历史时；当我们能思考每一复杂的构造与本能都是由许多对其持有者有利的创造统一结合起来的，就像任一伟大的机械发明都是劳动、经验、理智，有时甚至还有无数工人所犯的错误的统一体时；当我们这样去看待每种生物时，以我的经验来讲，博物学的研究将变得更加富有趣味！

我知道，关于变异的诸多缘由、法则、某些关联、器官的使用与否的结果及外部条件的直接作用等重大而几乎无人问津的探索领域即将被开启。家养生物的研究价值将大大提高。相比被研究添加到无数记录的物种，研究人类所饲养的某一新型变种将成更重要、更有趣的研究学科。我们会尽可能地以系谱对生物进行分类，以后就会真的展现出所谓的创造计划了。当我们有了一个明确的事物，分类的法则就必定会变得更加简单。由于我们没有掌握任何家谱或族徽，所以我们不得不借助任一长期受到遗传的任一类性状，来发现并寻找自然家谱中存有的许多不同的血缘线。残留器官必然会与长期失去的构造的性质被一同提及。虽然物种与物群被称为变态或可能被想象成所谓的活化石，却可以帮助我们描绘出古老生物类型的图画，就像胚胎学给我们展示出每个大纲的构造模式一样，只不过在一定程度上有些模糊。

当我们确信，在某一并不是非常遥远的时期，同物种的一切个体及大部分属的所有亲缘关系密切的物种都是由单一祖先繁育而来、都是由某一出生地迁移而来的；当我们更好地了解到了许多迁移方式及地质学曾带给我们并将继续带给我们关于气候与陆地平面在以前的变化的情况时……这样一来，我们必然就能以令人敬佩的方式，去探索整个地球上生物曾进行过的迁徙足迹。乃至现在，如果我们将大陆相对两侧生活在海洋里的生物之间的差异、该大陆上不同生物的性质，还有与其相关的明显迁徙途径进行比较，一些古老的地理特征也会被揭示出来。

由于地质记录的极度不完整，地质学这一崇高的学科丢失了原本应有的一些光荣与荣耀。我们不能将地球外壳中埋藏的遗骸视为一个较好的储存文物的博物馆；我们应做的是，将其看作在冒险与极其罕见的间隔中所做的一次稀缺的收集。每个含化石的巨大地质层的形成，都将被认为是取决于特殊发生的有利条件；并且，连续地质层的空白间隔也将被认为是延续了漫长的时期。然而，通过对比前期与后期的生物，我们可以较稳妥地去估量这些间隔所延续的时间长短。借助于生物类型的一般演替情况，我们在力图将不含许多相同的物种的两种地质层看作真正的同时代的产物时，必须谨慎处理。由于物种的产生与灭绝不是通过不可思议的创造力量，而是靠缓慢的作用以及现存的原因，并且，还由于生物改变最重要的因素是生物与生物间的相互关系——一种生物的进化会引起其他生物的进化或灭绝，所以，虽然连续地质层含有化石物种的变异量不能被用来估测真正流逝的岁月，但却可以用来衡量相对应的时间。不过，有时大量的物种因以集体为单位生活在一起，就可能长时期保持不变，而其中的一些物种在这一段相同的时期内，则可能会因迁入新的地方并与外来的伙伴发生竞争而进行变异。由此而言，对生物变化作为精确衡量时间的基准这一方式，我们不必估价过高。

在未来的前进路途中，我眼前浮现出更加重要的广阔研究领域。心理学一定会建立在赫伯特·斯宾塞先生早已设置好的基础之上，其基础就是：每一智力与智能皆是以等级而必然获得的。我们对人类的起源与其所经历的漫长历史会有更深层次的了解。

一些最显赫的研究学者似乎完全满足于"每个物种是被独立创造出来"的观点。我认为，世界上过去与现在的生物的产生与灭绝都是由第二因素所导致的，就像那些决定个体出生与死亡的原因一样，这可以很好地被应用到我们知晓的"创造者在物质上产生了深远的影响"这一法则中去。当我看到一切生物不是特殊的创造产物，而是在寒武纪系的最初地质层堆积形成之前就长期生活着的某些少数生物的直系后代时，在我眼中，这些生物就显得尊贵多了。根据过去的地质层来判断与分析，我们可以有把握地推测，任一活着的物种都不会将其未经改变的这一可能性遗传到遥远的将来。另外，在现存的物种里，仅有少量的物种将任一类型的后代传播到了十分遥远的未来。因为一切生物群居的方式表明，每个属内数量较大的物种以及许多属内的一切物种都曾完全灭绝了，因而并没有遗留下任何后代。远瞩于未来，我们能够预言，以后常见的与分布范围广的物种，必将是每个纲中的较大的优势物群。由于一切现存的生物类型都是在寒武纪时期前就已长期存活物种的直系后代，所以，我可以确信，世世代代的普通更替从未中断过，更没有任何灾变将我们的整个世界置于一片荒凉的境地中。因此，我们可以信心倍增地赢得一个长远的未来。再加上自然选择仅仅是对每种生物有利的方面起作用，那么一切物质与精神上的赐予都会趋于更进一步完善层次而继续迈进。

我静静地注视着那片生机盎然的河岸——在那里，品类繁多的植物为河岸披上了新衣，鸟儿于灌木丛中不停地欢唱，各种各样的昆虫翩翩起舞，还有那虫子在湿润的土壤中蠕动……这一切无不展示出这些类型的精巧构造，它们彼此间竟然会如此不同，并且还以这般复杂的方式相互依靠、共存，而这一切的一切都是通过作用于我们周围的法则而产生的。难道这不是非常非常有趣的事情吗？从最广泛的意义上来看，这些法则含有："生殖"之后紧跟着的"成长"；生殖隐含的"遗传"；由于生活条件的间接与直接作用以及器官使用与否而产生的变异。其结果是，生物数量的增长速度竟如此之快，以至于导致了生物间的生存斗争，其作用是自然选择的一个结果——进化较少的类型，其性状就发生了分歧并引起最终的灭绝。所以，因为自然战争、饥荒与死亡，我们能够猜想到的最高级的物种就产生了，即高等动物。认为生命与其各种力量是由"造物主"注入到少数类型或一个类型中去的；同时，认为地球是根据引力的特定法则来运行的，如此循环，从起初这样简单的、无数个类型蜕变成了现在最奇妙且最富有生命力的星球；还有，这一蜕变的进程将永不停息——如果有人的确是这样想的，那才称得上是一种宏伟壮观的思想体系！

# 关于本书中主要涵盖的科学术语词汇

在此，我非常感谢热心的 W. S. 达拉斯先生为本书提供的这些词汇的解释。在此之前，一些读者还在向我抱怨其中某些令他们难以理解的词汇。但现在好了，对于这些术语，这位先生已经尽可能地努力使用了较为易懂的言语来作解释。希望能给大家带来一些阅读上的方便。

## A

Aberrant 异常的动物或植物群体

Aberration（in optics）像差

Abnormal 畸形的

Aborted 停止生长

Albinism 白化情况

Alga 海藻

Alternation of Generations 代代交替

Ammonites 菊石类

Analogy 类似

Animalcule 微生物

Annelids 环节动物

Antenna 触角

Anthers 花药

Aplacentalia 无胎盘动物（请参照哺乳类动物章节）

Archetypal 最初始的生物类型

Articulata 有绞纲

Asymmetrical 不均匀的

Atrophied 萎缩的

B

Balanus 藤壶属

Batrachiant 无尾两栖类动物

Boulders 大型岩石

Brachiopoda 腕足动物门

Branchiae 鳃

Branchial 鳃形的

C

Cambrian System 寒武纪系

Canidte 犬科动物

Carapace 硬的甲壳

Carboniferous 含炭或煤的岩层

Caudal 尾处的

Cephalopods 头足动物

Cetacea 鲸类

Chelonia 龟鳖

Cirripedes 蔓足类动物

Coccus 胭脂虫类

Cocoon 蚕茧

Caelospermous 伞形科植物所结果实

Coleoptera 甲虫类

Column 花柱

Composita 古生物接合贝

Conferva 丝状藻类

Conglomerate 砾岩

Corolla 花冠

Correlation 相互联系

Corymb 伞状花序（欧亚草本植物）

Cotyledons 子叶

Crustaceans 甲壳纲动物

Curculio 象鼻虫

Cutaneous 对皮肤有影响的

D

Degradation 动能及性状等退化

Denudation 剥蚀现象

Devonian System or Formation 泥盆系岩层

Dicotyledons or Dicotyledonous Plants 双子叶植物

Differentiation 变异

Dimorphic 某一物种形态上为各异两群

Dioecious 雌雄异株的

Diorite 闪长岩

Dorsal 背脊的

E

Edentata 贫齿目动物

Elytra 鞘翅

Embryo 胚胎

Embryology 胚胎学

Endemic 某地独有的特征

Entomostraca 大部分体形小的切甲亚纲

Eocene 始新世地质时期

F

Fauna 动物的集合

Felidae 猫科动物

Feral 未受驯的野生动物

Flora 植物的集合又称植物群

Florets 菊科植物管状花状小花

Fatal 具有毁灭性作用的

Foraminifera 有孔虫类（古老的原生物）

Fossiliferous 富含有化石的

Fossorial 善于掘地的动物

Frenum 系带

Fungi 真菌，菌类

Furcula 鸟类所长的叉骨

G

Gallinaceous Birds 鹑鸡类

Gallus 雉科鸟类中的原鸡属

Ganglion 神经突出处

Ganoid Fishes 硬鳞鱼类

Germinal Vesicle 胚细胞

Glacial Period 冰河时代

Gland 一种腺体

Glottis 声门（位于声带间的部分）
Gneiss 变质的岩石即片麻岩
Grallatores 涉水禽类
Granite 花岗岩

H
Habitat 生物居住场所
Hemiptera 半翅目，俗称放屁虫
Hermaphrodite 雌雄同体
Homology 同源现象
Homoptera 同翅目昆虫
Hybrid 杂交物种
Hymenoptera 膜翅目
Hypertrophied 过度发育的

I
Ichneumonida 膜翅目中的姬蜂科动物
Imago 成虫（昆虫发育成熟的形态）
Indigens 地方性动物
Inflorescence 花簇
Infusoria 纤毛虫类
Insectivorous 专以虫为生的动植物
Invertebrata, or Invertebrate Animals 无脊椎动物

L
Lacuna 生物组织中的缝隙
Lamellated 板片形状
Larva (pi. Larvie) 幼体，幼虫

Larynx 喉

Laurentian 劳伦系岩层

Leguminosa 豆科植物类

Lemurida 狐猴科

Lepidoptera 鳞翅目昆虫

Littoral 临近海岸的地域

Loess 由风而沉积的黄色土壤

## M

Malacostraca 软甲纲

Mammalia 哺乳纲

Mammiferous 有乳房的（常见于哺乳类）

Mandibles, in Insects 昆虫的上颌

Marsupials 有袋目哺乳动物

Maxilla, in Insects 昆虫中的上颌骨

Melanism 黑色素积累

Metamorphic Rocks 内部结构发生改变的岩层

Mollusca 软体类动物

Monocotyledons, or Monocotyledonous Plants 单子叶植物

Moraines 冰川沉积物

Morphology 形态学

Mysis-stage 糖虫阶段

## N

Nascent 开始发育中的

Natatory 熟练于游泳的

Nauplius-form 无节幼体形式

Neuration 昆虫翅脉在翅面上的排列，即脉相

Neuters 无性生物

Nictitating Membrane 第三眼睑

## O

Ocelli 动物仅用于感光的单眼

Oolitic 鲕粒岩的

Operculum 鳃盖

Orbit 眼腔

Organism 生物体，微生物

Orthospermous 平腹胚乳的

Osculant 处于中间地位的

Ova 卵细胞

Ovarium or Ovary（in Plants）卵巢

Ovigerous 产卵的

Ovules（of Plants）植物的胚珠

## P

Pachyderms 大型厚皮动物

Palaozoic 古生代的（某一地质时代）

Palpi 触须

Papilionacea 蝶形花科

Parasite 寄生生物

Parthenogenesis 单性生殖

Pedunculated 含柄的

Peloria or Pelorism 非对称形花朵现象

Pelvis 骨盆

Petals 花瓣

Phyllodineous 假叶金合欢属

Pigment 色素

Pinnate 羽状，翼、鳍

Pistils 雌蕊

Placentalia，Placentata，or Placental Mammals 胎盘哺乳类

Plantigrades 跖行目

Plastic Period 新近纪时期

Plumule （in Plants）植物胚芽

Plutonic Rocks 岩浆岩

Pollen 花粉

Polyandrous （Flowers）多雄蕊花朵

Polygamous Plants 多雄蕊植物

Polymorphic 多种形态的

Polyzoary 苔藓虫

Prehensile 拥有抓握能力的

Prepotent 具有优越地位的

Primaries 主翼羽

Processes 隆骨

Propolis 蜂胶

Protean 毫无定数的

Protozoa 原生动物类

Pupa （pi. Pupec）蛹


R

Radicle 胚根

Ramus 下腭体部位，枝部

Rang 生物的散布范围

Retina 视网膜

Retrogression 衰退现象

Rhizopods 根足虫（原生生物）
Rodents 啮齿类
Rubus 悬钩子属或树莓属
Rudimentary 遗留的
Ruminants 反刍动物

S
Sacral 骶椎的
Sarcode 原生质
Scutella 鸟类脚部的鳞甲
Sedimentary Formations 沉积岩
Segments 环节
Sepals 萼片
Serratures 锯形齿
Sessile 花叶无柄的
Silurian System 志留系
Specialization 器官专用化
Spinal Chord 脊髓
Stamens 雄蕊
Sternum 胸骨
Stigma 植物的柱头
Stipules 位于叶柄基部附近托叶
Style 花柱
Subcutaneous 皮下组织的
Suctorial 有吸附功能的
Sutures (in the skull) 骨连接

## T

Tarsus (pi. Tarsi) 脚面骨

Teleostean Fishes 硬骨鱼类（脊椎动物）

Tentacula or Tentacles 触须

Tertiary 第三纪时期

Trachea 气管

Tridactyle 由三个指构成的

Trilobites 三叶虫

Trimorphic 三种不同形态的

## U

Umbellifera 形状似伞的植物

Ungulata 有蹄类

Unicellular 单细胞的

## V

Vascula 血管

Vermiform 蠕虫状的

Vertebrata, or Vertebrate Animals 脊椎类动物

## W

Whorls 伞藻属长有的轮生体

Workers 工蜂

## Z

Zoea-stage 糠虾

Zooids 由卵分裂出的单一个体